“十三五”高等学校数字媒体类专业系列教材

数字媒体技术导论

主　编　许志强　邱学军

副主编　刘　彤　李海东　王雪梅

参　编　龙继祥　刘佳奇　安　静　李浩峰　张珂南
陆　薇　陈　晨　黄丹红　章　兵　梁劲松
（按笔画顺序排列）

中国铁道出版社
CHINA RAILWAY PUBLISHING HOUSE

内 容 简 介

本书内容全面、条理清晰，深入浅出地介绍了数字媒体的相关定义、概念、技术及应用领域，提供了一种循序渐进式的知识体系。在内容选取上，遵循数字媒体技术原理与数字媒体技术应用相结合的原则，以数字媒体元素为主线，全面、系统地介绍了数字媒体技术原理与数字媒体技术应用。

本书共分为14章，其中第1章艺术家和计算机、第2章数字媒体技术概论主要讲数字媒体的基础理论；第3章数字音频媒体技术、第4章数字图像处理技术、第5章数字视频媒体技术、第6章数字动画技术、第7章游戏设计技术、第8章数字媒体压缩技术和第9章数字媒体存储技术主要讲数字媒体的采集制作；第10章数字媒体资产管理主要讲数字媒体的内容管理；第11章数字媒体传输技术主要讲数字媒体的传输网络；第12章数字媒体内容消费及终端参与主要讲数字媒体的终端应用；第13章数字媒体技术发展趋势和第14章未来的路主要讲数字媒体的发展趋势。

本书适合作为高等院校数字媒体艺术、数字媒体技术、影视新媒体、网络多媒体等相关专业师生的教学、自学教材，也可作为广大读者认识和学习数字媒体知识的入门及提高参考书，此外，还适合在数字媒体产业领域从事数字媒体产品创作与开发的工程技术人员阅读参考。

图书在版编目（CIP）数据

数字媒体技术导论 / 许志强，邱学军主编．— 北京：中国铁道出版社，2015.11（2018. 11重印）
“十三五”高等学校数字媒体类专业系列教材
ISBN 978-7-113-20919-3

Ⅰ．①数… Ⅱ．①许… ②邱… Ⅲ．①数字技术－多媒体技术－高等学校－教材 Ⅳ．① TP37

中国版本图书馆 CIP 数据核字（2015）第 249594 号

书　　名：数字媒体技术导论
作　　者：许志强　邱学军　主编

策　　划：陈士剑　白鹏飞　　　　读者热线：（010）63550836
责任编辑：周　欣　徐盼欣
封面设计：MXK DESIGN STUDIO Q:1765628429
责任校对：绳　超
责任印制：郭向伟

出版发行：中国铁道出版社（100054，北京市西城区右安门西街8号）
网　　址：http://www.tdpress.com/51eds/
印　　刷：中煤（北京）印务有限公司
版　　次：2015年11月第1版　　2018年11月第4次印刷
开　　本：787mm×1092mm　1/16　　**印张**：20　　**字数**：498千
书　　号：ISBN 978-7-113-20919-3
定　　价：64.00元

前 言

数字媒体令人眼花缭乱的发展变化，不仅改变了人们的生活形态，也影响着人们的思维方式甚至价值理念。自数字媒体的概念问世，业界和学界对于数字媒体的讨论和研究就持续地进行着。今天，几乎所有的高校传媒院校（系）都开设了数字技术与艺术结合的数字媒体相关课程。但数字媒体发展的关键在于变，有形态之变，有影响之变，更有丰富生动的案例如雨后春笋般涌现。因此，学者、业界的相关论述也相当丰富。为此，本书补充了大量鲜活的实例分析，力求给读者带来新鲜的阅读体验和思考提示。

本书由许志强、邱学军任主编，由刘彤、李海东、王雪梅任副主编，龙继祥、刘佳奇、安静、李浩峰、张珂南、陆薇、陈晨、黄丹红、章兵、梁劲松参编。具体编写分工如下：许志强负责全书的框架、协调、统稿、审阅并撰写前言，王雪梅、安静编写第1章，刘彤、许志强编写第2章，张珂南编写第3章，陈晨编写第4章，刘佳奇编写第5章，黄丹红、章兵编写第6章，李浩峰编写第7章，梁劲松编写第8章，邱学军编写第9章，李海东、许志强编写第10章，李海东编写第11章，许志强、龙继祥编写第12章，许志强、刘彤编写第13章，陆薇、王雪梅、安静编写第14章。

本书的出版得到了中国铁道出版社、中国传媒大学新媒体研究院、四川传媒学院的大力支持和帮助；此外，在编写的过程中，我们还参考了不少学界同仁的研究成果。在此一并致谢。

由于编者水平有限，书中难免有疏漏及不妥之处，恳请各位领导、专家学者和广大读者批评指正。

编者

2015年8月

目录 Contents

艺术家和计算机

本章导读

本章共分5节，内容包括引言，新媒体、新自由度、新领域，过去的艺术家和技术，艺术与科技，最后引入数字媒体。

本章从艺术家与计算机之间的联系与发展进行阐述，深入剖析数字媒体发展历程中所总结出的新媒体、新自由度与数字媒体新领域的现状与发展，然后对自古至今国内外的艺术家和技术的关系、艺术与科技的关系进行全面、客观的分析，说明了艺术与技术一体化的高度结合及重要意义，最后将数字媒体引入本章，高度肯定数字媒体技术在我国政治、经济、文化等发展领域所做出的贡献及重要地位。

学习目标

1 了解计算机在艺术家创作过程中的作用及影响；

2 了解新媒体的内容及发展；

3 了解数字媒体新自由度的内容及意义；

4 了解数字媒体技术所涉及的新领域；

5 掌握新媒体、新自由度及新领域结合及发展的方式和意义；

6 深入了解艺术家与技术相互影响作用的意义；

7 深入了解艺术与科技相互影响作用的意义；

8 全面分析数字媒体在我国发展中的重要作用。

知识要点、难点

1 要点

艺术与技术、技术与艺术的联系与发展，数字媒体在发展中的重要意义及影响；

2 难点

数字媒体中艺术与技术的结合，新媒体、新自由度、新领域方面的理解与运用。

1.1 引言

在当代，随着社会的发展、技术的进步和艺术的发展，人类的物质需求和精神需求日益增长，以前的唯技术和唯艺术已经越来越不能满足人类的需求，技术与艺术的一体化，可以从技术层面上弥补艺术的不适用和天马行空，也可以从艺术层面上弥补技术的机械和呆板。技术与艺术的结合是时代发展的需要，是社会进步的表现，一体化趋势是必然的。

纵观人类文明史，艺术家和艺术家的作品都深受自然科学知识和人文知识的影响。如数学的理论在极限和无限、几何形体、透视、对称、投影几何、比例、视幻觉、黄金分割点、图案和花样，以及在现代社会广泛被运用而且从未停止变革的计算机领域，不论是横向拓展还是纵向延伸，都具有非常深远的影响。有些艺术作品如果没有艺术家深厚的艺术素养和严谨的科学精神是无法达到最终效果的，正如透视与比例在古希腊艺术中的体现，特别是菲狄亚斯在雕塑作品中运用科学技术与艺术达到极致完美的效果。

而在科技日新月异的今天，艺术家们正在探索一种新的艺术形式和媒介，那就是人类智慧文明的代表产物——计算机。如今的计算机已经不单单是科学家、技术人员共同协作设计制造的产物，而且是与艺术家的审美情趣、艺术鉴赏、视觉表现所紧密结合的技术艺术一体化的产物。一个完整且出色的计算机艺术家应该既具备熟练的计算机操作技能又具备较高的艺术素养。

这种当代科技的多重化发展对艺术家提出了更高的要求，虚拟场景的制作、如虚拟人物的制作、动画制作、3D 技术的应用等，如图 1-1 所示。而这一系列的设计制作对于早期的科学家和艺术家来说，不仅是时间上的大量消耗，更是人力、物力、财力方面的大量投入。

■ 图 1-1 艺术与科技的结合

正是看到了计算机与艺术家结合后事半功倍的成果，影视制作、动画制作、工程师、 建筑师和其他设计者在他们的创作中毫不犹豫地接受和运用计算机。不需要搭建一砖一瓦，不需要真实制造一草一木，所有的场景、人物、动画等，只需要动一动鼠标，就达到了逼真、完美的效果。

计算机与艺术、艺术家一体化的产生原因分为内因和外因，首先从内部因素来说，这些要素是相互影响、相互融合的，也是相互渗透、相互促进的；从外部发展环境来说，社会尤其是经济的发展更需要技术与艺术的一体化。在当代，技术与艺术的一体化表现在各行各业和各个方面，影视、摄影、雕塑、绘画、书法、虚拟成像、3D 打印（见图 1-2）、3D 动画制作、多媒体制作等都反映了技术与艺术的一体化。这样的结合也必然对计算机研发和艺术家的艺术升华提出更高更远的要求，而且总体发展趋势是向上的。本书首先从计算机与艺术、艺术家关系的历史考察开始分析计算机与艺术的融合，从而得出计算机与艺术的一体化是在技术与艺术的发展中交替进行的，技术需要艺术，艺术也更需要技术。正是针对这样的高度结合，本书从数字媒体技术的具体应用及操作入手，以最前沿的数字媒体技术理论为读者答疑解惑。

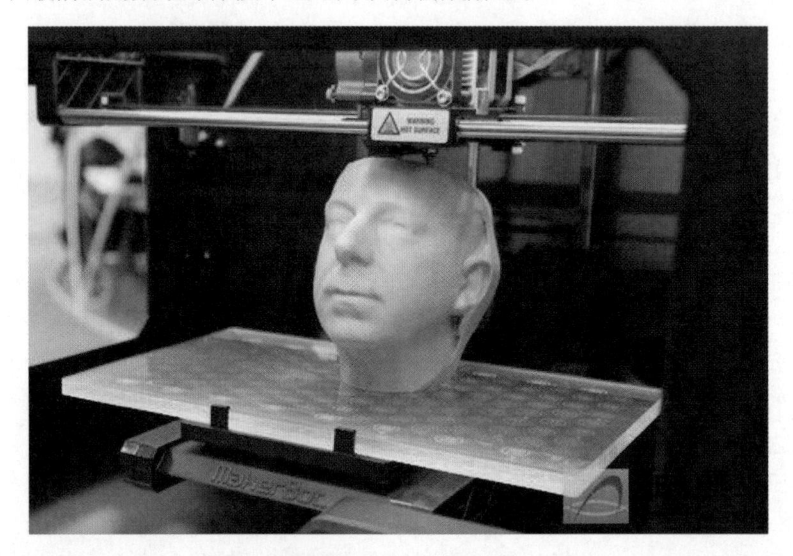

■图 1-2 3D 打印技术

当代科技与艺术的一体化及其动因和影响，旨在实现当代技术与艺术的一体化。只有实现技术与艺术的一体化，才能把具体的方式方法和文化现象有机结合，才能把人们的物质需求和精神需求相结合。也只有技术与艺术的一体化，才能提高人类的精神生活质量，实现高技术和高情感的平衡，也才能体现技术与艺术的价值。

1.2 新媒体、新自由度、新领域

作为传统媒体，广播、电视、电影、报纸、杂志等旧媒体都曾经在信息、文化传播中占据了主流传播的重要地位，这些传统的传播途径随着科学技术的不断进步，也衍生出了新的媒体形态，而这一类媒体形态就称为“新媒体”。新媒体包括手机媒体、移动电视媒体、电子报刊杂志、触摸媒体、互联网媒体、全息投影等。与传统媒体相比较，新媒体传播速度更快、传播途径更便捷更多样化、传播方式更自由灵活，而且传播过程更具有开放性，互动性也更强。正是因为新媒体具备了众多传统媒体、旧媒体所不具备的优势，才能在当代的信息传播与交流中占据首要地位，并且深入社会各个领域及阶层，影响甚至主导了人类学习、工作和生活的方方面面，如图 1-3 和图 1-4 所示。所以，在信息传播的新浪潮中，新媒体成为数字媒体技术中新型传播方式的生力军，并影响和引领了全新的传播模式。

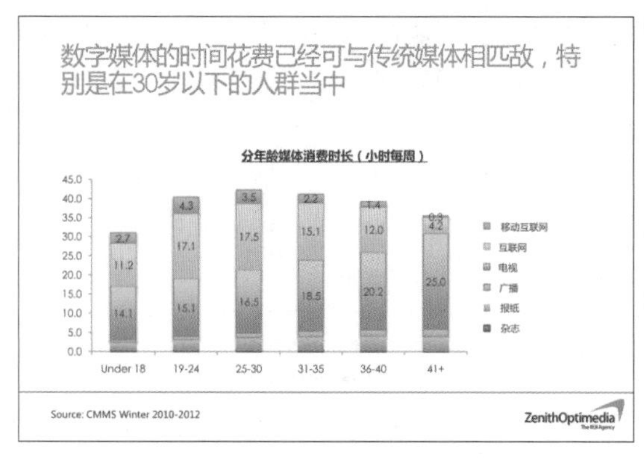

■ 图 1-3 新媒体方式

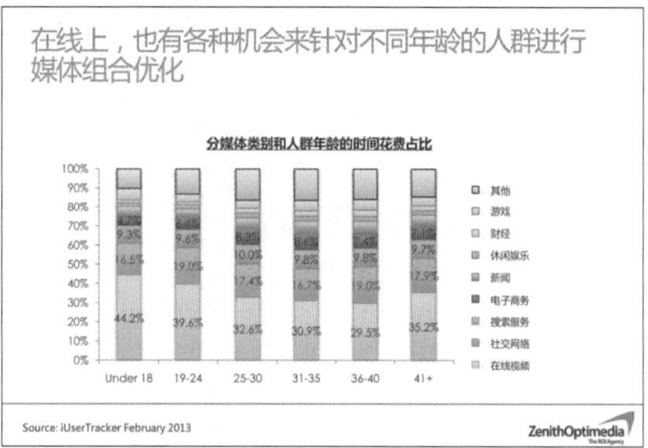

■ 图 1-4 新媒体领域

这样的新型模式开拓了多种方式的新媒体技术，比如智能手机的广泛使用和技术手段的不断升级，完全颠覆了现代人相互交流和信息传递的方式。先进的技术不仅让人们的交流更方便、快捷，更主要的是只需要通过手机，人们就可以连接更广阔的天地，还能够获得以前用手机根本不能体验到的智能化服务。智能手机如同其他新媒体产品一样，已经成为人们生活中必不可少的一部分。

尤其值得关注的是，新媒体对当代社会的影响也是多方面的，获取信息的途径更加开放化，信息来源也更加多样化，操作使用的方式更加自由化，而且信息的数量及种类更广泛……这对于当代大学生及社会各个阶层的人来说，都在深度和广度上拥有了更广阔、自由的天地，也日渐成为人们探寻知识、进行学习生活的重要来源。互联网收入增长如图 1-5 所示。

■ 图 1-5 互联网收入增长

新媒体为现代社会提供的是一个广阔的、便捷的、开放的求知平台，换而言之，这是一个具有高度自由度的平台，人们能够在这个平台获取最新鲜的知识，也可以利用新媒体与外界进行交流沟通，而且在新媒体平台中的获取方式更立体、更透明，是现代社会包容性更强、科技含量更高而且自由度更大的高质量平台。尤其是大学生在新媒体时代，通过智能手机、网络媒体、虚拟化操作等方式，不仅大大缩短了获取知识的时间与距离，更是通过虚拟技术真实体验到了曾经无法实现的实践性教学，是一种新型的获取知识、进行实践实训的多元化快捷方式。

现代社会每产生一种新媒体，都会为现代社会中人们的生活带来新的变革，并不断掀起技术创新的新浪潮。而当前的社会也推动了新媒体技术运用于更广泛的领域。随着科学技术的迅速发展，网络+、新媒体+、虚拟+等多种方式的新媒体结合更多更快速地充斥于人们工作、生活的方方面面，如图1-6和图1-7所示。市场决定了各个行业发展的需求和发展前景，每一种科技的产生和发展都是适应当前市场经济发展的需要而出现的。中国在新媒体产业方面进步较晚，但是发展速度却并不慢，而且因为市场需求大，具有非常广阔的空间，发展空间极大，这也促使更多行业和领域向数字化方向过渡。新媒体技术应用的范围已经从影视、娱乐、文化等扩展到商业、管理、教育、政治等领域。

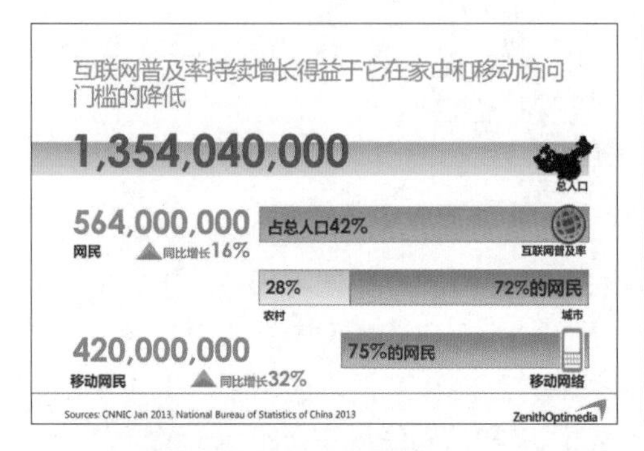

■ 图 1-6 互联网普及率增长

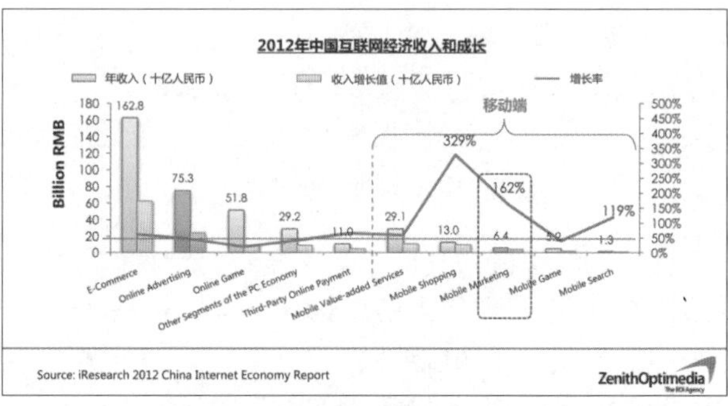

■ 图 1-7 互联网经济收入和成长

利用新媒体辅助教学是当前应用完善和广泛的方式，以数字媒体技术为核心的教学辅助工具和教学信息传播结合课堂教学、书本教学、师生教学等，更是达到了事半功倍的效果，让学习知识不再枯燥单一，而是让视觉、听觉、触觉等都达到全面、综合的感受，这样多元的新型教育提高了效率，更拓展了师生在新媒体平台中的眼界，延伸了专业无限的潜能。

更值得一提的是，新媒体应用过程中不会受到环境、时间的影响，因为它便利、快捷的优势，再结合互联网的互动性和参与性，吸引人们投入更多的兴趣，并达到信息传播的最优化效果。用新媒体这种方式将抽象、虚拟、高新的问题更直观地展示出来，也更利于体验者接受和应用。

在影视媒体技术中对于新媒体的应用也是非常广泛的，从传统的胶片拍摄形式变革发展到数字化技术进行的虚拟摄影、虚拟场景制作、数字化后期处理、数字化编辑、数字化放映及动画影像压缩等，整个影视剧拍摄、制作、放映过程都突破了物理形态，以数字媒体的方式得到实现，再利用互联网媒体、智能手机、数字影院等途径以最饱满、高科技的质感进入市场，这是新媒体应用与传播最直接，而且也是最高效的结合，而且所带来的市场回报是最具优势的。

在电子商务领域中，新媒体从市场角度出发，更贴合市场发展的脉络，用更人性化的方式在商务中展示产品、展示文化、展示企业理念，更展示了人文气息。作为新兴的数字媒体技术，更大力推动了数字商务的进程，加强了人机交互，而且可以将虚拟技术应用到商品展示中，比如当下流行的新媒体购物平台，展示的商品利用3D立体虚拟的方式，让顾客近距离、全方位，甚至是虚拟试穿、虚拟使用，这样的购物方式完全颠覆了传统实体店购物的枯燥、烦琐，新媒体的使用真正做到了让消费者感同身受、轻松购物的最人性化服务，而且对于商家，可以缩减成本、提高效率、提升产品价值……这样的高回报也是商家非常愿意的。新媒体与电子商务在今后市场发展中紧密发展是必然趋势，如图1-8所示。

■ 图 1-8 电子商务销售额增长

新媒体的数字技术让信息传播更迅捷、更自由，而这种新型的自由度包容性强、传播范围广，促使更多的行业与领域加强了与新媒体的合作，不断磨合、加速的连锁反应不仅将更优质的产品和服务带给消费者，也推动了市场对技术要求的高标准和不断创新，一个良性循环的市场效应就此产生。

1.3 过去的艺术家和技术

《庄子·天地篇》中说："能有所艺者，技也。"[1]《周礼·冬官·考工记》中说："天有时、地有气、材有美、工有巧。合此四者，然后可以为良。"[2] 都说明了在我国古代"技"不是独立的，"艺"也不是独立的，技、艺是相通的。在古代，技术与艺术在某些领域是互相融合的，在宋应星的《天工开物》、李诫的《营造法式》等中都有体现，如图 1-9 和图 1-10 所示。

■ 图 1-9《天工开物》

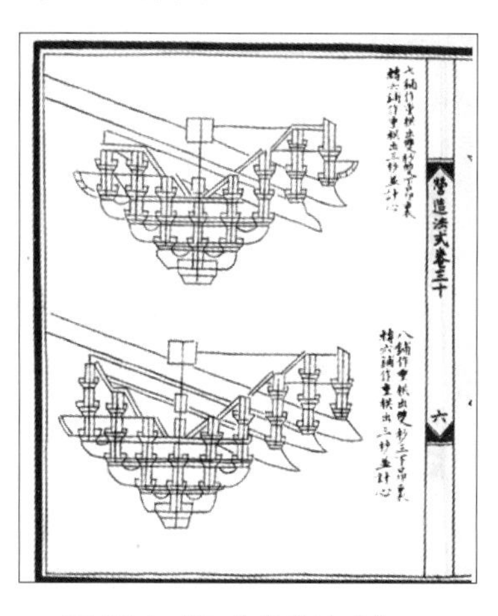

■ 图 1-10《营造法式》

1　庄子·天地篇 . 中华书局，2007.

2　周礼·仪记·礼记 . 岳麓书社，1989：116.

自中国近代以来，尤其20世纪60年代以后，技术与艺术的一体化理论探索开始具有一定的广度和深度。值得介绍的是李泽厚的观点，他认为："前进的社会目的形成了对象和规律的形式，也就是说，善成了真的形式，人们直接看到的是善和目的性。飞机、大桥是为人民服务的，但它之所以能建成，却又是符合规律性的，这就是技术美的本质。"[1]

当代以来，随着新媒体艺术的发展，各项技术元素的体现越来越被人们所接受，比如网络技术、多媒体技术、虚拟技术等，人们试图在先进的表现活动和技巧之后，也让欣赏者体验到完美的心灵的艺术和美的艺术的活动和技巧。如山东电影制片厂孙墨龙在《论电视剧摄影技术与艺术的融合》一文中提出："摄影是个技术与艺术高度结合的行当，每一种艺术追求最终都要落实到技术把握中来。"[2] 衡阳师范学院邓政在《数字技术与设计艺术的和谐发展》一文中提出："数字化条件下的设计艺术，使现实与虚幻、主观和客观达到了空前的'和谐'。"[3] 哈尔滨师范大学曹天慧在《艺术与技术的新统一》一文中提出："现代社会一片繁荣，传统的工艺技术正在博物馆展出，现代设计已经完全融入现代技术。"[4] 技术和艺术的一体化问题也在各项技术活动和艺术活动中为人们所专注。

国外，技术与艺术一体化的研究理论出现于西方工业革命以后，但是在早期的西方技术美学思想史也有一定的体现，法国美学家德尼·于斯曼说过："人们在西方思想的早期源流中，就能发现工业美学的萌芽。"[5] 希腊文"Technē"一词就意为"技艺"，"技艺相通"，很早在国外的美术思想史上就有相关的揭示。

从18世纪中叶开始，随着技术的发展与革新，技术革命带来了一系列的科学革命、产业革命，技术的发展在各个方面起到的作用也对技术的要求越来越高，技术已经远远不止体现于满足人类的基本需求。由于人们对"美"的追求不断在变化，人们也越来越发现，只有技术与艺术的紧密结合才会给后人留下技艺精美的瑰宝。因此，在近现代西方的技术革命中，技术与艺术逐渐在世界范围内有了探讨和研究，近代的培根、休谟等都有关于建筑美、人工制品的观点，都涉及一部分技术与美学的观点，也是早期技术与艺术一体化的体现。杜夫海纳曾经指出："美是在一种与对象有时是更为智力性的、有时是更加肉体性接触中，给我们显示的就是在这样的经验之中，技术对象才能为我们审美化。"[6]

到20世纪60年代中期，技术与艺术的结合体现更加明显，技术家越来越觉得技术中美的重要性，而美学家也越来越认识到技术的审美价值。在纽约现代艺术博物馆举办的《装配艺术》展中，提到了大量关于运用技术性的作品，完美地体现了技术与艺术的一体化。

到了当代，技术与艺术的一体化就更紧密了，技术离不开艺术，艺术也离不开技术。当技术的进步在进一步满足人类的物质需求的同时，反映现实生活和客观世界的时候，艺术的发展也进一步体现了艺术满足了人类的精神需求，因此技术与艺术的一体化问题研究也进一步得到了关注。正如竹内敏雄所指出的："一般意义上的技术同人类历史一道自古以来就存在着，古代的手工艺也好，现代的工程技术也好，都包括在内。只是它们之间，功能的效率相差悬殊，而只是随着那

1 李泽厚．技术美学与工业设计丛刊．南开大学出版社，1986.

2 孙墨龙．论电视剧摄影技术与艺术的融合．现代视听，2010（S2）：74.

3 邓政．数字技术与设计艺术的和谐发展．衡阳师范学院学报，2008（4）：163.

4 曹天慧．艺术与技术的新统一．艺术研究，2006（1）：39.

5 德尼·于斯曼．美学．商务印书馆，1992.

6 杜夫海纳．美学与哲学．中国社会科学出版社，1985：214.

一种产品都符合各自的目的，并伴随着那种程度的美的效果。那么，在它的技术美的结构上就没有本质的差异。”[1] 当代，技术与艺术的一体化表现得淋漓尽致。

1.4 艺术与科技

R. 舍普在其《技术帝国》一书中提到：“设备、技术和工艺占据了我们的生活：电话、汽车、录音机、电器……我们的世界基本上变成了人造世界，实际上对今天的人来说人造的才是真正自然的。”[2] 这段话就很深刻地反映出科技改变了人类的生活，体现、反映了自然的艺术表现，因此，艺术与科技的内涵其实就是当代技术的艺术化和艺术的技术化的体现。

艺术思维促进了科技发展创造。任何技术在现实社会的发展中都不是永恒的，都是易消失、易改进的。任何先进的技术，在人类充分运用后都被人类所不断改进。比如早期的电影，开始是无声的，后来才逐渐过渡到有声音，最后发展到今天多姿多彩的影视。这表明，只有艺术思维，才能促进技术不断地去创造和发展。

首先，艺术思维有利于技术创新。《周易・系辞上》曰：“形而上者谓之道，形而下者谓之器，化而裁之谓之变，推而行之谓之通，举而措之天下之民谓之事业。”[3] 这里的“道”就应该是超越各种物质形态的抽象思维。作为艺术思维，应该比科技更具有创新性。比如核雕，在中学课本有一篇文章叫《核舟记》，就深刻地反映了核雕的魅力。《核舟记》是明代作家魏学洢撰写的一篇文章，生动地描述了一件精巧绝伦的微雕工艺品，其内容表现的是苏东坡泛舟赤壁。该篇文章热情赞扬了我国明代的民间工艺匠人的雕刻艺术和才能，表现了作者对王叔远精湛工艺的赞美。首先用核桃壳来做雕塑已经是一个了不起的艺术创新思维，要在核桃壳上作出生动的作品更是科技的艺术化的淋漓体现。因此，艺术思维是有利于科技创新的。

其次，艺术思维增强科技的艺术元素。科技的发展和艺术的发展是相辅相成的，科技的艺术化表现其实就说明了科技需要艺术来衬托科技的显现，艺术思维有效地弥补了科技的缺陷，而艺术的永恒和固定也弥补和解决了科技的不完美和被淘汰。艺术思维是一种任何科技都需要的思维形式，科技需要艺术思维来创新技术。

艺术形式丰富了对科技的普及。纵观历史长河，社会发展中，艺术形式是丰富多样的，每个人身上都有不同的艺术细胞，所不同的在于艺术家们有效地利用了自身的艺术细胞将其丰富地表现和呈现出来，被人们所接受。因此，丰富多样的艺术形式也在不同程度上对科技手段和方式进行了普及。科技的艺术化表现是艺术形式在科技上的全面表现和有机结合。

艺术形式包括内形式和外形式，所谓内形式是指内容的内部结构和联系，外形式表现在艺术形象所借以传达的物质手段所构成的外在形态。艺术形式从结构、体裁、艺术语言和表现手法上都极大地丰富了科技，技术的发展也需要艺术形式多样化。

在当代，科技需要日臻完善，艺术形式的多样性无疑丰富了对科技的普及，使科技更大程度地发挥了自身的作用，科技的艺术化体现也越加明显。而作为永远都不只是一种形式的艺术，在

1　陈望衡 . 艺术设计美学 . 武汉大学出版社，2000：83.

2　R . 舍普 . 技术帝国 . 三联书店，1999.

3　周易 . 中华书局 .2006.

高科技迅猛发展的当代，在有着人文精神传统的高雅文化和艺术创作在当代信息化、数字化、虚拟化表现越来越突出的时候，科技的艺术化尤为重要。

艺术发展对科技发展起推动作用。从科技发展中可以看出，技术的发展实质是一个不断完善、不断反复修改的过程，科技的发展需要在理论联系实践中不断加强。在人类社会发展过程中，科技在不断进步，技术为人类所创造，也在不断为人类的生产和生活服务，当技术水平已经达到一定水平的时候，当技术已经发展到一定程度的时候，当技术已经炉火纯青、难分高下的时候，艺术的发展就对科技的发展起到了推动的作用。

艺术是人类发挥主观能动性的结果。艺术的表现力、生命力、创作能力都是人类主观能动性发挥的结果，技术的炉火纯青，到最后的竞争，都是艺术的表现力的竞争。如今的商业市场，任何产品，除了技术的完善和进步以外，产品的包装等艺术层面的东西也突显出了重要性。艺术的发展推动了技术的完善和进步，同样艺术的发展也弥补了技术的不足。在当代，发展技术的同时，艺术发展起到的推动力作用是不可忽视的。

艺术表现对科技有反馈作用。“人类早期的造物活动是满足最基本的使用功能需求而创造物品，先有技术性的创造活动，在其实用性的活动中逐渐建立起自身的审美意识，然后才有了审美的精神领域的艺术活动。”[1] 这是李立新在《本是同根生——谈技术与艺术的关系》一文中讲到的。这段话的意思是，当科技的创造性活动和实用性活动出来的时候，紧接着就出现了艺术的审美的精神的活动，而艺术的这种审美的精神活动又为科技的实用性活动起到了反馈的作用。

首先，艺术表现对科技进步有反馈作用。艺术的终极目标是提升人的精神境界，塑造人的美好心灵。在任何一个时代，美好的、向上的、积极的力量都是人类为了摆脱阴暗、蒙昧的永恒的追求。艺术的表现除了能够满足人类日益增长的精神需求以外，更应该满足人类心理上崇高的诉求，在当代，健康、绿色、环保、积极的艺术表现是促进科技的进步发展的。因此，艺术表现对科技进步有反馈作用。

其次，艺术表现对科技改进有反馈作用。科技在不断地发展，也在不断地改进。到了当代，尤其商业市场上，竞争激烈程度已经到了白热化的程度，各商家要想在激烈的商业大潮中占到一席之位，除了技术不断改进以外，艺术的表现也是必不可少的。好的艺术创作、艺术表现可以促使商家对技术进行改进，好的艺术创作和艺术灵感也可以促使商家对技术进行改进，技术需要艺术表现来弥补自身的不足。

■ 图 1-11 黑格尔

再次，艺术表现对科技完善具有反馈作用。科技在不断的改进中完善，艺术的表现能力也促使了科技进一步完善，同样，艺术的表现也对科技完善起到反馈作用。艺术作品具有探索心灵的力量，随着艺术市场、艺术资源的不断开发和深度开发，审美领域的不断扩大和深化，艺术表现是对科技完善有反馈作用的。

黑格尔（见图 1-11）说：“艺术并不是一种单纯的娱乐、效用或游戏勾当，而是要把精神从有限世界的内容和形式的束缚中

1 李立新 . 本是同根生：谈技术与艺术的关系 . 苏州大学学报，2002（10）.

解放出来，要使绝对真理显现和寄托于感性现象，总之，要展现真理。”[1]科技作品在追求技术完美和技术娴熟的时候，同样，艺术性也是科技作品应该追求和关注的目标。

单纯的科技作品只是片面地去追求技术的实用和物质性，没有从人类的灵活性和灵感性上面考虑，是不完美的，将艺术性注入技术作品中，会为科技作品增添灵动的魅力，为科技作品重新阐释新的境地。

1.5 引入数字媒体

当代艺术作品的创作中，数字媒体技术类型的创作占据了非常重要的地位。随着技术水平的提升和艺术作品需求的增大，市场需要大量具有此类充分利用高科技技术成分的产品来为人们所用。

尽管在新媒体的运用中，数字技术还需要人们深入研究、不断实践论证，而且在某些领域还需要在安全性和稳定性方面继续关注与改进，但是这已经不能阻挡数字媒体技术在现代社会中的进程。人类也正是意识到了科技改变生产力、改变生活方式的重要原则，开始充分利用数字技术的成果，满足现代社会文化、经济、政治进程中精神文化和物质文化的巨大需求。随着数字技术的迅猛发展，艺术会不断渗透到技术的前进变革中，技术也越来越需要艺术价值的提升，这仿佛是数字媒体时代技术与艺术高度结合、相互影响的全方位立体构架桥梁，如图 1-12 和图 1-13 所示。

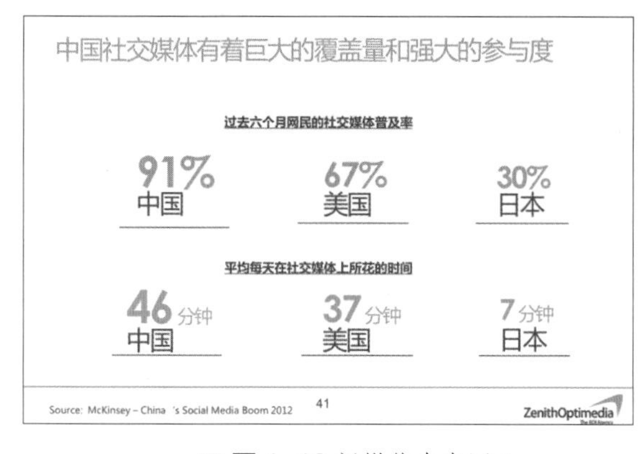

■ 图 1-12 新媒体在中国 1

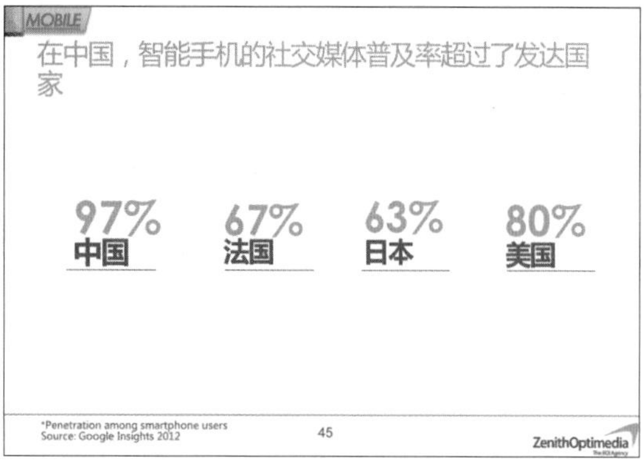

MOBILE
在中国，智能手机的社交媒体普及率超过了发达国家
97% 中国
67% 法国
63% 日本
80% 美国
*Penetration among smartphone users
Source: Google Insights 2012
45
ZenithOptimedia

■ 图 1-13 新媒体在中国 2

在全球经济高速发展形势下，数字媒体技术的水平成为各国关注和大力推动的重要举措。美国的数字媒体产业产值占到美国全年 GDP 的 4%，英国的数字媒体产业产值占到其 GDP 的 8%，显而易见，各国都将数字媒体的产值作为经济的重心之一。我国出于在政治、经济、文化战略中的前瞻性，已经意识到新媒体数字化领域的重要性。中国的数字媒体也进入了全面发展时期，如图 1-14 所示。

1　黑格尔 . 美学 . 第三卷下 . 朱光潜，译 . 商务印书馆，1982.

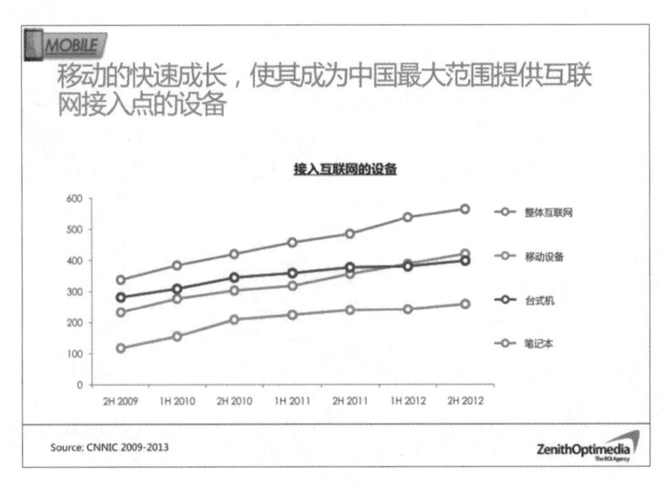

■ 图 1–14 新媒体在中国 3

数字摄影摄像、虚拟场景、虚拟动画、触摸多媒体、3D 打印、数字音乐等，这些数字媒体产业不仅有广阔的前景，更是推动了我国科学技术的创新与发展，也成为我国现阶段实现经济增长的核心力量。而且，数字媒体产业的发展也调动了我国产业优化结构的积极性，将我国传统行业和新兴行业的优势发挥到最大化。国家科技部制定了 863 计划，旨在提高我国自主创新能力，坚持战略性、前沿性和前瞻性，以前沿技术研究发展为重点，统筹部署高技术的集成应用和产业化示范，充分发挥高技术引领未来发展的先导作用，并相继在北京、上海、成都等地成立了“国家数字媒体技术产业化基地”。

人民生活水平的提高，不仅是综合国力的体现，更反映了人们对高品质生活质量的追求，当前的文化市场的繁荣正是数字媒体发展的大好时机。数字媒体在各行各业的广泛应用也提升了社会对数字媒体的高度认可，并且接受了数字媒体对各行业新型方式的改变与发展，这种推动是良性的，更促进了数字媒体与各行业之间高度的契合，以及技术为市场、为客户、为社会全方位服务的责任感和使命感。

综上所述，数字媒体一定会以最直接、最高速的形式深入社会各个行业，而多角度、全方位的结合，更是对各个行业潜力的无限挖掘。我们也拭目以待，未来中国社会的发展历程中，数字媒体技术将迸发出的巨大潜能。

本章小结

数字媒体技术从无到有、从简单到高技术含量、从局限性到各领域广泛应用，这样的进化与变革是人类发展历程中必不可少又充满挑战的一项创举。数字媒体所建立的新媒体，给现代社会提供的是一个广阔的、便捷的、开放的求知平台，新媒体平台中的获取方式更立体、更透明，是现代社会包容性更强、科技含量更高而且自由性更大的高质量平台。数字摄影摄像、虚拟场景、虚拟动画、触摸多媒体、3D 打印、数字音乐等，这些数字媒体产业不仅有广阔的前景，更推动了我国科学技术的创新与发展，也成为我国现阶段实现经济增长的核心力量。而且数字媒体产业的发展也调动了我国产业优化结构的积极性，将我国传统行业和新兴行业的优势发挥到最大化。我们也必将看到，随着数字媒体的发展与转变，数字媒体技术与各行业迅猛发展及紧密结合的将来，将会有一次给人类发展带来全新的科技变革。而我国数字媒体产业的产值和规模也呈现出高速发展的势头，这也就要求在艺术与技术、技术与艺术的一体化进程中对我们的专业提出更高的要求。

思考题

1 新媒体的“新”体现在哪些方面？

2 新媒体的新自由度体现在哪些方面？

3 新媒体的新领域涉及哪些全新的领域？

4 为什么要将艺术与技术高度结合，全面一体化？

5 我国为什么重视数字媒体领域方面的建设与发展？

知识点速查

◆计算机（Computer），是一种能够按照事先存储的程序，自动、高速地进行大量数值计算和各种信息处理的现代化智能电子设备。随着科技的发展，现在新出现的一些新型计算机有：生物计算机、光子计算机、量子计算机等。1954 年 5 月 24 日，晶体管电子计算机诞生。1969 年 10 月 29 日，通过 ARPANET，首次实现了两台计算机的互联。计算机发明者为约翰·冯·诺依曼。计算机是 20 世纪最先进的科学技术发明之一，对人类的生产活动和社会活动产生了极其重要的影响，并以强大的生命力飞速发展。

◆艺术家（Artist）是指具有较高的审美能力和娴熟的创造技巧并从事艺术创作劳动而有一定成就的艺术工作者；既包括在艺术领域、影视领域以艺术创作作为自己专门职业的人，也包括在自己职业之外从事艺术创作的人。艺术家是源于自然、发于心灵的艺术作品创作者。

◆数字媒体是指以二进制数的形式记录、处理、传播、获取过程的信息载体，这些载体包括逻辑媒体和实物媒体。其中，逻辑媒体是指数字化的文字、图形、图像、声音、视频影像和动画等感觉媒体，以及表示这些感觉媒体的表示媒体（编码）等；实物媒体是指存储、传输、显示逻辑媒体的实物。但通常意义下所称的数字媒体常常指感觉媒体，是以信息科学和数字技术为主导，以大众传播理论为依据，以现代艺术为指导，将信息传播技术应用到文化、艺术、商业、教育和管理等领域的科学与艺术高度融合的综合交叉学科。数字媒体包括图像、文字、音频、视频等各种形式，以及传播形式和传播内容中采用数字化，即信息的采集、存取、加工和分发的数字化过程。

◆新媒体是新的技术支撑体系下出现的媒体形态，如数字杂志、数字报纸、数字广播、手机短信、移动电视、网络、桌面视窗、数字电视、数字电影、触摸媒体等。相对于报刊、户外、广播、电视四大传统意义上的媒体，新媒体被形象地称为“第五媒体”。较之于传统媒体，新媒体自然有它自己的特点。对此，吴征认为：“相对于旧媒体，新媒体的第一个特点是它的消解力量——消解传统媒体（电视、广播、报纸、通信）之间的边界，消解国家与国家之间、社群之间、产业之间的边界，消解信息发送者与接收者之间的边界，等等”。2013 年 6 月 25 日，中国社会科学院新闻与传播研究所、社会科学文献出版社在北京联合发布了新媒体蓝皮书《中国新媒体发展报告（2013）》。

◆ 863 计划是于 1986 年 3 月，面对世界高技术蓬勃发展、国际竞争日趋激烈的严峻挑战，在充分论证的基础上，党中央、国务院果断决策，于 1986 年 11 月启动实施了“高技术研究发展计划（863 计划）”，旨在提高我国自主创新能力，坚持战略性、前沿性和前瞻性，以前沿技术研究发展为重点,统筹部署高技术的集成应用和产业化示范,充分发挥高技术引领未来发展的先导作用。朱光亚是 863 计划的总负责人，参与了该计划的制定和实施。

数字媒体技术概论

本章导读

本章共分 4 节，分别介绍了媒体及其特性、数字媒体及其特性、数字媒体技术的研究领域、数字媒体应用领域。

本章从媒体及其特性的视角入手，首先分析了数字媒体具有的显著特征，然后探讨数字媒体技术的应用及其发展情况，最后对数字游戏、数字动漫、数字影音、数字出版、数字电视、数字电影、手机媒体、数字广播、互联网电视、3D 打印、汽车媒体、全息影像、互动媒体等应用进行了专题分析。

学习目标

1. 了解各类媒体发展的历史及其轨迹；
2. 了解数字媒体的特性及概念；
3. 了解数字媒体技术的研究领域；
4. 掌握技术的发展及其对数字媒体的影响；
5. 掌握数字媒体、媒体技术等相关的概念；
6. 理解数字游戏、数字电影、全息影像的意义；
7. 理解互动媒体发展战略及核心竞争力；
8. 理解互联网电视发展的内涵。

知识要点、难点

1 要点

数字媒体的特性及概念、数字媒体技术的研究领域；

2 难点

数字媒体应用领域的战略思考。

2.1 媒体及其特性

2.1.1 媒体的概念

1. 媒介、媒体和大众传播

“媒”是“女”字旁,《诗·卫风·氓》中有“匪我愆期,子无良媒”;古语又讲天上无云不下雨,地上无媒不成婚。可见,很早之前,“媒”主要是在男女婚嫁中起传情达意的中介作用。

其实,除了用身体和口语进行的直接传播之外,一般而言,在采用某种方式来进行的信息传播活动中,人总是需要用某种物质载体来承载和传递信息,这种传播信息的物质载体或技术手段,就是传播媒体。“媒体”又被称为“媒介”“传媒”或“传播媒介”,英文为 medium(复数形式 media),是在传播学和当代公共生活中使用得相当普遍的一个词语。传播学范畴中媒介一词有两种含义:第一种指的是具备承载信息传递功能的物质,如电视、广播、报纸具备了接受者(受众),被称为“大众媒介”(mass media),而互联网等借助新兴的电子通信技术的媒介被称为“电子媒介”;第二种指的是从事信息的采集、加工制作和传播的社会组织,即传媒机构,如电视台、报社等。也有人把媒介与媒体这两个概念进行了细微区分,他们认为媒介(medium)指的是语言、文字、印刷、声音、影像内容信息,而媒体(media)指的是书本、报纸、杂志、广播、电视等传播媒介及其发行机构。

人类文明向来与媒体的发展有着密不可分的关系,从远古时代的“结绳记事”“占卦卜筮”到后来的“鱼雁传书”“烽火报捷”,再到印刷术的发明、现代科学技术的进步,人类文明一直与媒体的变革更新相互衔接、互为因果。可以这样说,没有媒体的更新与进步,就没有人类文明的繁荣与传承。英语中的 medium 与 media 是对单复数的区分,翻译成汉语,前者是指作为单一个体的媒介,如人们所熟知的报纸、广播、电视等大众传播媒介,而后者则是不同类型的“媒介聚合物”,它是集所有传统与现代媒介、社会生活与经济活动、文化艺术与科学技术为一体的综合性媒体,像人们所熟知的多媒体工作平台、国际互联网等一般都具有这样的综合属性。从性质上讲,它们都是多种媒介的聚合体,故译为“媒体”。在这里所提到的“媒体”概念,一般都是指承载艺术信息的综合性媒体,是集文字、图形、图像、动画、声音、语言等多种形态媒体为一身的综合体。概言之,“媒体”指的是人类制造、存储、传输和接收各类语言、符号、声音、图像和其他各类信息的物质和非物质载体的总称。这一意义上的“媒体”一词有着极其广阔的外延:从原始时代画有记号的石板,到当代城市生活中常见的随身听和智能手机;从极其个人化的情书、信物、私密通信,到极具公共性的集会、演出和影视观赏等,都属于“媒体”的范畴。这一层意义上的“媒体”指向的主要是“物”,即用以承载信息的物质材料——当然,这种物质材料也包括了人体本身,例如,当人通过动作、姿势或表情来传达信息的时候,他的五官四肢也变成了某种信息媒体。由此可见,广义的“媒体”有着相当宽泛的外延。

此外,“媒体”指现代社会生活中各种面向大众的公共信息传播体系及运作机构。如各类报纸、刊物、广播、电视、互联网、移动互联网等,以及生产经营这些信息载体的报社、杂志社、通讯社、电台、电视台、广播公司、网站经营商、运营商等，就是这一意义层面上所说的“媒体”，有时又称之为“大众媒体”。这一意义上的媒体包括两个部分：承载信息的“物”和生产、经营、发行这种“物”的“人”之集合体。第一种意义上的“媒体”是任何传播过程所不可或缺的一个环节，是任何传播活动的必要因素之一。不可想象没有媒体的信息传播，也不可想象不带信息的传播媒体。这里可以用加拿大著名传播学者麦克卢汉的一句名言来概括地表示：“媒介即信息”。这个观点的核心思想是，从人类社会的漫长发展过程来看，真正有价值的信息不是各个时代的具体传播内容，而是这个时代所使用的传播工具的性质及其开创的可能性。因此，媒介是社会发展的基本动力，每一种新的媒介的产生，都开创了人类交往和社会生活的新方式。[1]

2. “媒体”定义在“融合”中重塑

2014 年被很多人称为中国的移动互联网元年。从数据上看，中国的手机网民在第二季度的统计中已达到 6.68 亿人，智能手机用户占全球手机用户的比例已经超过 1/3；从生活习惯看，春节前后人们忙着抢红包的时候，发现自己的银行卡、信用卡已经和微信绑定在一起，这个绑定将在用打车软件付费时被频频使用；从接受信息的方式看，个性化的新闻推送、朋友圈的转发内容已经成为人们非常重要的信息获取渠道……在政府工作报告中，李克强总理用了“互联网 +”的概念，这其实不是一个简单的 + 号，实际上它可能是乘号、除号、减号。这是一个重新定义的时代。

有一个词叫“跨界”，仔细审视这个词，会发现它有误导性，或者有局限性。因为跨界的前提是存在着清晰的边界。实际上人们现在所处的时代是一个无界的时代。在这样一个边界消融的时候，行业一定是重新结构的。媒体所面对的问题是一切皆媒体了，任何一个个人都成了媒体。

这时实际上需要重新认识媒体的核心竞争力在哪里，媒体存在的理由在哪里，媒体存在的边界是什么。如果说媒体人还要捍卫自己的职业尊严，延续这个行业的生命，可能只剩下三样东西：观点与思想、调查与真相、解读与互动。 观点与思想不用说，要用能够团队化、协作化的方式，用现代的生产方式而不是个体化的生产方式，生产真正的有价值的东西。调查与真相，在众生喧哗、信息泛滥的时候，要能够通过扎实地调查，用事实、数据把真相告诉大家。解读与互动，具体到中央媒体，或行业媒体，要能把一个政策解读清楚，让政策的承受者与政策的制定者、执行者进行互动。

所以，未来媒体的核心竞争力，变得越来越有限，但也越来越清晰。作为媒体人，当看清楚自己所面对的形势的时候，可以摆脱焦虑心态，可以在剧变动荡的时代找到那些不变的因素，为前途奠定一个坚实的基础。 时代需要重新定义媒体，重新定义自己，而融合给媒体提供了一个这样的可能性。融合是有不同层次的，融合的三个层次：第一个关键词是“打通”。打通媒体内部的内容生产，打通媒体内部的运营管理，而最关键的是打通媒体与用户的连接，使媒体能精准地接触到用户的需求、把握用户的习惯。第二个关键词是“整合”。不仅整合媒体内部的资源，更重要的是整合行业资源，不同的媒体之间应该有深度的信息交流、资源整合，共同运作、信息分发。第三个关键词是“提升”。融合的最终是媒体与用户深度融合，以及媒体行业与其他产业深度融合，因为只有做到这两个深度融合，媒体才能够大幅地提升其生产效率、社会效益和影响力，才能真正变成习近平总书记所要求的新型主流媒体和新型媒体集团。[2]

1　李四达 . 数字媒体艺术史 . 北京：清华大学出版社，2008.

2　叶蓁蓁 . 站在全面融合时代重新定义媒体 . 中国记协网，http://news.xinhuanet.com/zgjx/2015-03/27/c_134102113.htm.

2.1.2　媒体的特性

媒体的分类有很多种，这里，为了更好地说明他们之间不同的特性，特将其分为四大媒体，即报纸、广播、电视、网络。其他的诸如杂志、手机媒体的特性都可以从这四大媒体中延伸。

1. 报纸

报纸是这四类媒体中最古老的一个，它以印刷术为科技基础，以纸张为载体。它主要有以下几大优点：

（1）易保存，有利于流传后世

手抄文字时期，人们为传递信息，采用很多传播载体，如龟甲、兽骨、石头、木头、竹简、丝绸等。这些载体有的轻便有的庞大，而且很多材料无法长久保存下去，流传不久。报纸则有易保存的优点，纸张不仅轻薄，而且作为印刷文字，一般来说不容易褪去，容易保存，甚至能流传于子孙后代。

（2）携带方便，可随时随地接收信息

报纸不受时间范围和地域范围的限制，读报时间和读报地点可以由读者自由掌握和控制。读者可以在地铁、办公室、家里、公园里读报，可以在一天之中的任何空闲时候读报，在这一点上读者的主动性很强。

（3）信息容量大，选择方便

报纸之中包含着大众所需的大量重要的和新鲜的信息，虽然报纸会受到版面的限制，但现在很多报纸为达到信息扩容的目的，都在进行扩版和改版，以保证读者能在一份报纸之中获得尽可能全面的信息。此外，信息的选择非常方便，报纸每个版面包含一个主题，读者可以根据自己的需求寻找自己想要的信息，而不需要其他的技术操作，可随时查阅。

综合起来，报纸有以上的优势，而且有些优势是目前其他媒体都无法替代的，这使得报纸能存在于激烈的传媒竞争中，而不可能消亡。然而，随着科学技术的进步以及人类传播事业的发展，在报纸之后出现了广播、电视和网络等媒体，和这些大众媒体相比，报纸存在局限性和弱点。

（1）对读者教育的要求

报纸是以印刷文字的形式向读者传递信息的传媒，这意味着它对读者的文化素质和识字率有一定的要求。没有接受过教育，受众是无法阅读报纸的，而文化水平较低的读者可能会对报纸上的信息出现误读、错读的问题，最终导致信息传播没有往传播者预期的方向发展。因此，报纸针对的必须是接受过一定的教育，并且对报纸传递的信息有能力正确理解的受众。

（2）与电视的声形并茂相比，略逊一筹

报纸传递信息的方式是靠文字和图片，而文字和图片相对于电视的声形并茂来说，就显得过于静态和枯燥，倘若信息量相同，受众自然愿意选择声像俱美的电视传媒。

（3）时效性偏弱，传播不够广泛

和手抄时期传播比，报纸传播信息突破了时间的限制，能够在较短时间内把大量信息传到千家万户。而电台、电视台、互联网的出现在这点上更加完善，现场直播、实况播映等方式使受众能在第一时间清晰地了解到来自世界各地的重大事件。而报纸受到工作程序的影响，不可能实现现场直播。因此，在时效性和传播范围上方的优势并不明显。

（4）和网络相比，互动性不够强

报纸和读者之间的联系，可以通过读者来信、读者座谈等形式实现，报纸传媒通常通过这些形式来接受反馈信息，以更好地调整自己的版面和报道内容，但这种方式耗时长久，而且效果不是很好。尤其和双向互动性非常强的网络媒介相比，报纸传受双方的互动性并不强。

2. 广播

作为20世纪最伟大的发明之一，广播改变了全球人类的生存环境、生活方式、价值观念和文化体验，而且对社会的政治、经济、文化、公共事务等各个方面都产生了深远的影响。它主要有以下优点：

（1）广播传播范围广，传播速度快，穿透能力强

广播比报纸和电视具有更强的穿透力。因而它所能达到的范围和传播信息的速度远远超过报纸和电视。在灾难性报道中，大多数媒体不能达到的地方都是靠广播传播的，而且它的时效性也在首发报道中起到了突出作用。

（2）多语种广播，针对性强

广播电台往往是多语种向全球进行广播，其语种之多是其他传统媒介所无法比拟的。

（3）成本低

以广播和电视制作节目为例。制作广播节目所需的人力、设备以及工作人员的劳动时间比电视要少得多。从听众的角度讲，广播接收机的费用比买电视、计算机和订报纸的费用要低得多。

（4）接收方便

广播是通过“声音”来传递信息的，受众是通过耳朵来获取信息的。这一特殊的传播和接收方式，决定了广播比其他任何媒介接受信息都要简单、方便。首先，人们不像看电视、报纸、上网那样要花专门的时间，在一个固定或相对稳定的地方来接受信息。人们可以在家里，也可以在路上、车中，只要想听就可以打开收音机。其次，在电视、报纸和互联网激烈争夺“眼球”的时候，广播可以让人们的“眼球”得到放松和保护。

但是，随着新型媒体的出现，广播也逐渐暴露了一些缺点：第一，只有声音传播；第二，信息展露转瞬即逝；第三，表现手法不如电视吸引人。

3. 电视

电视是现代所有媒体中最家庭化的媒体。人们几乎每天都要接触它。它的主要优点是诉诸人的听觉和视觉，富有感染力，能引起高度注意，触及面广，送达率高。而主要缺点在于成本高、干扰多，信息转瞬即逝，选择性、针对性较差。

4. 网络

网络与传统的三大媒体相比，具有以下优点：第一，多种传播符号组合，表现形式丰富；第二，信息丰富，资源共享；第三，网上信息可随时更新，时效性强；第四，实现信息双向传播，建立传受平等的新型传播模式；第五，信息选取由“推”到“拉”，便于搜索查询；第六，网上信息以超链接的方式发布，信息之间关联性高；第七，通信方式迅捷便利。

但是，网络媒体仍有自己的一些缺点：第一，网上传播目前法律规范尚不完善，导致色情、暴力等不当信息的泛滥，利用网络散布恶意、谣言、危害个体或公众的正当利益还时有发生；第二，网上知识产权的保护也是一个亟待解决的问题；第三，由于网络传播中，受众占主动，所以需要受众的主动选择，网络媒体才有市场。

2.2 数字媒体及其特性

2.2.1 数字媒体的概念

数字媒体是指以二进制数的形式记录、处理、传播、获取过程的信息载体，这些载体包括逻辑媒体和实物媒体。其中逻辑媒体是指数字化的文字、图形、图像、声音、视频影像和动画等感觉媒体，和表示这些感觉媒体的表示媒体（编码）等；实物媒体是指存储、传输、显示逻辑媒体的实物。

数字媒体的发展不再是互联网和IT行业的事情，而将成为全产业未来发展的驱动力和不可或缺的能量。数字媒体的发展通过影响消费者行为深刻地影响着各个领域的发展，消费业、制造业等都受到来自数字媒体的强烈冲击。

各种数字媒体形态正在迅速发展，同时也各自面对种种发展瓶颈，中国这个拥有最大的互联网用户群体的市场也成为国际数字媒体巨头的必争之地。各大主流互联网媒体纷纷向社交化转型，中国社交网站（SNS）用户已经超过1.5亿，约1/3的网民都在使用SNS；众多SNS新平台和产品竞相登场。视频网站和社交媒体成为数字媒体发展的新方向。将数字媒体的产品服务和创新技术融入品牌的市场推广体系，最大化数字媒体的营销效果；现有广告主、代理商、媒体主及其他各方角色如何在新媒体市场中迅速找准定位，利用现有业务的优势拓展新市场，成为当前数字媒体行业持续发展亟需回答的问题。

2.2.2 数字媒体的特性

数字媒体不是传统的艺术类型，而指基于计算机数字软件平台创作而产生的一种媒体艺术样式。它采用相同的数字方法、技术工具，运用各种数字符号将载体进行传播，然后复制，成为一种新型的技术方法、艺术表现形式和传播过程，是与大众化相融合的新兴艺术形式。

数字媒体的表现形式有很多种，比如数字电视、数字图像、数字动画、数字游戏、数字电影等。数字媒体的载体是计算机和互联网技术，通过利用计算机数字平台艺术的创作会更加得心应手。

1. 数字化的语言表达方式

数字媒体艺术的技术基础是数字技术。“数字技术”是伴随着计算机的诞生而诞生的，它可以借助一定的硬件设施将各种信息，包括图形、文字、声音、图像，转化为二进制数字“0”和“1”，便于计算机识别，然后进行计算、修饰、存储、传递、还原。利用该项技术，无论是什么艺术要素都可以被转化成“0”和“1”的排列组合，很大程度上方便了受众的使用。

2. 多样化的表现方式

数字媒体能被无限复制和传播，采用统一的工具、语言技术，巧妙地运用一切数字类型的传播载体，这使得其多样化的表现性体现得淋漓尽致。

3. 高效化的制作过程

无数实践经验表明，任何一件艺术品的完成都需要经过很多次的修改，甚至在创作的过程中重新来过也屡见不鲜。数字媒体作品使用数字化的创作语言，可以让作者方便地进行修改，并且“所见即所得”，对任何的内容都可以进行无限次地修饰和还原，奠定了其制作高效化的特点。

4. 大众化的艺术表现形式

探究数字媒体作品的本质内容，归根结底是隶属于大众文化的。在这个电子化信息化的时代，数字媒体作品的传播散布到现代社会的每一个角落，计算机和互联网等新媒体技术无所不在，其发展很大程度上依赖大众的审美趣味，满足大众的审美需要和娱乐需求，因此艺术大众化已经成为事实。[1]

2.2.3 数字媒体的分类

如果按时间属性划分，数字媒体可分成静止媒体（Still Media）和连续媒体（Continues Media）。静止媒体是指内容不会随着时间而变化的数字媒体，比如文本和图片。连续媒体是指内容随着时间而变化的数字媒体，比如音频、视频、虚拟图像等。

按来源属性划分，则可分成自然媒体（Natural Media）和合成媒体（Synthetic Media）。其中自然媒体是指客观世界存在的景物、声音等，经过专门的设备进行数字化和编码处理之后得到的数字媒体，比如数码照相机拍的照片、数字摄像机拍的影像、MP3 数字音乐、数字电影电视等。合成媒体则是指以计算机为工具，采用特定符号、语言或算法表示的，由计算机生成（合成）的文本、音乐、语音、图像和动画等，比如用 3D 制作软件制作出来的动画角色。

如果按组成元素划分，则可以分成单一媒体（Single Media）和多媒体（Multi Media）。顾名思义，单一媒体就是指单一信息载体组成的载体；而多媒体则是指多种信息载体的表现形式和传递方式。

简单来讲，“数字媒体”一般就是指“多媒体”，是由数字技术支持的信息传输载体，其表现形式更复杂，更具视觉冲击力，更具有互动特性。

图形图像数字出版是新媒体技术的一部分，以计算机技术、通信技术、网络技术、流媒体技术、存储技术、显示技术等高新技术为基础，通过设计规划和运用计算机进行艺术设计，融合并超越了传统出版内容而发展起来的新业态。如数字视听、数字动漫、网络学习、手机娱乐等都属于图形图像数字出版范畴。

依靠数字出版基地的技术支撑，重点围绕图形图像出版关键技术及内容的研究与应用，建立动态数字出版的全媒体出版板块。

2.2.4 数字媒体传播模式

传统媒体的传播模式比较单一，大多是一对多的广播模式。数字媒体以计算机及其网络为核心，延伸到多点互动的多播、点播、组播等多种模式。下面从传播的类型和要素具体分析数字媒体的传播模式。

1. 从传播类型看数字媒体的传播模式

数字媒体用于传播不同的内容就可以形成相应的传播模式，如数字媒体在教育领域的应用，就有基于课堂讲授型的多媒体教学模式、个别辅导学习模式、讨论学习模式、探索学习模式等教育传播模式。数字媒体在不同区域的应用，相应的也会形成其传播模式，如 Internet 的发展将全世界联系在一起，形成了地球村，使得全球传播得以快速实现。

从传播规模的大小来看，数字媒体传播模式呈现多样化的态势。第一，自我传播模式。是指人的内向交流，是每一个人本身的自我信息沟通，比如浏览网页、使用搜索引擎等。第二，人际传播模式。狭义上指个人与个人之间面对面的信息交流，比如 QQ 聊天、微信交流、E-mail 沟通等。第三，群体传播模式。是指人们在“群体”范围内进行的信息交流活动，比如 BBS、网

1 周婷婷 . 当代数字媒体的表现特性 . 中小企业管理与科技：中旬刊，2014（10）.

络社区等非实时和实时讨论，以及网络会议等形式。第四，大众传播模式。是指传播组织通过现代化的传播媒介——报纸、广播、电视、电影、杂志、图书等，对极广泛的受众所进行的信息传播活动，比如综合性网站、视频点播、数字书报刊、数字广播、数字电视、数字电影等。

2. 从传播要素及其关系看数字媒体的传播模式

通常认为传播过程包括五个基本要素：传播者、信息、媒体、接受者和效果。

首先，从传播要素的关系看数字媒体的传播模式，大致有以下几种。

（1）F2F 模式（Face-to-Face，面对面型）

面对面（F2F）的传播是人类最早的传播模式，也是任何时候运用最广泛的，并且也是任何媒体所追求的，数字媒体传播中 F2F 模式又可分为以下几种：点对点型，指传播者和受传者面对面，如双向视频会议系统等；端到端型，指受传者和受传者面对面，如视频直播室的聊天室、讨论区等；伙伴对伙伴型，指传播者和传播者面对面，如在网页上互相链接网站是一种明显的不同传播者借助各自优势，互通信息，扩大传播影响的行为。

（2）R2M 模式（Receiver-to-Media，受传者对媒体型）

R2M 指受众主动通过媒体获取信息，是一种拉（pull）的模式。如用户利用 RSS 阅读器订阅自己感兴趣的新闻。

（3）M2R 模式（Media-to-Receiver，媒体对受传者型）

M2R 指媒体通过一定技术自动向受众推送（push）的模式。如用户登录 QQ 时自动弹出的新闻列表。

其次，从传播要素的多少看，可分为：

① O2O 模式（One-to-One，一对一型）：指传播者和受传者一对一，如 E-mail、网络聊天。

② O2A 模式（One-to-All，一对多型）：指一个传播者对多个受传者，如 FTP 服务、博客。

③ A2O 模式（All-to-One，多对一型）：指多个传播者对一个受传者，如百度百科。

④ A2A 模式（All-to-All，多对多型）：指多个传播者对对多个受传者，如 BBS。[1]

2.2.5 数字媒体与传统媒体比较

以数字媒体、网络技术与文化产业相融合而产生的数字媒体产业，正在世界各地高速成长。数字媒体是非结构化的内容，包括视频、音频和图像，它们不是被存储在传统的数据库之中，这些非结构化的内容拥有自己所固有的价值。当今的传媒行业正面临迄今最大的一项挑战，传统媒体为了与新兴媒体竞争一直在努力，而不幸的是，新兴媒体却仰仗其内容的海量性、传播的及时性、影响的广泛性等竞争优势，享受着传统媒体的免费大餐。正因为如此，一场传统媒体向新型媒体讨回公道的“正义之战”在国内外纷纷上演。

1. 传统媒体技术的含义

传统媒体主要有声音、图像还包括电视、收音机等，有时间和空间的局限性，而数字媒体则集声、图、动画等于一体，更主要的是一定程度上解决了时间和空间的局限性。但是数字媒体并不能取代传统媒体。

2. 传统媒体面临的现状与挑战

随着互联网、手机、移动电视、楼宇电视等新兴数字媒体的迅速崛起，报刊杂志、广播电视等传统媒体面临着与日俱增的严峻挑战，受众和广告收入不断流失，覆盖面、渗透率、影响力和

1 杨亚萍．数字媒体及其传播模式研究．甘肃科技，2009（11）．

投资额呈下滑趋势。

默多克称自己在“探求如何应对一个非我熟知的新兴媒介”时，迷失在令人困惑的新环境中。当今许多传媒公司被迅速国际化，并受到技术带来的冲击，以及要以专业化方式管理传媒业的大量压力。几乎所有传媒领域都在寻求如何适应有针对性的营销手法以及政府监管越来越严的趋势。

3. 数字媒体的特征

（1）以计算机作为创作工具或展示手段

以计算机为创作工具的艺术作品很多，比如，具有交互特征的多媒体艺术作品、电子游戏艺术作品、影像视频类艺术作品、数字图像类作品、交互装置或实物类艺术作品、电子音乐作品等。目前数字媒体艺术作品除了部分以喷墨打印或彩印形式展示外，多数仍以计算机屏幕本身作为展示工具，特别是由于数字艺术与计算机和网络有着密不可分的关系，所以它可以随着网络进行几何级数的传播。此外，许多经典的数字艺术效果也集中出现在电影（特别是科幻类电影）和电视（如MV、栏目包装或专题片头）画面中。

在数字艺术的创作实践中，数字技术必须作为工具来使用，但数字媒体艺术并非排斥传统绘画的工艺或技巧，就此产生的作品也不是绘画或雕塑的附庸，而是别具一格、自成一体。这是数字艺术的特点之一。目前，许多画家或艺术家在创作混合媒介作品时，越来越多地借助彩色喷绘打印机、数字丝网印刷机等电子手段进行创作和复制，并将作品和手绘、签字等传统技法相结合，创作出了具有新奇审美效果的传统艺术作品，如计算机版画、计算机油画等新型架上艺术。

（2）交互性和结果不确定性

交互性或互动性是网络传播最显著的特点，数字媒体艺术从诞生之日起，就和网络技术结下不解之缘。艺术的特征是艺术家通过对现实世界有选择地再创造，表达其对人类和社会的一些基本观念，而这种观念是可以与他人分享的。因此，观众对艺术作品的体验是非常重要的一个环节。传统艺术在不同程度上均强调观众参与的重要性，例如，观看电影或舞剧时，观众进入影片或戏剧所描述的梦幻世界中；当阅读小说时，读者进入小说的情节中，这无疑都是观众（读者）与艺术家、艺术品的交流和交互。工业社会和商品经济所代表的大众传媒和大众文化更强调“交互”对于艺术的重要性。即使在早期的电视节目设计中，要求观众通过电话和信件参与节目的反馈也是提高节目收视率的重要手段。而数字媒体艺术或网络艺术可以使观众的参与和交互达到传统艺术所达不到的境界。

受众对网络艺术的参与和交互体现在两个方面：其一，网络艺术作品是在受众的交互控制下逐步展开的，网络艺术的交互性在于它是建立于超链接技术平台之上的艺术，对作品的浏览不是线性的。因此与传统艺术作品不同的是，对网络艺术作品的观赏无法一览无余，需要通过对超链接的点击，层层递进，方能完成对作品的浏览。除了浏览中的交互性之外，网络艺术的交互性还存在于作品的创作过程当中，进行创作的不仅仅是作者，受众也会参与创作的过程。例如，20世纪90年代初，艺术家和设计师们通过人工智能艺术与娱乐软件的开发与研究，将人工智能的原理应用到计算机绘图和“互动艺术”实践中。

其二，由于受众交互控制的不同，可能导致结果的不确定性，这种不确定性，使得网络艺术作品永远处于动态之中。对于数字网络艺术创作结果的不确定性，也包括两个层次：首先，网络系统的超链接、搜索引擎给予受众更大的浏览自由度，受众不再受到指定分类和游览路线的限制，在受众点击超链接的过程中，诸多隐藏的作品信息被不同的浏览者发现或遗漏，也就表明同一个作品面对不同的受众会有不同的结果；其次，网络艺术的交互性让作者与受众的关系发生了根本的改变，有时，作者所提供的仅仅是概念和前提，而多人在线但互不谋面的交互使得每一个受众变被动为主动，作者的主观意志以及经验技能根本无法贯穿作品的始终，受众在参与过程中成为作品完成的一个组成部分，影响和改变着作品的最终结果。这种结果是包括作者在内的所有参与者无法预知的，其意外程度甚至让作者始料未及。例如，在网络游戏中，许多游戏的设计属于非线性故事结构，当玩家选择不同的故事进程或特殊行为时，往往会使得游戏故事结局大相径庭。

（3）具有丰富的媒体表现形式

传统上，艺术形式和门类的划分主要依据相关媒体的不同而做出区分。由于计算机的出现，使得传统上根据媒体材料和技术进行艺术分类的方式被打破，并由此诞生了新的艺术形式——数字艺术。数字艺术的本质就是“多媒体”和“超媒体”的艺术。由于数字艺术的本质是基于“0”和“1”的数字语言的艺术，而数字化处理又可以把声音、图像、文字、动画、电影、视频等不同的媒体信息“翻译”成为统一的“世界语”即数字语言，因此，数字艺术或新媒体艺术的制作和传播过程就带有了“媒体集成性”的特点。如数字绘画不仅可以模仿传统绘画工具和效果，还可以将绘画过程进行“记录”和“回放”，画家还可以根据该“记录”来对绘画作品进行中途修改和重新设计。

（4）具有更广泛的表现题材

数字媒体艺术作为一种新兴的媒体艺术和大众艺术，借助于其综合性的技术手段和跨媒体的特征，使得其表现能力大大超过绘画、摄影、舞蹈、戏剧、电影等传统艺术的表现形式。近年来计算机信息技术的发展，特别是图形图像表现力的增强和处理手段的日益丰富，给数字媒体艺术创作提供了广泛的表现空间。互联网的发展也使得艺术交流和艺术展览更加方便。因此，以艺术创作为特征的数字艺术绘画在艺术表现题材和创意思想上有了更丰富的内容。[1]

2.3　数字媒体技术的研究领域

2.3.1　数字媒体内容产业

随着科学技术和网络技术的不断发展，数字媒体技术得到了广泛运用，在电影、电视、动漫、音乐等行业中已成为数字媒体艺术。在数字化时代已经到来的今天，数字媒体艺术的发展影响着人们生活的方方面面。

数字媒体艺术产业被认为是21世纪知识经济的黄金产业之一，近年来，世界各国特别是发达国家纷纷掀起数字艺术热潮，数字产业迅速发展。在美国，数字媒体艺术产业已经成为美国核心产业之一，数字媒体产业占国民收入的4%，总值超过4000亿美元。时代华纳、迪士尼等西方50家媒体娱乐公司占据着西方数字媒体产业95%的市场。此外，美国数字媒体产业不但规模巨大，而且构建了完整的产业链，分工明确。如洛杉矶依托好莱坞，围绕电影艺术为中心大力发展数字媒体艺术产业；旧金山利用自身浓厚的亚洲文化，朝着多元化、多维度的方向发展；弗吉尼亚州的数字媒体产业以艺术展览为核心辐射发展。

数字媒体产业已成为英国的重要产业，每年产值占英国GDP的8%。完善的融资机制是英国

1　李四达. 数字媒体艺术概论. 北京：清华大学出版社，2006.

数字媒体产业可持续发展的重要保证。英国在政策上给予大量资金来扶持数字产业，建立各种基金为数字媒体艺术产业提供融资。此外，在政府支持下，使银行贷款和私人基金成为英国数字媒体产业融资的主渠道，为数字媒体产业的发展提供了重要融资来源。

在日本，媒体艺术、电子游戏、动漫卡通等文化产业早已经领先全球，其市场规模达到 1200 亿美元以上，成为日本的支柱产业；韩国的数码艺术产业，特别是游戏产业更是创下了极好的业绩，在这个国家，数字内容产业已经超过汽车产业成为第一大产业。

在我国，国家相关部门高度重视和支持数字媒体技术及产业的发展，从创建产业基地到扶持关键技术研发，都投入了大量的人力、 物力和财力。上海、北京、长沙、成都等城市相继成立的数字媒体产业发展基地给了数字媒体技术发展以优质的发展空间。“十二五”期间，国家继续将高端软件和新兴信息服务产业作为重点发展方向和主要任务，并将继续推进网络信息服务体系变革转型和信息服务的普及，利用信息技术发展数字内容产业，提升文化创意产业，促进信息化与工业化的深度融合。我国经过近几年努力，现在已形成影像、动画、网络、互动多媒体、 数字设计等为主体形式，以数字化媒介为载体的产业链。数字媒体艺术产业已经成为北京、上海、江苏、浙江和东南沿海城市新的经济增长点和支柱产业。[1]

2.3.2 数字媒体技术的概念

在“多媒体技术”一词被广泛应用的今天，另一个词“数字媒体技术”悄然进入了人们的视野，在人们试图去辨析两个概念时，会发现它们更多地表现为一个概念从表象到本质的发展过程，正如从 “电化教育”到“教育技术”一样。与“多媒体技术”概念相比，人们可能无法追溯“数字媒体技术”概念出现的源头，也无法考证最初提出“数字媒体技术”的想法是否与“多媒体技术”的“数字化”本质有关，但有一点可以肯定的是，随着用户应用需求的提高，用户对多媒体信息处理的要求从简单的存储上升为识别、检索和深入加工声音、图像、时间序列信号和视频等复杂数据类型，由于这些媒体的表示在计算机系统中以大量数据存在，所以数据的高效表示和压缩技术就成为多媒体系统的关键技术。早期的计算机系统采用模拟方式表示声音和图像信息，这种方式使用连续量的信号来表示媒体信息，但存在着明显的缺点：第一，易出故障，常产生噪声和信号丢失。第二，模拟信号不适合数字计算机加工处理。数字化技术的实现使这些问题迎刃而解。用数字化方式，对声音、文字、图形、图像、视频等媒体进行处理，去掉信号数据的冗余性，满足了用户对媒体信息海量存储、快速处理的要求。随着技术的发展，媒体信息处理的“集成性”特点已经逐渐被“数字化”特点所取代。多媒体的“集成性” 特点使 “多” 已经不再是难点，而处理技术的“数字化”则更体现了多媒体技术的核心。目前， “数字媒体技术”概念的相关教育应用有“数字媒体技术学院”“数字媒体技术专业”“数字媒体技术方向”以及“数字媒体技术”方面的书籍。但所能获得的有关“数字媒体技术”的研究文献极少，相关的书籍大致有 4 部：[2]

① 姜浩 . 数字媒体技术与互动影视应用 [M]. 北京：中国广播电视出版社，2001. 结合数字媒体技术，研究互动在影视创作、制作、发布、传播和呈现等方面的应用，包括：影视艺术领域互动的定义、基本要素和特点、数字媒体技术的理论和相关的重要概念及过程、几种具体的互动影视应用的技术基础及发展状态、数字媒体技术革新背景下互动影视的发展前景。

② 戴维 · 希尔曼 . 数字媒体技术与应用 [M]. 熊澄宇，等，译 . 北京：清华大学出版社，2002.

1 胡燕 . 中国数字媒体艺术产业发展策略研究 . 南京财经大学学报，2014（7）.

2 莫丽敏，梁斌 . 从“多媒体技术”到“数字媒体技术”： 一个概念的发展 . 广州广播电视大学学报，2008（4）.

计算机软硬件和操作系统，文本及数据文件的采集和使用，图形、图像及色彩的应用，数字音频、数字视频和计算机动画、产品设计、编著工具的选择与使用，数字媒体与因特网。

③ 刘惠芬 . 数字媒体：技术、应用、设计 [M]. 北京：清华大学出版社，2003. 数字媒体信息的构成方式、编辑方法、传播设计原理和创作过程。书中首先介绍数字媒体的基本概念、特点和新的传播方式，然后从应用的角度介绍多媒体计算机、网络和多媒体技术，从创意设计的角度介绍多媒体信息的编辑处理方式和开发过程，包括音频、图像、动画、视频以及交互式媒体的处理和设计。

④ 张文俊 . 数字媒体技术基础 [M]. 上海 : 上海大学出版社，2007. 数字音频处理技术、数字图像处理技术、计算机图形技术、 数字媒体信息输入 / 输出和存储技术、数字媒体传播技术、数字媒体数据库、信息检索及安全。

2.3.3　数字媒体技术的运用

1. 在影视广告领域中的应用

传统大众广告媒介比如 LED 看板、灯箱广告牌、公交车车体等的传播形式是立体平面上静止的单向传播,无法吸引人的主动关注,也无法有效实现对消费者需求信息及时与真实的收集和反馈，只有依托数字媒体，让广告内容“动”起来，营造最佳视觉效果，才能加深人们对某种产品的印象，影视广告的多样性、动态性、艺术性和分众化正好能够满足受众需求。影视广告的剪辑、制作与数字媒体技术的应用是密不可分的，比如数码技术的应用使得影视广告后期制作更加高效，高清技术的应用使影视广告的视觉效果更佳,可以说数字媒体技术直接刺激并带动了影视广告的创新，增强了其艺术表现力和整体实效性。如脑白金系列广告可谓是达到了“极高知名度、极低美誉度”的境地，该广告作品中的两个卡通角色是用计算机三维软件制作而成的，诙谐幽默，跳着各种风格舞蹈引出广告主角，即一盒跳着同样舞蹈和动作的脑白金，一对跳着诙谐、风趣舞蹈的卡通老夫妻本就能够快速吸引受众眼球，随着跳动节奏，受众视野中出现了广告主角，受众注意力必然也会被主角吸引，那么他们对产品的记忆会更深刻，能够快速实现广告目标。虽然该广告作品至今还存在争议，但其自广告以来 一直畅销不衰的经营成果再次证明了数字媒体技术在其中发挥了巨大作用。

2. 在大众娱乐领域中的应用

当今时代，在日常生活中最受人们欢迎的娱乐方式当属休闲游戏。数字媒体技术在大众娱乐领域中的应用使得作为聊天、视频、娱乐工具的微信、QQ 等成为人们生活所需，通过这些工具，人们能够实现远程沟通。另一方面，人与人之间面对面交流的机会减少，难免有一部分人会自我屏蔽，久而久之，与人沟通的能力降低，难以真正融入社会，所以说，数字娱乐必须适度。

3. 在电子商务领域中的应用

电子商务的兴起带来了网上购物潮，人们足不出户就能享受到数字媒体技术带来的便利。若一个网站通过数字媒体技术构建了一个网上虚拟购物场景，以三维展示方式展示产品，同时消费者在虚拟的商场内可以对自己想买的商品进行浏览、挑选、试用等，这样的网站往往更能吸引住消费者眼球，更能满足消费者的个性化需求。虽然目前电子商务系统远远没有达到上述功能，但数字媒体技术在现代购物方式中的价值是显而易见的,数字媒体技术通过网站为消费者提供商品，还能与网上银行协调使用，极大方便了消费者。电子商务是 21 世纪极具发展潜力的领域，将其与数字媒体技术相结合，必然会改变人们的生活和工作习惯。

4. 在教学领域中的应用

当前，多媒体教学手段在教育领域中已得到了广泛应用，它促使着教育模式、教学内容、教学观念以及学生学习方式的改变，对教育的影响是非常巨大的。一方面，将数字媒体技术应用于现代教学中，促使着教材多媒体化、资源全球化、教学个性化、学习自主化、活动合作化、管理自动化、环境虚拟化；另一方面，改变着传统教学模式，打破了传统教学中一对一的教学方式，增强了教学环节的互动性和趣味性，学生能够主动融入学习中，有利于形成良好的学习氛围。

2.3.4 数字媒体技术发展趋势

数字媒体技术应用广泛，相关产业发展尤为迅猛，已成为信息产业发展的亮点，前景十分广阔。虽然我国数字媒体技术尚处于发展阶段，有许多地方仍待提高，相关从业人员素质也参差不齐，但我国有着优秀的传统文化和传统艺术，随着艺术家素质的提高，数字媒体艺术将会汲取更多优秀的传统元素，通过视觉、听觉、触觉等方面的互动与结合，数字媒体艺术的内涵会更加丰富，数字媒体技术与传统艺术的结合也将会更加完美。其次，IT 和 TV 产业的整合能够满足受众不同需求，在为受众提供个性化的信息、体验、服务的同时，还能够提供专业的指导和建议，方便网上事务处理，增强网上交易安全性，方便自我学习，这对于科技发展和社会经济发展来说具有重大意义。所以，IT 和 TV 产业的深化整合也是未来数字媒体技术发展的主要趋势之一。[1]

2.4 数字媒体应用领域

2.4.1 数字游戏

数字游戏是所有以数字技术为手段，在数字设备上运行的各种游戏的总称。在西方，数字游戏作为一种新媒体，已成为继绘画、雕刻、 建筑、音乐、诗歌（文学）、舞蹈、戏剧、影视艺术之后的“第九艺术”。如今，数字游戏逐渐成为大众娱乐消费的重要项目，成为一种集商业和文化于一体的新媒介，并带来社会文化领域的一次革新。

1. 数字游戏具备文化、商业和意识形态三重性质，是当代流行文化的重要表征之一

如今，全球各个角落普遍存在并渗透于社会生活各领域的就是已经彻底商品化和全球化的流行文化产品。作为文化的组成部分，流行文化被认为是一种最普遍和最有群众基础的文化，是有限周期内快速起落的一种特殊文化。而它的传播更多地是通过大众传媒和各种新媒体进行的。数字游戏从一种新的科技进步的象征和休闲娱乐产品逐渐被人们认可和接受，并因集合多种艺术形式于一身而正式跻身艺术殿堂。当代世界，数字游戏俨然已成为一种新的流行文化产品。流行文化与当代商业和媒体系统的高度结合，又使流行文化同时具有文化、商业和意识形态的三重性质。数字游戏就兼具文化、商业和意识形态三重性质。首先，在数字游戏的虚拟世界中，无论是剧情、人物、画面、音乐、场景等都能体现出一种文化特质，甚至能引领时尚文化。以游戏角色为例，随着技术的进步，游戏角色被赋予鲜活的生命，创造者用近乎完美的身材比例、超前的服装设计和时尚的装饰选配来展现游戏角色的无限风采。

1 徐娜．数字媒体技术的运用与发展趋势研究．黑龙江科技信息 .2014（26）.

2. 数字游戏拓展社会文化创造和艺术鉴赏活动，促进文化繁荣和艺术普及

数字游戏作为高新技术与内容产业、创意产业的结合物，已经引起当代新媒体艺术与文化的大跨度融合。数字游戏艺术把图像、声音、互动和操作等元素整合起来，以文化“混血儿”的身份开启了新的文化创造和艺术鉴赏活动。

数字游戏以可视可听可感的虚拟互动体验传达着丰富的文化信息。在数字游戏的消费过程中，不仅有创作者与消费者之间的交流，也有消费者对游戏操作的反馈与意义符号的接受与解码。放映图像就如同声音的原理。它们用不断变化的意义和各种不同的表达来填充这个世界，其过程既不是完全线性的，也不是可预测的。其间必然存在着文化的熏陶和不同文化间的碰撞。正是由于数字游戏的艺术复合体特征，才使它以一种崭新的形式，依托现代科技巨大的工业复制能力、商业运作和媒体推介等为相关文化的普及和传播做出贡献。人们通过数字游戏平台，如计算机、家用游戏主机、便携式游戏机、智能手机等来获得娱乐体验的过程，就是数字游戏艺术传播的过程。在当代消费社会中，个体对消费品的态度并不完全取决于自身物质需要和欲望的满足，其中对符号意义的追求往往左右着个体的消费选择。而数字游戏的一个重要的符号意义就是能够彰显个性和品位，个体通过对数字游戏的消费来获得某种身份认同，最终形成一种共同的文化特质。因为文化可以理解为人的精神世界通过某种物质载体表现出来的社会化形态。数字游戏已经成为当前社会文化传播和文化创造的重要载体，并且不断地拓展和丰富文化活动。现代消费文化的产生，促使整个社会的生活方式采取以消费为主的游戏、享乐和无拘无束的样态。由于消费本身已经渗透了大量的文化因素，在消费中生活或在生活中消费也成为一种新兴的文化活动。[1]

3. 数字游戏丰富视觉文化形态，形成游戏产品和消费者之间双向互动的文化空间

在一个以图像资源不断膨胀并逐渐主宰人们生活方式的时代，“视觉文化”开始被文化界广泛讨论。当代社会的视觉文化是指依托各种视觉技术，以图像为基本表意符号，并通过大众媒介进行传播的一种通过直观感知并以消费为导向来生产快感和意义的视像文化形态。数字游戏作为一种集视觉效果、音乐音效、对话剧情和互动操作于一体的复合型艺术形式，往往以最新的数字技术为支撑，以视觉效果来吸引眼球。一方面，数字游戏开创了人们娱乐消费的新时代，为大众带来前所未有的游戏娱乐体验。另一方面，数字游戏成为以生产快感和意义为主旨的一种视觉文化形态。由于数字游戏打破了原来的高雅或精英化的传统艺术做法，成为人们日常生活的一部分，并在消费中使人获得快感和满足感，所以数字游戏的普及不断丰富着视觉文化形态。

4. 数字游戏既是对传统民族文化的冲击和挑战，又是民族文化走向世界的机遇和平台

在全球化背景下，各种思想信息和价值观念通过新媒介的助推上演着持续性的碰撞。这是因为全球化能够重新塑造各种身份认同，并且实现文化上的互动。数字游戏在国内的普及虽然出现些许波折，但最终完成了“逆袭”，成为国内文化产业中一股重要力量。但是，大众对数字游戏产品的态度充满矛盾，一方面通过消费数字游戏使自己从紧张的情绪和压力中解放出来，在虚拟的游戏空间中获得满足和快感。一方面担心由于过度沉浸而成为数字游戏的奴隶，走上成瘾的道路。这种矛盾放大到社会文化领域就会出现另一个矛盾冲突：数字游戏产品一方面丰富了社会文化生活，另一方面可能会对民族文化造成一定的冲击。[2]

1　赵岩．消费文化对中国当代艺术的影响．北方文学．2013（03）．

2　梁维科，李军锋．文化视阈下的数字游戏艺术．齐鲁师范学院学报，2014（2）．

2.4.2 数字动漫

1. 概念界定

动漫是动画和漫画的一个缩略称谓。中国近些年提出的“动漫产业” 的概念，是对西方国家近百年来发展起来的漫画、动画、游戏、 电影动画等产业的整体的概括性描述，在英文中最接近的相对应单词是“animation industry” 。

动漫产业是以“创意”为核心，以动画、漫画为表现形式，包含动漫图书、报刊、电影、电视、音像制品、舞台剧和基于现代信息传播技术手段的动漫新品种等动漫直接产品的开发、生产、出版、播出、 演出和销售，以及与动漫形象有关的服装、玩具、电子游戏等衍生产品的生产和经营的产业。动漫产业具有消费群体广，市场需求大，产品生命周期长，高成本，高投入，高附加值，国际化程度高等特点。当代动漫产业是一个高技术含量的产业， 它的研发与生产需要投入大量的最新技术设备与高素质技术与艺术创意人才。从产业属性的视角，澳大利亚麦觉里大学经济学教授、前国际文化经济学会主席大卫·索斯比在《经济与文化》一书中，用一个同心圆来界定文化产业的行业范畴，将文化产业分为核心层、外围层和相关层。国内有学者也按照这样的思路，将动漫产业划分为产业核心层、产业外围层和相关产业层三个层次。动漫产业核心层由动漫内容产品构成，外围与相关层则是基于动漫形象的庞大衍生产品集群。动漫产业在以产品形象为基础、版权管理为核心、各得利益为动力的前提下，产业链各环节间有明确的分工合作模式。这构成了动漫产业的层次结构。动漫产业各层次盈利模式， 与动漫内容密切相关的核心层变现模式以内容销售（如图书、报刊销售，电影票房等）以及通过电视、网络等媒体播出的广告收入为主；基于动漫形象进行多元开发的外围层和相关层产品则拓展出更多与产品形态直接相关的商品、服务销售、旅游、授权等盈利模式。数字动漫是动漫在数字时代的新产物，它突破了传统的动漫制作方法与传播渠道，通过手机、网络、数字电视等新型平台向观众进行展示。

2. 国际数字动漫产业发展趋势

第一，从目标受众方面来说，动漫的目标受众从少儿向大众拓展。动漫目标受众还包括青少年、成人。这样，对于动漫生产公司来说，要充分考虑到这一趋势，准确把握市场变化及动态，在动漫的创作内容方面， 要考虑到“大众”的需求，而不仅仅局限于少儿。

第二，从动漫的制作和生产模式方面来说，国际间的合作已经成为一种较为流行的方式。在许多国家，动漫公司联合制作及生产动漫已经成为一种流行方式。受此影响， 欧洲、日本和北美的动漫公司更倾向于和中国以及印度的动漫公司合作。

第三，新科技对数字动漫产业产生了深远影响，包括文化产品和服务的新形态，同时也促使动漫产业链的重新整合。互联网的发展，使得动漫产品的播出渠道多样化。比如新媒体动漫表现引人注目。在我国，土豆网 2012 年底宣布国内首部 3D 武侠动画 《秦时明月之万里长城》 在优酷土豆播放量超过 1.2 亿，日本唱片动漫巨制《火影忍者》在土豆的播放量超过 10 亿，分别刷新了国产动漫和日本动漫在视频网站的播放记录 。[1]

3. 中国动漫现状

国内动漫产业并非在原地踏步，2014 年初，几部国产动漫从小荧屏跃进大荧幕，均取得不错的票房成绩。其中，《熊出没之夺宝熊兵》拿下 2.5 亿票房，《喜羊羊》《赛尔号 4》《神笔马良》等其他 6 部电影也有超过 5000 万的票房佳绩。

1 熊澄宇，刘晓燕 . 国际数字动漫产业现状、趋势及对我国的启示，东岳论丛 .2014（1）.

据前瞻产业研究院相关动漫产业数据，2013年全年我国共完成258部动漫作品，动漫时长达到20多万分钟，国产动漫电影达到29部，动漫作品总数占全球第一。从出口量来说，中国动漫出口也有了快速增长，2013年我国动漫产品出口额达到10.2亿元，同比2012年增长22.80%。无论是数量还是总产值，我国确实可以称得上是“动漫大国”。

不过要是从制作质量、策划、后期产品开发来看，中国动漫产业“大”而不“强”。中国的动漫作品并不被国际承认，近十年来鲜少耳闻中国动漫获得国际大奖。而且，国内动漫产品出现一些怪病：普遍故事老套、动画线条生硬、细节处理不佳。

故事脚本太差是动漫业内的共识，动漫的故事脚本创作直接决定了产品质量。但国内动漫创作者有一种固化思维，认为动漫作品是给小孩子看的，但实际上，美国、日本这些动漫强国的作品，却是老少皆宜的。另外，国内动漫故事脚本之所以太差，还和编剧薪酬太低、原创动力不足有关。

高端人才不足，也是制约国内动漫产业发展的专业瓶颈之一。造成动漫制作人才困境的主要原因在于缺乏完整的动漫教育体系。尽管国内读动漫学生也将近40万人，但由于国内动漫教育院校水平不一，课程同质化现象十分严重，满足不了企业对人才多元化的需求。

国内的动漫产业之所以积贫积弱，后发力不足，一个关键点在于盈利模式单一，产品开发不足。某一款动漫产品上线，盈利点多仅限于版权。但日本的动漫产业多采用ACG模式，即动画、漫画、游戏三者结合开发，共同造势，动画由畅销漫画来推广。不过，现在借由手游产业发展，国内的动漫盈利也逐渐转向游戏淘金。

还应当看到，近几年动漫产业之所以能快步发展，离不开国家这几年的政策的支持，但一些政策补贴优惠反而被某些别有用心的商家利用，恶化市场。从2004年开始，国家就出台了一系列扶植动漫产业的政策，先是构架动画播出频道，批准动画上星频道和少儿频道；又限制引进国外动画片以保护本国动漫业发展，随后兴建了一大批动漫产业园区；2009年，多部委下发《动漫企业认定管理办法（试行）》，《办法》中规定动漫企业自主开发生产动漫产品可以享受软件产业的增值税和所得税优惠，但个别商家利用补贴漏洞，批量生产一些粗编滥造的动漫产品，恶化市场。[1]

2.4.3　数字影音

1. 概念界定

简单地说，数字影音就是运用计算机软硬件技术对数字化的影音信号进行处理，在数字化的环境中完成影音节目的前、后期制作。数字影音制作是一个综合性的过程，它要求制作者掌握数字影音制作的基本流程；掌握数字影音制作硬件和软件等工具操作使用的基本技能；同时在技术的基础上，还应具备相应的审美能力。

2. 相关应用

相对于便携式设备的小屏幕，电视的大屏幕更具视觉享受之乐。于是，从2007年起日本五大电视机生产厂商（索尼、松下、东芝、夏普、日立）共同推出统一网络电视平台标准acTVila，除提供消费者传统收视以外，也可通过网络整合进其他服务内容。到了2008—2009年，各大电视生产厂商更是纷纷与各式不同内容界面厂商合作，主要目的就是要提高内容丰富程度并结合品牌电视销售，以提高消费者对于网络电视及数字影音服务的接受程度。由于上述影音服务内容越趋丰

1　余菲.为何中国动漫上不了奥斯卡 国内动漫产业现状分析.2015-01-19.http://bg.qianzhan.com/report/detail/300/150119-ec4ce960.html.

富以及各式联网设备兴起，网络及电视汇流后也带起各种发展，而在不同情况之下对服务链上的各类运营商发展也有其关键因素。

① 广播电视运营商：传统电视主要内容来源，也是目前普遍家中电视主要收视来源，但随着数字化趋势还有网络用户的黏着度越来越高的情况下，传统广播电视运营商受到极大威胁。也使得更多传统内容供应商也加入数字内容服务竞争。

② 数字内容提供商：另一网络电视内容来源，负责提供数字化的电视节目内容及服务。

以上两者均可以是内容整合商。

③ 网络平台运营商：整合各项节目内容及服务形成一共同作业平台，如亚马逊、苹果 iTunes 等。

④ 硬件设备生产厂商：凡是提供形成网络电视服务的硬件设备皆属此类，如机顶盒、电视机、外围配件等。

⑤ 电信运营商：电信掌握带宽与用户资源。

3. 未来趋势

整体经济环境的起伏的与内容政策的开放程度对各种数字影音的发展情况具有影响，政策的开放程度会为运营商增加许多创新服务模式，而消费者也会因为经济情况的好转而提高对创新服务的接受。

反之，若经济不景气则会降低消费意愿。以通过网络收看影音内容为例，市场不景气会让用户降低收视开支，将传统付费有线电视服务转移至网络的免费服务；若经济环境发展热络则有利于使用浏览器收看网络影音内容的新联网设备投资的意愿。随着联网、影音、影像和语音等功能日渐整合，未来一定有更多属于网络与电视的整合应运而生，创新用户的感官体验，同时加速电视上网的产业机会。而“平台”既是联网设备及内容服务商间合作的桥梁，更是掌握用户的关键。开放性平台更可让数字影音内容及硬件设备都朝更多元化的方向发展。

在硬件设备使用上，电视使用行为与计算机差异仍大，而各家厂商推出的电视设备支持的网络内容以及对应的硬件设备完整程度不尽相同。因此，对于未来数字影音内容的普及，关键仍在于延续良好用户体验（User Experience，UE），如此不仅能抢攻原有网络年轻收视族群，也能稳固原有电视收视客户。

当网络成为主要传播路径之时，各区域的开放性网络带宽质量、网络串流、解压缩等技术发展也将决定未来数字影音服务模式的市场规模。[1]

2.4.4 数字学习

1. 数字学习的定义

E-learning 的 E 的是 electronic，即电子化，一般把 E-learning 译为数字学习。数字学习的起源可回溯到早期的远距教学。数字学习由远距教学发展而来有其脉络可寻，函授远距课程在早期是以文字为媒介，接着随着媒体的发展，也出现了以声音和视听科技为媒介的广播教学、电视教学；发展到目前以计算机、网络作为教育传播媒介。利用计算机协助教学活动，可溯及 20 世纪 90 年代初期的计算机辅助教学（Computer-Based Training，CBT；Computer Assist Instruction，CAI），此阶段计算机扮演着辅助性的角色，且将传统平面化、循序式的教材改为数字化、超链接式的数据规格。数字学习是利用各种数字媒介与网际网络等信息科技，来担任学习者和教学者的媒介工具，以有效促进教学者的知识传播与学习者的知识吸收，达成无时差、无所不在的教育学习或训练环境。

1 佚名．卫星电视与宽带多媒体．卫星电视与宽带多媒体，2011（12）．

2. 数字学习的内涵

数字学习在学习模式上，作为世纪性的学习模式分水岭，无论是从教育方式的变迁、学习过程的模式，还是教材的媒介以及人与人之间互动，相较于工业时代皆有显著的差异性。Heppel（1995）提出农业时代、工业时代及信息时代的教育特色，列以下要点概述：

① 农业时代：一对一的学习模式；学习地点在家庭或小区；学习重点以地方性需求为主。

② 工业时代：输入 – 输出式的学习；经济规模式的教育方式；学习重点以产品为导向；有监督员及标准查看学习结果。

③ 信息时代：小规模合作式学习；学习重点以过程为导向；指导式、组织式的驱动。

数字学习若要成为新的学习典范（learning paradigm），则有几项重要目标一定要先具备：

① 数字学习的最终目标是转型为以学习为中心的社群，而此目标可借由以学习为中心的科技来达成。

② 要转型为以学习为中心的科技，需先具有转型的教师发展。

③ 转型的教师发展需伴随着机构的改变。

④ 课程管理系统是使机构改变的驱动力。

3. 数字学习标准化

数字学习具有不受时空限制， 资源可以共享、再用，系统开放，协作多样等优势，因而受到越来越多的重视，发展十分迅速。但同时，数字学习发展到现在有 30 多年，历尽计算机与网络科技的变迁，也发生很多问题，其中最为突出的是各厂家、各时代间产品与信息的互通性问题。由于不同的教学系统有各自所识别的教学资源的格式，有各自的数据传输和通信协议，也有各自的学习者模型和学习过程记录方式，这些各家专属的规格也形成资源共享和教育发展的阻碍。要解决资源不能共享、互通性不强这些数字学习产业发展上的困扰，唯一的办法就是走标准化之路。2001 年起，美国 ADL 和 IMS 等机构大力倡导采用数字学习标准与规范。国际上随着数字学习标准需求的提出，并形成雏形的先期规范（specification）的组织中，以 IMS 最为重要，ADL 则偏重于现有数字学习规范与标准的整合与测试，IEEE 负责美国数字学习标准的制定工作，ISO 则负责国际数字学习标准的制定工作，这四个单位可说是全球最重要的数字学习标准制定组织，其余的单位大多是追随者角色。[1]

2.4.5　数字出版

经过多年的发展，数字出版大致经历了数字化、碎片化和体系化三个发展阶段。每个阶段都有不同的特征，并伴随着代表性的数字出版产品出现；每个阶段都是下一阶段的准备和铺垫，同时也是上一阶段的提高和升华。数字化阶段赋予了传统出版物新生命，使得传统书报刊以崭新的媒介、强大的功能、丰富的内容进行更为广泛的传播，其代表性产品形态是数字图书、数字期刊和数字报纸；碎片化阶段打破了结构化的“书”的形态，新闻出版企业能够面向特定的用户提供个性化、定制化、条目化的知识解决方案，其代表性作品形态是数据库产品和原创网络文学；体系化阶段以知识体系为内在逻辑主线，把所有数字化、碎片化的知识片段串联起来，运用语义标引技术和云计算技术，进行知识数据的智能整理，实现知识发现的预期效果，为实现知识图谱和大数据知识服务提供了可能，并有可能催生出数据出版这一智慧化的出版新业态。

1　谭秋浩 . 数字学习及其标准化浅析 . 科教文汇：下旬刊，2015（7）.

1. 数字化阶段

2009年，日本开启了电子书元年；而2010年则被誉为中国的电子书元年。彼时中国的电子书市场处于方兴未艾的阶段，无论是以终端阅读为代表的电子书产品，还是以数字图书馆为代表的在线电子书，均展示出了强劲的市场前景，数字出版在数字化阶段的代表性产品形态——数字图书从那时起开始发力。

对习惯于传统出版的出版人而言，当时以电子书（数字图书）、数字期刊、数字报纸为代表的数字出版还是新生事物，面对这一新生事物，编辑中存在以下几种态度：质疑、观望和恐慌。旗帜鲜明支持的不多，明确反对的也不多，各出版社皆如此。传统出版的编辑能够认清数字出版是未来方向，是大的趋势，且大势不可逆转，但是基于情感或者利益的束缚，他们往往不能主动地实现转型。

质疑的编辑对数字出版能否产生收益以及能产生多大收益缺乏足够的信心，尤其是观念较为陈旧的编辑，宁愿安于现状，仅仅满足于完成纸书出版的任务。观望的编辑认为数字出版虽能有收益，但不确定其收益能否与传统出版业媲美以及何时能够实现二者的均衡，故抱着机会主义心理骑墙于两种业态之间。恐慌的编辑则是提前夸大了数字出版的发展态势，认为数字出版一旦开始发展，就会降低纸书销量，直接影响其收益。迄今，数字出版已经取得了翻天覆地的变化，观望、恐慌和反对三种声音仍然存在，但理性的声音更多了。

2. 碎片化阶段

2010年到2013年，为数众多的出版社尝试进入数据库市场，纷纷打造专业领域的数据产品，力图在数据库市场分一杯羹。数字出版的碎片化阶段，各新闻出版企业侧重于将数字产品向数据库方向过渡和转型，一方面立足于将作为存量资源的传统图书进行碎片化加工，将其拆分到章节甚至是段落； 另一方面，重视在制资源和增量数字资源的引入和加工，力图扩充所属领域数据库的数量和质量。

在碎片化阶段，民营信息提供商往往走在了出版社的前面，推出了众多数据库产品。例如，在法律领域，有北大法律信息网的北大法宝数据库、同方知网的法律数据库、北大法意的法意数据库、超星公司的法源搜索引擎等；在建筑领域，有正保教育集团打造的建设工程教育网。同时，汤森路透和励德爱思唯尔（现已更名为励讯集团）等境外出版传媒集团也纷纷在法律、医疗、金融等领域推出自己的数据库产品，不断开拓我国的个人和机构用户市场。应该说，无论是民营企业还是境外企业，其数据库产品技术功能和市场占有率都远远超过了出版单位，有所不同的是，民营企业占据了企业用户、事业单位用户和政府机关用户市场，而境外企业大多仅在企业用户、事业单位用户市场占有优势。

3. 体系化阶段

数字出版发展的第三阶段——体系化发展阶段，其主要特征有：以知识体系为逻辑内核，以知识服务为新的产品（服务）形态，以大数据、云计算、语义分析、移动互联网为技术支撑，以存量资源、在制资源、增量资源为服务基础，出版业态呈现出数据化出版和智慧化出版的态势，呈现出内在逻辑清晰、外化形态合理、服务提供全面、知识自动成长的生态圈特征。

数字出版体系化发展阶段以知识体系为逻辑内核，这意味着，数字出版产业链的4个环节——内容提供、技术支持、市场运营和衍生服务，均围绕着知识体系的嵌入、融入、延伸而展开。数字产品的研发需要围绕知识元的建设与应用、知识层级体系建立、知识交叉关联规则确立等方面来组织文字、图片、音视频等知识素材；数字出版技术的应用，需要以实现知识发现、知识自动成长和知识服务为最终目标；数字出版的市场运营，更是需要针对不同领域的目标用户，从知识体系出发，提供个性化、定制化、交互式的知识服务。在知识体系研发方面，2014 年法律社率先研发出国内第一套法律专业知识体系——中国审判知识体系，将民事、刑事和行政三大审判领域的 2987 个知识点进行了系统梳理和总结，并在此基础上研制出了以审判知识体系为核心的中国法官知识库产品。

数字出版的体系化发展阶段以知识服务为最终产品（服务）形态。知识服务具备以下几个特征：用户驱动服务模式产生、问题导向出发提供知识解决方案，直联直供直销的即时响应方案，综合运用多种高新技术，注重知识增值服务，等等。

数字出版的体系化发展阶段，是以大数据、云计算、语义分析、移动互联网等高新技术为支撑的阶段。语义标引技术是数字出版体系化发展阶段的标志性技术，云计算技术是知识服务开展的关键性技术，大数据平台是知识服务外化的最佳表现形式，移动互联网技术的应用最容易产生弯道超车的跨越式发展效果。

数字出版的体系化发展阶段，极有可能催生出数据出版的新业态。数据出版，是指以数据作为生产要素，把文字、图片、音视频、游戏、动漫都当作数据的一种表现形式，围绕着数据的挖掘、采集、标引、存储、计算开展出版工作，通过数据模型的建构， 最终上升到数据应用和数据服务的层面。在数据采集和挖掘层面，可能需要用到特定的挖掘采集功能；在数据标引层面，需要用到知识标引技术；在数据计算层面，需要用到离线计算、分布式计算等多种计算方法； 在数据模型建构层面，需要结合特定专业的知识解决方案，将专业与大数据技术相结合，建构一定的数据模型；在数据服务层面， 针对个人用户、机构用户的不同需求，提供在线和离线的多种形式数据知识服务。[1]

2.4.6 数字电视

1. 高清数字电视技术

如今数字电视技术发展的重要方向即是高清电视。高清电视具备极高的清晰度，其技术标准也更加的严格，对于数字信号的质量、信号接收以及传送技术标准都有相当高的要求。人们目前所说的高清数字电视，更加注重的是电视画面和声音的清晰度，把电视画面分辨率从过去的 720 × 576 增加到 1920 × 1080。而随着现代人对电视节目画面清晰度要求的提升，各大电视生产企业以及互联网视频中都能够看到“高清”“超清”等字眼，所以高清数字电视技术的发展应用前景非常广阔，是数字电视技术发展的一个重要方向。

2. 网络电视

互联网逐渐成为人们工作生活不可或缺的组成部分，越来越多的人都习惯从网络中获取需要的信息。所谓网络电视，指的是以互联网为载体向受众传输信息。网络电视和目前的普通电视比起来，其拥有的内容更加丰富多样，其终端设备往往是一部机顶盒或 PC，只需要这些设备便能够观看网络电视，受众也可以按照自己的需求来任意点播想要观看的电视节目。网络电视自身的互动性给传统电视带来了很大的影响，加之近年来网络技术突飞猛进的发展，网络电视节目的质量也越来越高，清晰度也逐渐提升。所以可以说，互联网技术与数字电视技术的发展必然会推动网络电视朝着更高的方向发展。

3. 卫星直播电视技术

和高清电视、网络电视不同的是，卫星直播电视技术是指利用卫星进行信号转播的电视节目。

---

1 廖文峰，张新新 . 数字出版发展三阶段论 . 科技与出版，2015（7）.

卫星技术的发展让通信卫星的转发器功能逐渐增强，卫星转发器具备超大的功率，能够有效地处理数字电视信号从发送到接收的所有传输作业。和上文中提到的两种数字电视技术比起来，卫星直播技术的一大优势在于其拥有不可比拟的覆盖范围，能够实现全球范围的数字信号传输。不但如此，卫星直播电视的收看也不需要非常复杂的设备，受众只需要利用天线就可以接收到优质的卫星电视节目。[1]

2.4.7 数字电影

影视诞生 100 多年来，随着数字技术的出现和普及，从影视的前期拍摄技术、后期制作技术再到发行、放映技术，影视都在朝着数字化转变和过渡，相应的影视的制作手法、发行方式，放映模式以及管理模式都将发生改变。

1. 数字影视技术概况

传统的影视摄影技术使用的是影视胶片感光成像的胶片摄影机，后来出现的数字影视摄影机是在拍摄过程中使用数字成像技术的摄影机。

① 与传统的胶片影视摄影机相比，数字影视摄影机可以通过外接的高分辨的监视器观测到将被记录的最终画面，对场景的改动都可以第一时间反映到监视器里，辅助设备能帮助摄影师对画面质量进行判断，将各种误操作带来的损失降低到最小。这一点，传统摄像机无法达到。

② 绝大多数的数字摄像机都没有了复杂的机械系统、存储系统，体积小，轻便紧凑，采用模板化的设计，拆卸运输都很方便。而且随着技术的发展，数字拍影视机的体积会更小，稳定性也会更好。

③ 数字摄像机可以同时记录画面和声音，可以使拍摄变得更简单。

④ 数字影视摄像机采用磁带存储和数据存储，可以长时间拍摄，数据存储分为硬盘和存储卡存储，相比胶片拍摄，不需要携带很多胶片，而且拍摄完后也不必急着尽快送去洗印。

⑤ 数字摄像机，即使在光线极暗的情况下，仍然能够保证拍摄出高质量的画面，对机动画面的控制也让人刮目相看，要是没有数字摄像机，数字影视无法完成。影视摄影机主要是向轻便化、小型化、低噪声、自动化方向发展。

2. 数字影视技术的革新

① 数字放映技术不断革新，带来影院的票房出现了显著增长。影片通过数字投影仪放映的时候，完全没有颗粒，都有三维的质量，感觉自己都好像能深入屏幕内。目前数字影视的摄影采用最多的技术设备是高清摄像机，它能够和传统的影视摄影机和零部件兼容，使用更为方便；大多采用硬盘记录，容量更大。

② 数字影视制作方式的革新。目前的数字影视的拍摄方式有三种，一是纯数字摄影，二是胶片数字合成摄影，三是胶片摄影。胶片摄影机的图像是最优的，第一种和第二种次之。胶片摄像机胶片的分辨率、色彩的还原度远超过目前的数字摄影机。IMAX 影像质量优秀，但是最早它的运作成本比较复杂而且成本也不低，体积庞大，使得早期的 3D 片播放的时长也受到限制。因此，早期的 IMAX 影视一直未能普及，大多为适合科技馆、天文馆等科普机构播放纪录片，直到 20 世纪 90 年代后期，以《珠穆朗玛峰》《幻想曲 2000》为代表的影视创下高票房纪录，宣告了 IMAX 影视大规模娱乐化的到来。[2]

1 曹英男 . 数字电视技术的发展及其应用 . 电子制作 .2015（3）.

2 普晓敏 . 浅谈数字电影的技术构成 . 品牌 .2015（3）.

2.4.8　手机媒体

1. 基本定义

手机媒体，是以手机为视听终端、手机上网为平台的个性化信息传播载体，它是以分众为传播目标，以定向为传播效果，以互动为传播应用的大众传播媒介，被公认为继报刊、广播、电视、互联网之后的“第五媒体”。

2. 主要特点

手机媒体的基本特征是数字化，最大的优势是便携和使用方便。手机媒体作为网络媒体的延伸，具有网络媒体互动性强、信息获取快、传播快、更新快、跨地域传播等特性。手机媒体还具有高度的移动性与便携性，信息传播的即时性、互动性，受众资源极其丰富，多媒体传播，私密性、整合性、同步和异步传播有机统一，及传播者和受众高度融合等优势。从传播角度看，手机媒体拥有的独特优势有：高度的便携性，跨越地域和计算机终端的限制，拥有声音和震动的提示，几乎做到了与新闻同步；接收方式由静态向动态演变，用户自主地位得到提高，可以自主选择和发布信息；信息的即时互动或暂时延宕得以自主实现，使人际传播与大众传播完美结合。

相较于传统媒体，手机媒体具备以下特点：第一，体积小，分量轻，便于携带。第二，易于使用，无须学习就能掌握它的操作方法。第三，它像计算机一样具有应用的可延展性。第四，它仍然在不断进步，手机的各项技术还有很大提升空间。第五，它的产品层次丰富，价格多样，几乎每个人都可以拥有一部自己能消费得起的手机。第六，一对一的传播，信息传达的有效性。第七，传播形式的多元化。

3. 发展历史

中国信息业实现跨越式发展。互联网信息时代手机影响力赶超广电媒体。从 2000 年到 2006 年 10 月底，固定电话用户由 1.45 亿户增加到 3.71 亿户，年均增长 21%；移动电话用户由 8500 万户增加到 4.49 亿户，年均增长 40%，居世界第一位。互联网用户由 3370 万户增加到 1.31 亿户，年均增长 32%，居世界第二位。中国的电话和互联网用户分别占全球的 1/4 和 1/10。中国 4.49 亿手机用户相当于 2005 年全国日报发行量总和 9660 万份的 4 倍，相当于同期全国上网计算机总数的 3 倍多，和全国电视拥有户数基本持平。2000 年 5 月 17 日，中国移动公司正式开通短信（SMS）服务，这种原本为客户节约开支的文本业务，却成为移动通信公司的最快经济增长点，全国短信发送总条数由 2001 年的 189 亿条到 2005 年的 2600 亿条以上，创下 200 多亿元的市场份额，手机短信不仅创造了让人震撼的“拇指经济”，也开辟了新的传播渠道。随着短信增长的趋缓，一种新的增值业务“彩信”（MMS）震撼登场，它是在移动网络的支持下，以 WAP 无线应用协议为载体传递多媒体的内容和信息，这些信息包括文字、图像、声音、数据等各种多媒体格式，例如音乐、贺卡、新闻照片、MMS、动画、铃声、视频等。随后又有一种手机铃声定制业务“彩铃”（炫铃）风靡起来。

2004 年 2 月 24 日，人民网推出国内首家以手机为终端的“两会”无线新闻网，首次实现借助手机报道国家重大政治活动新闻的历史性突破。从 2004 年起，中国联通和中国移动先后推出了基于蜂窝移动网络的手机电视业务试验。2004 年 5 月，中国联通发布了一项名为“视讯新干线”的手机视频服务。

2004 年 7 月 18 日，中国妇女报推出全国第一家手机报——中国妇女报彩信版，掀开了手机与报纸联姻的序幕。2004 年 11 月，我国台湾作家黄玄的“中国第一部真正意义上的手机小说”——

《距离》正式上线，引发手机文学的讨论热潮。

2005 年 3 月，北京首部用胶片制作的专门在手机上播放的电视连续剧《约定》在北京开机。2005 年 9 月，中央电台与联通和闪易合作，开通“手机广播”。2006 年 11 月 7 日，国家通讯社新华社开通“新华手机报”。拇指轻轻一按，新闻尽在“掌”握，为全国手机用户带来全新读报体验，用户可以免费收看。“新华手机报”第一时间播报新华网发布的重要即时新闻，并根据手机的特点进行了摘选和浓缩。每天 5 分钟，即可概览天下风云。

根据中国的宏观经济发展形势，专家预计，2020 年中国将是超过美国、欧洲和日本手机拥有量之和的全球最大市场。中国移动的数据用户人数在 2005 年增加了 32%。随着现代化发展步伐加快、经济全球化加速，处于流动状态中的人口将占世界人口总量的 1/3，达到 20 亿人。

总之，手机媒体作为以手机为中介，传播文本、视听、娱乐等多媒体信息的互动性的传播工具，将对传统的传播方式产生突破性创新，手机比计算机更普及，比报纸更互动，比电视更便携，比广播更丰富，集四大媒体的优势于一身，带来视听方式和传播模式的革命。

2.4.9 数字广播

数字广播技术是广播事业转型发展的必然，是将音频和视频等信号进行数字化处理，并在数字化状态下进行编辑处理存储播出的一种技术。数字化广播与传统的广播不同，其数字信号和数据传输是通过地面发射装置进行。数字广播已经进入多媒体时代，人们只需通过各种移动终端就可以接收到数字广播。与传统广播技术相比，数字广播技术使广播效果更好、内容更丰富、稳定性更强、听众体验更舒适。故而，探究数字广播技术的应用现状和发展亟待进行。

1. 数字广播技术的应用特点

目前，广播作为信息传播途径在我国来说还是相对比较广泛的。但是，随着新媒体的崛起，传统广播的生存压力凸显，传统广播急需革新技术手段实现广播数字化。相对于传统广播而言，数字化技术广播具有多方面的优点。首先，数字广播技术使得音频广播数字化，让广播内容品质升级，能够提供专业级别的音质效果。在兼具音质的同时，数字化广播稳定性也得到大幅提升，无论设备是固定还是移动，都能接收到清晰的信号，几乎没有干扰。其次，数字广播技术使得调幅广播数字化在全球发展迅猛，世界诸多广播事业单位努力推行数字广播技术，争做行业的领头羊。数字调幅相比传统模式，可以减少能耗降低污染，抗干扰能力很强，信号传输稳定性良好。

另一方面，数字广播技术的发展使得数字多媒体广播出现，数字多媒体广播不仅可以传送音频，还可以传送图像数据等，使广播在本质上发生飞跃。也使得广播听众范围更加广阔，无论用户什么时间什么地点，只要是在信号范围之内，就都可以接收到数字多媒体广播。究其本质而言，数字卫星广播是数字广播技术发展的实例，通过同步卫星、数字接收装置和地面控制系统组成了数字卫星广播。数字卫星广播覆盖面积极大，甚至可以覆盖地球每一个角落。最为重要的是，数字卫星广播成本较低，可以产生巨大的经济利益，这给传统广播带来了颠覆性的改变。

2. 数字广播技术应用现状

数字广播技术蓬勃发展，数字化技术被引入到与广播相关的各个方面。数字化音频广播源于德国，基于数字音频系统标准。具体而言，该项技术在数字技术的基础上通过对音频进行数字编码调制和压缩等处理，然后将该音频进行传播。我国从 10 年前开始起步，目前在全国范围数字音频处理技术已经有了比较广泛的应用。

数字调幅广播技术是数字广播技术的又一个成果。调幅广播历史久远，标准统一， 是一项全球性的广播技术。数字调幅技术于20世纪90年代在德国开始研究试验，并成立了相关的评估方案小组，最终确定了数字调幅技术的可行性与重要性，并开始全球推广。相比传统调幅方式，数字调幅技术所产生的信号更加稳定，不易受到电磁干扰，安全可靠。

除去在现有技术基础上的进步，数字广播技术也有很多创新的方面。数字多媒体广播便是一个创新的结果。数字多媒体广播是基于数字音频广播的创新产物。我国在20世纪90年代将数字广播技术由DAB过渡到了DMB，并对其展开了测试与研究，确定了数字多媒体广播的可行性，并开始进行全国推广。例如，目前公交车上安装的数字多媒体广播系统，可以为乘客在路途中提供广播信息，方便了民众对信息的接收。此外，数字卫星广播更是一大成果。数字卫星广播主要基于同步通信卫星，其信号覆盖范围是其他广播模式不能相提并论的。[1]

2.4.10　互联网电视

随着新媒体的全面融入，人们对信息的需求以及接收信息的方式发生了巨大的变化，电视作为人们日常生活中重要的信息传播载体，如何与互联网更好更有效地结合起来，成为当下重要的话题。互联网电视是电视技术和网络技术结合的产物，因此既具备传统电视直观性强、信息传达丰富等特点，又具备网络交互性、多元化、内容海量的特性，更好地满足了用户的个性化需求。随着我国电信网、广播电视网、互联网“三网融合”进程的不断推进，及移动互联网用户的迅猛增长，中国互联网电视蓬勃发展，一场“客厅革命”正在悄然兴起。

1. 中国互联网电视发展概况

在国际上，通过公共互联网直接向电视传输IP视频并和其他互联网应用融合的服务被称为互联网电视（OTT TV），其接收终端一般为互联网电视一体机，或机顶盒+电视机。而在我国，互联网电视是指通过公共互联网面向电视机传输的由国有广播电视机构提供视频内容的可控可管服务。

我国自1998年便陆续出现一些“电视机上网”的尝试。先是1998年微软向中国消费者提供一种廉价个人计算机替代品的“维纳斯”计划；接着是2004年盛大的“盒子”战略，它试图将电视升级为网络终端，但最终都退出了历史的舞台。2007年TCL与英特尔、腾讯合作推出中国首台智能交互电视——iTQQ电视，标志着内容提供商和终端商开始融合。

随着市场需求的不断增加，行业政策环境也经历了从严格限制到逐步宽松的变迁。1999年9月17日，国办发[1999]82号文件的出台，“电信部门不得从事广电业务，广电部门不得从事通信业务，双方必须坚决贯彻执行”。2010年，国家广电总局下发《互联网电视内容服务管理规范》《互联网电视集成业务管理规范》两大文件，对互联网电视采取“集成业务+内容服务”的管理模式，分别颁发内容服务和集成业务两类牌照，内容服务商提供节目资源，集成服务提供商建立平台。但是到了2011年末，国家广电总局出台《持有互联网电视牌照机构运营管理要求》，广电总局决定改变以往通过叫停规范互联网机顶盒的“单纯监管”方式，转而以“鼓励运营”引导互联网电视产业的发展。

2013年被称为我国互联网电视发展元年，整个互联网产业在宽带中国和三网融合的战略下，发展势头猛进，网络用户持续增长。目前互联网电视在中国覆盖用户数已超过5000万，根据《2014年中国互联网电视行业研究报告》显示，2014年中国互联网电视终端销售量达3312万台，市场渗透率达72.3%。按照我国原国家广电总局制定的《有线电视向数字化过渡时间表》，我国将于2015年完成模拟电视整体转换，届时将停止播出模拟信号的电视节目，全面实现数字电视信号播

1　李晓盟.关于数字广播技术的应用现状与发展研究.无线互联科技.2015（1）.

出。这意味着2015年中国将全面进入数字电视时代。

互联网电视已然呈现出爆发性增长的态势，尤其在2014年世界杯期间，互联网电视以其随时点播的优越性，借助赛事实现销售额井喷。新的媒介催生了全新的传播生态，构建起全新的市场格局。

2. 我国互联网电视主流模式

（1）“电视机生产商＋运营商”合作模式

目前国内互联网电视对播出平台及内容来源的集成有着严格要求，一台电视机只能植入一家集成商的客户端，并且必须由获得OTT TV播控业务牌照的集成服务商提供，而一般家电厂家不得涉足播控平台。当前我国互联网电视牌照有7张，分别是CNTV、百视通、华数、南方传媒、湖南广电、中央人民广播电台、中国国际广播电台。7家互联网集成播控牌照方均成立了实体公司，授权其进行可经营性资源的开发和运营。

因此，电视机生产商想进军互联网电视领域，必须与运营商合作，这也成为最典型的模式。例如，TCL与华数、夏普与百视通合作等，传统的电视厂家已不再仅仅局限于“终端制造者”的角色，通过这种合作，建立诸如应用商店及电子商务的业务模式，实现终端商以自身为主导的互联网电视平台。

（2）“电视机生产商＋互联网企业”合作模式

彩电业与互联网业深度融合之势必不可挡。2013年7月，阿里巴巴发布智能TV操作系统，并希望联合彩电行业共同构建智能TV生态联盟；9月，创维与阿里巴巴共同推出内置“阿里OS系统”的“酷开TV”。同月，TCL与爱奇艺联合推出互联网电视“TV+”，TCL负责终端电视机制造，爱奇艺负责云端内容；同年10月，创维联手爱奇艺推出超清盒子，将目标指向存量市场。电视机生产商与互联网企业合作，一方面使得电视终端能够通过新的电商渠道出货，降低对原有渠道的依赖，集成更多的电子商务及网络支付功能；另一方面使互联网企业将电商搭载到客厅屏幕媒介上，获得更多的广告收益。

（3）以乐视为代表的“内容＋平台＋应用＋终端”垂直整合模式

2013年5月7日，乐视网正式发布其自有品牌互联网电视——乐视TV·超级电视，该电视搭载乐视网Letv UI系统和应用市场，拥有90 000集电视剧、5000部电影的网络版权，垂直整合了一云多屏的视频及大屏产业链的完整生态系统，形成了乐视在内容全覆盖上的核心竞争力。乐视也成为全球首家正式推出自有品牌电视的互联网公司。以乐视为代表的内容供应商，已经摈弃单一的内容分发业务，打造出垂直化的产业链条，构建“内容＋平台＋应用＋终端”的四大核心路径。

对于内容供应商而言，借助自身丰富的内容资源，逐步进军电视终端已成为不可避免的趋势。与传统电视相比，内容供应商打造的电视终端不再依赖于硬件盈利，而是拥有多重盈利模式，包括硬件收入、付费内容收入、广告收入及应用分成收入等，通过自有品牌电商销售的模式省去营销成本、渠道成本和不合理的品牌溢价，全流程直达用户，这使得其定价更为灵活，加上自有的海量用户，优势大大凸显。

（4）电视台独立运营模式

芒果TV是该模式的典型代表，它是湖南卫视新媒体金鹰网旗下的网络电视台。2011年，湖南广电获第5张全国互联网电视牌照，国家广电允许其开展互联网电视集成服务和内容服务双业务。湖南卫视作为第一省级卫视，拥有相当丰富的综艺节目及独播电视剧资源，借助牌照便利和内容优势，湖南电视台开始独立运作互联网电视。

2013年4月，湖南卫视、华为终端及京东商城三方联合推出一款高清互联网电视播放器——芒果派M210。2014年8月，芒果TV携手TCL推出“TCL芒果TV+”双品牌互联网电视机，这是国内互联网电视牌照方与终端商合作推出的第一款联名电视机。芒果互联网电视是湖南卫视出品节目的唯一互联网电视播出平台，从牌照商、内容商进入终端和渠道，成为中国版的 HULU。[1]

2.4.11　3D 打印

未来学家里夫金提出互联网、绿色电力和 3D 打印技术影响“第三次工业革命”。而 3D 打印技术以数字化、智能化等多种特点，被誉为“第三次工业革命”的主要标志。3D 打印又叫增材制造，产生于 20 世纪 80 年代末，最早源自美国军方的“快速成型”技术。3D 打印通过计算机辅助设计完成一系列数字切片，让后将切片信息传送到 3D 打印机上，通过逐层扫描、堆叠，最后生成实物。3D 打印可以制造的东西很多，如产品模型、航天航空、医疗机械、艺术设计、电子产品等。作为一项集光学工程、计算机技术、控制技术、材料科学、机械设计、为一体的技术，3D 打印可以极大地释放人们的创造力。

1．在生物医学领域

2011 年，Wake Forest 再生医学研究所的 Anthony Atala 博士在 TED 演讲中展示了用 3D 打印技术打印出来的人体肾脏，在这个过程中，3D 生物打印机扮演了重要的角色。同年，荷兰的医生与 3D 打印公司 Layer Wise 合作，为一位 83 岁的老人打印出覆盖生物陶瓷的下颌骨，修补老人的下巴，完美痊愈，而且这项技术已经应用于整容。迄今，世界各地 3D 打印器官的案例还有很多。由于人体构造和病理存在特殊化和差异化，生物 3D 打印可以对症下药，提高病患康复率。

2．在设计领域

2013 年，世界第一座 3D 打印房屋“运河屋”在荷兰阿姆斯特丹落成。利用 3D 打印机逐块打印，最后拼接成一个整体建筑物。2014 年，苏州一家科技公司在 24 h 内打印了超过 10 栋楼房。3D 打印建筑机器用的“油墨”原料主要是回收材料，另外的材料是水泥和钢筋，还有特殊黏合剂。用 3D 打印技术，可以节约建筑材料，缩短工期，节约人工。3D 打印正在引领建筑业走向新的革命道路。

荷兰设计师 Irisvan Herpen，从 2011 年的初次尝试 3D 打印服装，到 2013 春夏巴黎高级定制时装周上与 Neri Oxman 合作，做到了技术与艺术的结合，震撼时尚界。服装、眼镜、首饰、高跟鞋都可以实现 3D 打印。2015 年 4 月，米兰时装周，United Nude 和 3D Systems 公司联手设计 3D 打印时装鞋，除此之外，两家公司还合作举办了一次具有建筑风格的鞋子展，作品出自 5 位大师级建筑师和设计师之手，他们是 Ben van Berkel、Fernando Romero、Michael Young、Ross Lovegrove 和 Zaha Hadid。

斯特拉迪作为世界首款 3D 打印汽车，其制作周期仅仅用了 44 h，全车部件 40 个，提速可以达到 80 km/h。“阿里翁”——世界首款 3D 打印赛车提速更是可达 141 km/h。在军事领域中，3D 打印技术能降低武器部件性能的缺陷。与减材制造方式造出的零部件和产品相比，3D 打印的产品物理性能更佳，制造周期明显缩短。

3．在饮食领域

3D 打印甚至还可以打出食物，如巧克力、比萨、糖果、鸡蛋、意大利面等。只要准备原材料，无须烹饪，就能享受一顿美食。这种集“技术、食物、艺术和设计”于一身的生活，让人充满遐想。可以想象，在未来的生活中，如果开发 3D 打印相关的 APP，就能随时随地打印，满足人们的需求。甚至会出现 3D 打印机的“4S”店，做到售后一条龙服务。[2]

2.4.12　汽车媒体

1．汽车网络媒体的发展

1997 年前后，包括门户网站、专业网站和企业网站在内，全国只有 9 家汽车网络媒体。进入

1　施宏．中国互联网电视发展模式研究．科技传播，2015（1）．

2　张海洋．与科技赛跑：3D 打印．艺术科技，2015（5）．

21 世纪以来，中国汽车工业高速发展，大众汽车消费持续升温。如今，国内汽车网络媒体（包括设有汽车频道的综合性网站）的总数已经超过 500 家。

就目前的发展模式而言，汽车网络媒体基本上可以分为门户网站的汽车频道、汽车专业网站、电子和平面汽车媒体的网络版、汽车生产厂家及汽车经销商的网站四大类。

2. 汽车网络媒体的主要报道方式

汽车网络媒体的报道形式主要包括专题式报道、滚动式报道、互动式报道。

专题式报道。是对一个关注程度较高或者持续时间较长的新闻事件进行集合式的报道，或者说专题式报道是一种由编辑根据自己的主观意愿与价值判断进行的稿件的组织。汽车网络媒体的专题式报道能在内容上对某一主题在时间、空间以及纵深等多个层面作较大程度的拓展，弥补传统媒体在容量或技术上的限制，充分发挥网络新闻报道的各种优势。

滚动式报道。如果说专题式报道追求的是新闻的深度和广度，那么滚动式报道追求的则是新闻的速度和时效。

互动式报道。一方面离不开网友的积极参与，另一方面又由于选题切合实际，往往能够引起网友极大的参与兴趣。[1]

2.4.13 全息影像

全息技术是利用干涉和衍射原理来记录并再现物体真实的三维图像的技术。全息摄影采用激光作为照明光源，并将光源发出的光分为两束，一束直接射向感光片，另一束经被摄物的反射后再射向感光片。两束光在感光片上叠加产生干涉，最后利用数字图像基本原理再现的全息图进行进一步处理，去除数字干扰，得到清晰的全息图像。

1. 主要特点

全息技术是计算机技术、全息技术和电子成像技术结合的产物。它通过电子元件记录全息图，省略了图像的后期化学处理，节省了大量时间，实现了对图像的实时处理。同时，其可以进行通过计算机对数字图像进行定量分析，通过计算得到图像的强度和相位分布，并且模拟多个全息图的叠加等操作。

全息影像是真正的三维立体影像，用户不需要佩戴立体眼镜或其他任何的辅助设备，就可以在不同的角度裸眼观看影像。其基本机理是利用光波干涉法同时记录物光波的振幅与相位。由于全息再现象光波保留了原有物光波的全部振幅与相位的信息，故再现象与原物有着完全相同的三维特性。

与普通的摄影技术相比，全息摄影技术记录了更多的信息，因此容量比普通照片信息量大得多（百倍甚至千倍以上）。全息影像的显示，则是通过光源照射在全息图上，这束光源的频率和传输方向与参考光束完全一样，就可以再现物体的立体图像。观众从不同角度看，就可以看到物体的多个侧面，只不过看得见摸不到，因为记录的只是影像。

普通的摄像是二维平面采样，而全息摄像则是多角度摄像，并且将这些照片叠加。为了实现立体“叠加”，需要利用光的干涉原理，用单一的光线（常用投影机）进行照射，使物体反射的光分裂（分光技术）成多束相干光，将这些相干光叠加就能实现立体影像。

全息摄像需要比普通摄像处理 100 倍以上的信息量，对拍摄以及处理和传输平台都提出了很高的要求。因此最早的全息技术仅用于处理静态的照片，而现在随着技术的发展，计算机运算速度的不断提升，处理和传输动态全息影像已经得以实现。

1 王晓坤 . 中国汽车媒体发展现状简析 . 青年记者，2013（3）.

2. 技术应用

全息学的原理适用于各种形式的波动，如X射线、微波、声波、电子波等。目前最常用的光源是投影机，因为其光源亮度相对稳定，而且具有放大影像的作用，作为全息展示非常实用。

光学全息术可望在立体电影、电视、展览、显微术、干涉度量学、投影光刻、军事侦察监视、水下探测、金属内部探测、保存珍贵的历史文物、艺术品、信息存储、遥感，研究和记录物理状态变化极快的瞬时现象、瞬时过程（如爆炸和燃烧）等各个方面获得广泛应用。

（1）日常生活

在生活中，也常常能看到全息摄影技术的运用。比如，在一些信用卡和纸币上，就有运用了俄国物理学家尤里·丹尼苏克在20世纪60年代发明的全彩全息图像技术制作出的聚酯软胶片上的“彩虹”全息图像。但这些全息图像更多只是作为一种复杂的印刷技术来实现防伪目的，它们的感光度低，色彩也不够逼真，远不到乱真的境界。研究人员还试着使用重铬酸盐胶作为感光乳剂，用来制作全息识别设备。

（2）军事领域

科学家研发出了红外、微波和超声全息技术，这些全息技术在军事侦察和监视上有重要意义。在一些战斗机上配备有此种设备，它们可以使驾驶员将注意力集中在敌人身上。全息照相则能给出目标的立体形象，而一般的雷达只能探测到目标方位、距离等，这对于及时识别飞机、舰艇等有很大作用。

（3）光学领域

全息摄影不仅记录了物体上的反光强度，也记录了位相信息。因此，一张全息摄影图片即使只剩下一小部分，依然可以重现全部景物。这对于博物馆，图书馆等保存藏品图片等，非常方便。在超大屏幕的影院里，戴上特制的眼镜，以超大立体画面配合环绕立体声音效让观众本身融入影片中，带来身临其境的真实感。

另外，由于全息摄影技术能够记录物体本身的全部信息，存储容量足够大，因此，作为存储的载体，全息存储技术也可以应用于图书馆、学校等机构的文档资料保存。

与传统的3D显示技术相比，全息影像技术无须佩戴专门的偏光眼镜，不仅给观众带来了方便，同时也降低了成本。而且立体显示方式能够将展品以多视角的方式介绍给观众，更加直观。

可见光在大气或水中传播时衰减很快，在不良的气候下甚至于无法进行工作。为克服这个困难发展出红外、微波及超声全息技术，即用相干的红外光、微波及超声波拍摄全息照片，然后用可见光再现物象，这种全息技术与普通全息技术的原理相同。技术的关键是寻找灵敏记录的介质及合适的再现方法。

（4）其他领域

全息照相的方法从光学领域推广到其他领域。如微波全息、声全息等得到很大发展，成功地应用在工业医疗等方面。地震波、电子波、X射线等方面的全息也正在深入研究中。

同时全息摄影可应用于工业上进行无损探伤、超声全息、全息显微镜、全息摄影存储器、全息电影和电视等许多方面。

全息技术不仅可制作出惟妙惟肖的立体三维图片美化人们的生活，还可将其用于证券、商品防伪、商品广告、促销、艺术图片、展览、图书插图与美术装潢、包装、室内装潢、医学、刑侦、物证照相与鉴别、建筑三维成像、科研、教学、信息交流、人像三维摄影及三维立体影视等众多领域，近年来还发展成为宽幅全息包装材料而得到了广泛的应用。

2.4.14 互动媒体

互动媒体（Interactive Media）又称互动多媒体、互动式多媒体。它是在传统媒体的基础上加入了互动功能，通过交互行为并以多种感官来呈现信息的一种崭新的媒体形式。

运用计算机对相关素材进行编程集成，使其融合成一个有机的整体——“多媒体软件”，因为通常是使用光盘作为载体，所以称之为互动多媒体光盘。

互动多媒体光盘能够运用丰富的媒体来呈现和表达内容，具有丰富生动的表现力。而简洁人性化的阅读界面，让用户可以根据自己的需要随意地跳跃选择适合自己的内容来观看，这是传统传播工具所无法比拟的。

本章小结

数字媒体及其技术正在深度改变这个世界，同时正以正以令世人瞩目的迅猛之势改变着人们的生存状态和思维方式。

本章从媒体及其特性的视角入手，首先分析了数字媒体具有的显著特征，然后探讨数字媒体技术的应用及其发展情况，然后对数字游戏、数字动漫、数字影音、数字出版、数字电视、数字电影、手机媒体、数字广播、互联网电视、3D 打印、汽车媒体、全息影像、互动媒体等应用进行了专题分析，以期抛砖引玉，引发大家对数字媒体等相关专业知识和技术前沿的深度思考。

思考题

1 媒体是什么？

2 数字媒体的特性是什么？

3 数字媒体技术研究领域是什么？

4 什么是全息媒体？

5 互动媒体的特性是什么？

知识点速查

◆传播学范畴中媒介一词有两种含义：第一种指的是具备承载信息传递功能的物质的意思，如电视、广播、报纸具备了接受者（受众），被称作“大众媒介”（mass media），而互联网等借助新兴的电子通信技术的媒介被称作“电子媒介”；第二种指的是从事信息的采集、加工制作和传播的社会组织，即传媒机构，如电视台、报社等。

◆数字游戏是所有以数字技术为手段，在数字设备上运行的各种游戏的总称。

◆简单地说，数字影音就是运用计算机软硬件技术对数字化的影音信号进行处理，在数字化的环境中完成影音节目的前、后期制作。

◆ E-learning 的 E 是 electronic，即电子化，一般把 E-learning 译为数字学习。

◆数字出版大致经历了数字化、碎片化和体系化三个发展阶段。

数字音频媒体技术

本章导读

本章共分为5节，分别介绍了声音的概念，音频的采集、记录，还音设备，音频的数字化过程，数字音频编辑等内容。

在1976年以前，所有的声音都是被记录在模拟录音机上的。这种记录方式将音频信号作为磁畴来记录，磁畴在强度上的上升及下降与信号波形一样变化。而数字录音机则是把音频信号作为许多1和0的数字编码来存储的。

数字音频是一种高度复杂的技术。虽然人们在20世纪20年代就对数字音频的基础概念有了很好的认识，但直到20世纪70年代数字音频才开始商业化。数字音频的复杂性使人们更加有理由从最基本的知识出发。

让我们鼓起勇气进入数字音频世界。

学习目标

1 了解声音是如何产生的；

2 了解声音是如何传播的；

3 了解声音如何被记录下来的；

4 了解记录声音的设备；

5 了解还音设备；

6 理解音频数字化的过程；

7 理解数字设备与模拟设备的区别；

8 掌握数字音频的基本编辑；

9 了解数字音频技术的应用。

知识要点、难点

1 要点

声音的产生、传播、记录和还原；

2 难点

音频的数字化、音频的数字化过程、数字音频的基本编辑。

3.1 声音概述

3.1.1 声音的定义

以音叉的振动来举例：当音叉振动产生声波时，会在介质点的平衡位置附近做往复运动，带动音叉周围的空气振动（声波由物体振动产生的），当振动在一定的频率和强度范围内时，人耳就可以听到。发生振动的物体称为声源，有声波传播的空间称为声场。当声源在空气中推动时，介质中振动着的质点的位移会作用到相邻质点，使后者也产生振动，物理学中把声源振动在介质（空气或其他物质）中的传播称为声波。声波在 15℃时，大约以 340 m/s 的速度由声源向外传播。气体中的声波属于纵波，即波的前进方向与介质点的振动方向在一条直线上。如此可以推断，横波是介质点的振动方向与波的前进方向是垂直的，横波也称“凹凸波”。但在固体中传播时，也可以同时有纵波及横波，如图 3-1 所示。

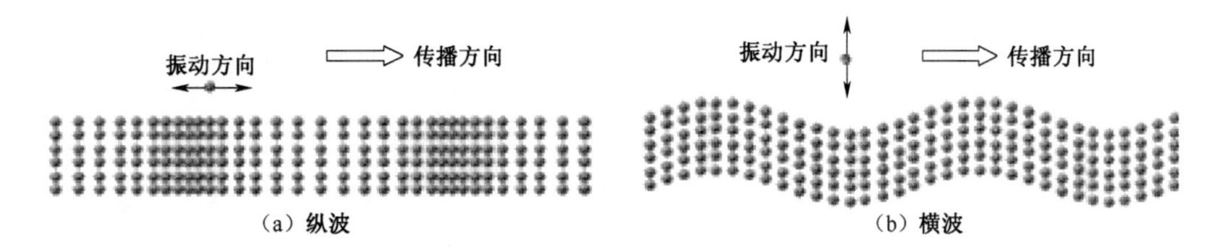

■ 图 3-1 纵波与横波示意图

1. 声速

描述声音传播速度的物理量，大小等于声音在单位时间内传播的距离称为声速（通常以 c 表示，国际单位是 m/s）。

声音的传播需要物质，物理学中把这样的物质称为介质。

以下是一些声音在不同的介质中的传播速度：

真空 0 m/s（也就是不能传播）　　空气（15 ℃）340 m/s

空气（25 ℃）346 m/s　　软木 500 m/s

煤油（25 ℃）1324 m/s　　蒸馏水（25℃）1497 m/s

海水（25℃）1531 m/s　　水（常温）1500 m/s

铜（棒）3750 m/s　　大理石 3810 m/s

铝（棒）5000 m/s　　铁（棒）5200 m/s

※ 记住：声音在不同的物质中的传播速度不同。

2. 频率

频率是单位时间内完成周期性变化的次数，单位是 Hz（赫兹，简称赫）。人耳听觉的频率范围约为 20 Hz ~ 20 kHz，超出这个范围的就不为人耳所察觉。低于 20 Hz 为次声波，高于 20 kHz

为超声波。声音的频率越高，则声音的音调越高；声音的频率越低，则声音的音调越低。

可听的频率范围可分为以下几个阶段：

低频　20 ~ 200 Hz；

中频　200 Hz ~ 5 kHz；

高频　5 ~ 20 kHz。

有时中频还可以进一步分为：

中低频　200 Hz ~ 1 kHz；

中高频　1 ~ 5 kHz。

3. 波长

波长是指波在一个振动周期内传播的距离，即波峰到波峰（或者波谷到波谷）的距离，如图 3-2 所示。

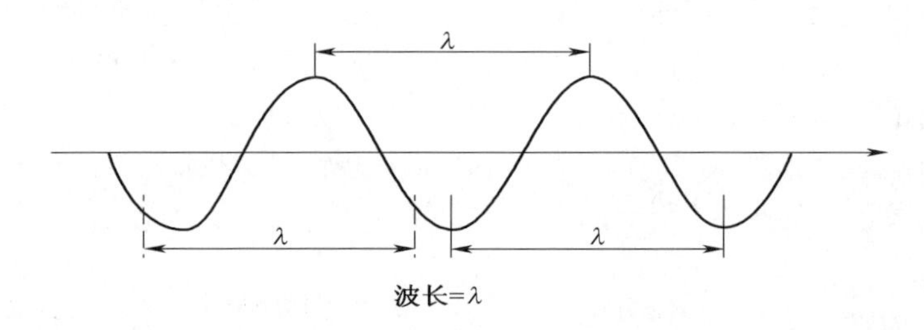

■ 图 3-2 波长示意图

4. 振幅

振动物体离开平衡位置的最大距离称为振动的振幅。振幅描述了物体振动幅度的大小和振动的强弱。人耳将振幅转化为音量。波形越高，音量越大；波形越低，音量越小。振幅在声波中的计量单位为 dB（分贝）。

5. 频谱结构

频谱结构决定音色。声音的基频和谐波的数目以及它们之间的相互关系称为频谱结构。频谱就是频率的分布曲线，复杂的振荡可以分解为振幅不同和频率不同的谐振荡，这些谐振荡的幅值按照频率排列的图形称为频谱。 它将对信号的研究带来更直观的认识。

6. 包络

包络就是随机过程中的振幅随着时间变化的曲线。

3.1.2　声音的特点

1. 声音的传播特点

（1）声波的反射

声波在传播的过程中，遇到尺寸比声波大的坚硬界面，会产生反射。反射角等于入射角。反射的声波好像是从反射面的后面与声源相对的位置发射出来的，就像反射面的后面有一个发声源，称为虚声源（镜像声源），它与反射面的距离等于声源与反射面的距离。

当声源在一个凹形反射面前时，声波会聚成一个焦点（雷达、电暖气）。对于不需要这种现象的场合或者场所中（例如播音厅），为了声波的扩散，应该要避免凹形的反射面。

当声源在一个凸形反射面前时，声波会产生扩散的效果（山路U形弯的反射镜）。播音厅中的设计经常使用凸面结构，来增加声波的扩散，使声场中声能的密度变得均匀。

（2）声波的衍射

当声波在传播过程中遇到障碍物的起伏尺寸与波长大小接近或更小时，将不会形成定向反射，而是散播在空间中，这种现象称为衍射。影响因素：障碍物的尺寸或缝孔的宽度与波长接近或更小时，才能观察到明显的衍射现象。这不是决定衍射能否发生的条件，只是使衍射现象明显表现的条件。波长越大，越容易发生衍射现象。

（3）声波的干涉

声波能发生干涉，可以用音叉来演示。当音叉产生振动发出声音的时候，它的两个叉股产生的频率是相同的，它们产生的两列声波发生干涉，出现加强区和减弱区。在加强区，空气的密度增大，振动加强，听到的声音也强。在减弱区，空气的密度减小，振动减弱，听到的声音也弱。综上所述，当转动正在振动的音叉时（以音叉手柄为中心旋转），就会听到声音忽强忽弱。

在空间形成振幅恒定不变的振动称为驻波。

（4）声波的能量耗损

根据平方反比定律，声波是向四面八方传播的。在传播过程中，距离越远，分配在每单位表面积上的声能就越小，导致距离越远声音就越小。

在遇到障碍物时，声波会被反射或衍射，还有一部分能量会被障碍物吸收，这也是声能损耗的一部分途径。

根据声波在空气和钢铁中传播可以推导出来，密度越大的传的距离越远，介质不一样，传播的速率也不同。

声波在介质中的损耗主要有如下几种：第一是随着声波在介质中的扩散使得某个方向上介质的密度降低，声波在铁轨中传得远就是因为铁轨的形状使得声波不易扩散，能量集中；第二是因为介质都不是理想弹性，声波传递的过程存在耗损和扩散，即一部分能量会转变为热，这与介质的弹性性能有关，容易受到压力、温度等的影响，还与声波的频率有关；第三是在介质边界处也会有明显的损耗。单纯从介质来说那就是弹性性能越好、体积模量越大的介质损耗越少。固体中除了纵波之外还有横波，纵波受体积模量影响横波的话就是切变模量。一般在15 ℃下，声波在空气（大气压依次增大）、液体、固体中的传播速度依次增大，能量于传播中被吸收，这涉及两个变量：介质损耗程度和介质传播速度。

【实例分析3-1：录音棚的声学装修】

结合声音的特性和声音传播的特点，我们知道，好的声音是需要频响平直、响度适中的。多数音乐都是在录音棚中进行录制的。在录音棚的装修设计中，有一部分是关于声学装修。那么这部分设计，就需要参考声音的特性和声音的传播特点。

录音棚声学设计中很重要的一点就是需要隔音。把外界声音隔绝，才能录到干净的声音。所以，录音棚的墙体会很厚，而且中空，就是为了阻挡声音通过墙体的振动传播进来。第二点是吸音。录音棚通常会很大很空，但在录音的过程中，通常不能录到很大的混响，所以就需要有专门的吸音材料来进行吸音。第三点是声音的扩散。录音棚中不能出现驻波，所以录音棚的墙面，是不能出现平行面的。

隔音、吸音和扩散，都是应用了声音传播的特性。

2. 人耳听觉的几种效应

（1）掩蔽效应

一种频率的声音阻碍听觉系统感受另一种频率的声音的现象称为掩蔽效应。前者称为掩蔽声音，后者称为被掩蔽声音。掩蔽可分成频域掩蔽和时域掩蔽。

例如，在声音的整个频率中，如果某一个频率段的声音比较强，则人就对其他频率段的声音不敏感了。应用此原理，人们发明了 MP3 等压缩的数字音乐格式，在这些格式的文件里，只突出记录了人耳朵较为敏感的中频段声音，而对于较高和较低的频率的声音则简略记录，从而大大压缩了所需的存储空间。在人们欣赏音乐时，如果设备对高频响应得比较好，则会使人感到低频响应不好，反之亦然。

【实例分析 3-2：掩蔽效应在现场的应用】

可以从模拟酒吧聊天状态的方式来体验掩蔽效应。酒吧里的环境通常是吵闹的。所以在酒吧里，人们需要提高自己说话的响度和音调才能让对方听清，这就是掩蔽效应。这种说话的状态和在安静的卧室里地说话状态是完全不同的。可以尝试让一个人在安静的卧室里戴着耳机听很大声音的摇滚乐，然后跟另外一个没有听音乐的人交流。结果就是戴耳机的人说话声音会让没戴耳机的人感到震耳欲聋，而没戴耳机的人说话声音会让戴耳机的人听不到。

利用这样的效应和现象，在拍戏中遇到酒吧场景，就需要注意了。因为同期录音中不能有酒吧的音乐、人群的嘈杂和灯光等设备的噪声。在现场一定是非常安静的，等到后期再将这些环境声加进去。所以在现场演员因为环境不同而有可能语调语气不一样。可以让演员戴着耳机听很大声的摇滚乐，然后去对戏，这样可以找到真实酒吧环境中说话的感觉。在实拍时，把耳机去掉，保持刚才说话的状态，就可以了。利用这样的技巧，可以轻而易举地解决在酒吧中没有环境但需要有状态的问题。

（2）双耳效应

双耳效应是人们依靠双耳间的音量差、时间差和距离差判别声音方位的效应。主要用于对声音的定位。

（3）哈斯效应

双声源的不同延时给人耳听觉反映出的感受，称为哈斯效应。根据哈斯效应原理，可以校正扩声系统的声像问题。

（4）鸡尾酒会效应

鸡尾酒会效应是指人的听力选择能力，是一种主观感受，一种心理现象。注意力集中在某一个人的谈话中而可以忽略其他人的对话。例如，当人们和朋友在一个鸡尾酒会或某个喧闹场所谈话时，尽管周边的噪声很大，还是可以听到朋友说的内容。同时，在远处突然有人叫自己的名字时，人们会马上注意到。又如，在周围交谈的话题是我们感兴趣的话题时，就会下意识地注意周围的谈话而忽略其他的声音。

【实例分析 3-3：拍摄过程中避免鸡尾酒会效应】

鸡尾酒会效应在生活中给予人们很多帮助，但是在拍摄影片时，它又会给人们带来很大的麻烦。在拍片子的时候都会出现这样的情况：在一个相对不是特别安静的环境下拍摄一段画面，拍摄的时候感觉台词非常清晰、电平量足够大，但回去后却发现，周围的环境噪声非常大，导致台词清晰度下降甚至听不清，信噪比非常低。这个现象就是人耳的鸡尾酒会效应造成的，在拍摄的过程中，人们将注意力都放在了台词上，感觉台词的响度是足够的，在后期制作的时候，则是以一个整体的角度去听判这个声音，于是就会发现之前没有听到的现场噪声。因为人的大脑是有主观感受的，但话筒、录音机是能够客观记录的设备，它们是不能进行选择性记录的。所以，在拍片子的时候，不仅仅要单方面注意台词，还要注意周围的环境声对台词的影响。从整体来审听声音的质量，从而避免在拍摄中产生的鸡尾酒会效应对影片声音质量的影响。

（5）多普勒效应

当发声源与听者之间发生相对运动时，听者所感受到的频率改变的现象称为多普勒效应。

【实例分析 3-4：生活中的多普勒效应】

人们常常会在马路上听到救护车或警车鸣着警笛呼啸而过。你会发现，以车子离自己最近的点为标记，可以分为前后两段。前半段随着距离越来越近，警笛声的响度会越来越大，音调会越来越高。在经过自己的时候，音调瞬间变低，然后随着远去，警笛声越来越小，音调越来越低。这就是典型的多普勒效应的感受。

3.2 音频采集、记录、还音设备及其特性

3.2.1 设备普遍特性参数

1. 动态范围及动态余量

动态范围是用来描述某一段音频或者某一台设备能够处理的最大信号与最小信号的差值。其中，最大信号值是指设备的失真允许值，即信号在失真前的最大值；最小信号值是指设备在静态时的本底噪声值。

通常，一台音频设备或包括采集、记录、处理及还音在内的一套音频系统中，动态范围决定着它能够通过的最大音量的信号与最小音量的信号的范围。比如，动态范围下限越低，越能够录到小音量的声音，例如针落地的声音；上限越高，越能录到大音量的声音，比如原子弹爆炸的声音。如果只有一只话筒，不能调节输入增益，需要在同一个系统不停机地录制“针掉在地上紧接着原子弹爆炸”的声音，假设这套系统的动态范围能覆盖这两个声音的响度，那么就能够比较完美地录制下来；如果这套系统的动态范围不能够覆盖这两个声音的响度，那么结果要么就是听不到针掉地上的声音，要么就是原子弹爆炸的声音会破掉。当然这只是个假设，事实上会有很多办法来录制这两种声音然后在后期进行合成。

动态余量是指正常信号电平与失真电平之间用分贝来表示的电平差。与动态范围类似，动态余量越大，则通过设备或系统的不失真信号电平越高。如果设备或系统拥有充裕的动态余量，那么其能通过高峰值电平的信号，而不只将信号削波。这对与类似“打火机声音”这样典型的拥有高峰值低响度的音频信号的声音尤其有用。

动态余量与动态范围不同之处在于，动态范围是指系统的静态时本底噪声值与失真允许值之间的空间范围，而动态余量是指信号与失真允许值之间的空间范围。动态范围是某个设备或某套系统固有的参数，而动态余量是可以根据经验或协定而随时更改的。

2. 频率响应

频率响应用来描述某一设备对相同能量的音频信号在不同频率上的不同灵敏度。很多设备说明书上会用一副“频率响应图”来描述设备的频率响应特性。

3. 信噪比

信噪比是指信号与噪声的比例。信噪比越大，得到的信号质量越好。在录音中应该尽量得到高信噪比的信号。通过话筒离声源更近的方式，可以得到更好的信噪比。

【实例分析 3-5：如何提高信噪比】

在影视同期录音的过程中，常常会处在比较嘈杂的环境中。所以，如果想要把台词录清晰，就需要提高信噪比。在设备、环境等硬件条件无法改变的前提下，通过“让话筒离声源更近”的方式，可以获得更好的信噪比。根据平方反比定律可以知道，距离每增加一倍，声音的能量就会衰减一半。所以反过来，距离每减少一半，声音的能量就会增加一倍。

比如，现在发生在学校食堂的一场戏。可以认为整个环境噪声在食堂空间的任意位置都是平均而恒定的，所以话筒放在任何位置，拾到的环境声能量都是一致的。但是对于想要的信号来说，话筒离声源越近，能量越大。比如，话筒距离演员的嘴 4 m 的时候，得到的信号与噪声的能量一致，信噪比是 1/1；如果把话筒距离缩短 1 m，变成 2 m，信号加倍变成 2，噪声不变，信噪比是 2/1；如果再缩短至 1 m，信噪比就变成 4/1；距离为 50 cm 时，性噪比变为 8/1；距离为 25 cm 时，性噪比变为 16/1。

所以，只要将话筒里声源更近一点，得到的信噪比就会更好。

4. 失真

如果输入的音频信号过高，超过了设备所能承载的电平量，就会出现“削波失真”，会听到类似于“沙砾般的、咔嗒般的”声音，这是因为信号的波峰被削去以后成为平顶形的波形。失真的音频无法再被还原。所以，在录制的时候一定要检测电平量，以免失真。

3.2.2 话筒

1. 话筒概述

传声器俗称话筒，是一种将声能转化为电能的换能装置。空气的波动引起话筒振膜的振动，然后振膜带动线圈切割磁感线，将振动转化为电信号通过线缆传导出去。

2. 话筒的种类

录音用话筒根据把声音变为电信号的转换方式，可分为常见两大类：动圈式和电容式。它们采用不同类型的振膜，导致录制声音的特性也不一样。

动圈式话筒更加坚固耐用，它的结构使它适合录制大声级的冲击性声音，它的振膜比电容话筒的振膜振动得稍慢，导致它对高频声音不是特别灵敏，动圈式话筒不需要外部供电。

电容话筒更加灵敏也更加脆弱，它的振膜通常不能长时间承受大声级的声音。在可控情况下，电容话筒可以使原始声音得到的更真实、细腻并能延伸至高频，电容话筒在录制中使用最为广泛。电容话筒需要供电，电容话筒的振膜使用所谓的幻象供电，如果没有幻象供电就不能将声信号转化为电信号。一般来说幻象供电为 48 V，一些话筒要求较低为 12 V。在使用幻象供电前，需参考话筒的使用手册，以免损坏话筒。

话筒的指向性类型：话筒的指向性是指声音入射角与灵敏度的关系的特性，其分类如图 3-3 所示。

全指向：又称无指向性。这种类型可以拾取到来自话筒周围 360° 的声音。同一距离下，越靠近话筒指向性最强，灵敏度最高的地方，拾取的声音越清晰、结实。

心形指向性：又称单指向性。这是一种心形的指向类型，主要拾取来自话筒前方的声音，同时排除了部分来自侧面和所有来自话筒后面的声音。

8 字形指向性：又称双指向性。这是一个双重的心形指向，可以拾取来自话筒两侧的声音。

超心形指向性：这是更加集中的心形，排除了更多来自话筒侧面的声音和所有来自后面的声音。

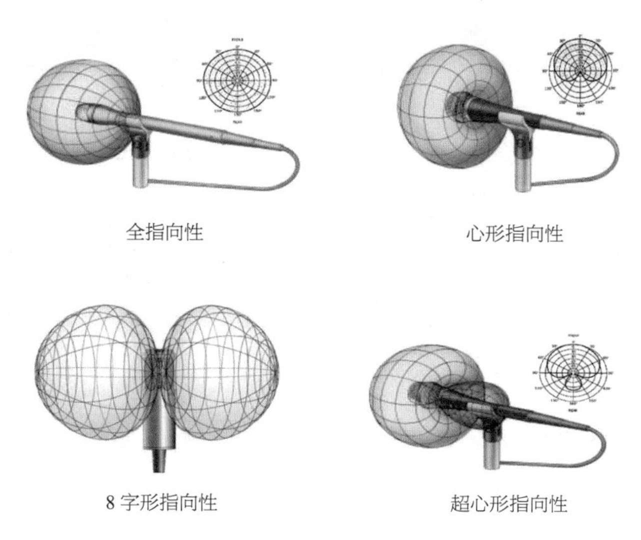

■ 图 3-3 话筒的指向性

【实例分析 3-6：Boom Library Assault Weapons 枪声实录使用话筒分析】[1]

在录音棚中，最常见的人声录制的话筒是 NEUMANN U87。U87 的话筒指向性是在全指向性、心形指向性和 8 字形指向性中可调的。在不同的应用条件下会使用不同的指向性模式。通常使用心形指向性来录制人声独唱。全指向性会录到更多空间的声音。8 字形指向性可以用在两个人的拾音上。

在外景录音中，通常会使用超心形指向性，典型的超心形指向性是 Sennheiser MKH-416，也称之为枪式话筒。需要注意的是，枪式话筒的指向角是非常小的，如果话筒的轴向不能比较好地指向声源，就会发生离轴，声音会变得闷、不清晰。

2014 年 Boom Library 公司出品的 ASSAULT WEAPONS SFX Library（突击步枪音效库）使用了 60 多只话筒来对 25 种武器进行录制，包括直接粘附在枪手和武器上的和设置在枪手周围的各种话筒。ASSAULT WEAPONS CONSTRUCTION KIT 精选了 18 轨录音信号来进行制作。下面是武器和 18 轨录音信号的话筒详细设置，包括话筒类型和摆放距离。

18 路话筒详细设置如下（见图 3-4）：

DPA 4062，全指向型微型话筒，粘附在武器上；

2x Sennheiser MKH 416，用途广泛的枪式话筒，放置在前方离枪手 1 m 处，双单声道；

2x Heil P30，心形指向动圈话筒，放置在前方离枪手 3 m 处，AB 制；

2x Sennheiser MKH 8040，心形指向电容话筒，放置在前方离枪手 4 m 处，AB 制；

1　资料来源于影视工业网。

2x Microtech Gefell M300，心形指向微型电容话筒，放置在前方离枪手 4 m 处，大 AB 制；

2x Schoeps CCM，心形指向微型电容话筒，放置在右后方离枪手 12 m 处，MS 制；

2x Neumann RSM 191，立体声话筒套装，放置在左前方离枪手 15 m 处，MS 制；

Sennheiser MKH 416，放置在后方离枪手 15 m 处，单声道；

2x Sennheiser MKH 418，立体声话筒套装，放置在后方离枪手 50 m 处，MS 制；

2x AKG C414，AKG 著名多指向性电容话筒，放置在后方离枪手 100 m 处，MS 制；

这些不同型号、距离以及不同方向的话筒，就是在利用不同的话筒的特性来录制不同的音色部分。比如全指向型 DPA 4062 话筒，黏附在武器上，可以得到最近最实的武器机械结构的声音；sennheiser418 放置在后方提枪手 50 m 处，得到更多回声；等等。在后期中还要再次将其进行混音。

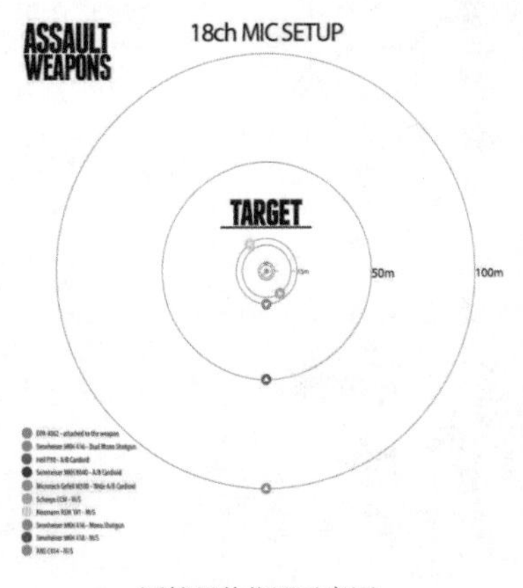

话筒具体位置示意图

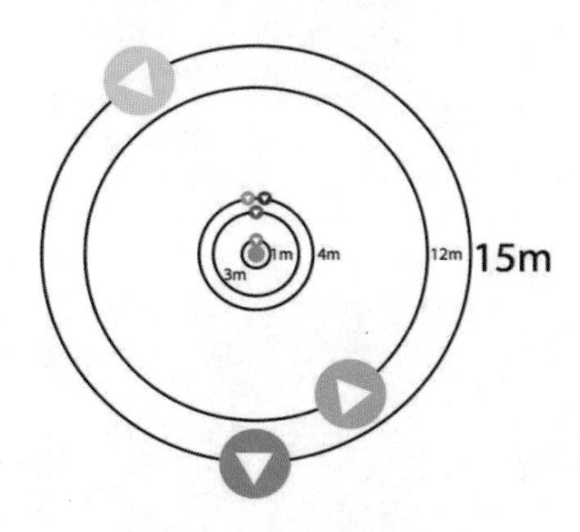

话筒具体位置示意图（中央部分放大）

■ 图 3-4 话筒具体位置

3. 话筒的其他参数

（1）频率响应

频率响应是指话筒能够再现的最高和最低的声音频率。每只话筒因为使用的材料和形状的差异以及其他因素导致其对于声音频率的响应不同。根据经验，话筒能够接收声音的频谱越宽，再现的声音就越精确。

（2）阻抗

话筒阻抗是指话筒在 1 kHz 时的有效输出电阻。阻抗在 150 ~ 600 Ω 之间的话筒为低阻话筒；1000 ~ 4000 Ω 之间的话筒为中阻话筒；高于 25 kΩ 以上的话筒为高阻话筒。通常使用的是低阻话筒这样可以用较长的话筒线而不致拾取交流声或是失真高频成分。

（3）最大声压级

声压级（SPL）是一种对声音强度的计量。如果话筒的最大声压级指标为 125 dB SPL，那么当乐器发出 125 dB SPL 的声音到达话筒上时，话筒将出现失真。通常认为话筒的最大声压级指标为 120 dB SPL 时属良好，135 dB SPL 时为很好，而 150 dB SPL 时则为极好。动圈话筒不易失真，一些电容话筒可以勉强达到较好的指标。为了防止在话筒电路内失真，有些话筒设有音量衰减开关。

（4）灵敏度

话筒的灵敏度指标是指在一定声压级下所能产生多少输出电压。两支话筒处于同等大小的音量下时，高灵敏度的话筒要比低灵敏度的话筒输出更强的信号。

（5）本底噪声

本底噪声也叫等效噪声电平，是话筒本身产生的电噪声或咝咝声，噪声产生的输出电压与信号源产生的输出电压甚至可以相等。由于动圈话筒没有有源的电子部件来产生噪声，所以它与电容话筒相比具有很低的本底噪声。因此，大多数动圈话筒的指标一览中没有本底噪声指标。

4．常用话筒的型号与应用

（1）立体声话筒

立体声话筒使用的立体声拾音技术主要有三种：两只话筒间隔摆放、XY 制和 MS 制。间隔摆放技术是使两只话筒相隔一定距离，立体声的感觉来自两只话筒形成的时间差和强度差。XY 制拾音技术是将两支话筒以一定角度对置这个角度在 90° ~ 135° 之间，这是一种最基础，使用最广泛的立体声拾音技术。MS 制立体声录音技术更先进、更复杂，这种制式使用一支心形话筒直接指向声源从而提供了 M 声道，此外还有一支 8 字形指向的话筒与中间话筒垂直放置来提供 S 声道。一个矩阵解码器被用来使两个声道（M+S/M-S）的声音产生立体的效果。

（2）枪式话筒

枪式话筒专门为拾取来自话筒前方的声音而设计，并对来自话筒两侧和后方声音有屏蔽作用。电影或电视里大部分对话都是用枪式话筒拾取的（也被称作吊杆式话筒）

例如，Sennheiser MKH-416 是电影电视制作领域枪式话筒的行业标准。这种话筒可以完美地录制单声道音效，它的拾音类型使它可以很大程度上摒除来自话筒两侧和后面的噪声。

话筒类型：电容；

频率响应：40 ~ 20 kHz；

话筒指向类型：超心形；

话筒极头：小振膜；

最大声压级：130 dB；

幻象供电：48 V。

（3）人声话筒

这些话筒是为了录制人声而设计的，特点是配备有大振膜，它们为近距离拾音的人声提供了平滑、平衡的音质。

例如，Shure SM58 这款话筒是在录音棚、演出现场录制人声的行业标准。尽管在声音设计工作中它不被推荐使用，但是它可以录制用于需要通过滤波器处理从而模仿对讲机和民用收音机的人声。

话筒类型：动圈；

频率响应：50 ~ 15 kHz；

话筒指向类型：心形；

话筒极头：小振膜；

最大声压级：小于 180 dB；

幻象供电：无。

（4）领夹式话筒

领夹式话筒可以暴露或隐藏起来 。通常这种话筒使用无线系统，但是可以通过电缆连接到调音台。

例如， tram TR-50 是电影和电视剧制作中领夹式话筒的行业标准。它的频率响应在 8 kHz 有所提升，用以补偿话筒隐藏在衣物和戏服下所带来的音色损失，其拾音类型使得它也可以被固定在话筒架上或车内使用。

话筒类型：电容；

频率响应：40 ~ 16 kHz；

话筒指向类型：全指向；

话筒极头：领夹式；

最大声压级：134 dB；

幻象供电：12 V 内置 \48 V。

3.2.3 调音台

录音棚的心脏就是调音台。它是接入所有信号端口的控制中心；它们可以混合或组合；可加入效果、均衡和进行立体声声像定位；然后把信号分配到录音机和监听音箱上去。

1. 调音台的分类

现在使用的调音台多种多样，虽然它们的基本功能大致相同，但根据用途及所采用的技术的不同，他们之间存在着一定差异，从而出现多种类型调音台。

由于分类标准的不同，通常采用下列几种分类方式：

① 按节目种类可分为音乐调音台和语言调音台。

② 按使用情况可分为便携式调音台和固定式调音台。

③ 按输出方式可分为单声道、双声道立体声、四声道立体声及多声道调音台。

④ 按信号处理方式可分为模拟式调音台和数字式调音台。

除此之外还有另一种特殊的调音台：软件调音台（虚拟调音台），这是一种只能在计算机显示屏上见到的仿真调音台。

2. 调音台的基本功能

（1）放大

将微弱的低电平传声器信号和高电平线路输入信号经放大调整到合适的电平上、将容易互相干扰的信号隔离开来以免互相串扰、补偿由于分配开关及衰减网络带来的损耗、给提示耳机外接声处理设备及对讲系统提供合适的电平信号。

（2）为每个通道设置可控均衡器

补偿输入信号的缺陷，获得某种特殊的效果，对于不需要的信号进行有选择的衰减，信号重放时提供最大限度的保真。

（3）通道或母线分配

它是提供用以使任一输入信号任意分配到指定的输出母线上的开关设施。

（4）声音监听

它是用来对每一声道上的信号进行音质主观评价的手段，根据需要设置监听机组和音箱。

（5）视觉监视

它是调音师对视觉信号进行客观评价的手段，一般是通过 VU 表、峰值表和相关仪表来完成对信号的音量、峰值电平和信号间相互相位的监视。此外还设置了一些简单的指示器来完成对信号状态及通路控制状态的指示。在大型自动化的调音台中，一般配有电视监视器来对以上所提的参量进行显示。

（6）电平调节

每个声道上的电平调节器可以对声道上的信号电平进行连续调整，以便能够在混合输出母线上建立一个相对平衡的信号。

（7）提供测试信号

主要进行各种测试和故障检查，如在录音之前检查各个声道，检查每个声道的频响。

（8）跳线功能

调音台上的电气关键接点都通过连接件接到跳线板上，跳线盘是各种关键接点的集合。跳线盘的插孔可以将常用的设备接入通路中，如接入测试仪器、在不断开调音台的内部连接的情况下，将周边设备接入通路中、通过将插头插入，可以将信号“跳入跳出”，增加了调音台的灵活性和功能。

3.2.4　音频信号处理器

1. 均衡器

在多声道录音中使用最多的信号处理设备之一就是频率均衡器，所谓均衡指的是某一频段上信号的声能与其他频段上的信号声能相比发生了相对的变化，而这种相对变化的大小就称之为均衡量。均衡（EQ）可以改善真实性，可以使迟钝的鼓声变得清脆，使软弱无力的电吉他变得犀利，EQ也能使某一声轨的声音变得更自然。为理解EQ的工作情况，需要了解频谱的概念，每一种乐器的声音或人声都会产生很宽广的频率成分，称之为频谱，它们中有基波频率和谐波成分。如果提升或衰减频谱中的某些频率成分，就会改变所录得声音的音质，升高或降低某段频率范围的电平，可以调节声音的低音、高音和中音，也就是改变了频率响应，从而导致人耳对声音频谱结构的听觉感受——音色发生了改变。这便是通过均衡器改变音色的基本原理。

2. 压缩器

压缩器是常用的振幅处理设备，压缩器处理的对象是声频信号的动态范围。声源的动态范围指的是在某一指定时间内，声源产生的最大声压级（SPLmax）与最小声压级（SPLmin）之差。表达式为动态范围 (DR)=(SPLmax-SPLmin)。压缩器对信号的动态范围进行压缩处理，使信号能满足记录和发送设备对动态范围的要求。因为设备的动态范围是指其最大不失真电平与其固有的噪声电平之差，所以在记录或发送动态范围很大的声源时，为了避免高电平信号所引起的失真和低电平信号所出现的信噪比下降，就必须对信号的动态范围进行压缩。

从某种意义上讲，压缩器是一个单位增益的自动电平控制器。当压缩器检测电路要处理的信号超过预定的电平值之后，压缩器增益就下降，即增益值小于1，下降的幅度取决于压缩器的压缩比率设定值；反之，当检测的信号低于预定的电平值，增益将恢复到单位增益或保持单位增益不变。所以，压缩器的增益值将随着信号的电平变化而变化，这种增益变化的速度是由压缩器的两个参量，即建立时间和恢复时间决定的。

（1）压缩比（ratio）

压缩比是输入信号分贝数与输出信号分贝数之比，其大小决定了对输入信号的压缩程度，如果它为1:1时，对信号没有进行任何压缩；当压缩比为4:1时，则每增加4 dB的输入信号，输出信号才增加1 dB。太大的压缩比率则会对信号过度压缩，使动态损失过大。过分的压缩会导致声音非常窄，且听起来不自然，还会产生噪声。在扩声系统中，如果作为压缩。

（2）门限（threshold）

决定压缩器在多大输入电平时才起作用的参数。如果输入信号的电平高于门限阈值，那么压控放大器的增益将会明显减小，输入信号的动态范围被压缩；如果输入信号的电平小于门限阈值，那么压缩器不会对输入信号作压缩处理。门限阈值调的过小，会造成输入信号还不是很强时就开始压缩，声音听起来十分压抑，信号动态损失严重；调的过大，则会出现输入信号已经很大仍得不到压缩现象，压缩器起不到作用。

（3）建立时间（attack time）

建立时间是指当输入信号超过阈值后，从不压缩状态进入压缩状态所需要的时间。如果压缩器的启动时间长，输入信号超过阈值后要等一会才进入压缩状态，致使压缩器有可能不能压到音头或能量最强的部分；如果压缩器的启动时间很短，输入信号一达到门限阈值就立即进入压缩状态。

（4）释放时间（release time）

释放时间是当输入信号小于阈值后，从压缩状态恢复到不压缩状态所需的时间。如果压缩器的释放时间过长，输入信号低于阈值后要等一会才恢复到压缩状态。

3. 混响器

混响效果是把房间声响、环境或空间等的感觉加入乐器声和人声之中。要了解混响的工作原理，就应该明白混响在房间内是如何产生的。在一间房间内的自然混响是一连串复杂的声反射的结果，这些反射声使原声保持一些时间后渐渐消失或衰减。这些反射声能使人感知到是在大型的或是在具有硬表面的室内发出的声音。已有的人工模拟混响装置有 4 种，分别为声学混响室、板混响器、弹簧混响器及数字式混响器。随着数字信号处理技术在声频领域中的广泛应用，目前在演播室中采用的混响器基本上都是数字电子混响器。

（1）混响器的作用

利用混响器使声音更加丰满、使声音更具临场感和空间感、塑造声源的空间定位、

（2）混响时间（RT60）

混响时间为混响电平衰减到原始电平 60 dB 之下时所需要用的时间。房间越大、越空旷，混响时间越长；相反房间越小，吸声材料越多，种类越丰富，混响时间越小。

（3）早期反射声（pre-deley）

在发出混响声之前，用一个短暂的延时来模仿在真实房间内混响开始之前的延时。早期反射声的时间越长，房间的声响越大。

3.2.5 录音机

录音机将话筒传送的电信号收集起来，并存储在硬盘或闪存卡等媒介中。这些年来，存储媒介发生了变化，但工作原理大体相似。以下是录音设备简史：留声机、唱机、录音电话机、磁带录音机、CD 光盘、数字音频磁带、硬盘录音。

现代录音机：现在市场上大量的便携式现场录音机，“数字”几乎等同于“专业”，事实却并非如此，有的录音设备自诩有很高的采样频率和比特深度，但却配了极差的话筒前置放大器和其他元器件。所以在使用数字便携式现场录音机时需注意。线路电平会比麦克电平大一些，将话筒信号通过独立的信号放大器放大到有用的信号水平是很有必要的，这种放大器称为前置放大器，它由录音机上的增益微调旋钮控制，便携式现场录音机最重要的就是话筒前置放大器的质量。现场录音机是便于携带的与棚内录音机不同，这就意味着它可以经内部电池盒供电。数字录音机提供多种可选采样频率和比特深度。一台双轨录音机可以同时录制两个声道的音频信号。不要认为两个声轨就是左声道和右声道，它们是两个没有关联的通道。可以录制两轨以上声音的录音机称

为多轨录音机。

便携式录音机：罗兰 R-26 内置两种类型的立体声话筒，外加一对 XLR/TRS 两用输入接口用来连接外接话筒，以及一个用于连接供电话筒的输入口，可以同时使用内置话筒（指向性和全向性）与外接话筒。内置全向性和指向性两种立体声话筒，带48 V幻象供电的XLR/TRS两用输入接口，外加一个立体声供电话筒输入接口，支持 6 通道同时录音（3 个立体声通道），大尺寸 LCD 触摸显示屏带来直观的导航；带有用于微调的输入电平旋钮；内置高速 USB 接口，可用作音频接口或外接存储设备。

3.2.6　还音设备

还音设备指的是监听耳机与监听音箱。

1. 监听音箱

监听音箱指专门设计的具有平坦频响的专业音响。通常扬声器是指家用级音箱，虽然家用级回放起来的声音听起来不错，但并不适用专业音频制作，专用监听音箱与家用音响的区别在于精确度，回放声音的精确度至关重要。例如，家用级音箱会在低频段上有所提升，这种低频提升人为地改善了真实声音，如果将这类音箱用于专业领域，很有可能觉得低频需要做适当的均衡处理，但实际上低频根本无须调整。所有的专业监听音箱都具备从 20 Hz ~ 20 kHz，甚至更高的平坦频率响应范围。

监听音箱分为两大类：有源监听音箱和无源监听音箱。有源监听音箱在每个箱体内置有一个用于推动扬声器的功率放大器。在使用有源监听音箱时，需要匹配每个音箱的输出电平以确保回放声音的立体声平衡。这可以通过每个监听箱体背后的旋钮实现。无源监听音箱则没有内置功率放大器，因此需要另配功放。

2. 监听耳机

与监听音箱相比，耳机具有如下优点：

① 成本相对较低。

② 不会受到房间声学的染色。

③ 在不同环境之下听到的音质是相同的。

④ 可以方便地进行实况监听。

⑤ 易于听到在混音时的细小变化。

⑥ 没有房间反射，瞬态响应更敏捷。

与监听音箱相比耳机也有如下缺点：

① 长时间佩戴会感到不舒服。

② 廉价耳机有的会音质不准确。

③ 耳机不能通过身体来体验低音音符。

④ 由于耳机结构内的压力变化使得低频响应会有变化。

⑤ 声音出现在头颅里面而不是正前方。

⑥ 用耳机很难判断立体声的空间分布。

3.2.7　音频接口（包含模拟接口和数字接口）

拥有了大容量的快速计算机之后，就需要一种取得进出计算机的音频信号的方法，音频接口可以承担这一任务。声卡和音频接口是外部信号进入计算机，以及计算机内部信号输出到外围设备的枢纽。

接口主要分为非平衡接口和平衡接口。

1. 非平衡接口：二芯接口、莲花接口

二芯接口（TS）：二芯分为大二芯和小二芯，插头尖为火线（热端），插头套为地线（冷端）如图 3-5 所示。

莲花（RAC）接口：RAC 接口的名字来源于其发明公司——美国无线电公司。现在这种接口被普遍应用于家用级音频与视频市场。RAC 接口只有两个连接端，因此它是非平衡的。接头为热端，套端为接地端，如图 3-6 所示。

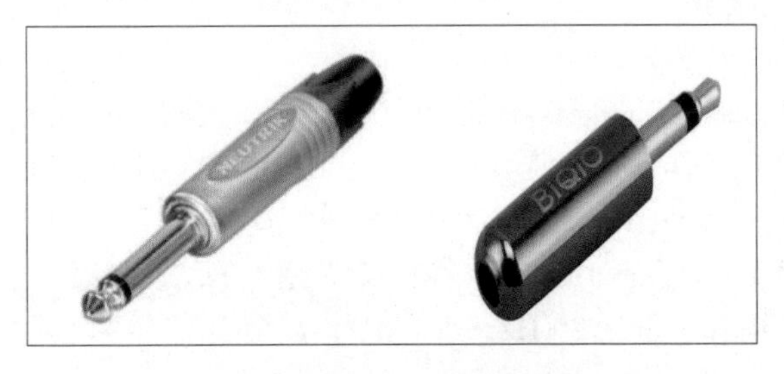

■ 图 3-5 二芯接口

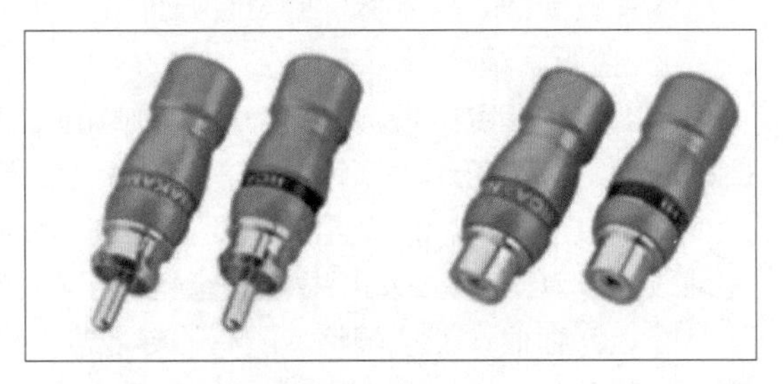

■ 图 3-6 莲花接口

2. 平衡接口：三芯接口、卡侬接口

与非平衡接口相比，平衡式的模拟接口由于多了一道屏蔽层，可以有效地减少线路带来的干扰。

三芯接口（TRS）：小三芯、大三芯（TRS）外观上与小二芯、大二芯插头十分相似，但是它的结构是尖、环、套（T、R、S），如图 3-7 所示。

卡侬接口（XLR）：卡侬接口主要用来连接话筒。由于自身带有锁定装置，因此卡侬接口在连接上是最为牢固的。卡侬接口有三个针脚，分别是地段（地线）标记为 1、热端（火线）标记为 2 和冷端（零线）标记为 3。其中，带针脚的称为“公头”，用于输出信号，带针孔的称为“母头”，用于接受信号，如图 3-8 所示。

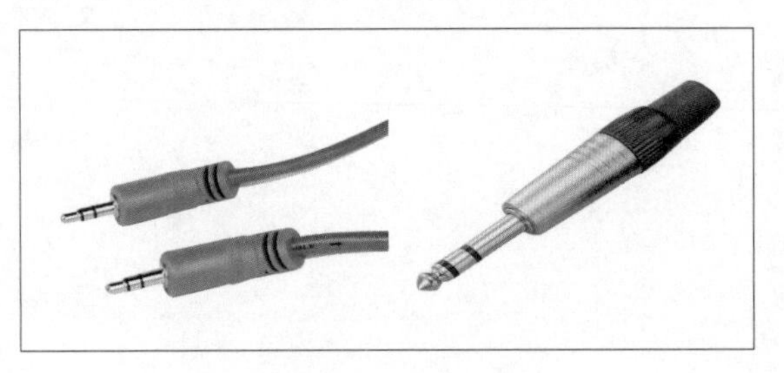

■ 图 3-7 三芯接口

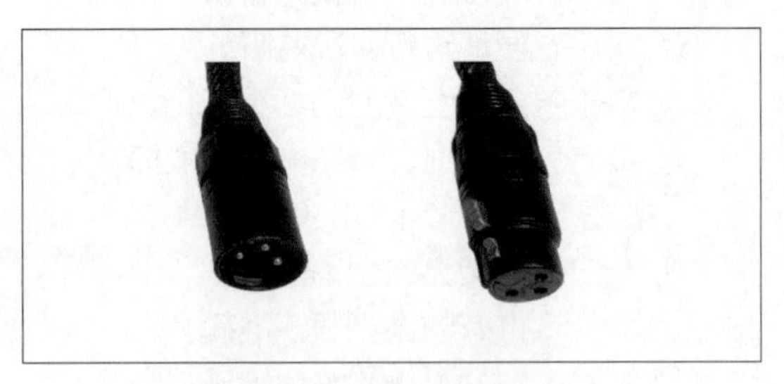

■ 图 3-8 卡侬接口

香蕉插头（banana plug）是普遍装于音箱线两端的供插入香蕉插座的一种插头，如图 3-9 所示。这种插头的名字来自于它稍稍鼓起的外形。插入上面提到的多用插座正面的孔时非常方便，插入后也可以形成非常大的接触面积。这种特性使得它被优先使用在大功率输出的器材中，用以连接音箱和接收机 / 放大器。

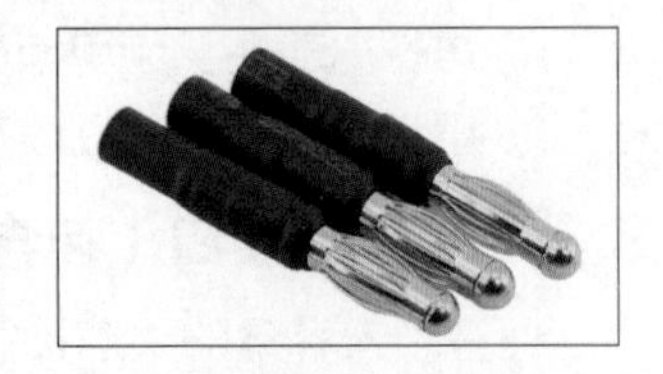

■ 图 3-9 香蕉插头

3.3 音频数字化

模拟信号转换成数字信号的过程简写为 A/D(或 ADC)。

3.3.1　数字音频概念及优缺点

概念：数字音频计算机的数据是以 0、1 的形式存取的，数字音频就是首先将音频文件转化，接着将这些电平信号转化成二进制数据保存，播放的时候把这些数据转换为模拟的电平信号再送到喇叭播出，数字声音和一般磁带、广播、电视中的声音就存储播放方式而言有着本质区别。

优缺点：模拟和数字录音机都可以精确地重放输入信号，但是它们之间有些微妙的差别。数字录音作品几乎不会为信号加入噪声或失真，所以通常被称之为“干净”的录音作品，而且它存储方便、存储成本低廉、存储和传输的过程中没有声音的失真、编辑和处理方便。

3.3.2　音频的数字化过程

1. 声卡

声卡是处理声音信号的关键设备，是计算机与外围设备进行信号交换的媒介，也是计算机处理音频信号的主要硬件工具。一块典型的声卡主要由线路板上各种电子元件和形状各异的输入和输出接口构成。

声卡的功能：对于音频信号来说，声卡的功能是将外部输入的模拟信号转换为数字信号（称为“模 / 数”转换），利用计算机的 CPU 或者声卡自身的 DSP 芯片进行处理，然后将数字信号转为模拟信号（称为“数 / 模”转换），将信号输出到外部的设备中进行存储或重放。

2. 音频数字化的重要参数及设备

（1）比特深度（bit depth）

单位：bit。

比特率是指将模拟声音信号转换成数字声音信号后，单位时间内的二进制数据量，表示单位时间（1 s）内传送的比特数（bit per second，bit/s）的速度。比特率越大的音质就越好。

（2）采样率（sampling rate）

单位：Hz。

采样率或是采样频率是音频数字化时对模拟信号测量时的速率。例如，一个 48 kHz 的采样率就是每秒有 48 000 个采样。常见采样率为 44 kHz、48 kHz、96 kHz。采样率越高，被记录下来的信息越多，录音的频率响应越宽广。同时需要更大的磁盘存储空间以及更快的硬盘驱动。

（注：CD-Audio 为 44 kHz、16 bit；DVD-Vedio 为 48 kHz、16 bit；DVD-Audio 为 48 kHz、24 bit）

（3）时钟（The clock）

每一台数字音频设备都有它的时钟或内部振荡器用于采样的定时设定。时钟相当于一个乐队的指挥，在采样率下有一系列的脉冲信号，当数字音频从一台设备转移到另一台设备上时，就依靠这个脉冲信号进行同步。

3. 模拟转数字（A/D）和数字转模拟（D/A）

模拟转数字（A/D）和数字转模拟（D/A）的转换过程如图 3-10 所示。[1]

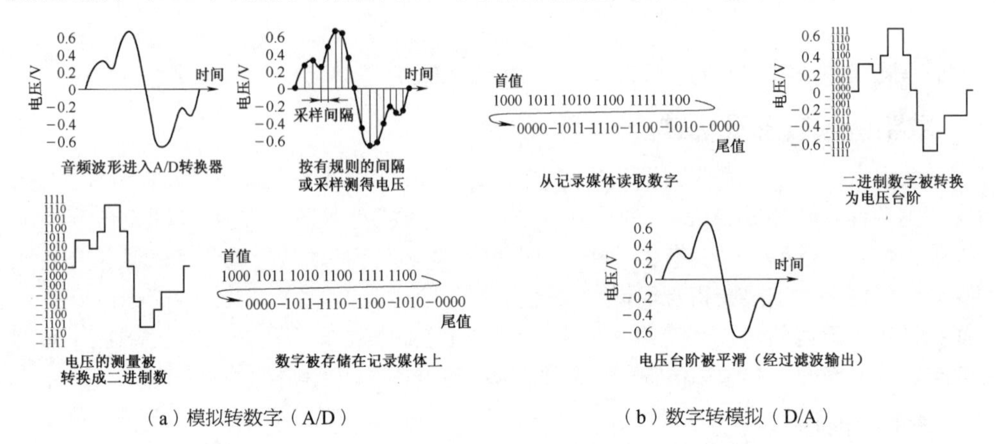

■ 图 3-10 模拟转数字（A/D）和数字转模拟（D/A）

4. 声卡的工作流程

声卡的工作流程[2]如图 3-11 所示。

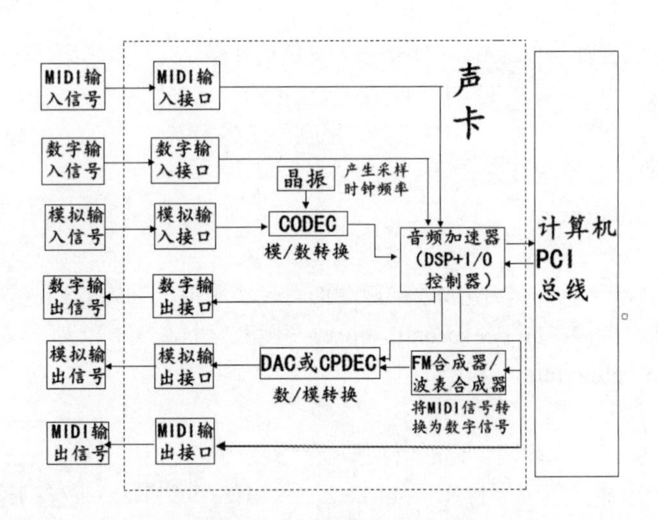

■ 图 3-11 声卡工作流程

（1）晶振

从一块石英晶体上按一定方位角切下薄片，通过振动产生采样时钟频率。

（2）Codec

Codec 是音频控制芯片，是多媒体数字信号解码器。专门负责模拟信号到数字信号的转换以及数字信号到模拟信号的转换工作。

1 里克维尔斯 . 拟音圣经 . 世界图书出版公司 .

2 胡泽，雷伟 . 计算机数字音频工作站 . 中国广播电视出版社 .

（3）DAC

某些高档的声卡上，由专门的芯片 DAC 进行数字信号到模拟信号的转换。因为功能的独立、单一的芯片往往容易具有更高的质量。

（4）音频加速器

由 DSP+I/O 控制器组成：DSP 即数字信号处理器，相当于声卡上的 CPU。I/O 控制器为输入 / 输出控制器，专门负责控制声卡信号的输入 / 输出，不提供额外的运算能力。

（5）MIDI

MIDI 音乐设备数字接口，是计算机与音乐设备交流和同步的协议。

3.3.3　常见数字音频文件格式

数字音频文件包含所有通过模数转换器采集来的数据。数字音频文件的大小基于三个因素：采样频率、比特深度和时间。主要有以下几种常用的音频文件格式。

AIFF：音频交换文件格式，由苹果公司开发。

WAV：波形音频格式，由微软公司开发。

MP3 是一种音频文件格式压缩，在消费市场非常流行。MP3 的压缩率可以使文件大小变为原来的 1/10，同时保持可接受的音质。绝大多数的人区分不了 WAV 文件和 MP3 文件之间的音质差异。

BWF: 广播声波格式。SMPTM 时间码是一种时间标记系统，给视频或电影中的每一帧都生成一个特定的地址。

MIDI: 20 世纪 80 年代初期，DavidSmith 研制出乐器数字化接口（Musical Instrument Digital Interface，MIDI），这是一种使计算机与音乐设备交流和同步的协议。

3.3.4　常用音频处理软件

1. Adobe Audition

熟悉计算机音频的人或许不知道 Adoube Audition 这个名字，但是提到 Cool Edit Pro，恐怕没有人不知道了，它是美国 Syntrillium 公司出品的著名音频编辑软件。在它发展到 2.1 版本以后，Syntrillium 公司被著名的 Adobe 公司兼并，Adobe 给 Cool Edit Pro 重新起了一个名字叫做 Audition。这款软件最大的特点就是兼容 Adobe 旗下的其他软件，可以实现文件共享。

2. Samplitude

由德国的 Magix 公司出品的“数字音频工作站”软件，用以实现数字化的音频制作。Magix 公司著名的 Samplitude 一直是国内用户范围最广、备受好评的专业级音乐制作软件，它集音频录音、MIDI 制作、缩混、母带处理于一身，深受国内用户的广泛喜爱。相对于其他的专业软件来说，其功能强大、兼容性好，资源丰富，保真，操作非常便捷。

3. Cubase / Nuendo

Cubase/Nuendo 是德国 Steinberg 公司所开发的全功能数字音乐、音频工作软件。Steinberg 公司属于国际著名音乐品牌 YAMAHA 旗下。 这款软件作为 Steinberg 公司的旗舰产品，对 MIDI 音序功能、音频编辑处理功能、多轨录音缩混功能、视频配乐以及环绕声处理功能均属世界一流。相比于其他专业软件，这款软件在编曲上有着非常显著的优势。

4. Pro Tools

Pro Tools 是 Avid 公司出品的工作站软件系统，最早只是在苹果计算机上出现，后来也有了

PC 版。Pro Tools 软件内部算法精良，对音频、MIDI、视频都可以很好地支持，由于其算法的不同，单就音频方面来讲，其回放和录音的音质大大优于现在 PC 上流行的各种音频软件。Pro Tools 现在已经成为一种行业标准，无论是影视上还是在音乐上都有着领头的作用。

3.3.5 MIDI 数字音乐

MIDI 线缆传输的不是音频信号，而是通过 5 针的标准线缆传输数字信号。新型的火线和 USB 协议也是如此。

MIDI 设备和接口允许用户连接合成器和其他设备到数字音频工作站，以便通过外设键盘控制软件模块，这样可以实时演奏数字乐器。

MIDI 设备如图 3-12 至图 3-15 所示。

■ 图 3-12 M-AUDIO Keystudio 49 键 MIDI 键盘

■ 图 3-13 You Rock Guitar MIDI 吉他

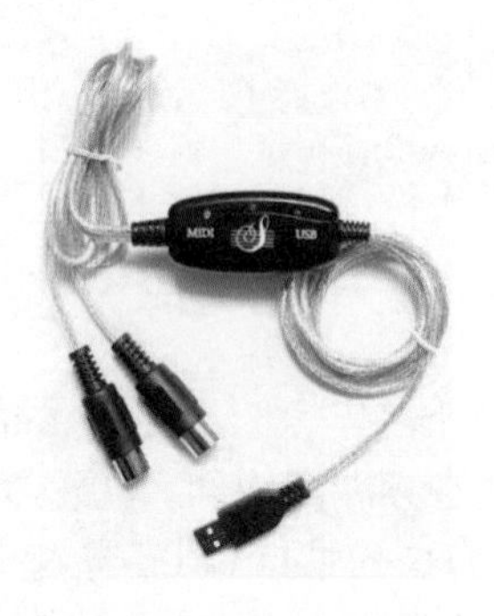

■ 图 3-14 MIDI 连接线

■ 图 3-15 USB 接头和 MIDI 线 5 芯接头

3.4 数字音频的编辑技术

3.4.1 音频剪辑思维

数字音频与模拟音频最根本的区别就是，数字音频是被记录在硬盘上的 0 和 1，所有的东西都是非线性的。而模拟音频是记录在磁带上的粉末的多少，或是记录在唱片上的深浅纹路。

1. 声音剪辑的思维特点

声音剪辑与画面剪辑不太一样。画面的剪辑输出端只有一个屏幕，画面素材通常会铺满整个屏幕，所以在剪辑的过程中，比较注重的时画面与画面之间的衔接、过渡与匹配。但声音的思路不是这样的。声音是多轨道剪辑思维，是可以叠加的。声音剪辑的思维与特效制作的思维很像，是一层加一层叠加起来的。例如机场候机大厅的场景，它会有一个环境声，习惯称之为候机大厅环境声。这个环境声其实包括了熙熙攘攘的人群说话走路的声音、安检仪器发出的“嘀”的声音、旅行箱滚轮的声音、广播声音、大厅外飞机起飞降落的声音等。当这么多声音集合起来随机发声，再加上候机大厅里特殊的混响特性，就形成了候机大厅环境声。

“替换、移花接木、障眼法”是在进行音频剪辑的时候处理个别情况的手段。比如，当录得视频中汽车驶过的声音不理想，有其他噪声或者失真，就需要找到其他汽车驶过声音来代替，并通过特殊的方法，加混响和改变音色等特殊效果。

【实例分析 3-7：影片中声音的“移花接木”】

大家应该都知道，动画片中一些飞禽走兽的声音都是由人使用道具模拟出来的。例如，动画片《驯龙高手》中，龙舞动翅膀的声音，就是人大力扇动衣服或布来实现的；在《辛普森一家》中，辛普森在梦见自己的心脏被别人掏出来的画面里，音效师利用了芹菜来进行录制。

2. 视频节目声音剪辑

在视频节目的声音剪辑中，常常声音和画面是存在一定的关系的。这样的关系包括声画同步、声音提前、声音滞后、声画对位等。

（1）*声画同步*

这是最常见的声音与画面的关系。它描述的声音与画面完全吻合，就是人们看到画面里有什么，就能听到声音是什么。或者说随着画面的转变，声音也立刻有了相应的变化。

（2）*声音提前与声音滞后*

这是声画不同步时的表现。例如，画面中一个人在说话，但声音出现在说话前或者画面里的人物已经说完话后声音才出来，这种情况就是声音提前或者声音滞后。

（3）*声画对位*

这是指镜头画面与声音对列，它们按照各自的规律表达不同的内容，又在各自独立发展的基础上有机结合起来，造成单是画面或单是声音所不能完成的整体效果。这是一种声画结合的蒙太奇技巧，打破了画面的时空局限。例如，电影《幸福时光中》吴颖回到家中看到鹊巢鸠占心情的悲凉失望，此时的声音却是口哨声鼓掌声、欢呼声，声音传达出的热烈和兴高采烈与主人公心境构成了极大的反差，更加反映出人物内心的失望与愤懑。

3. 音频节目声音剪辑

在音频剪辑中，最主要对象就是音乐剪辑和广播剧的剪辑。

① 去除噪声，比如在录音中间有一个椅子的吱吱声音，找到那个声音并剪掉。

② 做语言的替换，将断开、不连续的语言拼接在一起。

③ 做音乐的加长、缩短。

④ 在剪辑中需要的注意的就是剪辑的节奏，在剪辑中要保留气口，保留完整的混响。

⑤ 交叉淡化（见图 3-16）。

这是一种能够减少不需要的咔嗒声和爆音的技巧。有些数字音频软件可以让用户选择波形的一部分并插到另一个点上。做插入时，可以通过交叉淡化来消除咔嗒声和爆音。可以手动调整交叉淡化的速度和斜率。类似于画面中“叠画”的效果，可以让声音过渡、开始、结束得更自然，是在音频剪辑中非常重要的技术手段。

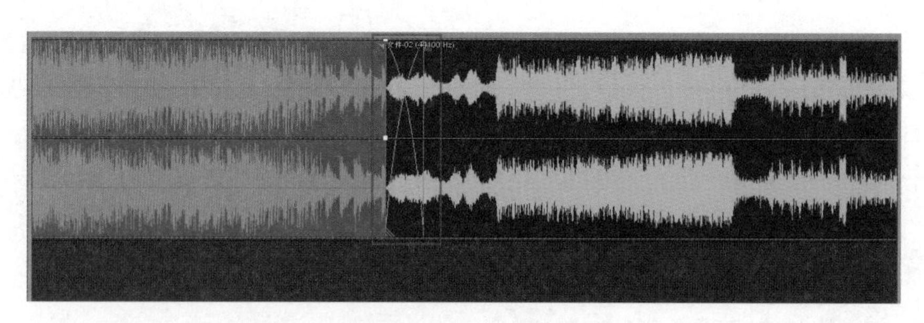

■ 图 3-16 交叉淡化

【实例分析 3-8：如何让音乐的长度更匹配画面】

在节目制作过程中，常常会遇到音乐与画面长度不符合的情况。在这种情况下，就需要调整音乐的长度。如果仅仅把音乐做淡出，会让人觉得结束很生硬而且仓促。所以人们会找一些合适的接口来把一段音乐保留头尾而掐去中间部分。几乎所有的流行音乐中，都会有重复的部分。找到重复的部分，其中对应的两个点，将前点之后与后点之前删掉，剩下的接起来，整首音乐就会自然地变短。如果将前点之后接到后点之前，就可以将其变长。

在音乐剪辑的过程中，最重要的是要将节奏对齐。在节奏对齐的情况下，即便不是同一首音乐，也可能接得比较顺畅；但如果节奏不能对齐，接口会不顺，同一首歌也能明显感觉到接口。

3.4.2 数字音频设备

1. 数字录音机

数字录音机（见图 3-17）是最近出现的新品小家电，它采用快闪存储器（Flash 卡或 Flash IC）作为存储媒介代替普通录音机的磁带，由于取消了运动部件，从而消除了机械噪声，并大大提高了工作可靠性。语音信号经数字压缩处理，可以 WAV 的文件格式方便地进行存储、检索，将相关信息通过 LCD 显示屏显示出来，并可通过若干方式传输到计算机上，进行保存或进一步处理。依赖先进的数字技术，数字录音机具备很多普通录音机所无法想象的功能，扩展了录音机的应用范围。相比较模拟录音机（见图 3-18），数字录音机变得更加便携。

■ 图 3-17 数字录音机 ROLAND 罗兰 R26 R-26

■ 图 3-18 模拟录音机

2. 数字调音台

它具有多路输入，每路的声信号可以单独进行处理，例如，可放大，作高音、中音、低音方面的音质补偿，为输入的声音增加韵味，对该路声源泉作空间定位等；还可以进行各种声音的混合，混合比例可调；拥有多种输出（包括左右立体声输出、编辑输出、混合单声输出、监听输出、录音输出以及各种辅助输出等）。调音台在诸多系统中起着核心作用，它既能创作立体声、美化声音，又可抑制噪声、控制音量，是声音艺术处理中必不可少的一种机器。

相比较于模拟调音台，数字调音台最大的优势在于操作的便捷。以数字调音台 DIGITAL MIXER X32 为例，从图 3-19 所示来看只有 16 路通道，16 个推子，但是这个界面是分层的，当切换到第二层时，这 16 路推子就可以分别控制 17 ~ 32 路的信号，同时还有第三层和第四层，分别控制 AUX 的发送量。面板左上边部分是调整声音效果的旋钮，当选中下面 32 路通道中其中某一轨，就可以通过调整面板上面的旋钮来进行该通道的音色调整。而对于模拟调音台，从图 3-20 可以发现，同样是 32 路调音台，它每路通道上都有配有话放、效果器、AUX 发送、效果发送等旋钮，增加了调音台的面积和重量，而且操作距离也会变得很大。

■ 图 3-19 DIGITAL MIXER X32 COMPACT 数字调音台

■ 图 3-20 Yamaha/ 雅马哈 MGP32X 模拟调音台

3.4.3　数字音频编辑软件简介

在上一部分提到过在音频编辑软件中起着领头和工业标准的软件是 Pro Tools。现在最常用到的版本是 Pro Tools 10 和 Pro Tools 11，这两个版本的最大区别在于 PT11 有了离线导出，摆脱了实时导出，节省了很多时间。但是 PT11 的插件格式 .axx 格式与 PT10 的 .vst 格式完全不同且不相互兼容，导致现在很多插件在 PT11 上不能使用。所以，在这一节我们来简单了解一下 Pro Tools 10 的使用。

【实例分析 3-9：Pro Tools10 新建声音后期工程及导出】

（1）新建工程：选择“文件”→“新建工程”命令，选择“创建空白工程”，比特率、采样率按照文件格式设置（一般采样率为 48 kHz、24 bit）。

（2）存储：新建工程时会自动生成一个文件夹，文件夹需要自主命名，同时还会生成“Audio Files”，这个文件中保留着工程中所有的音频文件；还有一个“工程文件备份”，这个文件夹中有着软件自动保存的工程文件，如果遇到突然关机、死机而又未保存的情况可以在这个文件夹中找到最近一次保存的工程，避免损失。（注意：在文件夹命名时，应该命名一个明确的名称，明确文件夹存储地点，以免找不到文件）

（3）导入 .omf：.omf 文件是一个与视频软件可以实现资源共享的文件格式，导入 .omf 后会出现对板后的所有音频。选择“文件”→“导入”→“工程数据”命令，找到要导入的 .omf 即可将其导入。

（4）轨道：导入的 .omf 需要进行复制，所以需要新建轨道，步骤如下：

① 选择“轨道”→“新建”命令，弹出对话框如图 3-21 所示。

■ 图 3-21 新建轨道 1

② 选择创建轨道数，轨道属性“单声道或立体声”，一般语言都为单声道频轨，选择好后单击“创建”按钮，如图 3-22 所示。

■ 图 3-22 新建轨道 2

③ 软件编辑界面出现新建的轨道。创建好新的轨道后，在轨道的名称处双击便可以重新命名。将 .omf 轨道中的音频复制到重新命名好的轨道中，且“隐藏并不激活”。这样在进行音频处理时，如果出现不可撤销的修复可以直接找到原素材.轨道建立时应该根据音频的内容将音频按种类分轨道进行编辑，以对白、旁白、环境音、动效、音效、音乐来分类。有时还需要用轨道配色来更加直观地进行区分。

（5）处理：Pro Tools 对音频处理分两种方式：一种是直挂，另外一种是破坏性处理。在影视音频处理中最常用的是使用破坏性处理，这样的处理是将音频直接进行破坏性的处理，优点是可以减少 CPU 的运算，节省资源。单击软件左上角“Audio Suite”，选择要用的效果器，在音频块上选择要处理的区域，单击弹出的效果器对话框的左下角的小喇叭图标进行试听，此时再进行效果器的参数调整，仔细听音频变化后的效果，当达到所期待的效果时单击效果器对话框右下角的渲染按钮，此时选中的区域将会被渲染。

（6）导出：处理完成以后的音频需要导出，步骤如下：

① 选择“文件”→“并轨到”→“磁盘”命令，弹出对话框如图 3-23 所示。

② 在“并轨源”下拉列表框选择输出位置，“文件类型”默认为“WAV”，如果是单轨人声“格式”选择“单声道（合频）”，如果是立体声，选择“叠加”。采样率和比特精度根据自己的要求来进行选择;转换选项选择“并轨后转换”单选按钮，这样可以降低计算机资源。

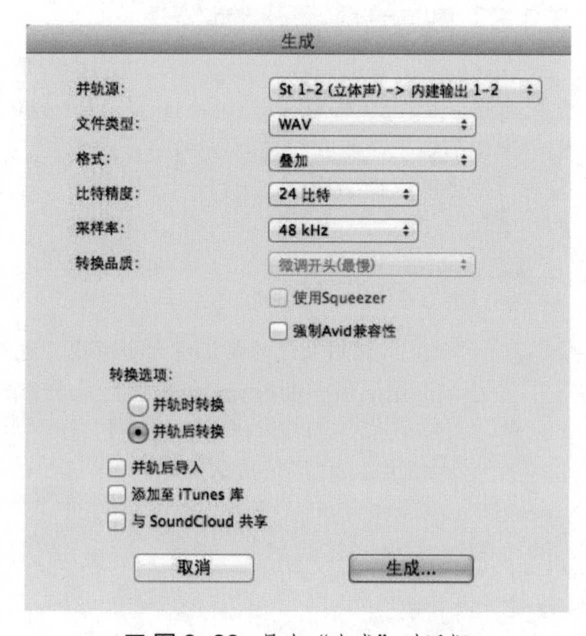

■ 图 3-23 导出“生成”对话框

3.5 数字音频技术的应用

3.5.1　语音识别技术

1. 什么是语音识别技术

语音识别技术也被称为自动语音识别（Automatic Speech Recognition，ASR），其目标是让机器通过识别和理解过程把语音信号转变为相应的文本或命令，也就是让机器听懂人类的语音。如果计算机配置有“语音辨识”程序组，那么当人的声音通过一个转换装置输入计算机内部并以数位方式存储后，语音辨识程序便开始以输入的声音样本与事先存储好的声音样本进行对比工作。声音对比工作完成之后，计算机就会输入一个它认为最“像”的声音样本序号，就可以知道刚才的声音是什么意义，进而执行此命令。

2. 语音识别技术所涉及的领域

语音识别技术所涉及的领域大体有：信号处理、模式识别、概率论和信息论、发声机理和听觉机理、人工智能等。其中，模式识别技术是目前语音识别系统中最常用的技术。模式识别是指对事物或现象的各种形式的（数值的、文字的和逻辑关系的）信息进行处理和分析，以对事物或现象进行描述、辨认、分类和解释的过程，是信息科学和人工智能的重要组成部分。

3. 语音识别系统的分类

语音识别系统的分类主要是根据对输入语音的限制进行分类的。

（1）如果从说话者与识别系统的相关性考虑，可以将识别系统分为以下三类

① 特定人语音识别系统：仅考虑对于专人的话音进行识别。

② 非特定人语音系统：识别的语音与人无关，通常要用大量不同人的语音数据库对识别系统进行学习。

③ 多人的识别系统：通常能识别一组人的语音，或者称为特定组语音识别系统，该系统仅要求对要识别的那组人的语音进行训练。

（2）如果从说话的方式考虑，也可以将识别系统分为以下三类

① 孤立词语音识别系统：孤立词识别系统要求输入每个词后要停顿。

② 连接词语音识别系统：连接词输入系统要求对每个词都清楚发音，一些连音现象开始出现。

③ 连续语音识别系统：连续语音输入是自然流利的连续语音输入，大量连音和变音会出现。

（3）如果从识别系统的词汇量大小考虑，也可以将识别系统分为以下三类

① 小词汇量语音识别系统：通常包括几十个词的语音识别系统。

② 中等词汇量的语音识别系统：通常包括几百个词到上千个词的识别系统。

③ 大词汇量语音识别系统：通常包括几千到几万个词的语音识别系统。随着计算机与数字信号处理器运算能力以及识别系统精度的提高,识别系统根据词汇量大小进行分类也不断进行变化。目前是中等词汇量的识别系统，将来可能就是小词汇量的语音识别系统。这些不同的限制也确定了语音识别系统的困难度。

4. 语音识别的应用领域

办公室或商务系统：典型的应用包括填写数据表格、数据库管理和控制、键盘功能增强等。

制造业：在质量控制中，语音识别系统可以为制造过程提供一种“不用手”“不用眼”的检控

（部件检查）。

电信：相当广泛的一类应用，在拨号电话系统上都是可行的，包括话务员协助服务的自动化、国际国内远程电子商务、语音呼叫分配、语音拨号、分类订货。

医疗：这方面的主要应用是由声音来生成和编辑专业的医疗报告。

其他方面：包括由语音控制和操作的游戏和玩具、帮助残疾人的语音识别系统、车辆行驶中一些非关键功能的语音控制，如车载交通路况控制系统、音响系统。

语音识别：语音识别正逐步成为信息技术中人机接口的关键技术，语音识别技术与语音合成技术结合使人们能够甩掉键盘，通过语音命令进行操作。语音技术的应用已经成为一个具有竞争性的新兴高技术产业。

5. 语音识别技术的基本方法

一般来说，语音识别的方法有三种：基于声道模型和语音知识的方法、模板匹配的方法以及利用人工神经网络的方法。

（1）*基于声道模型和语音知识的方法*

第一步，分段和标号，把语音信号按时间分成离散的段，每段对应一个或几个语音基元的声学特性。然后根据相应声学特性对每个分段给出相近的语音标号。

第二步，得到词序列，根据第一步所得语音标号序列得到一个语音基元网格，从词典得到有效的词序列，也可结合句子的文法和语义同时进行。

（2）*模板匹配的方法*

模板匹配的方法发展比较成熟，目前已达到实用阶段。在模板匹配方法中，要经过 4 个步骤：特征提取、模板训练、模板分类、判决。常用的技术有三种：动态时间规整（DTW）、隐马尔可夫（HMM）理论、矢量量化（VQ）技术。

（3）*人工神经网络的方法*

人工神经网络是 20 世纪 80 年代末期提出的一种新的语音识别方法。人工神经网络（ANN）本质上是一个自适应非线性动力学系统，模拟了人类神经活动的原理，具有自适应性、并行性、健壮性、容错性和学习特性，其强的分类能力和输入 / 输出映射能力在语音识别中都很有吸引力。但由于存在训练、识别时间太长的缺点，目前仍处于实验探索阶段。由于人工神经网络不能很好地描述语音信号的时间动态特性，所以常把人工神经网络与传统识别方法结合，分别利用各自优点来进行语音识别。

3.5.2 音频检索

1. 什么是音频检索

音频检索是指通过音频特征分析，对不同音频数据赋予不同的语义，使具有相同语义的音频在听觉上保持相似。音频包括语音和非语音两类信号。一直以来，音频信号的处理主要集中于语音识别、说话者识别等语音处理的方面。

2. 音频检索的基本方法

首先是建立数据库，对音频数据进行特征提取；通过特征对数据聚类，用户通过查询界面选择一个查询例子，并设置属性值；然后提交查询。系统对用户选择的示例提取特征，结合属性值确定查询特征矢量，并对特征矢量进行模糊聚类，然后检索引擎对特征矢量与聚类参数集匹配，按相关性排序后通过查询接口返回给用户。

3. 音频检索中对音频特征提取的方法

特征提取是指寻找原始音频信号表达形式，提取能代表原始信号的数据。

音频特征提取有两种不同的技术线路：一种是从叠加音频帧中提取特征，其原因在于音频信号是短时平稳的，所以在短时提取的特征较稳定；二是从音频片段中提取，因为任何语义都有时间延续性，在长时间刻度内提取音频特征可以更好地反映音频所蕴涵的语义信息，一般是提取音频帧的统计特征作为音频片段特征。

首先，对音频数据进行加窗处理形成帧，加窗大小在几到几十微秒，相邻帧之间一般有30% ~ 50%的叠加。然后，对每一帧作离散傅里叶变换（DFT），实际上常用快速傅里叶变换（FFT），得到傅里叶系数 $F(w)$ 和频域能量

$$E=\int_{0}^{W}\left|F(w)\right|^{2}\mathrm{d}w$$

其中，$\overline{w}=fs/2$，fs 为采样频率。最后应用不同算法计算相应的帧特征，再计算帧特征的标准偏差、数学期望值和方差，把帧特征推广成片段特征。

4. 音频分类技术与方法

音频检索中音频分类占据着非常重要的作用。音频分类技术是音频结构化的基础，在一定程度上实现了音频流的结构化，为在更高语义层次上实现音频内容结构化提供了基础。

其基本方法是：首先应提供适量的训练样本，比如选取足量的音乐文件；然后提取样本特征，进行聚类处理，将每类的全体文件看成一个音频数据来处理，计算该类的样本模板。判断文件的类别时，与计算音频相似度类似，计算音频的模板与各类模板间的距离，当距离小于某一阈值或为最小距离时，则此时的类即为文件所在的类。

5. 音频检索的应用与发展

国内外已经开发出了多种音频检索原型系统。如 MELDEX 系统、QBH 客户端、ECHO，以及由我国上海交通大学的薛锋、杨宗英、郑巧英和黄敏等研发的音乐检索系统。

音频检索在互联网检索页面具有重要的现实意义，如 Google、Podcastle 等。随着多媒体技术、数据库技术、网络通信技术和信息压缩技术等的迅速发展，以及更多国际标准的出台，为音频检索提供了更多的技术支持和发展空间。

【实例分析 3-10：语音识别技术“Siri”】

Siri 是苹果公司在其产品 iPhone4S、iPad 3 及以上版本手机上应用的一项语音控制功能。Siri 可以令 iPhone 4S 及以上手机变身为一台智能化机器人，利用 Siri 用户可以通过手机读短信、介绍餐厅、询问天气、语音设置闹钟等。Siri 可以支持自然语言输入，并且可以调用系统自带的天气预报、日程安排、搜索资料等应用，还能够不断学习新的声音和语调，提供对话式的应答。其最大的特色则是人机的互动方面，不仅有十分生动的对话接口，其针对用户询问所给予的回答，也不至于答非所问，有时候更是让人有种心有灵犀的惊喜，例如使用者如果在说出、输入的内容包括了“喝了点”“家”这些字（甚至不需要符合语法），Siri 则会判断为喝醉酒、要回家，并自动建议帮忙叫出租车。

Siri 成立于 2007 年，2010 年被苹果以 2 亿美元收购，最初是以文字聊天服务为主，随后通过与全球最大的语音识别厂商 Nuance 合作，Siri 实现了语音识别功能。

本章小结

数字音频的发展可以说是超乎人们想象，特别是设备上，更是发展飞快。更多新型硬件层出不穷。即便是更新换代如此之快，也都是从根本上的知识来进行创造的。所以基础知识非常重要。

思考题

1 什么是声音的三要素？它们分别由哪些物理属性来决定？

2 常见的有哪几种听觉效应？

3 简述压缩器中都有哪些参数。这些参数所代表的意义是什么。

4 什么是混响？什么是混响时间？简述混响时间与房间大小的关系。

5 话筒都有哪些指向性？

6 调音台的主要功能有哪些？数字调音台与模拟调音台最大的区别是什么？

7 音箱监听与耳机监听的区别有哪些？

8 简述采样率、比特精度。

9 什么叫声画对位、声画同步？

10 阐述模 / 数、数 / 模是如何转换的。

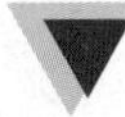

知识点速查

◆声波由物体振动产生，振动发声的物体称为声源，有声波传播的空间称为声场。

◆声速：空气（15 ℃）340 m/s

◆频率范围：低频 20 ~ 200 Hz；中频 200 Hz ~ 5 kHz；高频 5 ~ 20 kHz。

◆声音的传播特点：反射、衍射、干涉、能量耗损。

◆人耳几种听觉效应：掩蔽效应、双耳效应、哈斯效应、鸡尾酒会效应、多普勒效应。

◆声波的三种物理特性：频率、波长和振幅。

◆动态范围及动态余量：动态范围用来描述某一段音频或者某一台设备能够处理的最大信号与最小信号的差值。动态余量是指正常信号电平与失真电平之间用分贝来表示的电平差。

◆信噪比：信号与噪声的比例。

◆调音台的基本功能：放大、为每个通道设置可控均衡器、通道或母线分配、声音监听、视觉监视、电平调节、提供测试信号、跳线。

◆常见音频信号处理器：均衡器、压缩器、混响器。

◆压缩比：输入信号分贝数与输出信号分贝数之比，其大小决定了对输入信号的压缩程度。

◆门限：决定压缩器在多大输入电平时才起作用的参数。

◆比特：单位为 bit。比特率是指将模拟声音信号转换成数字声音信号后，单位时间内的二进制数据量，表示单位时间（1 s）内传送的比特数的速度。比特率越大音质就越好。

◆采样率（Sampling Rate）：单位为 Hz。采样率或是采样频率是音频数字化时对模拟信号测量时的速率。

第4章

数字图像处理技术

本章导读

本章共分 5 节，分别介绍了数字图像处理相关概论、数字图像颜色模型、数字图像的基本属性及种类、数字图像的获取技术、数字图像创意设计与编辑技术等内容。

本章从数字图像处理技术的发展与变化的视角入手，首先对数字图像的基本特点进行分析，然后重点学习讨论数字图像的基本颜色模型及基本属性和种类，然后对与数字图像的获取技术及编辑技术进行整理，并通过实例和具体应用来学习提升数字图像处理技术。

学习目标

1 了解数字图像处理技术的基本概念；

2 了解数字图像处理技术的基本属性；

3 了解数字图像颜色模型；

4 掌握数字图像的种类；

5 掌握数字图像获取技术；

6 理解数字图像的创意设计；

7 理解数字图像的编辑技术。

知识要点、难点

1 要点

数字图像处理技术的基本属性及概念，数字图像的设计及编辑技术。

2 难点

数字图像获取技术，数字图像颜色模型。

4.1 数字图像处理概述

计算机中的图像可以分为位图和矢量图两种类型。比如，Photoshop（以下简称 PS）和 Adobe Illustrator（以下简称 AI）分别是典型的处理位图和矢量图的软件。下面先来了解位图和矢量图的概念，以及像素与分辨率的关系，为学习图像处理打下基础。

4.1.1 认识位图

位图也叫点阵图、栅格图像、像素图，它是由像素（Pixel）组成的，在 PS 中处理图像时，编辑的就是像素。在 PS 中，打开一幅图像，使用“缩放工具”在图像上连续单击，直到该工具上的“+”号消失，图像放至最大，画面中会出现许多彩色的小方块，它们便是像素，如图 4-1 所示。

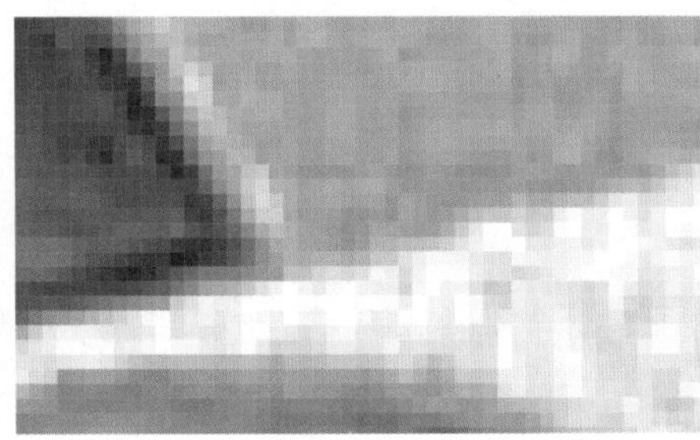

■ 图 4-1 像素点在位图中放大显示

使用数码照相机拍摄的照片、扫描仪扫描的图片以及在计算机屏幕上抓取的图像等都属于位图，其特点是可以表现色彩的变化和颜色的细微过渡，产生逼真的效果，并且很容易在不同的软件之间交换使用。但是在保存时，位图需要记录每一个像素的位置和颜色值，因此占用的存储空间也较大。

另外，由于受到分辨率的制约，位图包含固定数量的像素，在对其缩放或旋转时，PS 无法生成新的像素，它只能将原有的像素变大以填充多出的空间，产生的结果往往会使清晰的图像变得模糊，也就是通常所说的图像变虚了。如图 4-2 所示，A 为原图像，B 为放大一些后的局部图像，图像已经变得模糊。

■ 图 4-2 位图原图像和放大图像对比

4.1.2 认识矢量图

矢量图也叫向量图，就是缩放不失真的图像格式。例如，矢量图如同绘制在质量非常好的橡胶膜上的图，无论对橡胶膜进行何种的长宽等比成倍拉伸，画面依然清晰，不会看到图形最小单位。

矢量图的优点是，轮廓的形状更容易修改和控制，但是对于单独的图像，其在色彩变化上的实现没有位图方便。另外，支持矢量格式的应用程序没有支持位图的应用程序多，很多矢量图形都需要专门设计的程序才能浏览和编辑。矢量图形与分辨率无关，可以将它们缩放到任意尺寸，可以按任意分辨率打印，而且不会丢失细节或降低清晰度。因此，矢量图最适合表现醒目的图形。如图 4-3 所示，A 为原图像，B 为放大后的局部图像，图像依然很清晰。

■ 图 4-3 矢量图原图像和放大图像对比

【实例分析 4-1：位图转化为矢量图（见图 4-4）】

■ 图 4-4 logo 转化为矢量图

现实中人们经常看见好看的图片或者 logo 等，随手用手机或者其他设备照下来试图编辑进其他素材里，这个时候会发现这个图片是位图模式，会出现分辨率低或者放进其他图片里面不清晰的问题，这个时候可以通过 Photoshop 将位图转化为矢量图。

步骤 1：将素材导入 Photoshop，如图 4-5 所示。

■ 图 4–5 导入素材

步骤 2：针对画面中的黑色部分执行“选择”→“色彩范围”命令，如图 4-6 所示。

■ 图 4–6 执行“色彩范围”命令

步骤 3：执行“反选”命令（Ctrl+Shift+I），将 logo 主体部分选出，如图 4-7 所示。

■ 图 4–7 选择 logo 主体部分

步骤 4：在“路径”面板中执行从选区生成工作路径，如图 4-8 所示。

■ 图 4–8 生成工作路径

■ 图 4-8 生成工作路径（续）

步骤 5：执行“编辑”→“定义自定形状”命令，为形状命名，如图 4-9 所示。

■ 图 4-9 命名自定义形状名称

步骤 6：新建图层，在自定义形状工具中的自定义形状中找到刚刚存储的“APVP”图样，选择前景色为黑色，将其绘出，得到矢量图形，如图 4-10 所示。

■ 图 4-10 位图 logo 转化为矢量图

将位图转化为形状存储进自定义形状里，这样以后就可以方便使用，并且为矢量图形了。

4.1.3 像素与分辨率

像素是组成位图图像的最基本元素。每一个像素都有自己的位置，并记载着图像的颜色信息。一个图像包含的像素越多，颜色信息越丰富，图像的效果也就越好，但文件也会随之增大。

分辨率是指单位长度内包含的像素点的数量，它的单位通常为像素 / 英寸（ppi），如 72 ppi 表示每英寸包含 72 个像素点。分辨率决定了位图细节的精细程度，通常情况下，分辨率越高，包含的像素越多，图像也就越清晰。

像素和分辨率是两个密不可分的重要概念，它们的组合方式决定了图像的数据量。在打印时，高分辨率的图像要比低分辨率的图像包含更多的像素，因此，像素点更小，像素的密度越高，所以可以重现更多的细节和更细微的颜色过渡效果。

虽然分辨率越高，图像的质量越好，但是也会增加占用的存储空间，只有根据图像的用途设置适合的分辨率才能取得最佳的使用效果。

4.1.4 图像处理软件

图像处理软件是指工作在特定平台下的图像显示、运算和编辑工具。图像处理软件的主要作用是重新解释并显示文件数据，按照所提供的虚拟工具（画笔、喷枪、橡皮等）对图像进行诸如拼合、调整色彩等工作，并可将修改和处理后的结果保存输出。图像处理软件一般主要处理像素类图像，常见的图像处理软件有 PS 及其简化版 Photoshop Elements、JASC Paint Shop pro 等。

PS（见图 4-11）是业界最为流行的专业图像处理软件，具有丰富的特性和强大的功能。另外，由于其强大的影像和开放的接口，也使得众多厂商为其设计了功能丰富的插件。插件（Plug-in）是一种独立安装的图像处理软件，它一般不能脱离 PS 单独运行，借助对 PS 本身功能的创造性运用，插件通常可以更直观高效地完成许多 PS 本身不具备的运算功能和效果。

■ 图 4-11 Adobe Photoshop CC

4.1.5 图像处理特点

计算机在问世之初只是作为科研机构进行科学计算的工具，体积庞大、价格昂贵、使用复杂是其特点。到 20 世纪 50 至 70 年代，一些科学家像 Noll、Harman、Knowton 以及 Nake 等利用计算机程序语言从事计算机图形图像处理的研究，研究的主题多是图形形成原理的探索。例如，如何编程使得计算机的二进制代码能够表现为一条弧线或是一个三角形等简单的几何图形。70 年代，伴随着个人计算机的出现，计算机的体积缩小许多，价格亦降低许多，平面图像技术也逐步成熟，使有兴趣从事计算机艺术创作的人有更多的机会，不用编写烦琐的代码程序就能随心所欲地进行艺术创作。在 80 年代的 10 年中，随着计算机的发展推广，计算机桌上排版（Desk Top Publishing，DTP）和数字印前行业（Prepress）得以迅速发展，使计算机的输出展现出新的面貌。通过专业的设备，图像自计算机直接输出的精度、准确和美观的程度，几乎可以同照片媲美，甚至在某些方面远远超出照片的效果。数字图像处理具有以下显著特点：

① 处理信息量大，对计算机的计算速度．存储容量等要求高。

② 占用频带较宽，与语言信息相比，占用的频带要大几个数量级。

③ 数字图像中各个像素不是独立的，其相关性大。

④数字图像处理后的图像受人为因素影响大。

【实例分析 4-2：存储容量】

存储容量是指存储器可以容纳的二进制信息量，用存储器中存储地址寄存器 MAR 的编址数与存储字位数的乘积表示。

每一千个字节称为 1 KB，注意，这里的“千”不是我们通常意义上的 1000，而是指 1024，即 1 KB=1024 B。但如果不要求严格计算的话，也可以近似地认为 1K 就是 1000。每 1024 个 KB 就是 1 MB（同样这里的 K 是指 1024），即 1 MB=1024 KB=1024×1024 B=1 048 576 B。如果不精确要求的话，也可认为 1 MB=1 000 KB=1 000 000 B。

另外需要注意的是，存储产品生产商会直接以 1 GB=1000 MB，1 MB=1000 KB，1 KB=1000 B 的计算方式统计产品的容量，这就是为何买回的存储设备容量达不到标称容量的主要原因。

4.2 图像颜色模型

4.2.1 视觉系统对颜色的感知

人的眼睛（见图 4-12）有着接收及分析视像的不同能力，从而组成知觉，以辨认物象的外貌和所处的空间（距离），及该物在外形和空间上的改变。脑部将眼睛接收到的物象信息分析出四类主要资料，即有关物象的空间、色彩、形状及动态。有了这些数据，人们可辨认外物和对外物作出及时和适当的反应。

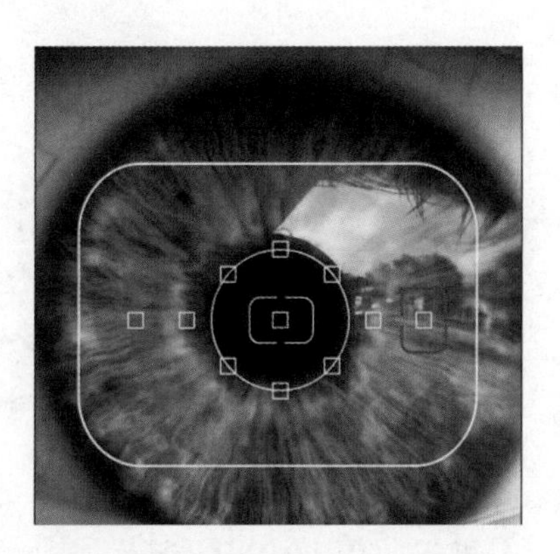

■ 图 4-12 人眼有 5.76 亿像素

当有光线时，人眼睛能辨别物象本体的明暗。物象有了明暗的对比，眼睛便能产生视觉的空间深度，看到对象的立体程度。同时眼睛能识别形状，有助于辨认物体的形态。此外，人眼能看到色彩，称为色彩视或色觉。此四种视觉的能力是混为一体使用的，作为人们探察与辨别外界数据、建立视觉感知的源头。

4.2.2 RGB 颜色模型

就编辑图像而言，RGB 颜色模型是最佳的色彩模式，可以提供全屏幕的 24 bit 的颜色范围，即真彩色显示。但是，如果将 RGB 模式用于打印就不是最佳的了，会损失一部分亮度，比较鲜艳的色彩会失真。

根据三基色原理，用基色光单位来表示光的量，则在 RGB 中，任意色光 F 都可以用 R、G、B 三色不同分量的相加混合而成：

$$F=r[R]+g[G]+b[B]$$

自然界中任何一种色光都可由 R、G、B 三基色按不同的比例相加混合而成，当三基色分量都为 0（最弱）时混合为黑色光；当三基色分量都为 k（最强）时混合为白色光。任一颜色 F 是这个立方体坐标中的一点，调整三色系数 R、G、B 中的任一系数都会改变 F 的坐标值，也即改变了 F 的色值。RGB 颜色空间采用物理三基色表示，因而物理意义很清楚，适合彩色显像管工作。然而这一体制并不适应人的视觉特点。因而，产生了其他不同的颜色空间表示法。

RGB 是色光的彩色模式，R 代表红色，G 代表绿色，B 代表蓝色，它是所有显示屏、投影设备及其他传递或过滤光线的设备所依赖的彩色模式。就编辑图像而言，RGB 色彩模式是屏幕显示的最佳模式，但是 RGB 颜色模式图像中的许多色彩无法被打印出来。因此，如果打印全彩色图像，应先将 RGB 颜色模式的图像转换成 CMYK 颜色模式的图像，然后进行打印。

执行“图像”|“模式”|“RGB 颜色”命令，可以将图像的颜色模式转换为 RGB 颜色模式。

4.2.3　CMYK 颜色模型

CMYK 代表印刷图像时所用的印刷四色，分别是青、洋红、黄、黑，CMYK 颜色模式是打印机唯一认可的彩色模式。CMYK 模式虽然能免除色彩方面的不足，但是运算速度很慢，这是因为 Photoshop 必须将 CMYK 转变成屏幕的 RGB 色彩值。效率在实际工作中是很重要的，所以建议还是在 RGB 模式下进行工作，当准备将图像打印输出时，再转换为 CMYK 模式。（见图 4-13 和图 4-14）

执行“图像”|“模式”|“CMYK 颜色”命令，可以将图像的颜色模式转换为 CMYK 颜色模式。

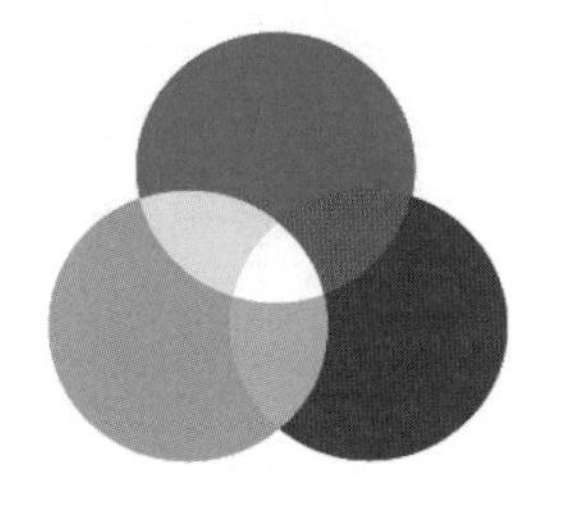

■ 图 4-13 RGB 颜色系统

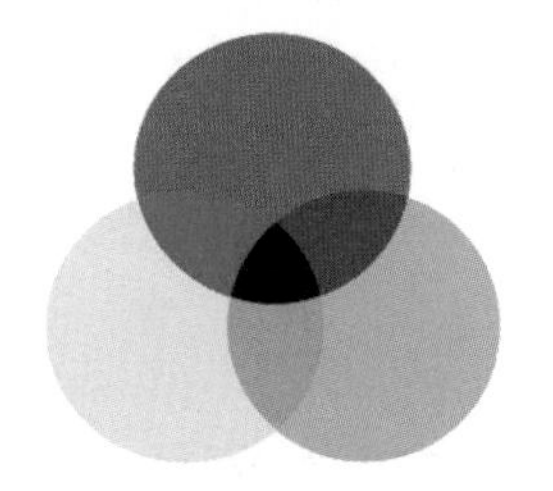

■ 图 4-14 CMYK 颜色系统

4.2.4　HSB 颜色模型

HSB 色彩模式是色彩的一种表现形式。在 HSB 模式中，H（hues）表示色相，S（saturation）表示饱和度，B（brightness）表示亮度。HSB 模式对应的媒介是人眼。

人们对色彩的直觉感知，首先是色相（见图 4-15），即红、橙、黄、绿、蓝、靛、紫中的一个，然后是它的深浅度。

HSB 色彩就是借由这种模式而来的，它把颜色分为色相、饱和度、明度三个因素。它将人脑的“深浅”概念扩展为饱和度（S）和明度（B）。饱和度相当于家庭电视机的色彩浓度，饱和度高色彩较艳丽，饱和度低色彩就接近灰色。明度也称为亮度，等同于彩色电视机的亮度，亮度高色彩明亮，亮度低色彩暗淡，亮度最高得到纯白，最低得到纯黑。

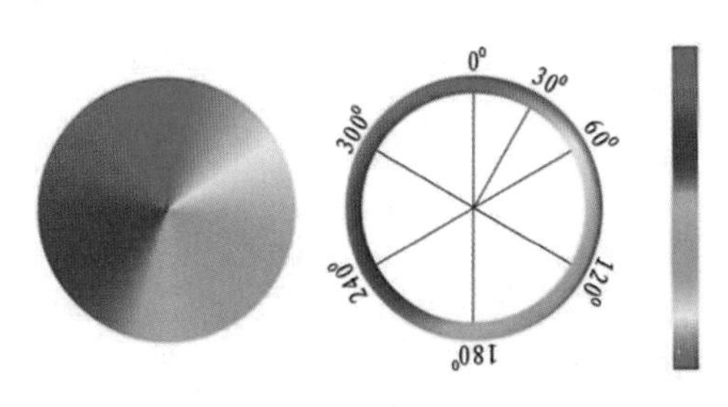

■ 图 4-15 色相环示意图

4.2.5 YUV 与 YIQ 颜色模型

颜色空间是一个三维坐标系统，每一种颜色由一个点表示。在 RGB 颜色空间中，红、绿、蓝是基本元素。RGB 格式是显示器通常使用的格式。在 YUV 空间中，每一个颜色有一个亮度信号 Y 及两个色度信号 U 和 V。亮度信号是强度的感觉，它和色度信号断开，这样强度就可以在不影响颜色的情况下改变。YUV 格式通常用于 PAL 制，即欧洲的电视传输标准，而且默认情况下是图像和视频压缩的标准。

YUV 使用 RGB 的信息，但它从全彩色图像中产生一个黑白图像，然后提取出三个主要的颜色变成两个额外的信号来描述颜色。把这三个信号组合回来就可以产生一个全彩色图像。

YUV 色彩模型来源于 RGB 模型，该模型的特点是将亮度和色度分离开，从而适合于图像处理领域。

4.2.6 CIE Lab 颜色模型

Lab 颜色模式的色域最广，是唯一不依赖于设备的颜色模式。Lab 颜色模式是由三个通道组成，一个通道是亮度即 L，另外两个是色彩通道，用 a 和 b 表示。a 通道包括的颜色是从深绿色到灰色再到红色；b 通道则是从亮蓝色到灰色再到黄色。因此，这种色彩混合后将产生明亮的色彩。

执行“图像”|“模式”|“ Lab 颜色”命令，可以将图像的颜色模式转换为 Lab 颜色模式。

4.3 图像的基本属性及种类

4.3.1 分辨率

分辨率可以从显示分辨率与图像分辨率两个方向来分类。

显示分辨率（屏幕分辨率）是屏幕图像的精密度，是指显示器所能显示的像素有多少。由于屏幕上的点、线和面都是由像素组成的，显示器可显示的像素越多，画面就越精细，同样的屏幕区域内能显示的信息也越多，所以分辨率是个非常重要的性能指标之一。可以把整个图像想象成是一个大型的棋盘，而分辨率的表示方式就是所有经线和纬线交叉点的数目。显示分辨率一定的情况下，显示屏越小图像越清晰，反之，显示屏大小固定时，显示分辨率越高图像越清晰。

图像分辨率指图像中存储的信息量，是每英寸图像内有多少个像素点，分辨率的单位为 ppi（pixel per inch），通常称为像素每英寸。

分辨率决定了位图图像细节的精细程度。

通常情况下，图像的分辨率越高，所包含的像素就越多，图像就越清晰，印刷的质量也就越好。同时，它也会增加文件占用的存储空间。

分辨率是度量位图图像内数据量多少的一个参数。通常表示成每英寸像素（pixel per inch，ppi）和每英寸点（dot per inch，dpi）。包含的数据越多，图形文件的长度就越大，也能表现更丰富的细节。但更大的文件需要耗用更多的计算机资源、更多的内存、更大的硬盘空间等。假如图像包含的数据不够充分（图形分辨率较低），就会显得相当粗糙，特别是把图像放大为一个较大尺寸观看的时候。所以在图片创建期间，必须根据图像最终的用途决定正确的分辨率。这里的技巧是要保证图像包含足够多的数据，能满足最终输出的需要。同时要适量，尽量少占用计算机的资源。

分辨率和图像的像素有直接关系。一张分辨率为 640×480 的图片，它的分辨率就达到了 307 200 像素，也就是常说的 30 万像素；而一张分辨率为 1600×1200 的图片，它的像素就是 200 万。

在平面设计中，图像的分辨率以 ppi 来度量，它和图像的宽、高尺寸一起决定了图像文件的大小及图像质量。比如，一幅图像宽 8 英寸、高 6 英寸，分辨率为 100 ppi，如果保持图像文件的大小不变，也就是总的像素数不变，将分辨率降为 50 ppi，在宽高比不变的情况下，图像的宽将变为 16 英寸、高将变为 12 英寸。打印输出变化前后的这两幅图，会发现后者的幅面是前者的 4 倍，而且图像质量下降了许多。那么，把这两幅变化前后的图送入计算机显示器会出现什么现象呢？比如，将它们送入显示模式为 800×600 的显示器显示，会发现这两幅图的画面尺寸一样，画面质量也没有区别。对于计算机的显示系统来说，一幅图像的 ppi 值是没有意义的，起作用的是这幅图像所包含的总的像素数，也就是前面所讲的另一种分辨率表示方法：水平方向的像素数 × 垂直方向的像素数。这种分辨率表示方法同时也表示了图像显示时的宽高尺寸。前面所讲的 ppi 值变化前后的两幅图，它们总的像素数都是 800×600，因此在显示时是分辨率相同、幅面相同的两幅图像。

图像分辨率的表达方式也为“水平像素数 × 垂直像素数”，也可以用规格代号来表示。

不过需要注意的是，在不同的书籍中，甚至在同一本书中的不同地方，对图像分辨率的叫法不同。除图像分辨率这种叫法外，也可以叫做图像大小、图像尺寸、像素尺寸和记录分辨率。在这里，“大小”和“尺寸”一词的含义具有双重性，它们都可以既指像素的多少（数量大小），又可以指画面的尺寸（边长或面积的大小），因此很容易引起误解。由于在同一显示分辨率的情况下，分辨率越高的图像像素点越多，图像的尺寸和面积也越大，所以往往有人会用图像大小和图像尺寸来表示图像的分辨率。

4.3.2　颜色深度

颜色深度是指存储每个像素所用的位数，它也是用来度量图像的分辨率。像素深度决定彩色图像的每个像素可能有的颜色数，或者确定灰度图像的每个像素可能有的灰度级数。

颜色深度简单说就是最多支持多少种颜色。一般是用“位”来描述的。“位”（bit）是计算机存储器里的最小单元，用来记录每一个像素颜色的值。图形的色彩越丰富，“位”的值就会越大。每一个像素在计算机中所使用的这种位数就是“位深度”。在记录数字图形的颜色时，计算机实际上是用每个像素需要的位深度来表示的。

黑白二色的图形是数字图形中最简单的一种，它只有黑、白两种颜色，也就是说它的每个像素只有 1 位颜色，位深度是 1，用 2 的一次幂来表示；4 位颜色的图，它的位深度是 4，用 2 表示，它有 2 的 4 次幂种颜色，即 16 种颜色或 16 种灰度等级。8 位颜色的图，位深度就是 8，用 2 的 8 次幂表示，它含有 256 种颜色（或 156 种灰度等级）。24 位颜色可称为真彩色，位深度是 24，它能组合成 2 的 24 次幂种颜色，即 16 777 216 种颜色，超过了人眼能够分辨的颜色数量。当用 24 位来记录颜色时，实际上是以 $2^8\times3$，即红、绿、蓝三基色各以 2 的 8 次幂（256）种颜色而存在的，三色组合就形成一千六百万种颜色。

颜色深度越大，图片占的空间越大，如表 4-1 所示。

表 4-1 色彩深度关系

色彩深度	表达颜色数	色彩模式
1 位	2（黑白）	位图
8 位	256（2^8）	索引颜色
16 位	65 536（2^{16}）	灰度、16 位 / 通道
24 位	16 777 216（2^{24}）	RGB
32 位		CMYK、RGB
48 位		RGB、16 位 / 通道

虽然颜色深度越大能显示的色数越多，但并不意味着高深度的图像转换为低深度（如 24 位深度转为 8 位深度）就一定会丢失颜色信息，因为 24 位深度中的所有颜色都能用 8 位深度来表示，只是 8 位深度不能一次性表达所有 24 位深度色而已（8 位能表示 256 种颜色，这 256 色可以是 24 位深度中的任意 256 色）。

4.3.3 图像的大小及种类

1. 图像的大小

图像大小的长度与宽度是以像素为单位的，有的是以厘米为单位。像素与分辨率像素是数码影像最基本的单位，每个像素就是一个小点，而不同颜色的点（像素）聚集起来就变成一幅动人的照片。数码照相机经常以像素作为等级分类依据，但不少人认为像素点的多少是 CCD 光敏单元上的感光点数量，其实这种说法并不完全正确，目前不少厂商通过特殊技术，可以在相同感光点的 CCD 光敏单元下产生分辨率更高的数码相片。

图片分辨率越高，所需像素越多，比如，分辨率 640×480 的图片，大概需要 30 万像素，2084×1536 的图片，则需要高达 314 万像素。

分辨率可有多个数值，相机提供分辨率越多，拍摄与保存图片的弹性越高。

图片分辨率和输出时的成像大小及放大比例有关，分辨率越高，成像尺寸越大，放大比例越高。

总像素数是指 CCD 含有的总像素数。不过，由于 CCD 边缘照不到光线，因此有一部分拍摄时用不上。从总像素数中减去这部分像素就是有效像素数 。

2. 图像的种类

（1）基于色彩特征的索引技术

色彩是物体表面的一种视觉特性，每种物体都有其特有的色彩特征。比如，人们说到绿色往往是和树木或草原相关，谈到蓝色往往是和大海或蓝天相关。同一类物体往往有着相似的色彩特征，因此可以根据色彩特征来区分物体。用色彩特征进行图像分类可以追溯到 Swain 和 Ballard 提出的色彩直方图的方法。由于色彩直方图具有简单且随图像的大小、旋转变化不敏感等特点，得到了研究人员的广泛关注，目前几乎所有基于内容分类的图像数据库系统都把色彩分类方法作为分类的一个重要手段，并提出了许多改进方法，归纳起主要可以分为两类：全局色彩特征索引和局部色彩特征索引，如图 4-16 所示。

■ 图 4-16 局部色彩特征分析

（2）基于纹理的图像分类技术

纹理特征也是图像的重要特征之一，其本质是刻画像素的邻域灰度空间分布规律。由于它在模式识别和计算机视觉等领域已经取得了丰富的研究成果，因此可以借用到图像分类中。

在 20 世纪 70 年代早期，Haralick 等人提出纹理特征的灰度共生矩阵表示法（Eo-occurrenee Matrix Representation），这个方法提取的是纹理的灰度级空间相关性（gray level Spatial dependence），它首先基于像素之间的距离和方向建立灰度共生矩阵，再由这个矩阵提取有意义的统计量作为纹理特征向量。基于一项人眼对纹理的视觉感知的心理研究，Tamuar 等人提出可以模拟纹理视觉模型的 6 个纹理属性，分别是粒度、对比度、方向性、线型、均匀性和粗糙度。QBIC 系统和 MARS 系统采用的就是这种纹理表示方法。

在 20 世纪 90 年代初期，当小波变换的理论结构建立起来之后，许多研究者开始研究如何用小波变换表示纹理特征。Smiht 和 Chang 利用从小波子带中提取的统计量（平均值和方差）作为纹理特征。这个算法在 112 幅 Brodatz 纹理图像中达到了 90% 的准确率。为了利用中间带的特征，Chang 和 Kuo 开发出一种树形结构的小波变化来进一步提高分类的准确性。还有一些研究者将小波变换和其他变换结合起来以得到更好的性能，如 Thygaarajna 等人结合小波变换和共生矩阵，以兼顾基于统计的和基于变换的纹理分析算法的优点。

（3）基于形状的图像分类技术

形状是图像的重要可视化内容之一。在二维图像空间中，形状通常被认为是一条封闭的轮廓曲线所包围的区域，所以对形状的描述涉及对轮廓边界的描述以及对这个边界所包围区域的描述。目前基于形状分类方法大多围绕着从形状的轮廓特征和形状的区域特征建立图像索引。对形状轮廓特征的描述主要有直线段描述、样条拟合曲线、傅里叶描述以及高斯参数曲线等。Photoshop 中有很多形状展示，如图 4-17 所示。

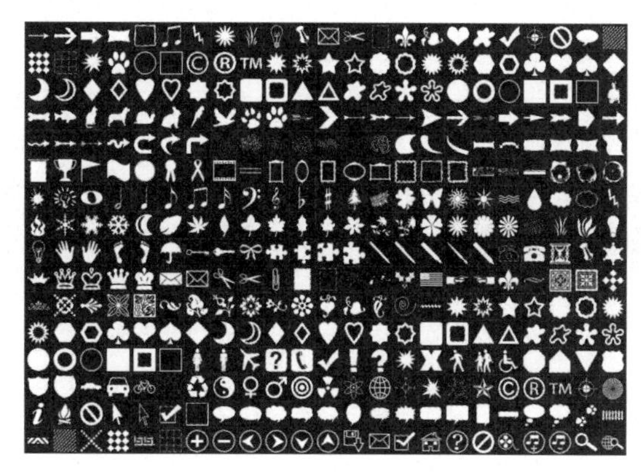

■ 图 4-17 Photoshop 中的自定义形状

实际上更常用的办法是采用区域特征和边界特征相结合来进行形状的相似分类。如 Eakins 等人提出了一组重画规则并对形状轮廓用线段和圆弧进行简化表达，然后定义形状的邻接族和形族两种分族函数对形状进行分类。邻接分族主要采用了形状的边界信息，而形状形族主要采用了形状区域信息。在形状进行匹配时，除了每个族中形状差异外，还比较每个族中质心和周长的差异，以及整个形状的位置特征矢量的差异，查询判别距离是这些差异的加权和。

（4）基于空间关系的图像分类技术

在图像信息系统中，依据图像中对象及对象间的空间位置关系来区别图像库中的不同图像是一个非常重要的方法。因此，如何存储图像对象及其中对象位置关系以方便图像的分类，是图像数据库系统设计的一个重要问题。而且利用图像中对象间的空间关系来区别图像，符合人们识别图像的习惯，所以许多研究人员从图像中对象空间位置关系出发，着手对基于对象空间位置关系的分类方法进行了研究。早在 1976 年，Tanimoto 提出了用像元方法来表示图像中的实体，并提出了用像元来作为图像对象索引。随后被美国匹兹堡大学 Chang 采纳并提出用二维符号串（2D-String）的表示方法来进行图像空间关系的分类。由于该方法简单，并且对于部分图像来说可以从 2D-String 重构它们的符号图，因此被许多人采用和改进。该方法的缺点是仅用对象的质心表示空间位置；其次是对于一些图像来说不能根据其 2D-String 完全重构其符号图；再则是上述的空间关系太简单，实际中的空间关系要复杂得多。针对这些问题许多人提出了改进方法。Jungert 用图像对象的最小包围盒分别在 x 轴方向和 y 轴上的投影区间之间的交叠关系来表示对象之间的空间关系，随后 Cllallg 和 Jungert 等人又提出了广义 2D-String（2DG-String）的方法，将图像对象进一步切分为更小的子对象来表示对象的空间关系。该方法的不足之处是当图像对象数目比较多且空间关系比较复杂时，需要切分的子对象的数目很多，存储的开销太大。针对此 Lee 和 Hsu 等人提出了 2DC-String 的方法，它们采用 Anell 提出的 13 种时态间隔关系并应用到空间投影区间上来表达空间关系。在 x 轴方向和 y 轴方向的组合关系共有 169 种，他提出了 5 种基本关系转换法则，在此基础上又提出了新的对象切分方法。采用 2DC-String 的方法比 2DG-String 切分子对象的数目明显减少。为了在空间关系中保留两个对象的相对空间距离和对象的大小，Huang 等人提出了 2DC-String 的方法提高符号图的重构精度，并使对包含对象相对大小、距离的符号图的推理成为可能。上述方法都涉及将图像对象划分为子对象，且在用符号串重构对象时处理时间的开销都比较大。为解决这些方法的不足，Lee 等人又提出了 2DB-String 的方法，它不要求对象进一步划分，用对象的名称来表示对象的起点和终点边界。为了解决符号图的重构问题，Chin-Chen Chang 等人提出了面向相对坐标解决符号图的重构问题，Chin-Chen Chang 等人提出了面向相对坐标符号串表示（RCOS 串），它们用对象最小外接包围盒的左下角坐标和右上角坐标来表示对象之间的空间关系。

对于对象之间的空间关系采用，Allen 提出了 13 种区间表示方法。实际上上述所有方法都不是和对象的方位无关，为此 Huang 等人又提出了 RSString 表示方法。虽然上述各种方法对图像对象空间信息的分类起到过一定作用，但它们都是采用对象的最小外接矩形来表示一个对象空间位置，这对于矩形对象来说是比较合适的，但是当两个对象是不规则形状且它们在空间关系上是分离时，它们的外接矩形却存在着某种包含和交叠，结果出现对这些对象空间关系的错误表示。用上述空间关系进行图像分类都是定性的分类方法，将图像的空间关系转换为图像相似性的定量度量是一个较为困难的事情。Nabil 综合 2D-String 方法和二维平面中对象之间的点集拓扑关系。提出了 2D-PIR 分类方法，两个对象之间的相似与否就转换为两个图像的 2D-PIR 图之间是否同构。2D-PIR 中只有图像对象之间的空间拓扑关系具有旋转不变性，在进行图像分类的时候没有考虑对象之间的相对距离。

4.4 数字图像的获取技术

图像获取是指图像的数字化过程，包括扫描、采样和量化。图像获取设备，包括 5 个组成部分：采样孔、扫描机构、光传感器、量化器和输出存储器。

关键技术：采样——成像技术；量化——模 / 数转换技术。

图像获取设备分类：取决于 CCD 的规格，包括黑白摄像机、彩色摄像机、扫描仪、数字照相机等；其他的专用设备，如显微摄像设备、红外摄像机、高速摄像机、胶片扫描器等。此外，遥感卫星、激光雷达等设备提供其他类型的数字图像，如图 4-18 所示。

■ 图 4-18 扫描仪、高清摄像机、高速摄像机、雷达等数字图像获取设备

信息化的基础是信息化技术的顺利运用，而技术运用的基础是信息数字化。数字化的先进性反映于：一旦数字化，就能够用计算机处理信息，做许多以前人工不能做的工作。比如图书、情报和信息，如果以纸张为载体，再次加工的难度很大，而经过数字化，就能够进行计算机检索、查询、分析、处理等。信息的数字化，使得图书、情报和信息的使用、存储和利用效率成几何倍数增长。专利文献数字化开始于 20 世纪 80 年代。当时欧洲专利局（EPO）、日本特许厅（JPO）及美国专利商标局（USPTO）合作开展了名为 BACON 的各国专利文献电子化的庞大计划。BACON（Backfile Conversion）意为过档文献的转换，该项目将 1920—1987 年出版的、除前苏联外的专利合作条约（PCT）全部过档文献由纸件向电子文档转换，并制成 BNS 全文数据库。

4.4.1　位图获取技术

位图可以用画图程序获得、用荧光屏上直接抓取、用扫描仪或视频图像抓取设备从照片等抓取。

位图图像（bitmap）亦称为点阵图像或绘制图像，是由称作像素（图片元素）的单个点组成的。这些点可以进行不同的排列和染色以构成图样。当放大位图时，可以看见赖以构成整个图像的无数单个方块。扩大位图尺寸的效果是增大单个像素，从而使线条和形状显得参差不齐。然而，如果从稍远的位置观看它，位图图像的颜色和形状又显得是连续的。常用的位图处理软件是 Photoshop。

点阵图像是与分辨率有关的，即在一定面积的图像上包含有固定数量的像素。因此，如果在屏幕上以较大的倍数放大显示图像，或以过低的分辨率打印，位图图像会出现锯齿边缘。

位图的文件类型很多，如 *.bmp、*.pcx、*.gif、*.jpg、*.tif、Photoshop 的 *.psd、Kodak Photo CD 的 *.pcd、Corel Photo Paint 的 *.cpt 等

1. BMP（Bitmap）

BMP 是一种与设备无关的图像文件格式，它是 Windows 软件推荐使用的一种格式，随着 Windows 的普及，BMP 的应用越来越广泛。

这种格式的特点是包含的图像信息较丰富，几乎不进行压缩，但由此导致了它与生俱来的缺点——占用磁盘空间过大。所以，目前 BMP 在单机上比较流行。

2. JPG（Joint Photographic Experts Group）

文件扩展名为 .jpg 或 .jpeg，是最常用的图像文件格式。这是一种有损压缩格式，能够将图像压缩在很小的存储空间，图像中重复或不重要的资料会丢失，因此容易造成图像数据的损伤。

3. GIF（Graphics Interchange Format）

GIF 文件格式是由 Compu － Serve 公司在 1987 年 6 月为了制定彩色图像传输协议而开发的，它支持 64 000 像素的图像，256 ~ 16M 颜色的调色板，单个文件中的多重图像，按行扫描的迅速解码，有效地压缩以及硬件无关性。

GIF 格式的特点是压缩比高，磁盘空间占用较少，所以这种图像格式迅速得到了广泛的应用。

最初的 GIF 只是简单地用来存储单幅静止图像，后来随着技术发展，可以同时存储若干幅静止图像进而形成连续的动画，使之成为当时支持 2D 动画为数不多的格式之一（称为 GIF89a）。目前 Internet 上大量采用的彩色动画文件多为这种格式的文件。

GIF 格式只能保存最大 8 位色深的数码图像，对于色彩复杂的物体它就力不从心了。

4. TIFF（Tag Image File Format）

Alaus 和 Microsoft 公司为扫描仪和桌上出版系统研制开发了较为通用的图像文件格式 TIFF，TIFF 一出现就得到广泛的应用，这大大超过了设计者的想象。

TIFF 最初是出于跨平台存储扫描图像的需要而设计的。它的特点是图像格式复杂、存储信息多。正因为它存储的图像细微层次的信息非常多，图像的质量也得以提高，故而非常有利于原稿的复制。

5. TGA（Tagged Graphics）

TGA 图像文件格式由美国 Truevision 公司为其显示卡开发的一种图像文件格式，文件扩展为 .tga，已被国际上的图形、图像工业所接受。TGA 的结构比较简单，属于一种图形、图像数据的通用格式，在多媒体领域有很大影响，是计算机生成图像向电视转换的首选格式。TGA 图像格式最大的特点是可以做出不规则形状的图形、图像文件。

6. PNG（Portable Network Graphics）

PNG 原名称为“可移植性网络图像”，是用于网络的最新图像文件格式。PNG 能够提供比 GIF 小 30%的无损压缩图像文件。它同时提供 24 位和 48 位真彩色图像支持以及其他诸多技术支持。

由于 PNG 非常新，所以目前并不是所有的程序都可以用它来存储图像文件。

7. PSD

PSD 是著名的 Adobe 公司的图像处理软件 Photoshop 的专用格式。PSD 其实是 Photoshop 进行平面设计的一张“草稿图”，它里面包含有各种图层、通道、遮罩等多种设计的样稿，以便于下次打开文件时可以修改上一次的设计。在 Photoshop 所支持的各种图像格式中，PSD 的存取速度比其他格式快很多，功能也很强大。

【实例分析 4-3：燃烧火焰双腿】

位图的获得不光局限于获取设备的支持，也可以运用软件制作得到，并且存储格式不同，运用方向也不同。以 Photoshop 制作为例，我们将运用各种位图素材的拼接制作来得到一张完全不同的位图，并且带有创造和美感。

素材：各种位图火焰素材、位图跳舞双腿线稿素材，如图 4-19 所示。

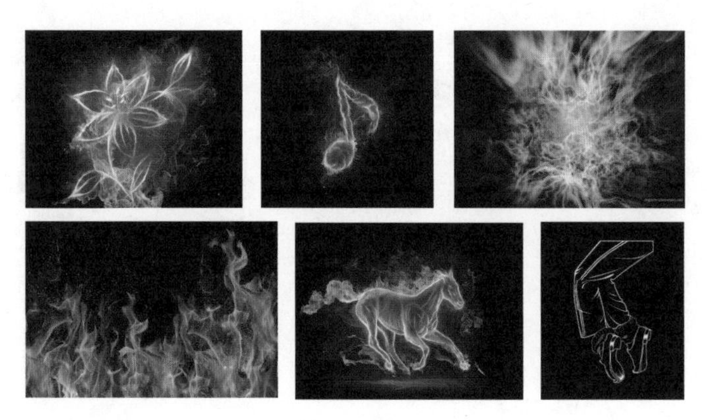

■ 图 4-19 各种类型的火焰素材以及跳舞双腿素材

步骤 1：将素材整理分类成烟雾和火焰。打开 Photoshop 软件，因为素材都是不同像素的位图，所以将分辨率调节成 72 ppi，将背景填充成黑色并导入双腿素材，如图 4-20 所示。

步骤 2：执行“色彩范围”命令抠图，对抠图双腿执行“图层样式”命令（外发光大小 8、颜色叠加橙色 100%、内发光土黄色、大小 7、光泽 7），如图 4-21 所示。

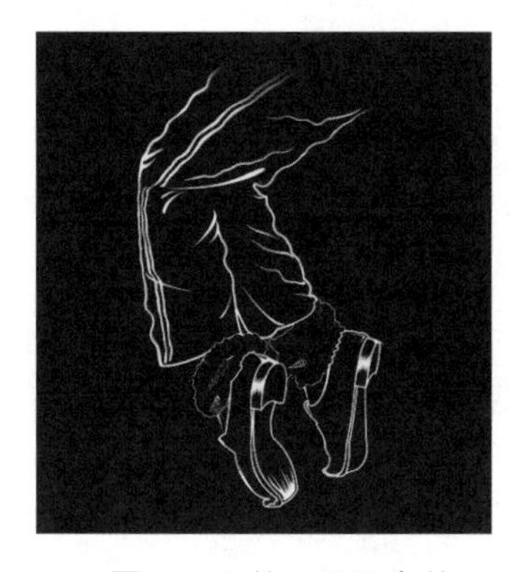

■ 图 4-20 导入双腿素材

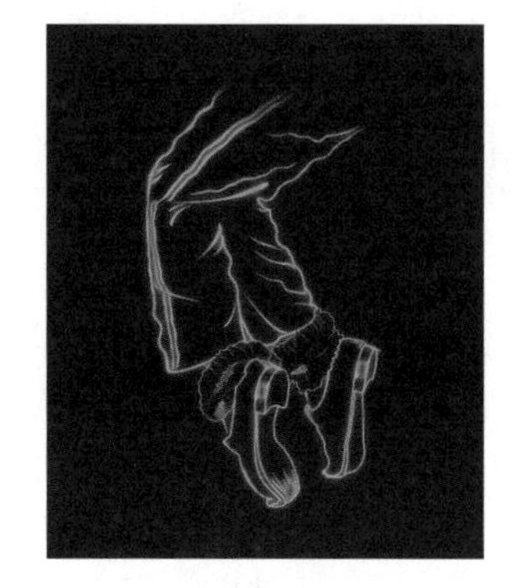

■ 图 4-21 执行图层样式

步骤 3：导入火焰素材，按需要摆放至合理位置。执行蒙版，用画笔勾出过渡效果，液化比较张扬的火焰，然后液化双腿的线条，对火焰高光和双腿线条重复的地方进行滤色，如图 4-22 所示。

步骤 4：调整烟雾位置，然后建立一个红色椭圆并执行羽化，如图 4-23 所示。

步骤 5：将透明度调整至 50%，整体锐化，得到燃烧火焰双腿，如图 4-24 所示。

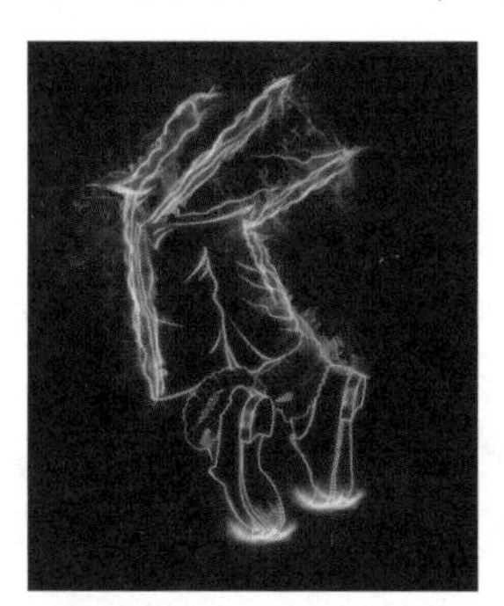

■ 图 4-22 添加滤色模式

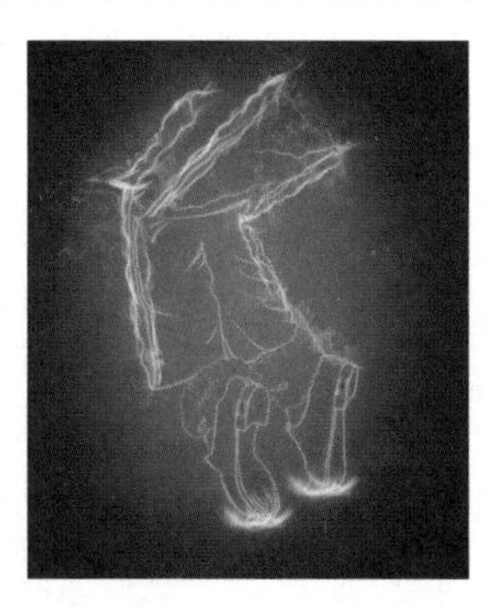

■ 图 4-23 建立红色椭圆

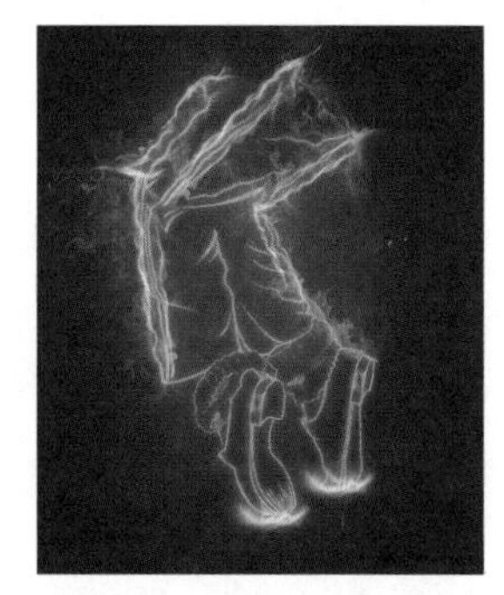

■ 图 4-24 燃烧火焰双腿

步骤 6：将得到的燃烧火焰双腿分别存储为 PSD 文件和 JPG 文件格式备用，如图 4-25 所示。

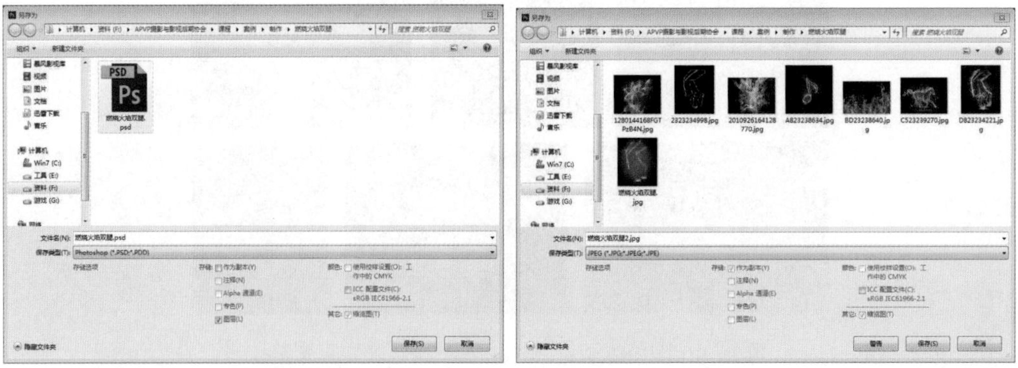

■ 图 4-25 分别存储为 PSD 格式和 JPG 文件格式

4.4.2 矢量图获取技术

矢量图利用数学公式将图中的内容以点、直线、曲线等方式加以存储。用公式表示的直线和曲线称为矢量对象；组成矢量图中各个图元的点称为矢量图的顶点。

矢量图也称为面向对象的图像或绘图图像，在数学上定义为一系列由线连接的点。像 Adobe Illustrator、CorelDRAW、CAD 等软件均是以矢量图形为基础进行创作的。矢量文件中的图形元素称为对象。每个对象都是一个自成一体的实体，具有颜色、形状、轮廓、大小和屏幕位置等属性。

矢量图形与分辨率无关，可以将它缩放到任意大小和以任意分辨率在输出设备上打印出来，都不会影响清晰度。因此，矢量图形是文字（尤其是小字）和线条图形（比如徽标）的最佳选择。

矢量图形格式也很多，如 Adobe Illustrator 的 *.ai、*.eps 和 SVG，AutoCAD 的 *.dwg 和 *.dxf，CorelDRAW 的 *.cdr，Windows 标准图元文件 *.wmf 和增强型图元文件 *.emf 等。

较为易用的软件是 CorelDRAW，它带有一个附加程序 CorelTrace。在 CorelDRAW 中导入位图后，选中位图，单击工具栏上的“描绘位图”按钮（用菜单操作也行），它会自动启动以上程序并将图形转成矢量图，若是单一的图形则效果不错。如果使用 Adobe 的软件，也可以在 Photoshop 中将图的各部分选区选出来保存成路径，将路径导入 AI 等软件中就可以将其作为矢量图处理了。但这样的路径不一定精确，可能需要一些细节调整，如果图不复杂的话直接用路径工具把它描一下即可。

位图与矢量图的对比如表 4-2 所示。

表 4-2 位图与矢量图比较

图像类型	组 成	优 点	缺 点	常用制作工具
点阵图像	像素	只要有足够多的不同色彩的像素，就可以制作出色彩丰富的图像，逼真地表现自然界的景象	缩放和旋转容易失真，同时文件容量较大	Photoshop、画图等
矢量图像	数学向量	文件容量较小，在进行放大、缩小或旋转等操作时图像不会失真	不易制作色彩变化太多的图像	Flash、CorelDRAW 等

【实例分析 4-4：UI 设计】

UI 即 User Interface（用户界面）的简称。UI 设计是指对软件的人机交互、操作逻辑、界面美观的整体设计。好的 UI 设计不仅是让软件变得有个性有品位，还可以让软件的操作变得舒适简单、自由，充分体现软件的定位和特点。

UI 设计的基础便是矢量图形的制作和创意。

首先，需保证界面的简洁性，让用户便于使用、便于了解产品，并能减少用户发生错误选择的可能性。而且，因为在 UI 的整体方案中包含很多元素，所以一般的 UI 制作必须提交数种格式的源文件，以便于应对各种用途。

UI 设计的灵魂在于沟通和培养习惯，所有涉及交互的元素需要将习惯植入用户的血液里，这样才会让用户满意和乐于使用。

交互元素的外观往往影响用户的交互效果。同一个（类）软件采用一致风格的外观，对于保持用户焦点、改进交互效果有很大帮助。遗憾的是，如何确认元素外观一致没有特别统一的衡量方法。因此，需要对目标用户进行调查取得反馈。

UI 设计是烦琐和精细的，如图 4-26 所示，每一个元素的考虑都是必要的。

■ 图 4-26 各种元素的 UI 设计

4.5 图像创意设计与编辑技术

4.5.1 图像处理基本概念

图像处理（Image Processing）又称影像处理。图像处理一般指数字图像处理，用计算机对图像进行分析，以达到所需结果的技术。数字图像是指用工业相机、摄像机、扫描仪等设备经过拍摄得到的一个大的二维数组，该数组的元素称为像素，其值称为灰度值。图像处理技术的一般包括图像压缩，增强和复原，匹配、描述和识别三个部分。常见的系统有康耐视系统、图智能系统等，目前是正在逐渐兴起的技术。

在计算机中，按照颜色和灰度的多少可以将图像分为二值图像、灰度图像、索引图像和真彩色 RGB 图像 4 种基本类型。大多数图像处理软件都支持这 4 种类型的图像。

对数码照片进行修复和增强，指对由于拍摄条件、相机本身或拍摄方式等原因引起的照片偏差，如由于受到逆光或强光照射的影响，拍摄出来的相片会在暗部和高亮部交界处出现紫色的色边，摄影界常称之为“紫边”，使用闪光灯拍摄时，人或动物肉眼的毛细血管被意外拍摄，导致拍摄的照片眼部呈现红色，摄影界常称之为“红眼”；由于环境光影响，白色物体呈现非白色，肉眼能够根据环境光判断原本的颜色，但数码照相机因无法判断，而导致拍摄的照片白平衡不准确的情况，照片编辑软件的修复和增强功能，即指对这些拍摄意外的处理。

【实例分析 4-5：冰雪之女】

步骤 1：人物抠像。打开 Photoshop，导入人物素材，使用魔棒和索套等抠像工具快速抠出人物，如图 4-27 所示。

步骤 2：选择合适的背景素材。根据图片的高光部分判断大致的光源方向寻找合适背景，导入背景观察与图片的光感是否适合，如图 4-28 所示。

■ 图 4-27 快速抠像

■ 图 4-28 快速抠像

步骤 3：调整空间关系。通过选中图层并按【Ctrl+T】组合键调整缩放翻转图像，选择图中的冰块，如图 4-29 所示。

■ 图 4-29 调整冰块

选中素材图层一，在图层面板下方单击蒙版按钮为图层添加蒙版，图层中白色为保留部分，黑色为去掉部分，可用笔刷工具调整蒙版达到图 4-30 所示效果。

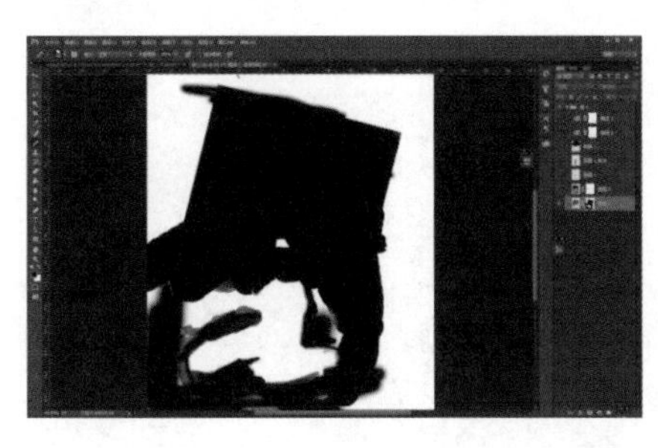
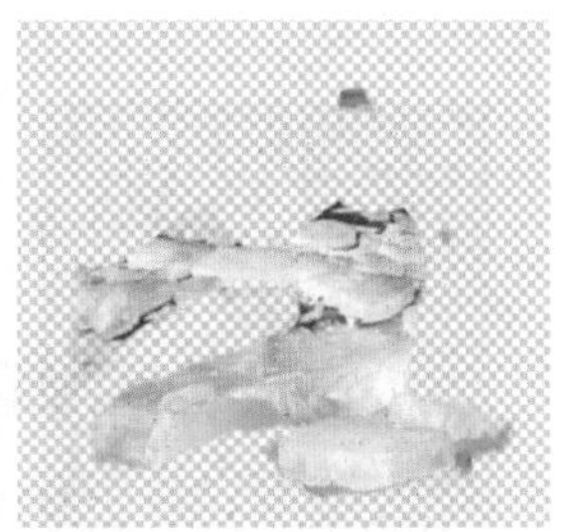

■ 图 4-30 蒙版效果

步骤 4：调整色调。按【Ctrl+J】组合键复制图层。在按住【Ctrl】键的情况下单击原图层，选中选区，如图 4-31 所示。

■ 图 4-31 选中选区

使用填充工具填充复制层，吸取周围环境色。将叠加模式改为“柔光”模式，使人物与环境色融合，如图 4-32 所示。再通过调整 RGB 曲线（见图 4-33），调整整体关系达到满意效果，如图 4-34 所示。

■ 图 4-32 人物与环境融合

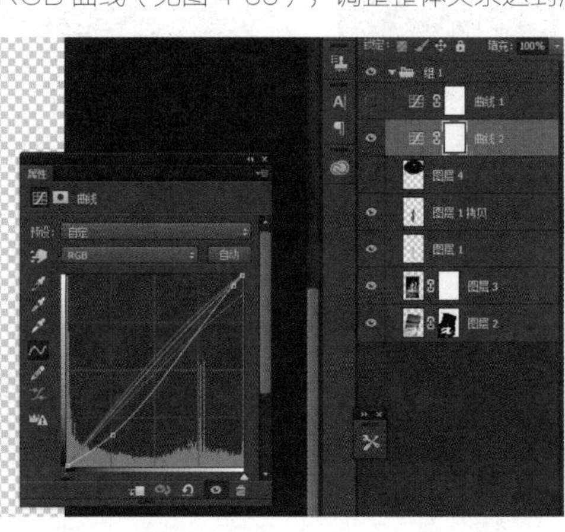

■ 图 4-33 调节 RGB 曲线

■ 图 4-34 整合后的效果

步骤 5：添加更多画面要素。再选择一些合适的素材，如图 4-35 所示，添加到画面，将图层模式改为“发亮”“滤色”等，再通过前面蒙版抠图的方法合理布置空间关系，如图 4-36 所示。最后选中所有图层，按【Ctrl+G】组合键进行分组。

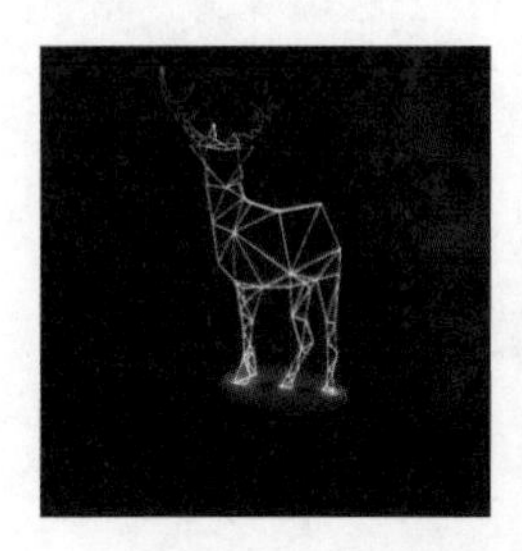

■ 图 4-35 添加适合的素材

■ 图 4-36 合理处理空间关系

步骤 6：添加模糊。使用模糊效果凸显出空间关系。选择“滤镜”→“模糊”→“光圈模糊”命令，为图像添加一定景深效果。然后可通过“加深/减淡”工具调整一定的光影关系。最后可添加一些光晕来丰富画面。最终效果如图 4-37 所示。

■ 图 4-37 丰富画面

4.5.2 图像处理软件简介

图像处理软件是用于处理图像信息的各种应用软件的总称。

1. Adobe Photoshop

Adobe Photoshop，简称 PS，是由 Adobe Systems 开发和发行的图像处理软件。

Photoshop 主要处理以像素所构成的数字图像。使用其众多的编修与绘图工具，可以有效地进行图片编辑工作。Photoshop 有很多功能，在图像、图形、文字、视频、出版等各方面都有涉及。

2003 年，Adobe Photoshop 8 被更名为 Adobe Photoshop CS。2013 年 7 月，Adobe 公司推出了 Photoshop CC，自此，Photoshop CS6 作为 Adobe CS 系列的最后一个版本被新的 CC 系列取代。

Adobe 支持 Windows 操作系统 、安卓系统与 Mac OS，Linux 操作系统用户可以通过使用 Wine 来运行 Photoshop。

2. Adobe Illustrator

Adobe Illustrator 是一种应用于出版、多媒体和在线图像的工业标准矢量插画的软件。作为一款非常好的图片处理工具，Adobe Illustrator 广泛应用于印刷出版、海报书籍排版、专业插画、多媒体图像处理和互联网页面的制作等，也可以为线稿提供较高的精度和控制，适合生产任何小型设计到大型的复杂项目。

3. CorelDRAW

CorelDRAW Graphics Suite 是加拿大 Corel 公司的平面设计软件；该软件是 Corel 公司出品的矢量图形制作工具软件，这个图形工具给设计师提供了矢量动画、页面设计、网站制作、位图编辑和网页动画等多种功能。

该图像软件是一套屡获殊荣的图形、图像编辑软件，它包含两个绘图应用程序：一个用于矢量图及页面设计，一个用于图像编辑。通过 CorelDRAW 的全方位的设计及网页功能可以融合到用户现有的设计方案中，灵活性十足。

该软件套装更为专业设计师及绘图爱好者提供简报、彩页、手册、产品包装、标识、网页及其他；该软件提供的智慧型绘图工具以及新的动态向导可以充分降低用户的操控难度，允许用户更加容易精确地创建物体的尺寸和位置，减少点击步骤，节省设计时间。

4. Lightroom

Lightroom 是一款重要的后期制作工具，界面和功能与苹果 2005 年 10 月推出的 Aperture 1。0 颇为相似，面向数码摄影、图形设计等专业人士和高端用户，支持各种 RAW 图像，主要用于数码照片的浏览、编辑、整理、打印等。

Lightroom 与 Photoshop 有很多相通之处，但定位不同，并且 Photoshop 上的很多功能，如选择工具、照片瑕疵修正工具、多文件合成工具、文字工具和滤镜等 Lightroom 并没有提供。

同时，Windows 版的 Lightroom 也失去了 Mac OS X 版的一些功能，如幻灯片背景音乐、照相机和存储卡监测功能、HTML 格式幻灯片创建工具等。Adobe 收购丹麦数码相片软件公司 Pixmantec ApS 后，获得了后者面向数码摄像的 RawShooter 软件，其工作流程管理、处理技术等都已经被整合到 Windows 版的 Lightroom 中。

5. ACDSee

ACDSee 是目前非常流行的看图工具之一。它提供了良好的操作界面，简单人性化的操作方式，优质的快速图形解码方式，支持丰富的图形格式，强大的图形文件管理功能等。ACDSee 是使用最为广泛的看图工具软件之一，大多数计算机爱好者都使用它来浏览图片。它的特点是支持性强，它能打开包括 ICO、PNG、XBM 在内的 20 余种图像格式，并且能够高品质地快速显示它们，甚至近年在互联网上十分流行的动画图像档案都可以利用 ACDSee 来欣赏。它还有一个特点是快，与其他图像浏览器比较，ACDSee 打开图像档案的速度无疑是相对较快的。

【实例分析 4-6：运用 Photoshop 软件制作文字破碎效果】

步骤 1：打开 Photoshop 软件，新建一个大小随意的背景，以白色最好，如图 4-38 所示。

步骤 2：使用文字工具添加文字，如图 4-39 所示。

■ 图 4–38 新建白色背景

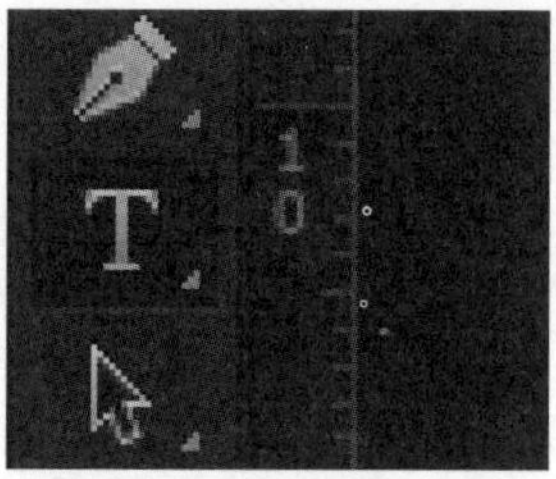

■ 图 4–39 文字工具

步骤 3：栅格化文字层，使文字层变为非矢量图层，如图 4-40 所示。

步骤 4：复制图层，对副本使用“编辑”→“填充”→“内容黑色”→“保留透明区域”，如图 4-41 所示。

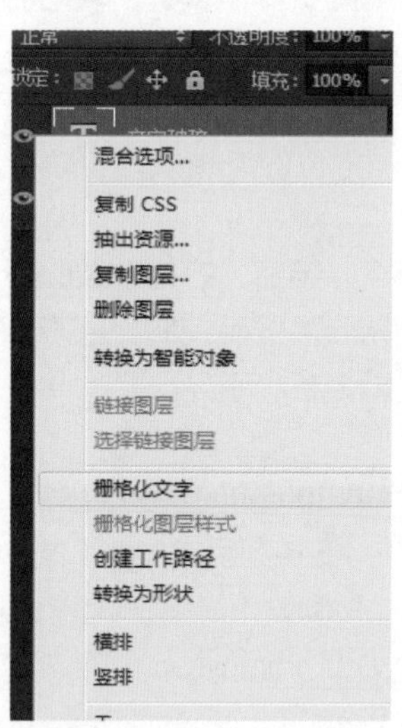

■ 图 4–40 栅格化文字

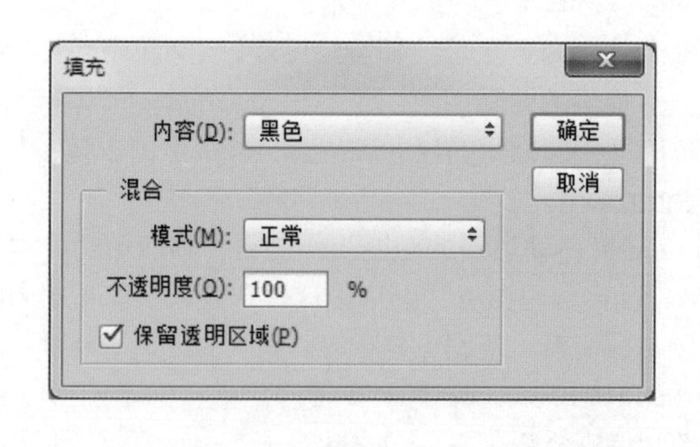

■ 图 4–41 填充

步骤 5：应用“滤镜”→“杂色”→“添加杂色”（400—平均分布—单色），并且应用“滤镜”→“像素化”→“晶格化”。

再执行“滤镜”→“滤镜库”→“风格化”→“照亮边缘”，如图 4-42 所示。

步骤 6：按【Ctrl+A】组合键全选择画布内容，按【Ctrl+C】组合键复制内容。新建 Alpha1 通道，然后按【Ctrl+V】组合键粘贴。执行“图像”→“调整”→“反相”命令，如图 4-43 所示。

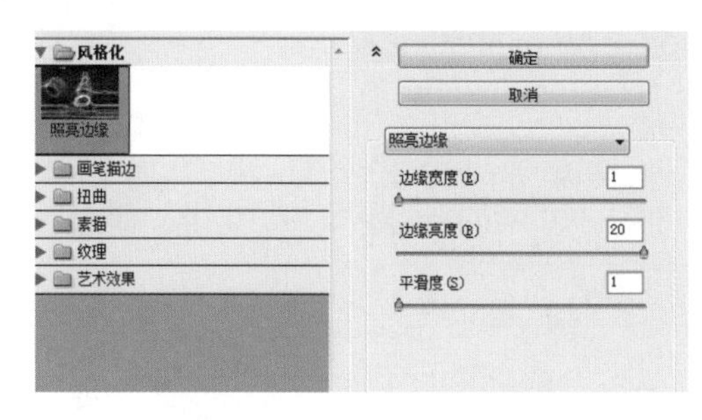

■ 图 4-42 风格化照亮边缘

■ 图 4-43 Alpha 通道中的反相

步骤 7：按住【Ctrl】键单击 Alpha 通道，选中选区，并且删除通道，然后删除副本一文字。当前图层为文字层，填充前景色，然后取消选区，得到效果。双击图层一投影调整至满意，如图 4-44 所示。

■ 图 4-44 文字破碎最终效果

4.5.3　图像处理编辑方法

绘图模式使用形状或钢笔工具时，可以使用三种不同的模式进行绘制。在选定形状或钢笔工具时，可通过选择选项栏中的图标来选取一种模式。

1. 形状图层

在单独的图层中创建形状。可以使用形状工具或钢笔工具来创建形状图层。因为可以方便地移动、对齐、分布形状图层以及调整其大小，所以形状图层非常适于为 Web 页创建图形。可以选择在一个图层上绘制多个形状。形状图层包含定义形状颜色的填充图层以及定义形状轮廓的链接矢量蒙版。形状轮廓是路径，它出现在“路径”面板中。

2. 路径

在当前图层中绘制一个工作路径，随后可使用它来创建选区、创建矢量蒙版，或者使用颜色填充和描边以创建栅格图形（与使用绘画工具非常类似）。除非存储工作路径，否则它是一个临时路径。路径出现在“路径”面板中。

3. 填充像素

直接在图层上绘制，与绘画工具的功能非常类似。在此模式中工作时，创建的是栅格图像，而不是矢量图形。可以像处理任何栅格图像一样来处理绘制的形状。在此模式中只能使用形状工具。

【实例分析 4-7：独特的有趣的文字印刷壁纸】

步骤 1：创建背景

首先打开一个大小为 1920 × 1200 像素的空白文档，填充背景颜色 #242424。复制背景图层，命名为“颗粒层”。然后应用“滤镜”→“艺术”→“胶片颗粒”，如图 4-45 所示进行设置。

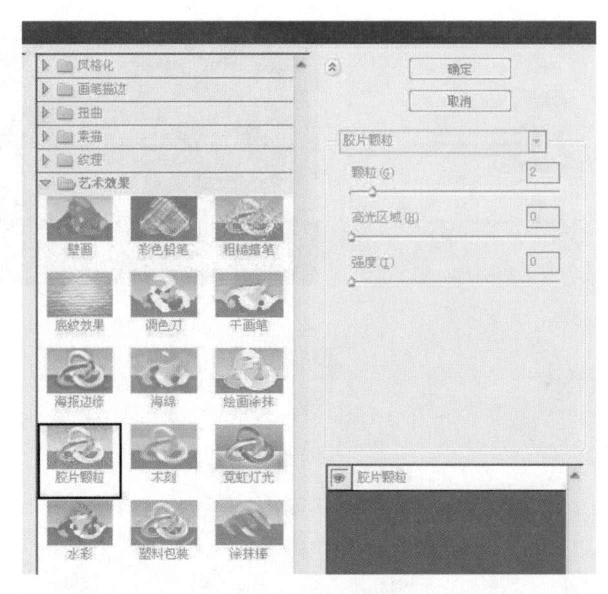

■ 图 4-45 胶片颗粒参数

步骤 2：灯光

创建一个新层，命名为“灯光”，然后选择黑色到白色的径向渐变工具，如图 4-46 所示。

■ 图 4-46 灯光层渐变工具

步骤 3：创建主文字

创建一个新层，输入文本。此处选择平滑模式 75 点的大小，字体是 bebas。颜色自定。命名图层为“MAGIC ”，如图 4-47 所示）

步骤 4：添加背景文字——很重要的一步

降低文字的不透明度为 15% 左右。创建一个新图层组（“图层”→“新建”→“组”），并将其命名为“字体”。在组里建立一个新的文本图层，并开始输入。尝试使用不同的字体和大小。尽量避免词与词之间空隙太大。效果如图 4-48 所示。

■ 图 4-47 输入文字 MAGIC　　■ 图 4-48 输入英文字母

步骤 5：创建剪切蒙版效果

当复制完“字体”组后（“层”→“复制组”）合并它（按【Ctrl + E】组合键）。将未合并的“字体”组隐藏。找到主文本层（本例是“MAGIC”），按住【Ctrl】键单击缩略图层，加载其选区。然后单击合并的“字体”图层，按【Ctrl + J】组合键，如果合并的“字体”图层不可见（未合并的字母组仍然是看不见的），得到的效果如图 4-49 所示。

■ 图 4-49 剪切蒙版效果

步骤 6：创建背景文本的效果

使合并的“字体”图层再次可见，应用图层样式，如图 4-50 所示。

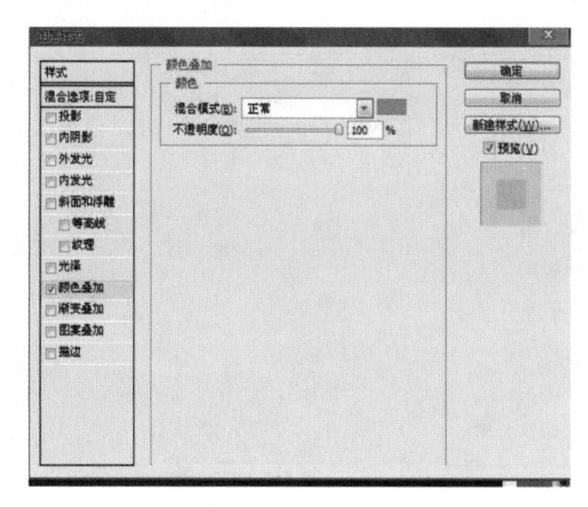

■ 图 4-50 图层样式

步骤 7：动感模糊效果

复制合并的“字体”图层，并把它放在原始合并“字体”层的下方。然后应用“滤镜”→“模糊”→“动感模糊”，如图 4-51 所示。

■ 图 4-51 动感模糊

可以加一句自己喜欢的话，透明度设置为 15%，如图 4-52 所示。

■ 图 4-52 添加英文语句

步骤 8：灯光

新建一个图层“灯光”，选择“图像”→“应用图像”命令，然后选择“滤镜”→“渲染”→“光照效果”命令，如图 4-53 所示。

■ 图 4-53 最终效果

本章小结

数字图像处理技术是基于新媒体时代的新型技术类型，它针对以软件的方式处理图像的技术应用。图像处理用计算机对图像进行分析，以达到所需结果的技术，又称影像处理。图像处理一般指数字图像处理。数字图像是指用工业照相机、摄像机、扫描仪等设备经过拍摄得到的一个二维数组，该数组的元素称为像素，其值称为灰度值。图像处理技术的一般包括图像压缩，增强和复原，匹配、描述和识别三个部分。常见的系统有康耐视系统、图智能系统等，目前是正在逐渐兴起的技术。

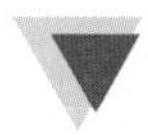

思考题

1 数字图像处理技术的基本概念；

2 数字图像颜色模型的基本理解；

3 关于颜色的分辨和理解；

4 位图与矢量图的区分；

5 图像处理的基本软件应用；

6 数字图像处理实例模仿。

知识点速查

◆计算机中的图像可以分为位图和矢量图两种类型。Photoshop 和 Illustrator 分别是典型的处理位图和矢量图的软件。

◆位图也叫点阵图、栅格图像、像素图，它是由像素（Pixel）组成的，在 PS 中处理图像时，编辑的就是像素。

◆矢量图也叫向量图，就是缩放不失真的图像格式。

◆像素是组成位图图像的最基本元素。每一个像素都有自己的位置，并记载着图像的颜色信息，一个图像包含的像素越多，颜色信息越丰富，图像的效果也就越好，但文件也会随之增大。

◆颜色深度是指存储每个像素所用的位数，它也是用来度量图像的分辨率。

◆图像处理用计算机对图像进行分析，以达到所需结果的技术。又称影像处理。图像处理一般指数字图像处理。数字图像是指用工业照相机、摄像机、扫描仪等设备经过拍摄得到的一个二维数组，该数组的元素称为像素，其值称为灰度值。图像处理技术的一般包括图像压缩，增强和复原，匹配、描述和识别三个部分。常见的系统有康耐视系统、图智能系统等，目前是正在逐渐兴起的技术。

◆ Photoshop 是由 Adobe Systems 开发和发行的图像处理软件。Photoshop 主要处理以像素所构成的数字图像。使用其众多的编修与绘图工具，可以有效地进行图片编辑工作。PS 有很多功能，在图像、图形、文字、视频、出版等各方面都有涉及。

◆绘图模式使用形状或钢笔工具时，可以使用三种不同的模式进行绘制。在选定形状或钢笔工具时，可通过选择选项栏中的图标来选取一种模式。

数字视频媒体技术

本章导读

随着影视行业的日益蓬勃发展，从电影院到手机，从传统媒体到新兴视频网站，从震撼的大片到搞怪的“神作”，各种视频作品已不知不觉充斥着人们的眼球。因此，数字视频作为数字媒体的基础内容之一，将重点介绍视频的相关概念，包括模拟视频知识、数字视频知识、视频制式、视频格式、视频编辑软件等，通过这些内容的学习，读者可以对视频基础知识及应用有一个宏观的认识，为后面的学习奠定一定的理论基础。

本章共分 5 节，在内容安排上基本涵盖了视频最基本的知识，依次讲解了视频基础应用、视频质量与格式、视频的编辑技术、电影与电视。在本章通过 5 个实例分析，让读者进行有针对性和实用性的练习，使读者巩固学到的知识，且能深入理解、灵活应用。

学习目标

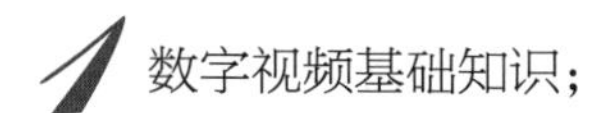

1. 数字视频基础知识；
2. 数字视频应用理论基础；
3. 数字视频质量及格式；
4. 数字视频的编辑技术；
5. 电影与电视。

知识要点、难点

1 要点

数字视频基础理论及其应用；
数字视频质量及格式。

2 难点

数字视频获取方式；
数字视频编辑软件；
视频信号接口类型。

5.1 数字视频基础知识

5.1.1 数字视频的基本概念

从动画诞生的那时开始，人们就不断探索一种能够存储、表现和传播动态画面信息的方式。在经历了电影和模拟电视之后，数字视频技术迅速发展，伴随着不断扩展的应用领域，其技术手段也不断成熟。

视频分为模拟视频和数字视频两种类型，这两种类型的视频很多概念都是相通的，只是技术表现形式不同。数字视频是基于数字技术发展起来的一种视频技术，数字视频是将模拟视频信号进行模数变换（滤波、采样、量化）成 0、1 的数字视频信号，这样就可以进行视频的压缩，并可以保存在固态存储器、硬盘或光盘等存储介质上。

5.1.2 模拟信号与数字信号

以音频信号分析为例，模拟信号是由连续的、不断变化的波形组成，信号的数值在一定的范围内变化，且信号主要通过空气、电缆等介质进行传输；与之不同的是，数字信号是以间隔的、精确的点的形式传播，点的数值信息是由二进制信息描述。模拟信号与数字信号如图 5-1 所示。

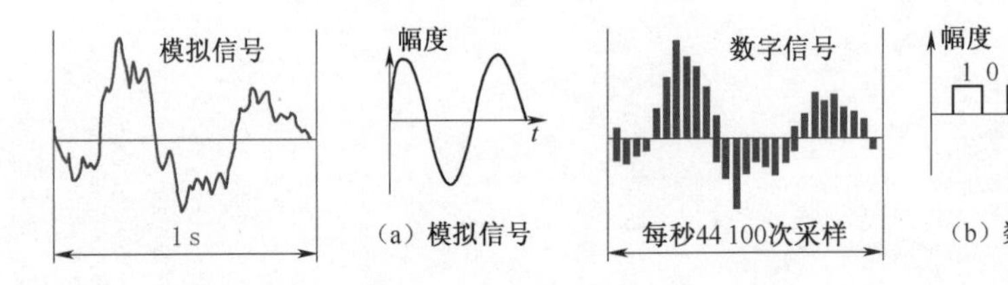

■ 图 5-1 模拟信号与数字信号

数字信号相对于模拟信号有很多优势，最重要的一点在于数字信号在传输过程中有很高的保真度。模拟信号在传输过程中，每复制或传输一次，都会衰减，而且混入噪波，信号的保真度大大降低。而数字信号可以轻易地区分原始信号和混入的噪波，并加以校正。所以，数字信号可以满足人们对信号传输的更高要求，将电视信号的传输提升到一个新的层次。

目前，在我国，视频正经历由模拟时代到数字时代的全面转变，这种转变发生在各个不同的领域。在广播电视领域，高清数字电视正在逐渐取代传统的模拟电视，越来越多的家庭可以收看到数字有线电视或数字卫星节目。DV 摄像机的流行普及，也使得非线性编辑技术从专业电视机构深入到普通家庭，人们可以轻易地制作出数字视频影像。随着手机媒体和移动媒体的迅猛发展，数字视频的观看和使用已逐渐融入人们的生活。

5.1.3　帧速率和场

当一系列连续的图片映入眼睛的时候，由于视觉暂留的作用，人们会错误地认为图片中的静态元素动了起来。而当图片显示得足够快的时候，人们便不能分辨每幅静止的图片，取而代之的是平滑的动画，如图 5-2 所示。动画是电影和视频的基础，每秒显示的图片数量称为帧速率，单位是帧 / 秒（fps）。大约 10 帧 / 秒的帧速率就可以产生平滑连贯的动画，低于这个速率，会产生视觉上的跳动感，感觉像在看幻灯片。（可以做一个实验验证：播放每秒 5 帧、每秒 10 帧、每秒 15 帧、每秒 20 帧的视频）。

■ 图 5-2 帧速率

传统电影的帧速率为 24 帧 / 秒，严格说不叫帧，应该叫格，即每秒 24 格。在美国、日本、韩国等使用 NTSC 制式作为标准的电视中，视频的帧速率大约为 30 帧 / 秒（29。97 帧 / 秒）；而在使用 PAL 制式的中国大部分地区、印度、澳大利亚和大部分欧洲国家，电视中视频的帧速率为 25 帧 / 秒。另外，使用 SECAM 制式的法国、俄罗斯、中东和大部分非洲国家，电视中视频的帧速率同样为 25 帧 / 秒。

什么是场？现代人接受视频画面的渠道越来越多，比如说电视机、电影院大屏幕、计算机显示器，甚至是手机屏幕。大家接受它们呈现的美妙画面信息的同时，是否想过这些画面是如何显示出来的呢？

比如说计算机显示器，人们可以通过它观看影片，这些影片之所以能够流畅地呈现在人们面前，是因为显示器的屏幕在不停地刷新，也就是计算机通过高速运算，将每秒几十幅的画面依次呈现在人们面前。此时能感觉到画面是流畅的，即使滑动鼠标也不会感到明显的延滞，这个数值称为显示器的刷新频率。那每一幅画面又是怎样显示出来的呢？显示器以电子枪扫描的方式来显示图像，电子枪进行扫描时，从屏幕左上角的第一行开始逐行进行，整个图像扫描一次完成，点动成线，然后成面，扫描 1、2、3、……顺序进行，这种扫描方式称为逐行扫描，如图 5-3 所示。

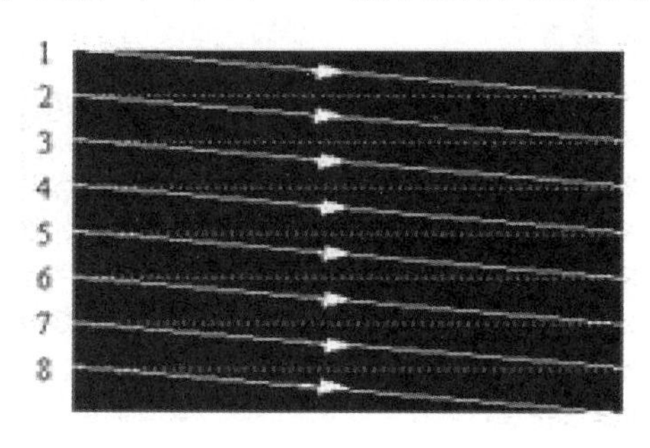

■ 图 5-3 逐行扫描

对于传统电视来说，虽然同样采用扫描方式显示图像，但是其中的运算方式却不一样。电视采用扫描一行，间隔一行，然后再返回来将间隔的一行进行填补。比如 PAL 制式的电视画面由 625 行组成（行频），各行可以先扫描 1、3、5、7、9……，扫描到画面的底部后，再扫描回来填补空缺 2、4、6、8、10……，组成一幅完整的画面，这种扫描显示画面的方式称为隔行扫描，平时所说的视频带场，指的就是隔行扫描方式，1、3、5、7、9……叫做奇数场（或上场）；2、4、6、8、10……叫做偶数场（或下场）。而 NTSC 制式，则采用每帧 525 行扫描，如图 5-4（隔行扫描 1）和图 5-5（隔行扫描 2）所示。

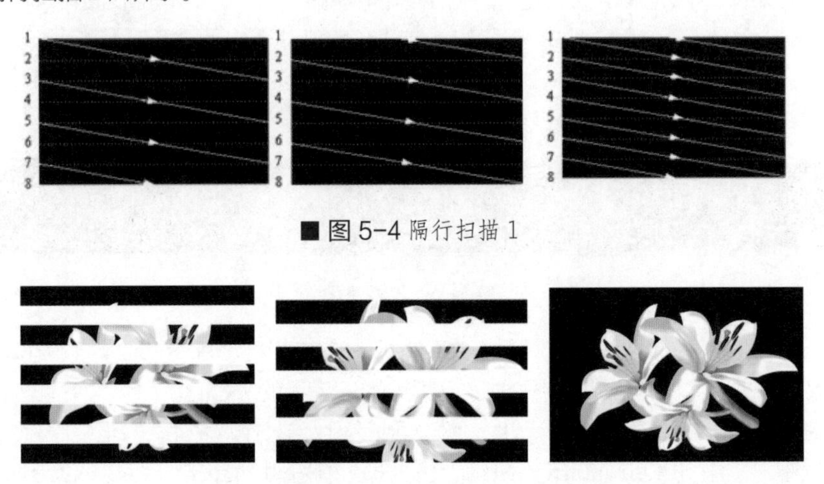

■ 图 5-4 隔行扫描 1

■ 图 5-5 隔行扫描 2

每一帧包含两场，场速率是帧速率的二倍。这种扫描的方式称为隔行扫描，与之相对应的是逐行扫描，每一帧画面由一个非交错的垂直扫描完成。计算机操作系统是以非交错形式显示视频的，它的每一帧画面由一个垂直扫描场完成。电影胶片类似于非交错视频，它每次是显示整个帧的。

5.1.4 分辨率和像素宽高比

电影和视频的影像质量不仅取决于帧速率，每一帧的信息量也是一个重要因素，即图像的分辨率。理论上分辨率越高，则图像越清晰。比如，一幅同样大小的图像，如果分辨率不同，则像素也就不同，分辨率高的像素就多，所以较高的分辨率可以获得较好的影像质量。

水平分辨率是每行扫描线中所包含的像素数，取决于录像机、播放设备和显示设备。比如，老式 VHS 格式录像机的水平分辨率只有大约 250 线，而 DVD 的水平分辨率大约是 500 线。一般来说，图像由像素组成（非矢量图形）。该怎么去理解像素呢？如果在 Photoshop 软件中打开一幅图像，并放大到百倍或千倍以上，此时可以看到图像其实是由一个个单色的小方点组成，其中的每一个小方点就是一个像素，放大后的像素如图 5-6 所示。

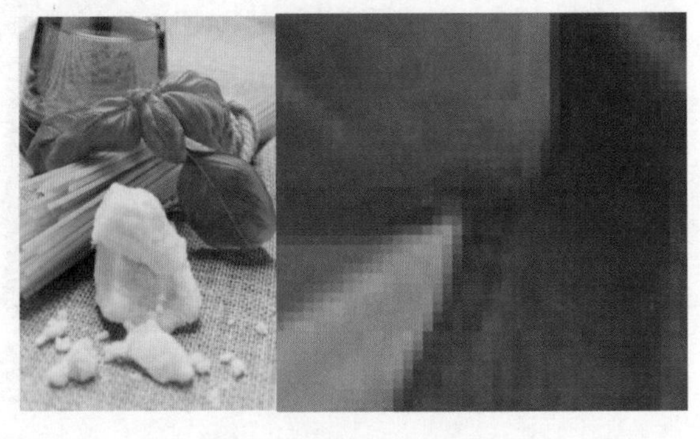

■ 图 5-6 放大后的像素

为什么会有像素宽高比的概念呢？简单的说，平面软件所建立的图像文件，像素宽高比（指图像中单个像素的宽度与高度之比）基本上都是 1，如图 5-7 所示。而电视上播出的视频，像素宽高比基本上都不是 1，如图 5-8 所示。这个概念很重要，也就是说在大部分情况下，水平和垂直的像素数之比不等于画面宽高比（或帧宽高比）。

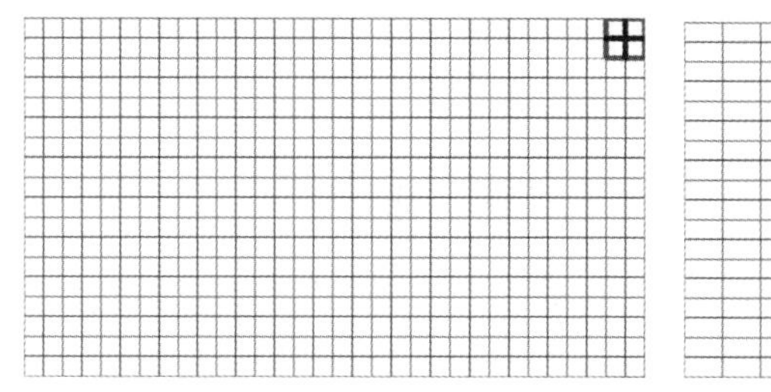

■ 图 5-7 像素宽高比 1:1

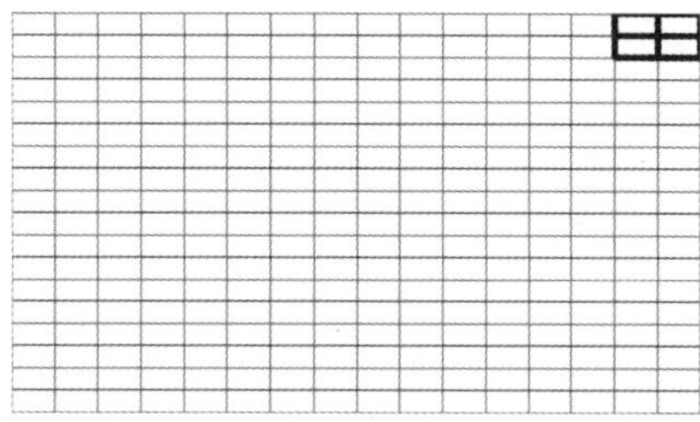

■ 图 5-8 像素宽高比 2:1

帧的宽高比即影片画面的宽高比，常见的电视格式为标准的 4∶3 和宽屏的 16∶9 两种。由于 16∶9 的画面更接近人眼的实际视野，所以现在正逐步流行，如图 5-9 所示。另外，还有一些电影具有更宽的比例。以 PAL 制式和 PAL 制式宽屏为例，简要说明一下。

■ 图 5-9 标准屏与宽屏格式

上面提到的这两种规格的像素数都是 720×576，标准 PAL 制式的画面宽高比是 4∶3，PAL 制式宽屏的画面宽高比是 16∶9，也就是说这两种规格的像素分布一致，数量也是相同的，一个是普屏（即标准屏），一个是宽屏。那就只有一个解释，就是组成它们像素形态是有差异的。简单的说，这两个规格的像素比都不是 1 了，普屏是 1.067，而宽屏则是 1.422，这样才造成了同样的像素，不同的画面形态。

像素宽高比是影片画面中每个像素的宽高比，各种格式使用不同的像素比，如表 5-1 所示。

表 5-1 像素格式及其对应宽高比

像素格式	像素宽高比
正方形像素	1.0
D1/DV NTSC	0.9
D1/DV NTSC 宽屏	1.2
D1/DV PAL	1.67
D1/DV PAL 宽屏	1.22

【实例分析 5-1：以 PAL 制式标准屏为例，如何计算出它的像素比】

设想 PAL 制式电视机屏幕上纵横密集排列大量很小的发光方块（像素），每行 720 块，共 576 行。

假设 W 为像素的宽度　　H 为像素的高度　　R 为像素宽高比

$$R = W/H$$

屏幕的横向物理尺寸 $= 720 \times W$

屏幕的纵向物理尺寸 $= 576 \times H$

二者的比值必须为 4∶3，即

$$(720 \times W) / (576 \times H) = 4/3$$

转换该式得 $W/H \approx 1.067$

5.1.5 颜色空间

1. 光和颜色

可见光是波长在 380 ~ 780 nm 之间的电磁波，人们看到的大多数光不是一种波长的光，而是由许多不同波长的光组合成的。如果光源由单波长组成，就称为单色光源。该光源具有能量，也称强度。实际中，只有极少数光源是单色的，大多数光源是由不同波长组成，每个波长的光具有自身的强度。这称为光源的光谱分析。

颜色是视觉系统对可见光的感知结果。研究表明，人的视网膜有对红、绿、蓝颜色敏感程度不同的三种锥体细胞。红、绿和蓝三种锥体细胞对不同频率的光的感知程度不同，对不同亮度的感知程度也不同。

自然界中的任何一种颜色都可以由 R、G、B 这三种颜色值之和来确定，以这三种颜色为基色构成一个 RGB 颜色空间，基色的波长分别是：红色为 700 nm、绿色为 546.1 nm、蓝色为 435.8 nm。

颜色 = R（红色的百分比）+ G（绿色的百分比）+ B（蓝色的百分比）

只要其中一种不是由其他两种颜色生成，可以选择不同的三基色构造不同的颜色空间，如图 5-10 所示。

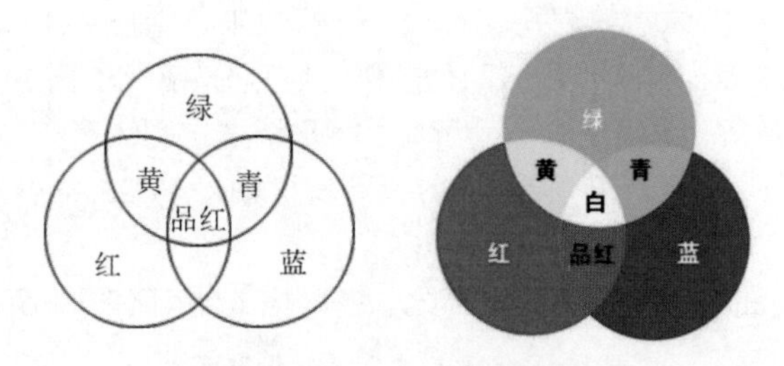

■图 5-10 颜色构成原理

2. 颜色的度量

图像的数字化首选要考虑到如何用数字来描述颜色。国际照明委员会（International Commission on Illumination，CIE）对颜色的描述作了一个通用的定义，用颜色的三个特性来区分颜色。这些特性是色调、饱和度和明度，它们是颜色所固有的并且是截然不同的特性。色调（hue）又称为色相，指颜色的外观，用于区别颜色的名称或颜色的种类。色调用红、橙、黄、绿、青、蓝、靛、紫等术语来刻画。用于描述感知色调的一个术语是色彩（colorfulness）。饱和度（saturation）是相对于明度的一个区域的色彩，是指颜色的纯洁性，它可用来区别颜色明暗的程度。完全饱和的颜色是指没有渗入白光所呈现的颜色，例如仅由单一波长组成的光谱色就是完全饱和的颜色。明度（brightness）是视觉系统对可见物体辐射或者发光多少的感知属性。它和人的感知有关。由于明度很难度量，因此国际照明委员会定义了一个比较容易度量的物理量，称为亮度（luminance）

来度量明度，亮度（luminance）即辐射的能量。明度的一个极端是黑色（没有光），另一个极端是白色，在这两个极端之间是灰色。光亮度（lightness）是人的视觉系统对亮度（luminance）的感知响应值，光亮度可用作颜色空间的一个维，而明度（brightness）则仅限用于发光体，该术语用来描述反射表面或者透射表面。

3. 颜色空间

颜色空间是表示颜色的一种数学方法，人们用它来指定和产生颜色，使颜色形象化。颜色空间中的颜色通常使用代表三个参数的三维坐标来指定，这些参数描述的是颜色在颜色空间中的位置，但并没有告诉人们是什么颜色，其颜色要取决于所使用的坐标。

从技术上角度区分，颜色空间可考虑分成如下三类：

RGB 型颜色空间 / 计算机图形颜色空间：这类模型主要用于电视机和计算机的颜色显示系统。例如，RGB、HSI、HSL 和 HSV 等颜色空间。

XYZ 型颜色空间 /CIE 颜色空间：这类颜色空间是由国际照明委员会定义的颜色空间，通常作为国际性的颜色空间标准，用作颜色的基本度量方法。例如，CIE 1931 XYZ、Lab、Luv 和 LCH 等颜色空间就可作为过渡性的转换空间。

YUV 型颜色空间 / 电视系统颜色空间：由广播电视需求的推动而开发的颜色空间，主要目的是通过压缩色度信息以有效地播送彩色电视图像。例如，YUV、YIQ、ITU-R BT.601 Y'CbCr、ITU-R BT.709 Y'CbCr 和 SMPTE-240M Y'PbPr 等颜色空间。

4. 颜色空间的转换

不同颜色可以通过一定的数学关系相互转换。

有些颜色空间之间可以直接变换。例如，RGB 和 HSL，RGB 和 HSB，RGB 和 R'G'B'，R'G'B' 和 Y'CrCb，CIE XYZ 和 CIE Lab 等。

有些颜色空间之间不能直接变换。例如，RGB 和 CIE Lab，CIE XYZ 和 HSL，HSL 和 Y'CbCr 等，它们之间的变换需要借助其他颜色空间进行过渡。其中，R'G'B' 和 Y'CbCr 两个彩色空间之间的转换关系可以用下式表示：

$$Y = 0.299R + 0.587G + 0.114B$$
$$Cr = (0.500R - 0.4187G - 0.0813B) + 128$$
$$Cb = (-0.1687R - 0.3313G + 0.500B) + 128$$

式中，Y 表示亮度，Cb、Cr 表示色差。

5.2 数字视频应用理论基础

数字视频技术发展至今，不仅给广播电视带来了技术革新，而且已经渗透到各种新型的媒体中，成为媒体时代不可或缺的要素。无论是在高清电视、Internet 还是 3G、4G 网络中，都可以见得到视频技术的应用。

5.2.1 电视制式简介

电视信号的标准也称为电视制式，目前世界各国的电视制式不尽相同，主要有三种常用制式：NTSC 制、PAL 制和 SECAM 制。数字彩色电视是从模拟彩色电视基础上发展而来的，因此在多媒体技术中经常会碰到这些术语。

1. NTSC 制式

NTSC（National Television Systems Committee）彩色电视制是 1952 年美国国家电视标准委员会定义的彩色电视广播标准，称为正交平衡调幅制。美国、加拿大等大部分西半球国家，日本、韩国，以及我国台湾省采用这种制式。

NTSC 电视制式的主要特性是：

① 525 行 / 帧，30 帧 / 秒（29.97 fps）。

② 高宽比：电视画面的长宽比（电视为 4∶3；电影为 3∶2；高清晰度电视为 16∶9）。

③ 隔行扫描，一帧分成两场（field），262.5 线 / 场。

④ 颜色模型：YIQ。

2. PAL 制式

由于 NTSC 制存在相位敏感造成彩色失真的缺点，因此德国于 1962 年制定了 PAL（Phase-Alternative Line）制彩色电视广播标准，称为逐行倒相正交平衡调幅制。中国大部分地区、德国、英国以及绝大部分欧洲国家、南美洲和澳大利亚等国家采用这种制式。

PAL 电视制式的主要扫描特性是：

① 625 行（扫描线）/ 帧，25 帧 / 秒。

② 长宽比：4∶3。

③ 隔行扫描，2 场 / 帧，312.5 行 / 场。

④ 颜色模型：YUV。

3. SECAM 制式

法国制定了 SECAM （法文：Sequential Coleur Avec Memoire）彩色电视广播标准，称为顺序传送彩色与存储制。法国、俄罗斯及东欧国家采用这种制式。世界上约有 65 个地区和国家采用这种制式。

这种制式与 PAL 制式类似，其差别是 SECAM 中的色度信号是频率调制（FM），而且它的两个色差信号：红色差（R’-Y’）和蓝色差（B’-Y’）信号是按行的顺序传输的。图像宽高比为 4∶3，625 线，50 Hz，6 MHz 电视信号带宽，总带宽为 8 MHz。

5.2.2 流媒体与移动流媒体

流媒体（Streaming Media）是一种使视频、音频和其他多媒体元素在 Internet 及无线网络上以实时的、无须下载等待的方式进行播放的技术。自从 1995 年推出第一个流式产品以来，Internet 上的各种流式应用迅速涌现，逐渐成为网络发展中的热点。流媒体文件格式是支持采用流式传输及播放的媒体格式。流式传输方式是将视频和音频等多媒体文件经过特殊的压缩方式分成一个个压缩包，由服务器向用户计算机连续、实时地传送。在采用流式传输方式的系统中，用户不必像非流式播放那样等待整个文件全部下载完毕后，才能看到当中的内容，而是只需经过几秒或者几十秒的启动延时，即可在用户计算机上利用相应的播放器，对压缩的视频或者音频等流式媒体文件进行播放，剩余的部分将继续进行下载，实现边下载边观看，直到播放结束。流媒体系统组成如图 5-11 所示。

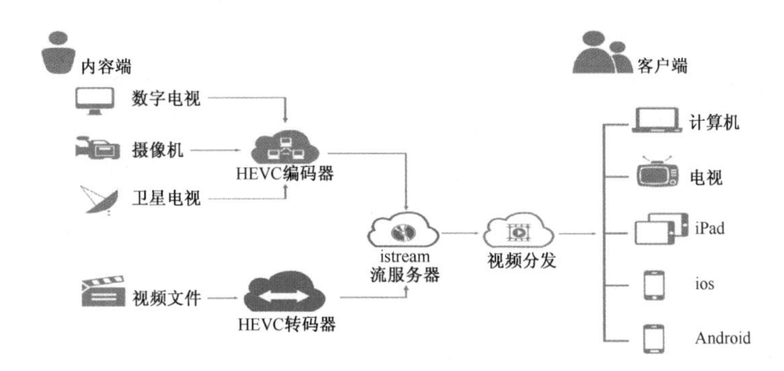

■ 图 5-11 流媒体系统组成

目前，主流的流媒体格式有 Flash Video、Windows Media、Quick Time 和 Real Media 等。使用带有解码的播放器，可以到相应的主页或者各种带有流媒体的网站在线播放流媒体。3G、4G 是指第三代、第四代移动通信，目前正在开发第五代移动通信（5G）。相对第一代模拟制式手机（1G）和第二代 GSM、TDMA 等数字手机（2G）。3G、4G 手机除了完成高质量的日常通信之外，还能进行多媒体通信。用户可以用手机上网，在线接收移动媒体，在手机上在线观看电影、听音乐等，甚至收看现场直播节目。

【实例分析 5-2：流媒体的实现】

流媒体融合了多种网络以及音视频技术，在网络中要实现流媒体技术，必须完成流媒体的制作、发布、传播、播放等 4 个环节，这些环节需要一些基本的技术支持。

1. 流式文件的生成

普通的多媒体数据必须进行压缩处理之后才能适合流式传播。这是由于普通的多媒体文件容量很大，不能使用现有的窄带网络传输，此外要实现边下载边播放还需要在文件中增加一些流式控制信息。因此，产生流式文件的过程主要包括两个方面的工作：首先采用高效的压缩算法来减少文件的容量，然后向文件中加入流式信息。

2. 流式传输协议

Internet 中的文件的传输都是建立在 TCP 协议基础之上，但是 TCP 并不适合传输实时数据。因此，一般采用建立在用户数据报协议 UDP（User Datagram Protocol）之上的 RTP/RTSP 来传输实时的影音数据。

UDP 协议和 TCP 协议的主要区别是两者对于实现数据的可靠传递特性不同。TCP 协议中包括了专门的数据传递校验机制，当数据接收方收到数据之后，会自动向发送方发出确认信息，发送方在接收到确认信息之后才继续传送数据，否则将一直处于等待状态。与 TCP 协议不同的是，UDP 协议并不提供数据传送的校验机制。从发送方到接收方的数据传递过程，UDP 协议本身并不能做出任何的校验。可见在速度和质量的平衡中，TCP 协议注重数据的传输质量，但带来很大的系统开销，而 UDP 协议更加注重数据的传递速度。

RTP（Real-time Transport Protocol）是用于 Internet 上针对多媒体数据流的一种传输协议。RTP 被定义为在一对一或一对多的传输情况下工作，其目的是提供时间信息和实现流同步。RTP 通常使用 UDP 来传送数据，但 RTP 也可以在 TCP 或 ATM 等其他协议之上工作；RTSP（Real Time Streaming Protocol）是实时流协议，该协议定义了一对多应用程序如何有效地通过 IP 网络传送多媒体数据。

3、浏览器对流媒体的支持

一般情况下，浏览器是通过使用通用因特网邮件扩展 MIME（Multipurpose Internet Mail Extensions）来识别各种不同的简单文件格式。所有的 Web 浏览器都是基于 HTTP 协议的，而 HTTP 协议都内建有 MIME。因此，Web 浏览器能够通过 HTTP 中内建的 MIME 来标记 Web 上面繁多的多媒体文件格式，包括各种流式文件格式。

4、流媒体传输的缓存

我们知道 Internet 是以包传输为基础来进行断续的异步传输，因此流媒体数据在传输中要被分解成为许多包。由于网络传输的不稳定性，各个包选择的路由不尽相同，所以到达客户端的时间先后会发生改变，甚至会产生丢包现象。为此，必须使用缓存技术来弥补数据的延迟，并对数据包进行排序，从而使得影音数据能连续输出，不会因网络的阻塞而使播放出现停顿。

以上是流媒体在网络传输中所必需的条件，其他的一些流媒体应用技术则是在这些基础之上变化和发展而来，最终的目的是解决传输带宽、压缩算法以及安全性等问题。

5.2.3 数字视频摄录系统

DV 通常指数字视频，然而 DV 也专指一种基于 DV25 压缩方式的数字视频格式。这种格式由使用 DV 带的 DV 摄像机摄制而成。DV 摄像机将影像通过镜头传到感光器件 CCD 或者 CMOS（见图 5-12），将光信号转成电信号，再使用 DV25 的压缩方式，将原信号进行压缩，存储到 DV 磁带上。

■ 图 5-12 摄像机与感光器件

DV 摄像机或录像机通过 IEEE 1394 接口的连接，可以将 DV 磁带中记录的数字影像信息上载到计算机中，进行后期的编辑处理。计算机接口 IEEE 1394，俗称火线（FireWire）接口，是苹果公司领导的开发联盟开发的一种高速度的传输接口，数据传输率一般为 800 Mbit/s。火线是苹果公司的商标。SONY 的产品称这种接口为 iLink，如图 5-13 所示。

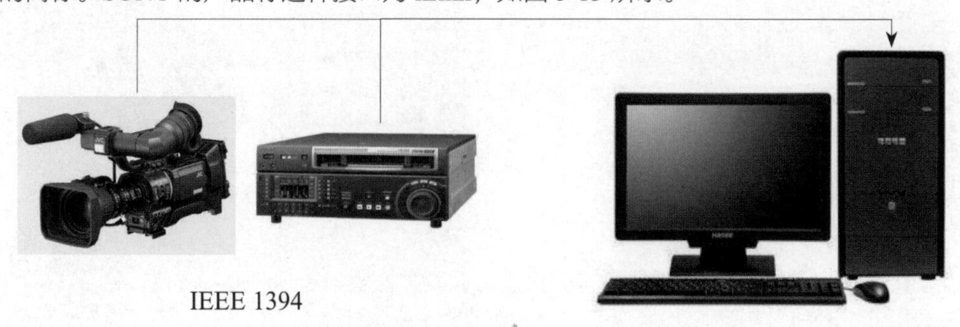

■ 图 5-13 IEEE 1394 连接示意图

5.3 数字视频质量及格式

5.3.1 标清与高清

高清，英文为“High Definition”，意思是高分辨率。一般所说的高清有4个含义：高清电视、高清设备、高清格式和高清电影。高清电视又叫HDTV，是美国电影电视工程师协会确定的高清晰度电视标准格式。一般所说的高清，指的最多的就是高清电视。电视的清晰度是以水平扫描线作为计量的。

所谓标清，是物理分辨率在720p以下的一种视频格式。720p是指视频的垂直分辨率为720线逐行扫描。具体的说，是指分辨率在400线左右的VCD、DVD、电视节目等“标清”视频格式，即标准清晰度。而物理分辨率达到720p以上则称作为高清。关于高清的标准，国际上公认的有两条：视频垂直分辨率超过720p或1080i；视频宽纵比为16∶9，如图5-14所示。

■ 图 5-14 高清电视

对于“高清”和“标清”的划分首先来自于所能看到的视频效果。由于图像质量和信道传输所占的带宽不同，使得数字电视信号分为HDTV（高清晰度电视）、SDTV（标准清晰度电视）和LDTV（普通清晰度电视）。从视觉效果来看HDTV的规格最高，其图像质量可达到或接近35 mm宽银幕电影的水平，它要求视频内容和显示设备水平分辨率达到1000线以上，分辨率最高可达1920×1080。包括1080i和1080P，其中i（interlace）是指隔行扫描，P（Progressive）代表逐行扫描，这两者在画面的精细度上有着很大的差别，1080P的画质要胜过1080i。对应地把720称为标准高清。很显然，由于在传输的过程中数据信息更加丰富，所以1080在分辨率上更有优势，尤其在大屏幕电视方面，1080能确保更清晰的画质。由于高清的分辨率基本上相当于传统模拟电视的4倍，画面清晰度、色彩还原度都要远胜过传统电视，而16∶9的宽屏显示也带来更宽广的视觉享受。从音频效果看，高清电视节目将支持杜比5.1声道环绕声，而高清影片节目将支持杜比5.1 True HD规格，这将给人们带来超震撼的听觉享受。

5.3.2 视频文件格式

常用的视频文件格式非常多，掌握每个视频文件格式的特点和优劣是非常重要的。目前，视频文件格式可以分为适合本地播放的本地影像视频和适合在网络中播放的网络流媒体影像视频两大类。

1. 本地影像视频

AVI 格式：这种视频格式的优点是图像质量好，可以跨多个平台使用，其缺点是体积过于庞大。压缩标准不统一是其主要问题。

DV-AVI 格式：它可以通过计算机的 IEEE 1394 端口传输视频数据到计算机，也可以将计算机中编辑好的视频数据回录到数码摄像机中。这种视频格式的文件扩展名一般是 .avi。

MPEG 格式：MPEG 文件格式是运动图像压缩算法的国际标准，它采用了有损压缩方法减少运动图像中的冗余信息，从而达到压缩的目的（其最大压缩比可达到 200∶1）。

DivX 格式：是由 MPEG-4 衍生出的另一种视频编码（压缩）标准，也即 DVDrip 格式，它采用了 DivX 压缩技术对 DVD 盘片的视频图像进行高质量压缩，同时用 MP3 或 AC3 对音频进行压缩，然后再将视频与音频合成并加上相应的外挂字幕文件而形成的视频格式。其画质直逼 DVD 并且体积只有 DVD 的数分之一。

MOV 格式：美国 Apple 公司开发的一种视频格式，具有较高的压缩比率和较完美的视频清晰度等特点，但是其最大的特点还是跨平台性，即不仅能支持 MacOS，同样也能支持 Windows 系列。

H.264 格式：是由 ISO/IEC 与 ITU-T 组成的联合的视频组（JVT）制定的新一代视频压缩编码标准，在 ISO/IEC 中，该标准被命名为 AVC（Advanced Video Coding），作为 MPEG-4 标准的第 10 个选项，在 ITU-T 中正式命名为 H。264 标准。它具有比 H.263 更好的压缩性能，同时也加强了对各种通信的适应能力。

H.264 的应用目标广泛，可满足各种不同速率、不同场合的视频应用，具有较好的抗误码和抗丢包的处理能力。

H.264 标准使运动图像压缩技术上升到了一个更高的阶段，在较低带宽上提供高质量的图像传输是 H.264 的应用亮点。

2. 网络影像视频

ASF 格式：微软推出的一种视频格式。用户可以直接使用 Windows 自带的 Windows Media Player 对其进行播放。由于它使用了 MPEG-4 的压缩算法，所以压缩率和图像的质量都很不错。

WMV 格式：也是微软推出的一种采用独立编码方式并且可以直接在网上实时观看视频节目的文件压缩格式。WMV 格式的主要优点包括：本地或网络回放、可扩充的媒体类型、部件下载、可伸缩的媒体类型、流的优先级化、多语言支持、环境独立性、丰富的流间关系以及扩展性等。

RM 格式：这种格式的一个特点是用户使用 Real Player 播放器可以在不下载音频 / 视频内容的条件下实现在线播放。另外，RM 作为目前主流网络视频格式，可以通过其 Real Server 服务器将其他格式的视频转换成 RM 视频并由 Real Server 服务器负责对外发布和播放。

RMVB 格式：是一种由 RM 视频格式升级延伸出的新视频格式。RMVB 视频格式打破了原先 RM 格式那种平均压缩采样的方式，在保证平均压缩比的基础上合理利用比特率资源，静止和动作场面少的画面场景采用较低的编码速率，这样可以留出更多的带宽空间，而这些带宽会在出现快速运动的画面场景时被利用。这样在保证了静止画面质量的前提下，大幅地提高运动图像的画面质量，从而图像质量和文件大小之间达到微妙的平衡。

FLV 格式：是随着 Flash MX 的推出发展而来的新的视频格式，其全称为 Flash Video。FLV 格式是在 Sorenson 公司的压缩算法的基础上开发出来的。

MKV格式：是Matroska的一种媒体文件。Matroska是一种新的多媒体封装格式，也称为多媒体容器。它可以将多种不同编码的视频及16条以上不同格式的音频和不同语言的字幕流封装到一个Matroska Media文件中。MKV最大的特点就是能容纳多种不同类型编码的视频、音频及字幕流。

5.3.3 视频格式转换工具软件

由于视频的存储格式繁多，用途各不相通，所以，需要对制作好的视频作品进行格式转换，这个工作可以通过视频格式转换工具软件来完成。常用的视频格式转换工具软件格式工厂、魔影工厂（WinAVI Video Converter）、狸窝全能视频格式转换器、MediaCoder、AVS Video Converter、WinMPG Video Convert、Canopus ProCoder等，如图5-15所示。这里以魔影工厂为例，其他的视频转换工具软件就不一一举例，基本上都是一样的。

(a)

(b)

■ 图5-15 常用视频格式转换工具

【实例分析5-3：魔影工厂（WinAVI Video Converter）】

魔影工厂源自于在全世界享有盛誉的WinAVI，是一款性能卓越的免费视频格式转换器，中文版本更加贴近中国用户的使用习惯。魔影工厂支持几乎所有流行的视频格式，包括 AVI、MPEG/1/2、MP4、RM/RMVB、WMV、DVD/VCD、MOV、MKV、3GP、FLV 等。使用魔影工厂可以随心所欲地在各种视频格式之间互相转换，转换的过程中还可以随意对视频文件进行裁剪、编辑，更可批量转换多个文件，如图 5-16 所示。

■图 5-16 魔影工厂界面

魔影工厂还可以进行视频压缩，在尽量不牺牲画面质量的情况下，对体积庞大的视频文件压缩优化到适合存储的体积大小。

魔影工厂拥有自主研发的视频转换引擎，在保证转换效果的基础上，最大限度挖掘机器性能，部分格式转换速度比同类产品快 3 倍以上，让用户体验真正的极速转换。

魔影工厂是手机、PSP 等移动设备观看手机电影或视频的最佳伴侣。魔影工厂预置了市面上所有主流的手机型号和移动设备操作系统，并直接进行转换。拥有魔影工厂，即可不必为如何选择匹配的视频格式担忧。

5.4 数字视频的编辑技术

5.4.1 数字视频获取

在数字视频作品的制作过程中，数字视频素材的多少与质量的好坏将直接影响作品的质量，因此，应该尽量采用多种方式获取高质量的数字视频素材。一般情况下，数字视频素材可以通过以下几种方式获取。

1. 利用视频采集卡将模拟视频转换成数字视频

将模拟视频信号经计算机模 / 数（A/D）转换后，生成数字视频文件，如图 5-17 所示。对这些数字视频文件进行数字化视频编辑，制作成数字视频产品，利用这种方式处理后的图像和原图相比，信号有一定的损失。

■ 图 5-17 视频采集

从硬件平台的角度分析，数字视频的获取需要 3 个部分的配合。

① 模拟视频输出的设备，如摄像机、录像机、电视机、机顶盒等。

② 可以对模拟视频信号进行采集、量化和编码的设备，这一般都由专门的视频采集卡来完成。

③ 由多媒体计算机接收和记录编码后的数字视频数据。在这一过程中起主要作用的是视频采集卡，它不仅提供接口以连接模拟视频设备和计算机，而且具有把模拟信号转换成数字数据的功能。由此可见，视频采集卡在数字视频的获取中是相当重要的。

视频采集卡（Video Capture）也称为视频卡。它有高低档次的区别，采集卡的性能参数不同，采集的视频质量也不一样。采集图像的分辨率、图像的深度、帧率以及可提供的采集数据率和压缩算法等性能参数是决定采集卡的性能和档次的主要因素。

2. 利用计算机生成的动画

例如，把 GIF 动画格式转成 AVI 视频格式，或者利用 Flash、Maya、3Ds Max 等二维或者三维动画生成的视频文件或文件序列作为数字视频素材。

3. 通过互联网下载

许多互联网都提供了视频或影片的下载服务，下载服务分为免费和付费两种。免费服务可以直接将视频或影片下载到本地计算机中；付费服务需要通过注册，并以各种付费方式付费后，才能将视频或影片下载到本地计算机中。但是，通过互联网下载的视频素材的质量都不会很高，一般单帧画面分辨率在 320×240 像素左右，如果分辨率太高，视频发布会受到网络带宽的限制，表现为在线浏览时会经常停顿，甚至无法浏览。

4. 通过数字摄像机的拍摄

利用数字摄像机将视频图像拍摄下来，然后通过相应的软件和硬件进行编辑，制作成数字视频产品。

5.4.2　数字视频编辑软件简介

现在使用 DV 的人越来越多，他们更热衷于摄录下自己的生活片断，再用视频编辑软件（即非线性编辑系统）将影像制作成各种格式文件、DVD 碟片，或上传到网络上与家人、朋友分享，体验自己制作、编辑电影的乐趣。

数字视频编辑系统是指把输入的各种视音频信号进行 A/D（模 / 数）转换，采用数字压缩技术将其存入计算机硬盘中。非线性编辑没有采用磁带，而是使用硬盘作为存储介质，记录数字化的视音频信号，由于硬盘可以满足在 1/25 s（PAL）内完成任意一副画面的随机读取和存储，因此可以实现视音频编辑的非线性。从非线性编辑系统的作用来看，它能集录像机、切换台、数字特技机、编辑机、多轨录音机、调音台、MIDI 创作、时基等设备于一身，几乎包括了所有的传统后期制作设备。这种高度的集成性，使得非线性编辑系统的优势更为明显。因此它能在广播电视界占据越来越重要的地位。概括地说，非线性编辑系统具有信号质量高、制作水平高、节约投资、保护投资、网络化等方面优越性。

当前国内国外的数字视频编辑软件系统种类繁多，比如，索贝、会声会影、大洋、新奥特、

Adobe premiere pro、Final Cut Pro、EDIUS、Avid、Vegas、AJA、Matrox 等，如图 5-18 所示。

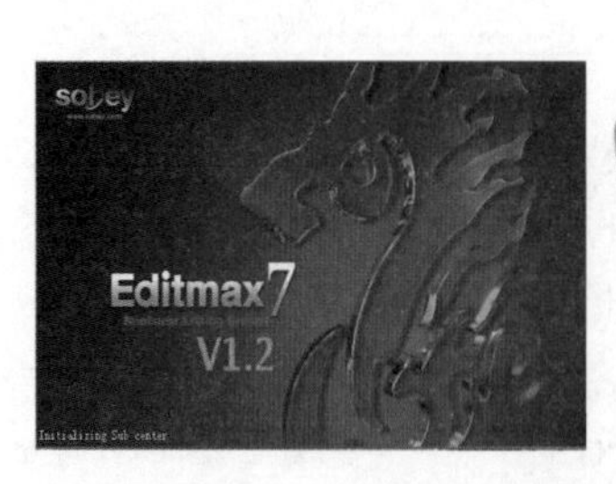

■ 图 5-18 常用数字视频编辑软件

它们各自占领了一定的市场份额，性能及特点各有不同，但编辑的方式方法大同小异。下面以 Adobe Premiere Pro 视频编辑软件为例，让大家对编辑软件有一定的认识。

【实例分析 5-4：Adobe Premiere Pro 编辑软件】

Adobe 公司推出的基于非线性编辑设备的视音频编辑软件 Premiere，已经在影视制作领域取得了巨大的成功。现在被广泛的应用于电视台、广告制作、电影剪辑等领域，成为 PC 和 MAC 平台上应用最为广泛的视频编辑软件，其界面如图 5-19 所示。

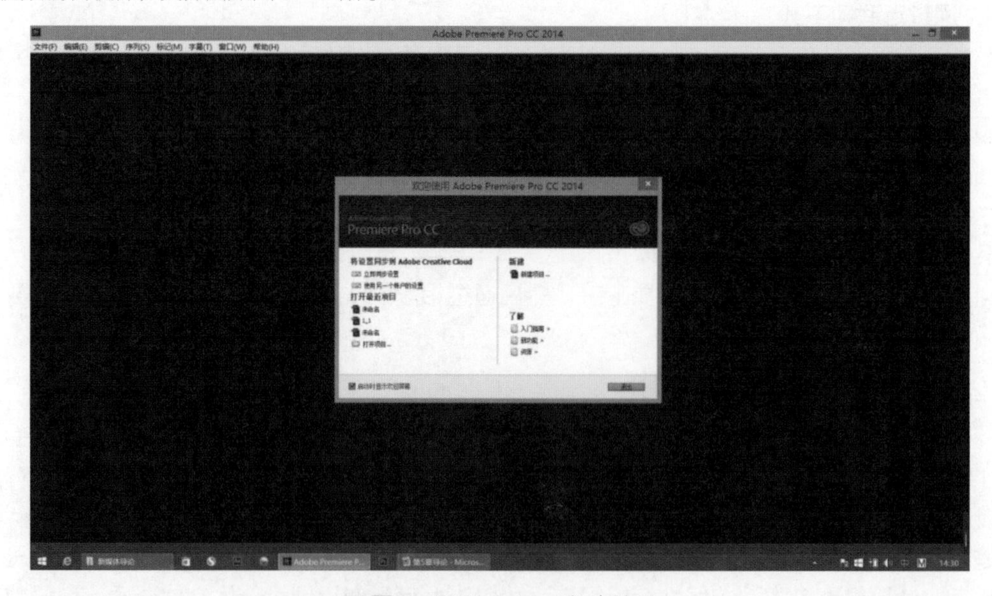

■ 图 5-19 Premiere 启动界面

Adobe Premiere Pro 软件用于 Mac 和 PC 平台，通过对数字视频编辑处理的改进（从采集视频到编辑，直到最终的项目输出），已经设计成专业人员使用的产品。它提供内置的跨平台支持以利于 DV 设备的大范围的选择，增强的用户界面，新的专业编辑工具和与其他的 Adobe 应用软件（包括 After Effects，Photoshop 和 GoLive）的无缝结合。目前，Premiere 已经成为制作人员的数字非线性编辑软件中的标准。Adobe Premiere Pro 也具有数目众多的界面优化和自定义特性，在整个制作阶段，很容易使用 Adobe Premiere 的功能强大的编辑工具，如图 5-20 所示。

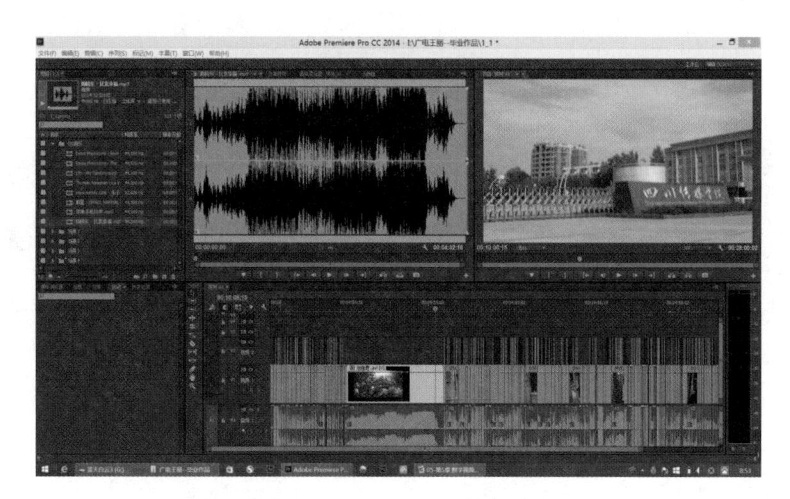

■ 图 5-20 Premiere 编辑界面

在 Premiere 中所做的一切都可以实时预览，包括字幕、色调甚至第三方效果。

5.5 电影与电视

在当前的媒体形式中，最受人追捧的、最能长时间吸引眼球的莫过于视频。无论是在电视机上看到的电视节目，还是在电影屏幕上看到的电影大片，以及在计算机上看到的动态图像，都属于视频范畴。

现在广为人们接受的电视是在电影的基础上发展起来的。从传统黑白电视到彩色电视，从传统平板电视、CRT 显像管电视、背投电视等电视设备发展和普及，到现在数字电视概念和设备的提出及实验，人们对电视实用性和可操作性的需求越来越大。电视让人们足不出户，却能够了解外界世界的多姿多彩，多方面、多视角地了解来自于社会信息与知识，丰富了百姓的娱乐生活。电视是近百年来最主要的信息传播途径之一。

5.5.1 电影原理及历史

人们之所以能够看到电影屏幕上的活动影像，是利用了人眼的视觉暂留特性。科学实验证明，人眼在某个视像消失后，仍可使该物像在视网膜上滞留 0.1 ~ 0.4 s。而在电影放映的过程中，电影胶片以每秒 24 格画面匀速切换，这就相当于每一格画面给人眼的刺激是 1/24 s（相当于 0.04 s），由于人的眼睛有视觉暂留的特性，一个画面的印象还没有消失，下一个稍微有一点差别的画面又出现在银幕上，连续不断的印象衔接起来，就组成了活动电影。

当前的视频媒体制作和传输越来越多地依赖数字技术的支撑，特别是在计算机上所看到的电影和电视节目。那么什么是数字视频？如何获得数字视频？在了解这些问题之前，有必要先了解一下电影和电视本身的原理和历史。

电影从诞生到现在，已经走过了一百年的历程。现代社会的飞跃式发展，使得电影的发展变化非常迅速。最早拍摄的电影如法国的《工厂的大门》、美国的《梅·欧文和约翰·顿斯的接吻》、德国的《柏林风光》，以及稍后的叙事片，如梅里爱的《月球旅行记》、鲍特的《火车大劫案》等，与当代电影相比，如《星球大战》《大白鲨》《终结者》《侏罗纪公园》等，技术和手段等都不可同日而语。后者拍摄的技术、技巧和方法，以及所蕴含的文化氛围和内涵都大大超过了前者。电影以一种神奇的方式紧密地联系着人们的生活。

5.5.2 电视工作原理

电视是根据人眼视觉特性以一定的信号形式实时传送活动景物（或图像）的技术。在发送端，用电视摄像机把景物（或图像）转变成相应的电信号，电信号通过一定的途径传输到接收端，再由显示设备显示出原景物（或图像）。以转播其他城市中的实况为例，一般从摄像机、电视中心或转播车，再经微波中继线路、发射台，最后到用户电视接收机。此外，电视广播卫星和电缆电视也分别是全国性和城市区域性电视传输分配的有效手段。

5.5.3 数字电影的工作流程

数字电影的整体技术可以划分为 4 个阶段：

第一阶段是把数字电影后期制作阶段的影像信号制作成数字电影母版。

第二阶段是委托专门的数字技术服务公司对母版信号进行数字压缩、加密和打包，然后通过卫星或网络传送到当地的放映院，也可以直接将母版信号刻录成 DVD 只读光盘或录制到磁带等载体上，通过传统的特快专递等服务发送到当地影院。

第三阶段是在当地各影院或地区数字信号控制中心对数据信号进行接收和存储，获取和发送放映授权以及解密密码等。

第四阶段是通过数字放映实现数字信号的放映。

【实例分析 5-5：数字电影与传统电影的区别】

（1）数字电影能演绎全新的 5∶1 声道 AC-3 音响环绕的声音效果，极大地扩展了电影声音的表现空间，使电影声音的感染力、震撼力达到了前所未有的水平；从图像效果看，色彩更加鲜明、饱满，清晰度大大提高，这些都是普通电影制作手段无法展示的。

（2）数字电影最大程度解决了电影制作和发行过程的损失问题，数字技术避免了传统电影从原始拍摄的素材到拷贝，经过多次翻制及电影放映多次后出现的画面、声带划伤，即使反复放映也丝毫不影响响音画质量。

（3）制作好的数字电影可以通过数字软盘进行发行或通过国际卫星发送到世界各地的影院放映，省去了费时费力的拷贝复制和运输过程。

（4）数字化电影技术极大地拓宽了艺术家的创作天地，给正在衰落的电影产业注入了新的活力，一代具有新思维的艺术创作人员和电影产业中的新兴职业，如数字电影软件设计师、计算机美术设计师、视觉效果设计师等会在 21 世纪的电影舞台上成为主角。

（5）数字电影非线性编辑不受时间限制，随意编辑，实现输入系统、图片处理的现代化；软件、辅助设备、输出系统等技术的飞跃都会带给传统电影新面貌。

5.5.4 视频信号接口类型

目前最基本的视频信号接口是复合视频接口、S-Vidio 接口；另外常见的还有色差接口、VGA 接口、DVI 接口、HDMI 接口、SDI 接口。通过了解各种视频接口的形式，可以使方案设计人员在搭配信号种类的过程中有更多的选择。

1. 复合视频接口

复合视频接口（见图 5-21）也叫 AV 接口或者 Video 接口，是目前最普遍的一种视频接口，几乎所有的电视机、影碟机类产品都有这个接口。

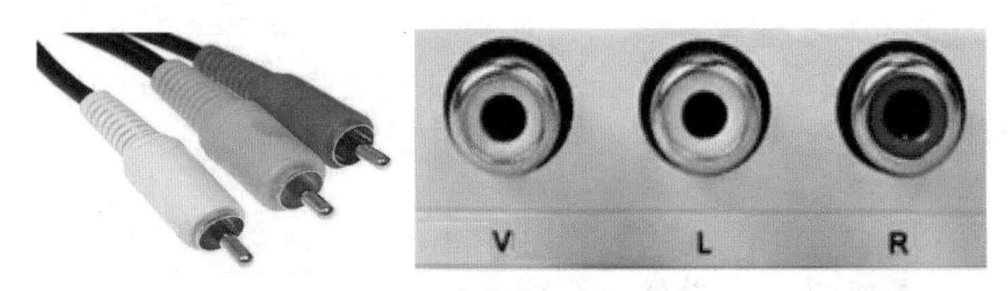

■ 图 5-21 复合视频接口

复合视频接口是音频、视频分离的视频接口，一般由三个独立的 RCA 插头（又叫梅花接口、RCA 接口）组成的，其中的 V 接口连接混合视频信号，为黄色插口；L 接口连接左声道声音信号，为白色插口；R 接口连接右声道声音信号，为红色插口。

复合视频接口是一种混合视频信号，没有经过 RF 射频信号调制、放大、检波、解调等过程，信号保真度相对较好。图像品质影响受使用的线材影响大，分辨率一般可达 350 ~ 450 线，不过由于它是模拟接口，用于数字显示设备时，需要一个模拟信号转数字信号的过程，会损失不少信噪比，所以一般数字显示设备不建议使用。

2. S-Video 接口

S-Video 接口（见图 5-22）也是非常常见的接口，其全称是 Separate Video，也称为 Super Video。S-Video 连接规格是由日本人开发的一种规格，它将亮度和色度分离输出，避免了混合视讯信号输出时亮度和色度的相互干扰。S-Video 接口实际上是一种五芯接口，由两路视亮度信号、两路视频色度信号和一路公共屏蔽地线共 5 条芯线组成。

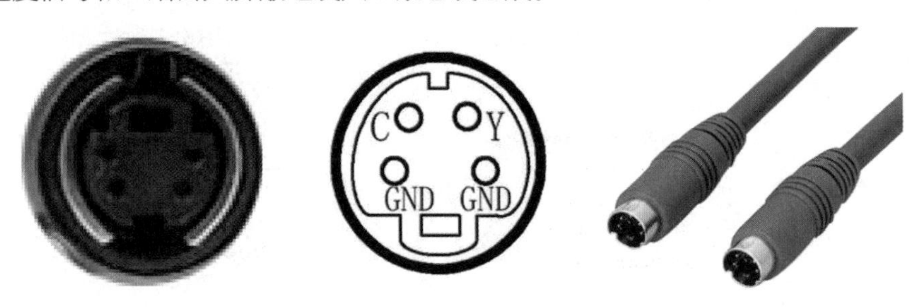

■ 图 5-22 S-Video 接口

同 AV 接口相比，由于它不再进行 Y/C 混合传输，因此也就无须再进行亮色分离和解码工作，而且使用各自独立的传输通道，在很大程度上避免了视频设备内信号串扰而产生的图像失真，极大地提高了图像的清晰度。但 S-Video 仍要将两路色差信号（Cr Cb）混合为一路色度信号 C，进行传输然后再在显示设备内解码为 Cb 和 Cr 进行处理，这样多少仍会带来一定信号损失而产生失真（这种失真很小，但在严格的广播级视频设备下进行测试时仍能发现）。而且由于 Cr Cb 的混合导致色度信号的带宽也有一定的限制，所以 S-Video 虽然已经比较优秀，但离完美还相去甚远。S-Video 虽不是最好的，但考虑到目前的市场状况和综合成本等其他因素，它还是应用最普遍的视频接口之一。

3. YPbPr /YCbCr 色差接口

色差接口（见图 5-23）是在 S 接口的基础上，把色度（C）信号里的蓝色差（b）、红色差（r）分开发送，其分辨率可达到 600 线以上。它通常采用 YPbPr 和 YCbCr 两种标识，前者表示逐行扫描色差输出，后者表示隔行扫描色差输出。现在很多电视类产品都是靠色差输入来提高输入信号品质，而且通过色差接口，可以输入多种等级信号，从最基本的 480i 到倍频扫描的 480p，甚至 720p、1080i 等，都是要通过色差输入才有办法将信号传送到电视当中。

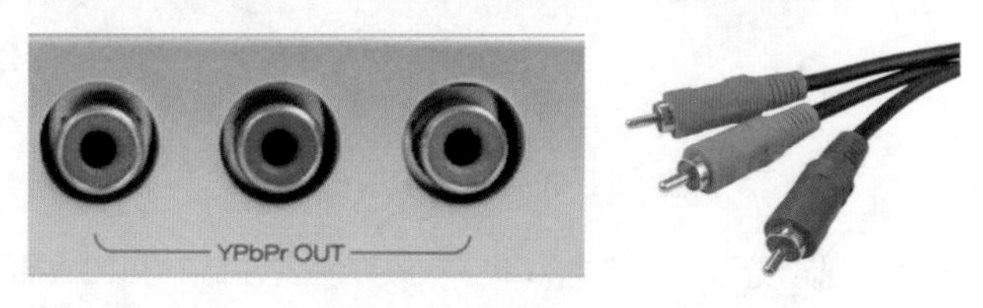

■ 图 5-23 色差接口

由电视信号关系可知，只需知道 Y、Cr、Cb 的值就能够得到 G（绿色）的值，所以在视频输出和颜色处理过程中就统一忽略绿色差 Cg 而只保留 Y Cr Cb，这便是色差输出的基本定义。作为 S-Video 的进阶产品，色差输出将 S-Video 传输的色度信号 C 分解为色差 Cr 和 Cb，这样就避免了两路色差混合译码并再次分离的过程，也保持了色度信道的最大带宽，只需要经过反矩阵译码电路就可以还原为 RGB 三原色信号而成像，这就最大限度地缩短了视频源到显示器成像之间的视频信号信道，避免了因烦琐的传输过程所带来的影像失真，所以色差输出的接口方式是目前最好的模拟视频输出接口之一。

4. VGA 接口

VGA 接口（见图 5-24）也叫 D-Sub 接口。VGA 接口是一种 D 型接口，上面共有 15 针，分成 3 排，每排 5 个。VGA 接口是显卡上应用最为广泛的接口类型，绝大多数的显卡都带有此种接口。迷你音响或者家庭影院拥有 VGA 接口就可以方便地和计算机的显示器连接，用计算机的显示器显示图像。

■ 图 5-24 VGA 接口

VGA 接口传输的仍然是模拟信号，对于以数字方式生成的显示图像信息，通过数字 / 模拟转换器转变为 R、G、B 三原色信号和行、场同步信号，信号通过电缆传输到显示设备中。对于模拟显示设备，如模拟 CRT 显示器，信号被直接送到相应的处理电路，驱动控制显像管生成图像。而对于 LCD、DLP 等数字显示设备，显示设备中需配置相应的 A/D（模拟 / 数字）转换器，将模拟信号转变为数字信号。在经过 D/A 和 A/D 二次转换后，不可避免地造成了一些图像细节的损失。VGA 接口应用于 CRT 显示器无可厚非，但用于数字电视之类的显示设备，则转换过程的图像损失会使显示效果略微下降。

5. DVI 接口

目前的 DVI 接口（见图 5-25）分为两种：一个是 DVI-D 接口，只能接收数字信号，接口上只有 3 排 8 列共 24 个针脚，其中右上角的一个针脚为空。不兼容模拟信号。

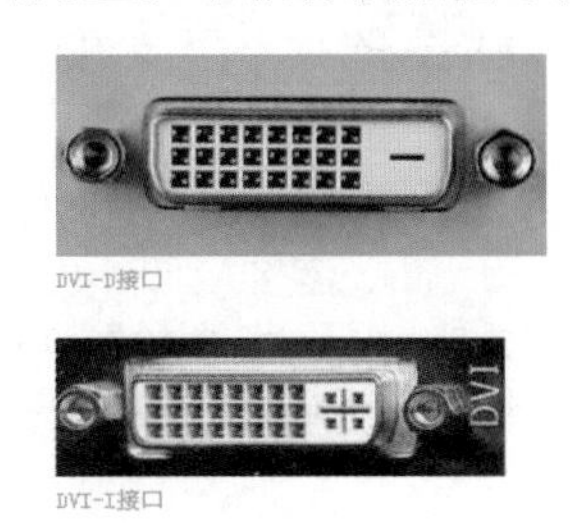

■ 图 5-25 DVI 接口

另外一种则是 DVI-I（Digital Visual Interface）接口，可同时兼容模拟和数字信号。兼容模拟信号并不意味着模拟信号的接口 D-Sub 接口可以连接在 DVI-I 接口上，而是必须通过一个转换接头才能使用，一般采用这种接口的显卡都会带有相关的转换接头。

显示设备采用 DVI 接口具有主要有以下两大优点：

（1）速度快

DVI 传输的是数字信号，数字图像信息不需经过任何转换，就会直接被传送到显示设备上，因此减少了数字→模拟→数字烦琐的转换过程，大大节省了时间，因此它的速度更快，有效消除了拖影现象，而且使用 DVI 进行数据传输，信号没有衰减，色彩更纯净、更逼真。

（2）画面清晰

计算机内部传输的是二进制的数字信号，使用 VGA 接口连接液晶显示器的话就需要先把信号通过显卡中的 D/A（数字 / 模拟）转换器转变为 R、G、B 三原色信号和行、场同步信号，这些信号通过模拟信号线传输到液晶内部还需要相应的 A/D（模拟 / 数字）转换器将模拟信号再一次转变成数字信号才能在液晶上显示出图像。在上述的 D/A、A/D 转换和信号传输过程中不可避免地会出现信号的损失和受到干扰，导致图像出现失真甚至显示错误，而 DVI 接口无须进行这些转换，避免了信号的损失，使图像的清晰度和细节表现力都得到了大大提高。

6. SDI 接口

SDI 接口（见图 5-26）是“数字分量串行接口”。串行接口是把数据的各个比特以及相应的数据通过单一通道顺序传送的接口。由于串行数字信号的数据率很高，在传送前必须经过处理。用扰码的不归零倒置（NRZI）来代替早期的分组编码，其标准为 SMPTE-259M 和 EBU-Tech-3267，标准包括了含数字音频在内的数字复合和数字分量信号。

■ 图 5-26 SDI 接口

在传送前，对原始数据流进行扰频，并变换为 NRZI 码，确保在接收端可靠地恢复原始数据。这样在概念上可以将数字串行接口理解为一种基带信号调制。SDI 接口能通过 270 Mbit/s 的串行数字分量信号，对于 16∶9 格式图像，应能传送 360 Mbit/s 的信号。

SDI 接口不能直接传送压缩数字信号，数字录像机、硬盘等设备记录的压缩信号重放后，必须经解压并经 SDI 接口输出才能进入 SDI 系统。如果反复解压和压缩，必将引起图像质量下降和延时增加，为此各种不同格式的数字录像机和非线性编辑系统，规定了自己的用于直接传输压缩数字信号的接口。

索尼公司的串行数字数据接口 SDDI（Serial Digital Data Interface），用于 Betacam-SX 非线性编辑或数字新闻传输系统，通过这种接口，可以 4 倍速从磁带上载到磁盘。

索尼公司的 4 倍速串行数字接口 QSDI（Quarter Serial Digital Interface），在 DVCAM 录像机编辑系统中，通过该接口以 4 倍速从磁带上载到磁盘、从磁盘下载到磁带或在盘与盘之间进行数据拷贝。

松下公司的压缩串行数字接口 CSDI（Compression Serial Digital Interface），用于 DVCPRO 和 Digital-S 数字录像机、非线性编辑系统中，由带基到盘基或盘基之间可以 4 倍速传输数据。

以上三种接口互不兼容，但都与 SDI 接口兼容。在 270 Mbit/s 的 SDI 系统中，可进行高速传输。这三种接口是为建立数字音视频网络而设计的，这类网络不像计算机网络那样使用握手协议，而使用同步网络技术，不会因路径不同而出现延时。

人们常在 SDI 信号中嵌入数字音频信号，也就是将数字音频信号插入视频信号的行、场同步脉冲（行、场消隐）期间与数字分量视频信号同时传输。

7. HDMI 接口

HDMI 的英文全称是 High Definition Multimedia，中文的意思是高清晰度多媒体接口。HDMI 接口（见图 5-27）可以提供高达 5 Gbit/s 的数据传输带宽，可以传送无压缩的音频信号及高分辨率视频信号。同时无须在信号传送前进行数 / 模或者模 / 数转换，可以保证最高质量的影音信号传送。应用 HDMI 的好处是：只需要一条 HDMI 线，便可以同时传送影音信号，而不像现在需要多条线材来连接；同时，由于无线进行数 / 模或者模 / 数转换，能取得更高的音频和视频传输质量。对消费者而言，HDMI 技术不仅能提供清晰的画质，而且由于音频 / 视频采用同一电缆，大大简化了家庭影院系统的安装。

8. BNC 接口

BNC（同轴电缆卡环形接口）接口（见图 5-28）是指同轴电缆接口，BNC 接口用于 75 Ω 同轴电缆连接用，提供收（RX）、发（TX）两个通道，它用于非平衡信号的连接。

■ 图 5-27 HDMI 接口　　■ 图 5-28 BNC 接口

BNC 接口主要用于连接高端家庭影院产品以及专业视频设备。BNC 电缆有 5 个连接头，分别接收红、绿、蓝、水平同步和垂直同步信号。BNC 接头可以让视频信号互相间干扰减少，可达到最佳信号响应效果。此外，由于 BNC 接口的特殊设计，连接非常紧，不必担心接口松动而产生接触不良。

各种视频信号接口类型区别如表 5-2 所示。

表 5-2 视频信号接口类型

接口名称	传输距离	传输信号种类	信号性质
复合视频	75-3，100 m；75-5，300 m	视频	模拟
S-Video	15 m	视频	模拟
色差分量	50 ~ 80 m	视频	模拟
VGA	3 + 4/6VGA 15 ~ 30 m	视频	模拟
DVI	7 ~ 15 m	视频	数字
SDI	RG-6 同轴电缆 HD-SDI，100 m	视频、音频	数字
HDMI	最远 15 m	视频、音频	数字
IEEE 1394	4.5 m	视频、音频、控制、数据	数字
BNC	75-2RGB 30 ~ 50m；75-3RGB 50 ~ 70 m	视频	模拟

本章小结

数字视频媒体技术发展至今，不仅给广播电视带来了技术革新，而且已经渗透到各种新型的媒体中，成为媒体时代不可或缺的要素。无论是在高清电视、Internet 还是移动网络中，都可以见得到数字视频技术的应用。正以令世人瞩目的迅猛之势改变着人们的生存状态和思维方式。

本章从数字视频基础知识入手，介绍了数字视频、模拟信号与数字信号、帧速率与场、分辨率与像素宽高比的基本概念；以及了解数字视频的应用，包括流媒体、数字视频摄录系统；有了一定的数字视频基础认识后，进一步加深对数字视频的理解，包含视频质量与格式、数字视频的获取方式及编辑技术等。

思考题

1 世界上有哪些电视制式?

2 什么是逐行扫描? 什么是隔行扫描?

3 什么是流媒体 ?

4 目前主要有哪几种流媒体的文件格式?

5 比较常见的数字视频格式的差异；

6 阐述数字电影的工作流程；

7 视频信号接口类型有哪些? 有什么不同点?

知识点速查

◆视频：视频的英文名称是 Video，指 0 ~ 10 MHz 范围的频率，用以生成或转换成图像。在电视技术中，视频又称电视信号频率，所占频宽为 0 ~ 6 MHz。广泛应用于电视、摄录像、雷达、计算机监视器中。简单来说，视频泛指将一系列的静态影像以电信号方式加以捕捉、记录、处理、存储、传送和重现的各种技术。

◆帧速率：电视或显示器上每秒扫描的帧数即是帧速率，帧速率的大小决定了视频播放的平滑度，帧速率越高，动画效果越平滑，反之就会有停滞。

◆有损和无损压缩：在视频压缩中，有损和无损的概念与对静态图像的压缩处理基本类似。无损压缩就是压缩前和解压缩后的数据完全一致，多数的无损压缩都采用 RLE 行程编码算法。有损压缩意味着解压缩后的数据和压缩前的数据不一致，要得到体积更小的文件，就必须通过对其进行损耗来得到，在压缩的过程中要丢失一些人眼和人耳所不敏感的图像或音频信息，而且丢失的信息不可恢复，几乎所有高压缩的算法都采用有损压缩，这样才能达到低数据率的目标。丢失的数据率与压缩比有关，压缩比越小，丢失的数据越多，解压缩后的效果就越差。

◆高清摄像机的记录扫描方式：高清摄像机可以录制隔行扫描视频或逐行扫描视频。在视频规范中，720p 表示 1280×720 画幅大小的逐行扫描视频，p 表示逐行扫描；1920×1080 的高清格式可以是逐行扫描，也可以是隔行扫描；1080 50i 表示画幅高度为 1080 像素的隔行扫描视频，数字 50 表示每秒的场数，i 表示隔行扫描。

◆ IEEE 1394：IEEE 1394 是在苹果计算机构想的局域网中，由 IEEE 1394 工作组开发出来的，它是一种外部串行总线标准。IEEE 1394 全称是 IEEE 1394 Interface Card, 有时被简称为 1394，其 Backplane 版本可以达到 12.5 Mbit/s、25 Mbit/s、50 Mbit/s 的传输速率，Cable 版本可以达到 100 Mbit/s、200 Mbit/s、400 Mbit/s、800 Mbit/s 的传输速率，将来会推出 1 Gbit/s 的传输速率技术。

◆线性编辑与非线性编辑：对视频进行编辑的方式可以分为线性编辑和非线性编辑两种。线性编辑是传统电视节目制作中，编辑机通常有一台放像机和一台录像机组成，编辑人员通过放像机选择合适的素材，然后把它录到录像机中的磁带上。由于磁带记录画面是顺序的，剪辑也必须是顺序的。而非线性编辑是不按照时间顺序剪辑，可以随意调整素材顺序，加入各种特效。

数字动画技术

本章导读

本章共分 7 节，分别介绍了动画的概念、数字动画的含义、数字动画的发展趋势、数字动画的分类、数字动画的制作流程、数字动画应用的领域等内容。

本章主要结合现在的数字媒体技术讲解动画方面的影响，首先了解什么是数字动画技术，与传统的动画技术有什么样的区别。其次对数字动画技术的发展趋势做出分析，然后探讨数字动画的不同类型以及不同动画类型的数字制作方法。最后阐述了数字动画技术广泛的应用领域，在电影电视业、科学计算、教育和娱乐、虚拟现实技术等方面未来都会有很强势的表现。

学习目标

1 了解动画、数字动画的定义；

2 了解数字动画技术的发展趋势；

3 了解传统动画与数字动画的区别；

4 掌握数字动画技术的分类；

5 掌握数字动画技术的制作流程；

6 理解数字动画后期编辑制作技术；

7 理解数字动画的应用领域。

知识要点、难点

1 要点

数字动画的发展趋势，数字动画技术的分类与制作；

2 难点

数字二维动画的制作，数字三维动画的制作，数字后期编辑技术。

6.1 动画概述

6.1.1　动画的定义

动画一词翻译为英文是 Animation，而它的来源是拉丁文字 anima，是指“灵魂”的意思，而 Animation 则指“赋予生命”，引申为使某物活起来的意思。所以，动画可以定义为使用绘画的手法，创造生命运动的艺术。

广义而言，把一些原先不活动的东西，经过影片的制作与放映，变成为活动的影像，即为动画。

动画是指由许多帧静止的画面，以一定的速度连续播放时，人眼因视觉残留产生的错觉，而误以为是画面活动的作品。“动画不是活动的画的艺术，而是创造运动的艺术，因此画与画的关系比每一幅单独的画更重要。虽然每一幅画也很重要，但就重要的程度来讲，画与画的关系更重要。”这句话的意思是动画不是会动的画，而是画出来的运动，每帧之间发生的事，比每帧上发生的事更重要。

定义动画的方法，不在于使用的材质或创作的方式，而是作品是否符合动画的本质。动画媒体已经包含了各种形式，但不论何种形式，它们具体有一些共同：其影像是以电影胶片、录像带或数字信息的方式逐格记录的；另外，影像的“动作”是被创造出来的幻觉，而不是原本就存在的。

6.1.2　动画的原理

动画是通过连续播放一系列画面，给视觉造成连续变化的图画。它的基本原理与电影、电视一样，都是视觉原理。

1824 年，英国的 Peter Roget 出版的《移动物体的视觉暂留现象》是视觉暂留原理研究的开端，书中提出了这样的观点：“人眼的视网膜在物体移动前，可有 1 s 左右的停留”。医学证明，人类具有“视觉暂留”的特性，就是说人的眼睛看到一幅画或一个物体后，在 1/24 s 内不会消失。利用这一原理，在一幅画还没有消失前播放出下一幅画，就会给人造成一种流畅的视觉变化效果。因此，电影采用了每秒 24 幅画面的速度拍摄播放，电视采用了每秒 25 幅（PAL 制）或 30 幅（NSTC 制）画面的速度拍摄播放。如果以每秒低于 24 幅画面的速度拍摄播放，就会出现停顿现象。

视觉暂留原理提供了发明动画的科学基础。

6.1.3　动画的分类

动画的分类研究对更进一步的了解动画的特性与功能有很大的帮助。动画片有许多不同的类型，不同的动画片拥有自己的形式规范、叙事方式以及传播途径。不可能用同一视觉形式表现所有的内容，也不可能用相同的叙事方式讲述不同性质的故事。动画片的分类大致可以从技术形式上、叙事方式以及传播途径几类进行划分。

1. 以技术形式分类

动画形式可以从视觉形象构成方面区别，即不同造型手段产生的形式，大体可分为：平面动画、立体动画、数字动画与其他形式。

（1）平面动画

平面动画相对立体动画而言是在二维空间中进行制作的动画。这种类型的动画技术形式有单线平涂的，这种是最常见和较传统的动画类型，例如《白雪公主》，适合产业化生产模式，技术上容易统一管理。另外，还有油画、素描、沙画等形式制作的动画，例如油画绘制的动画《小牛》、剪纸动画《猪八戒吃西瓜》。这些形式的动画片的工艺技术和艺术效果常常伴随着偶然性和不确定性，但是具有独特的视觉魅力，如图 6-1 和图 6-2 所示。

■ 图 6–1 《老人与海》

■ 图 6–2 《猪八戒吃西瓜》

（2）立体动画

立体动画是在三维空间中制作的动画，如折纸动画、木偶动画、黏土动画以及一些通过逐格拍摄出来的立体效果的动画。例如，木偶动画《半夜鸡叫》带有很强的假定性，形体动作比较机械的夸张，强调戏剧性；黏土动画《圣诞夜惊魂》《小鸡快跑》等，制作工艺更加复杂，形体动作效果更逼真，能够产生较强烈的艺术感染力，如图 6-3 至图 6-5 所示。

■ 图 6–3 《半夜鸡叫》

■ 图 6–4 《小鸡快跑》

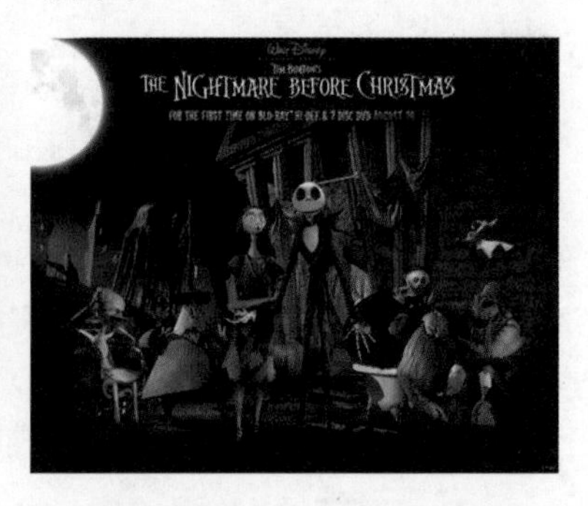

■ 图 6–5 《圣诞夜惊魂》

（3）数字动画

数字动画是依靠计算机技术和现代高科技技术生成的虚拟动画片，分为二维动画片、三维动画片和合成动画片。二维动画片中数字动画表现最突出的就是网络动画，在互联网上传播的互动式的计算机动画片。由于网络动画传播速度快，有一定的互动操作，制作起来又比较简单，所以流传度很高。例如，网络动画《大话三国》《阿桂动画》等都是流传度较高的。三维动画是随着技术日新月异的进步发展而来的，因为数字化的发展使得三维动画拥有与传统动画的“原画与动画”

完全不同的观念，更超越了它。例如，三维动画片《玩具总动员》《汽车总动员》《功夫熊猫》等。随着技术的进步，人们现在更多的是将实拍的画面导入到计算机，直接在计算机中进行影像处理，就形成了另一种数字动画方式—合成动画。合成动画主要是利用蓝屏、绿屏的功能，将两种素材合成在一起。例如，电影《精灵鼠小弟》中将一只计算机三维虚拟制作的小老鼠与实景拍摄的画面进行合成，创造出了另一种幻化，如图 6-6 至图 6-11 所示。

■ 图 6–6 《大话三国》

■ 图 6–7 《阿桂动画》

■ 图 6–8 《玩具总动员》

■ 图 6–9 《汽车总动员》

■ 图 6–10 《功夫熊猫》

■ 图 6–11 《精灵鼠小弟》

2. 以叙事方式分类

动画片按照叙事风格分可以为文学性动画片、戏剧性动画片、纪实性动画片、抽象性动画片。

文学性动画片：这种类型的动画片有小说、诗歌、散文等性质。这类影片没有一条戏剧冲突的主线，而是围绕主人公或某个事件的生活线索生发出友情、爱情、烦恼、愉快、幻想回忆、追求等生活细节枝叶，运用生活细节因素的关联性反映复杂的社会关系，深入剖析人的活动及其内心状态。

戏剧性动画片：这种类型的动画片按照传统戏剧结构讲故事，强调冲突率、戏剧性的因果联系。代表作《白雪公主》和《埃及王子》，除了故事结构是严格意义上的遵循传统戏剧冲突律外，还体现了戏剧性叙事方式的动画片所特有的规律性：夸张的动作刻画、个性突出的音乐主题曲和煽情的歌曲。

纪实性动画片：这种类型的动画片在这里是一个相对的概念，之所以称其为“纪实”是它在内容上是有具体的时代背景，通常以真实事件为创作依据，形式上更写实逼真，时间和空间的演变更加符合自然规律，具有时代的烙印，揭示的是社会性问题，体现的是具有道德与责任感的主人公所特有的品质。

抽象性动画片：这种类型的动画片没有具体的形象，也没有具体的故事情节，所表现的是多重图形的运动和变化或者哲学内涵和诗意境界，更多的是对音乐的诠释。

3. 以传播途径分类

动画片以传播途径进行分类主要分为影院动画片、电视动画片、实验动画片。

影院动画片：影院动画片是以电影叙事方式与经典戏剧的叙事结构来制作的动画片，有明确的因果关系，有开头、情节的展开、起伏、高潮及一个完美的结局。影院动画的画面质量和工艺技术要求更加精良而细致。剧情安排上影院动画常常浓缩情节，用微观与象征性的视听元素表现重大主题。代表作为《幽灵公主》《风之谷》。

电视动画：电视动画相对于电影动画制作工艺粗糙，画面影像质量、动作设计、声音处理等工艺技术要求相对宽松。从剧情的安排上，电视动画喜欢扩展情节，情节有所连贯但又分别独立。电视动画片由于是分级播放，因此要求每一集都要有各自的起承转合，各自的亮点以及高潮，尤其是片头的精彩预告和片尾的悬而未决的奇案直接关系到观众是否继续看下去的兴趣。电视动画已经成为目前产量最大的一种动画形式，而且这种低成本的运作方式可能在将来也是使用于基本网络的新媒体的最好的制作方式。代表作有《米老鼠与唐老鸭》《阿童木》。

实验动画：实验动画片指的是带有探索性的作品，从观念与技术方面都有新的建树或突破的作品。实验动画片注重对动画本体和可能性的探索，强调原创性。这种类型的动画片主要在学术研讨会或者是电影节上展示。代表作为《四季》。

6.2 传统动画

传统动画，也被称为“经典动画”“赛璐珞动画”或者是“手绘动画”，是一种较为流行的动画形式和制作手段。在 20 世纪时，大部分的电影动画都以传统动画的形式制作。传统动画表现手段和技术包括全动作动画、有限动画、转描机技术等。传统动画是由美术动画电影传统的制作方法移植而来的。传统动画和数字动画的都是利用电影原理，即人眼的视觉暂留现象，将一张张逐渐变化的并能清楚地反映一个连续动态的过程的静止画面，经过摄像机逐张逐帧地拍摄编辑，再通过电视的播放系统，使之在屏幕上活动起来。传统动画有着一系列的制作工序，它首先要将动画镜头中每一个动作的关键及转折部分先设计出来，也就是要先画出原画，根据原画再画出中间画，即动画，然后还需要经过一张张地描线、上色，逐张逐帧地拍摄录制等过程。

6.2.1 传统动画制作分类

全动作动画又称全动画，或者是全动作动画，是传统动画中的一种制作和表现手段。虽然从字面上来看，全动画是指在制作动画时，精准和逼真地表现各个动作的动画；但同时，这种类型的动画对画面本身的质量有非常高的要求，追求精致的细节和丰富的色彩。所以这种类型的作品往往拥有非常高的质量，但制作时也非常耗时耗力。在早期没有用到赛璐珞的时候，有的作品在制作时甚至要非常精确并且不断地重复绘制作背景。所以有时制作这种类型的动画，将会是一个非常庞大的工程。迪士尼有很多的早期动画作品都是这方面的代表。华纳兄弟早期也有些这方面的作品。类似的作品如《美国鼠谭》与《铁巨人》，如图 6-12 和图 6-13 所示。

■ 图 6-12 《美国鼠谭》

■ 图 6-13 《铁巨人》

有限动画，也有将其称为限制性动画，这是一种有别于全动画的动画制作和表现形式。这种类型的动画较少追求细节和大量准确真实的动作。画风简洁平实、风格化，强调关键的动作，并配上一些特殊的音效来加强效果。这种类型的动画在成本、时耗等各个方面都比全动画低很多。有限动画改变了过去的动画风貌，开创了新的动画艺术表现形式。这种形式的动画在制作上相对粗糙，但便于大规模制作，并将表现中心从画面移动到故事上，所以非常适合于制作电视动画，以致这形式的动画在电视大流行时也快速成长。这种动画后来导致了另一种动画形式的产生，一种介于全动画和有限动画之间的动画形式。比如，动画片《猫和老鼠》，在动作上可以注意到他们的动作比有限动画的动作来得丰富，但动作的速度却非常快，那是因为他们经常用八格来画动画。有限动画系列的代表公司是美国联合制片公司，他们的代表作包括 *Gerald McBoing-Boing* 等。另外，披头士的 MTV 动画作品《黄色潜水艇》也属于这种类型，如图 6-14 所示。

■ 图 6-14 《黄色潜水艇》

转描机是一种动画制作时所使用的技术。早期的动画巨大的工作量和对动作的把握导致动画制作时间非常长。于是这种技术就出现了。这种技术的原理是：将现实生活中的真实运动对象（比如走路的人）事先拍摄成胶片，然后在胶片上盖上纸（或者是赛璐珞），然后将这个运动重新用笔画下来。通过这种类似于描红的技术可以利用很少的时间来画出非常逼真的动作以及动画效果。这个技术被广泛的运用在早期的动画制作中，《白雪公主》及中国最早的长篇动画万氏兄弟公司出品的《铁扇公主》里也用到过这个技术，如图 6-15 和图 6-16 所示。现在这个技术被用于电影、MTV、电视广告的制作上。

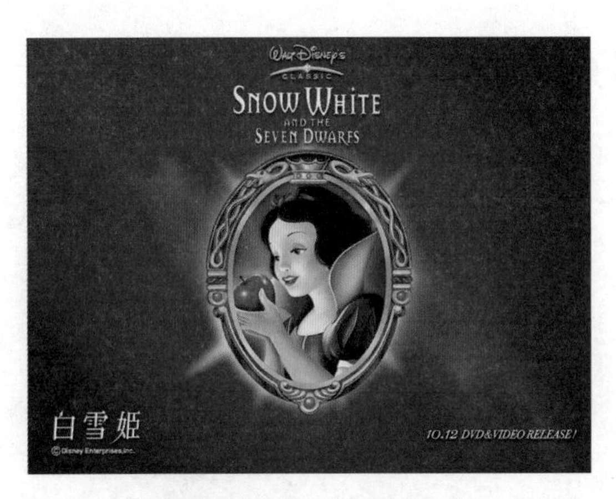

■ 图 6-15 《白雪公主》

■ 图 6-16 《铁扇公主》

6.2.2 传统动画制作的基本流程

在基本制作步骤上，传统动画与现代动画在制作上大体是一致的。制作一部动画片是一个烦琐的过程，它需要多个部门齐心协力，相互配合。可将传统动画制作流程划分为 17 个步骤。概括起来说可以分为三个阶段。

1. 前期筹备阶段

这一阶段主要包括策划、文学剧本的研究、角色形象、场景、道具等的初步设计，文字分镜头剧本的撰写，故事版的绘制。

（1）策划

动画制作公司、发行商以及相关产品的开发商，共同策划开发怎样的动画片，预测动画片的市场，研究动画片的开发周期，资金的筹措等，达成共识。

（2）剧本

制作计划制定后，就要开始写合适的文字剧本，一般这个任务由编剧完成。可以自己写剧本，也可借鉴、改编他人的。总之编剧要能将自己对人生的理解、热爱，通过具体的故事情节、人物的语言和动作表达出来。相对创作而言，剧本改编比较容易。不管是创作，还是改编，剧本不同于小说，有其自身的特点。总体上要求，人物出场时环境要注明，动作要体现出来，对白要准确。

（3）故事脚本

剧本写好以后，要将其改成故事脚本，也就是用卡通语言来描述一下剧本。故事脚本是以图像、文字、标记说明为组成元素，用来表达具体的场景。在故事脚本中，每一幅图中的人物、背景、摄影角度、动作可以简单地绘出，但对白、音效要标记清楚，计算出相应的时间。标记好要应用的镜头、特效。

（4）造型与美术

要求动画家创作出片中的人物造型。既要有特点，但又不能太复杂。创作中可以使用夸张的手法。各个人物的正面、侧面、背面的造型都要交代清楚。不同人物之间对比可以强烈些，比如高瘦和矮胖。

（5）场景

场景设计侧重于人物所处的环境，是高山还是平原，屋内还是屋外，哪个国家，哪个地区，都要一次性将动画片中提到的场所设计出来。

（6）构图

有了故事脚本、场景设计、人物造型之后，在此之前还有个构图的过程。总体来看以构图为分界线，从策划到构图可以作为设计阶段。构图这个过程也是非常重要的，它的目的就是生产作业图。作业图比较详细，上面要指明人物是如何活动的，如人物的位置、动作、表情，还要标明各个阶段要运用的镜头。概括而言，一些人画出人物和角色的姿态；一些人画出背景图，让人物可以在背景中运动；一些人标示所要运用的镜头。

（7）绘制背景

动画的每一帧基本上都是由上下两部分组成。下部分是背景，上部分是角色。背景是根据构图中的背景部分绘制成的彩色画稿。

2. 中期绘制阶段

中期绘制的工作重心是原画、动画、动作检查、定色上色等。这个阶段是工作量最大，也最复杂的。因为此阶段是纯粹的手工作业，而且对于一部电视动画片而言，拍摄一集每周需要完成几千张画稿。

（1）原画

构图中的人物或动物、道具要交给原画师，原画师将这些人物、动物等的关键动作绘制出来。注意在这里指的是关键动作，而不是每一个动作。原画应该将人物刻画得富有生命感，活灵活现。

（2）动画

动画师是原画师的助手，他的任务是使角色的动作连贯。原画师的原画表现的只是角色的关键动作，因此角色的动作是不连贯的。在这些关键动作之间要将角色的中间动作插入补齐，这就是动画。

（3）品质管理

品质管理也就是进行质量把关，任何产品都有质量要求，动画片也不例外。生产一部动画片有诸多的工序，如果某一道工序没有达到相应的要求，肯定会影响以后的生产工作。因此在每个阶段都应有一个负责质量把关的人。

（4）影印描线

影印描线是将动画纸上的线条影印在赛璐珞上。前面已经提到，动画的每一帧基本是由人物和背景组成。人物是叠加在背景上的，直接将画有人物的画稿放在背景上肯定是不行的，因为一般纸张是不透明或半透明的，将会覆盖住背景。因此需要将人物转移到一种透明的介质上，它就是赛璐珞。赛璐珞是一种透明的胶片，将动画纸上的线条影印在赛璐珞上，如果某些线条是彩色的，还需要手工插上色线。

（5）定色与着色

描好线的赛璐珞片要交与上色部门，先定好颜色，在每个部位写上颜色代表号码，再涂上颜色。在这里应注意的是，涂上颜色的部位是在赛璐珞片的背部。如果涂在正面的话，所上的颜料有可能将动画线条覆盖掉。

（6）总检

准备好的彩色背景与上色的赛璐珞片叠加在一起，检查有无错误。

3. 后期制作阶段

这一阶段主要包括摄影与冲印、剪辑套片、配音、配乐、音效、影片输出、放行等。

（1）摄影与冲印

摄影师将不同层的上色赛璐珞片叠加好，进行每个画面的拍摄，拍好的底片要送到冲印公司冲洗。注意此时的画面没有声音，而且还需要剪辑。

从影印描线到摄影冲印这几个步骤，在现代动画制作业中已经消失了。在现代动画制作业中，使用扫描仪、数码照相机，将背景和原画稿、动画稿导入计算机中，然后在计算机中对原画稿、动画稿上色，再将其与背景相混合。

（2）剪接与套片

将冲印过的拷贝剪接成一套标准的版本，此时可以称它为“套片”。

（3）配音、配乐与音效

一部影片的声音效果是非常重要的。好的配乐可以给影片增色不少，甚至可能过了若干年之后，影片的故事情节已经淡忘了，但是一听到主题音乐，又勾起了人的无限回忆。

（4）试映与发行

试映就是请各大传播媒体、文化圈、娱乐圈、评论圈的人士来欣赏与评价。评价高当然好，不过最重要的是要得到广大观众的认可。

以上就是传统的动画的制作流程，如图 6-17 所示。而如今在工业产品设计、影视领域、建筑装潢设计等各个方面，计算机作为人类最强有力的工具，正发挥着重要的作用。动画也不例外。几乎在以上的所有单个步骤中都可以找到它的身影。使用计算机来制作动画，最主要的原因能降低生产成本，提高了生产效率。据有关报道，全球最大的赛璐珞生产商已经停止生产赛璐珞，这也标志着传统动画业的完结。

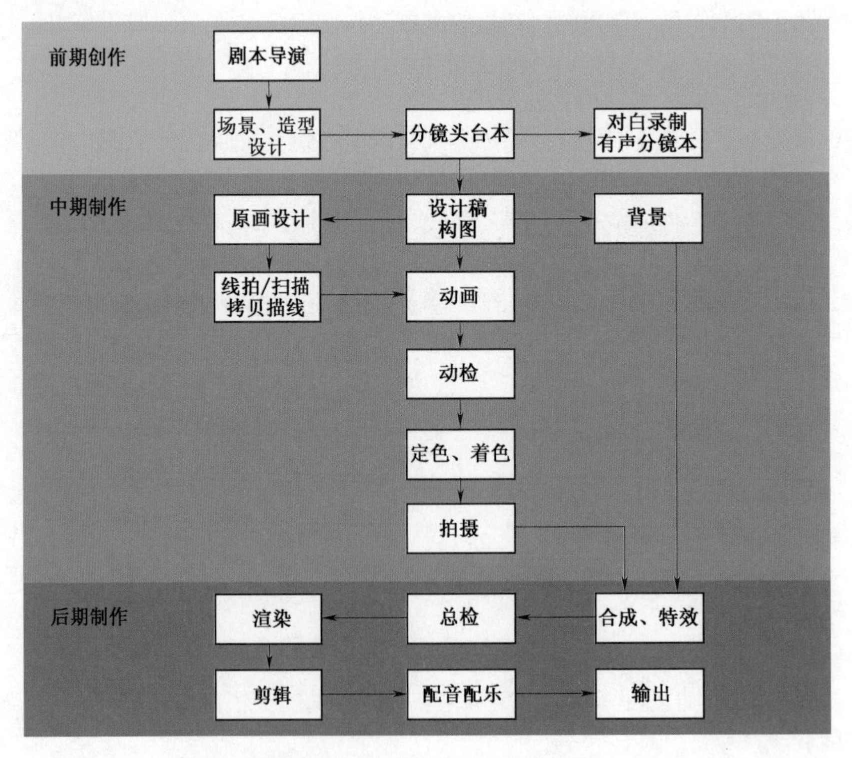

■ 图 6-17 传统动画制作流程图

6.3 数字动画

6.3.1 数字动画的优势

随着计算机硬件和动画软件的迅速发展，越来越多的商业机构和研究机构加入到了数字动画的领域来，使得数字动画的制作水平也随之日新月异。有着传统二维动画工艺创始人，更是 60 年来业绩最辉煌的纸上动画的迪士尼公司，也在多年前开始转入了数字动画领域。1998 年《花木兰》道具制作部分运用数字动画来实现。1999 年迪士尼使用 Deep Canvas 在《人猿泰山》中已经可以制作出茂密的丛林环境等场景气氛。在 2004 年的时候迪士尼公司正式关闭了传统动画工作室，并且开始筹备自己的数字动画工作室。如今，昔日的纸上动画王者已经完全进入全新的数字动画时代。同时，也出现了很多制作公司，纷纷加入了数字动画大军。

数字动画的优势可以通过 4 个方面来看：

一是动画的制作成本大幅降低了。传统的动画生产方式对于纸张、笔等耗材的需求量很大，而数字化动画的生产完全是利用计算机来完成，直接在屏幕上绘制角色场景、原动画等，制作费用大幅降低。

二是便捷的资料传送。纸上动画生产方式下，动画稿在不同城市间的传递是非常麻烦的，成本也会增加，生产周期拉长。数字化生产方式下动画内容便于通过互联网进行传输和交换，不受时间地域的限制，方便公司之间的协同制作。

三是高质量的动画绘制。纸上动画生产方式在遇到需要修改的原画或动画线条时，修改容易跑形等。数字化生产下，动画制作者通过软件使用来完成修改的任务，不容易出现错误。

四是高效率的动画制作。传统动画的生产方式下，一个动画师的动画稿月产量是 1300 张 / 月，按照时间来计算的话则是 100 秒 / 月。数字化生产方式采用数字动画制作系统，一个动画师的月产量是 160 ~ 200 秒 / 月，由此可见效率提高了很多。

6.3.2 数字动画的发展趋势

数字技术带来了新的时代背景下的动画产业革命。人们在越来越短的时间里面，可以看到越来越多优秀的动画片。数字动画在整个艺术所占的比重无疑将大为加重，新兴的数字动画将具有强大的生命力，并影响其他的艺术发展。数字动画在现实中也很好地运用到了教育领域中，特别的 2D 的数字动画广泛运用在少儿英语书籍配套学习内容中等。

目前，数字动画生产制作范围全球化，不受地域限制，生产效率不断提高，数字动画制作软件和技术不断创新，数字动画生产正以规模化、标准化、网络化发展。全球化是人类传播和交往发展的必然结果，更是一种不可逆转的历史进程。数字动画的发展还需要动画创作者有充分的学习能力，从民族艺术和地域艺术风格、现代艺术设计领域中吸取营养。今后我们会看到更多的动画与影视特效大片，数字动画事业将会成为令人瞩目且极具发展潜力的艺术和技术型产业。

6.4 数字动画的分类

6.4.1 数字二维动画

数字二维动画是基于数字化信息化的平面动画，是基于数字化信息化的平面动画。与传统动画的制作区别不是特别大，而共同点都是二维动画。只是数字二维动画是将动画制作的过程完全的信息化数字化了，更方便快捷。动画制作全过程采用无纸化制作。从作画过程的在纸上绘图、描线、上色等都在计算机上完成，极大地提高了工作效率及成本。把传统二维动画制作从纸上解放出来，通过数字技术制作可以更加高效地制作二维动画影片，增强动画的视觉效果，更为重要的是数字技术的加入，可以在计算机上实时预览动画的表演和节奏，避免传统二维动画每张作画纸张扫描线拍进计算机参看效果。数字绘画艺术为二维动画制作提供了便捷的技术环境，在方方面面都推动了二维动画制作的发展。

随着科技的进步，数字技术在动画领域得到广泛应用，由于先进的数字技术有着巨大的优势，对二维动画的发展有着重大的意思。随着时间的推移会大量替代传统手绘为主的二维动画。数位板把传统二维动画制作从纸上解放出来，通过数字技术制作可以更加高效地制作二维动画影片，数字绘画艺术为二维动画制作提供了便捷的技术环境，在方方面面都推动了二维动画制作的发展；但是也带来了很多缺失，有待改进。其代表作品有《喜洋洋与灰太狼》《海螺湾》等，如图 6-18 和图 6-19 所示。

■ 图 6-18 《喜洋洋与灰太狼》

■ 图 6-19 《海螺湾》

【实例分析 6-1：挑战传统动画的无纸动画——深圳华强动画《海螺湾》连续剧】

深圳华强集团旗下的深圳华强数字动漫有限公司是一家从事原创动画设计、动画影片制作、动漫周边文化产品开发的专业公司。由深圳华强动数字动漫有限公司开发的动画连续剧《海螺湾》，全剧集就是运用无纸化动画制作方式完成的。使用了由加拿大的一家专业动画公司开发的一款软件——toon boom harmony，该软件是一个独特的基于矢量动画协同设计的动画制作软件，包括了动画内容的制作，动画合成，并通过媒体交付给观众整个流程。使用该无纸动画软件后，华强公司制作《海螺湾》时极大地提高了生产效率，并且降低了生产成本及耗材。如果与等质量的传统二维动画工作相对比，其制作动画的生产效率提高了 3 倍，高峰时期 10 min 一集动画片，每天可达到两集生产量。这是传统动画制作方式不可实现的生产效率。

6.4.2 数字三维动画

数字三维动画又称 3D 动画，是随着计算机软硬件技术的发展而产生的新兴技术。在三维动画软件中能够建立一个虚拟的世界，设计师在这个虚拟的三维世界中按照要表现的对象的形状尺寸建立模型以及场景，再根据要求设定模型的运动轨迹、虚拟摄影机的运动和其他动画参数，最后按要求为模型赋上特定的材质，并打上灯光，进行渲染输出。

三维动画制作是一件艺术和技术紧密结合的工作。在制作过程中，一方面要在技术上充分实现创意的要求，另一方面，还要在画面色调、构图、明暗、镜头设计组接、节奏把握等方面进行艺术的再创造。与平面设计相比，三维动画多了时间和空间的概念，它需要借鉴平面设计的一些法则，但更多是要按影视艺术的规律来进行创作。

三维动画其发展目前为止可以分为三个阶段。从 1995 年至 2000 年是三维动画的起步以及初步发展时期被称为第一阶段。迪士尼旗下皮克斯工作室的动画影片《玩具总动员》就是这一阶段的标志；从 2001 年至 2003 年时三维动画迅猛发展时期被称为第二阶段，在这一阶段不得不说的是三维动画从“一个人的游戏”变成了“两个人的游戏”， 皮克斯和梦工厂分别成为这一时期三维动画的大赢家，这阶段三维动画代表作为《怪物史莱克》《怪物公司》《海底总动员》等；从 2004 年开始，三维动画步入了全盛时期，也就是现在的第三阶段，更多的公司参与进入到三维动画行业中，从此它不再是两个人的游戏，这一时期的代表作品有华纳兄弟的《极地快车》、福克斯的《冰河世纪》、索尼公司的《丛林大反攻》等。（见图 6-20 至图 6-25）

■ 图 6-20 《怪物史莱克》

■ 图 6-21 《怪物公司》

■ 图 6-22 《海底总动员》

■ 图 6-23 《极地快车》

■ 图 6-24 《冰河世纪》

■ 图 6-25 《丛林大反攻》

【实例分析 6-2：皮克斯动画《海底总动员》——一部全三维技术的动画电影】

《海底总动员》是一部由皮克斯动画工作室制作，并于 2003 年由华特迪士尼发行的美国计算机动画电影。故事主要叙述一只过度保护儿子的小丑鱼马林和它在路上碰到的蓝唐王鱼多莉，两人一同在汪洋大海中寻找玛林失去的儿子尼莫的奇幻经历。在路途中，玛林渐渐了解到它必须要勇于冒险，以及它的儿子已经有能力照顾自己了。

该影片一经上映即获得了空前好评，并于 2004 年成功收获奥斯卡最佳动画片奖 。综合全球的票房成绩来看，这部电影总共获得了约 8.67 亿美元的票房收入。它是 2003 年票房收入第二高的电影，DVD 销售量也一直是最高的。

制造出一条活灵活现的虚拟鱼是一件很有趣的事情。动画片中运用了大量的肢体语言，在水下举起手的话，身体就会后移，如果鱼儿在某地旋动，艺术家们就必须找到鱼儿正确游动时的平衡点，让它游动动作看起来真实可信。除此之外，鱼儿丰富的表情让其更具人性化。动画片中出现的灯光和色彩要比实际海洋中的色彩丰富一些，海底通常是昏暗深沉的，阳光是无法通过海水达到海底的，海底的物体会随着距离的远近而呈现不同的颜色，但电影中的海水始终保持着一种饱和的颜色，虽然有些不真实，但效果的确不错。

6.5 数字动画制作流程

动画制作是一个非常烦琐而吃力的工作，分工极为细致。通常分为前期制作、中期制作、后期制作等。前期制作包括了企划、作品设定、资金募集等；制作包括了分镜、原画、中间画、动画、上色、背景作画、摄影、配音、录音等；后期制作包括剪接、特效、字幕、合成、试映等。不论是传统动画还是数字动画，其动画制作流程是大致相同的。在数字化的动画制作流程中，要求作者摒弃传统的工具将美术设计功底、视听语言运用技能和精湛的计算机操作水平三种能力融为一体。在传统的动画制作过程中主要是使用工具有笔、纸、专用颜料、赛璐珞、摄像机等工具。数字动画的制作流程大致为在传统动画流程基础上增加数字技术成分。下面我们来看看数字化技术后的动画制作流程。

6.5.1 数字动画前期制作流程

数字动画前期设计阶段分为选题、策划、文字剧本、文字分镜、分镜头台本、造型设计、背景绘制。动画片的策划筹备阶段都可使用计算机文案处理软件编写，分镜头台本和造型设计的实现可以运用手绘板在 Photoshop、Pinter 等软件上进行绘制，计算机绘制也方便存储和修改。

策划筹备阶段：包括选题、文案、文学剧本创作、市场调研、生产进度计划等工作。由制片人挑选导演和副导演，筛选工作人员和团队。

导演创作阶段：包括了导演阐述、文字分镜头创作、艺术风格等一系列综合性创作活动。导演必须熟悉动画制作的所有技术原理和细节处理方法，只有这样才能最终实现动画影片。还需要组织、调度、协调各种工作，统一整部影片的风格。

设计阶段：动画设计是动画制作过程中的关键部分。主题是否新颖，设计是否合理，直接关系到影片的生产进度和艺术效果。设计包括分镜头台本设计、动画形象设计、动画场景设计、动画视觉效果、色彩关系等。只有精心设计的动画片才会产生精美的艺术效果。

6.5.2 数字动画中期制作流程

数字二维动画的制作流程与传统动画的制作流程更为相近，因为它们都是平面化的制作方式，都是以二维为主。然后数字三维动画与前两者在中期制作上有很大的区别。这基本取决于两者所使用的数字化软件的不同。所以，动画中期的制作流程阶段将把数字二维动画与三维动画分开进行讲解。

1. 数字二维动画中期制作流程

数字二维动画的中期制作都是运用计算机进行制作实现，中期制作中的原画、动画、动检、摄像机镜头等环节可以选择多种无纸动画制作软件来完成，例如 TBS、Flash、Toon Boom Harmony 等软件，利用手绘板或数位屏等计算机绘图工具进行，但在制作过程中选择了一种无纸动画制作软件就尽量做到软件的统一使用。

以目前行业中使用较广泛的二维动画制作软件 Flash 为例。制作流程首先是利用 Flash 的绘图工具将设计出的角色、场景等元素以元件的形式进行绘制完成，保存在库中；其次是按照前期设计的分镜头台本按照每一个镜头制作镜头中的动画，利用图层进行角色与背景的合成，利用动画制作方法和绘图纸外观实现镜头中的动作；然后等所有的镜头都完成后，可以将影片进行输出，准备用来进行后期编辑合成。

2. 数字三维动画中期制作流程

三维动画的中期制作也是非常复杂的一个过程，主要是 3D 的制作流程，可分为 3D 前期制作和 3D 后期制作。

3D 前期制作：主要包含了三维模型制作、材质、绑定、特效（毛发静态测试）等。三维模型制作主要是严格地按照造型设计稿制作出三维立体的图像，在制作模型过程中需要按照模型基本制作要求制作出符合各后续环节生产需要的优化文件；材质是按照造型设计稿上提示的各色彩、质地要求来对模型添加相应的纹理、质感，最大化的优化节点，减少后序环节文件量过的制作压力；绑定主要是负责在角色模型上添加骨骼系统，让模型能够运动起来。需按照造型设计提供的 POSE 图结合角色生理结构和运动规律，归纳分镜头台本中角色运动的特点来制作。

3D 后期制作：主要包含了 Layout、调动作、动态解算、毛发、特效、灯光、渲染输出等。Layout 是根据分镜头台本合理的汇集每个镜头所需要的角色、道具、场景等，使之成为完整的镜头文件。设置好镜头的运动、画面构图、角色走位、焦距、镜头节奏、镜头时间。使导演在片集在进入后续制作环节批量生产前有一个比故事板更清晰准确的渠道了解效果，并提前进行调整；调动作是动画制作中的灵魂，负责让模型运动起来，赋予模型角色生命力。需根据动态分镜表现出故事情节发生中个角色需要表达的情绪、动态和节奏。好的动画师无异于一个优秀的演员，甚至比演员还厉害，因为片子里不仅出现人物还有动物、怪兽等不同类型的角色，这些角色都由动画师活灵活现地去演绎出来；特效主要包括三维动画中所需要用到的风、火、雷、电、雾、爆炸、水、魔法等，根据前期特效设计参考图来制作，主要在片中加强渲染气氛。会使人们的视觉有着强烈的冲击力，会让画面更加丰富，更加绚丽。特效在片子可以说是起到了画龙点睛的作用；灯光、渲染、后期合成，这里把三部门组合在一起，是在生产环节为最大化地提高效果和效率总结出来的。光是动画作品中最重要组成部分，往往是作品的灵魂，灯光师根据剧情构建整体画面氛围，并能较好地传达出人物的内心情感。因此，灯光不仅仅是完成技术上的照明任务，更重要的是进行一项电影画面语言的表达任务，是一项带有创造性的艺术创作过程。渲染环节是在灯光完成之后进行批量渲染，将每个镜头最后效果以图片形式输出。渲染时也根据合成的需要做分成渲染处理。

6.5.3　数字动画后期制作流程

当动画制作完成了前期设计和中期制作输出了镜头后，就进入到了最后的阶段：后期编辑合成。在这个阶段的制作环节中编辑、合成主要运用到了的后期制作软件 Premiere、After Effects 等进行统一制作。

后期合成不仅仅是简单地把每个镜头需要的元素合在一起，很多效果也是在这个环节合成在影片中，同时可以对画面进行大量的灯光校准、色调调和、景深处理、特效组合等，没有一个镜头在完成基础合成后不需要任何后期调整就能出品。因为需要考虑电影整场的统一性、整部电影的气氛和走势，导演会在这个关键环节对于出品的镜头作最后的调整，使之更完美。

后期剪辑是动画生产流程的最后环节，数字动画制作流程中由于成本控制的需要，不会在影片结束时大量剪辑，编辑师会在前期分镜、Layout 阶段就基本完成镜头排序，尽量避免不必要的浪费。

以上就是数字动画制作的一般流程，在制作过程中通常会根据具体的项目进行一些细微的流程调整。也会根据所使用的数字化制作软件的不同而在制作流程上面有一定的区别。下面以目前最常用而最容易掌握的数字化软件技术二维动画软件 Flash 和三维动画软件 Maya，举例说明专业动画制作的流程。

【实例分析 6-3：创梦数码科技网络二维动画《大话李白》动画制作流程】

《大话李白》是通过一个圣人（指李白）的平凡生活，体现当代青年在繁杂的都市中，寻求爱情、友情、事业所经历的种种坎坷，旨在轻松愉悦观看动画的背后，反思现实生活的种种压力和困惑。该系列动画以原创音乐和原创动画为创作资源，是创梦数码独立开发的动画品牌。

1、人物设定

动画短片为达到想要的轻松搞笑的效果，所以在人物设计上力求生动可爱。重要的角色有：李白、王维、玉环、皇上、三大黑客、金素美。他们在剧情中是以不同性格和感觉出现的，所以设计造型的同时考虑到人物的很多方面，以协调剧情中的应用，如图 6-26 所示。

■ 图 6-26 《大话李白》角色造型设计

2、分镜草稿

本片的分镜从草图到动态效果都直接在 Flash 软件中完成，可以直接地在 Flash 中进行动态分镜的预览，这样分镜会变得简单明了，减少了复杂的制作分镜的步骤。把动作简单概括的画出来，每个镜头停留的时间都可以很好的把握，使动画制作者更直观地理解动画，如图 6-27 所示。

■ 图 6-27 《大话李白》分镜头设计

3、动画制作

在 Flash 动画技术里其实手法非常多样化，但最重要的是最后的视觉效果。组件的逐帧移动尽管可以表达很多动作感，但少不了真正的逐帧动画。其实这需要的是对动作的理解和对运动速度的把握。奔跑和跳跃其实每帧都在不停地变化，另外角度的变化也是同样需要动画制作者对结构的理解，如图 6-28 所示。

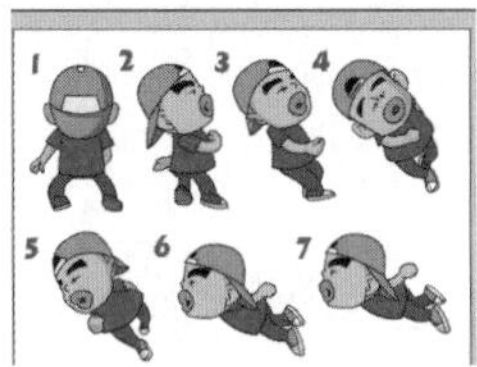

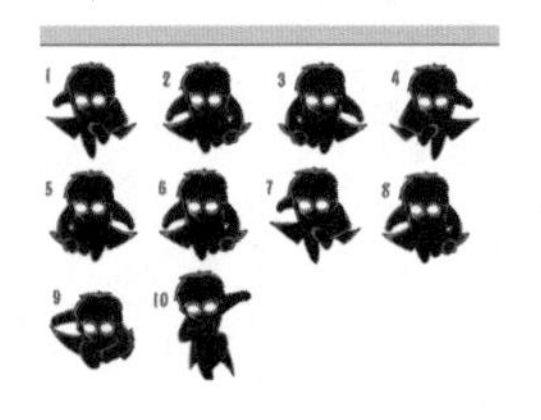

■ 图 6-28 《大话李白》动作设计

4、配音工程

配音对于 Flash 影片的最终效果是非常重要的。创梦数码在该片的配音部分，使用较好的录音采样设施，从而达到更好的录音品质。

5、音乐音效

《大话李白》系列片中另一个被关注的地方就是“原创音乐”。创梦数码在《大话李白》第一话中，有一首表现李白和玉环分手后，二人思念情怀的歌曲《穿越时空》，还有第二话片尾曲《瞬息万变》，都是经过一个精心的制作流程创作而来，如图 6-29 所示。

■ 图 6-29 《大话李白》音乐音效制作

6、调整合成

最后一步也是最为关键的一步就是合成。首先是画面部分，包括动画和背景以及镜头和场景的合成。还有就是声音部分，包括配音、音效和背景音乐，配音的合成必须要和人物的说话时间和表情相吻合，需要反复调试。音效也在烘托气氛上起关键性的作用，它可以增强画面的视觉冲击力。最后在适当的环境下加上适当的背景音乐，会更加突出画面以及声音传达情感。由于本片是用于网络传播，所以没有单独的再使用后期合成软件，而是直接在 Flash 软件中进行了音乐、音效、动画、背景等合成，如图 6-30 所示。

■ 图 6-30《大话李白》后期合成制作

总之，一个完整作品，与创梦数码全体成员通力协作是分不开的，只有良好的合作，才能是作品更加完美。

【实例分析 6-4：西藏题材三维动画《格萨尔王》动画制作流程】

《格萨尔王》是一部数字三维动画电影，主要内容是讲述西藏古代民间英雄格萨尔王从出生到为王的经历，他在草原上流浪经历了各种磨难，后来在草原盛大的赛马会上获胜并被拥戴为王。从此为保护草原众生八方征战，战胜各种恶魔。我们一起来看看这部数字三维动画的制作流程。

1、剧本

故事围绕西藏古代民间英雄格萨尔王的经历展开，自幼流浪在草原经受了各种磨难，在草原盛大的赛马会上获胜并被拥戴为王。从此为了保护草原众生而八方征战，战胜了草原上最大的恶魔鲁赞，并受降鲁赞妹妹阿达拉姆，获得一段完美的爱情。

2、造型设计

（1）角色造型设计

根据剧情的角色个性描述，逐一将个角色设计出来。注意展现西藏特色，需要完全了解西藏人物的形象特色，服装特点，特别对故事所在的历史时期装束的展现，如图 6-31 所示。

■ 图 6-31 《格萨尔王》角色造型设计

（2）场景造型设计

场景设计主要需要注意西藏建筑风格的特色，考虑整体的布局，并为后续模型材质制作打好基础，如图 6-32 所示。

■ 图 6-32 《格萨尔王》场景造型设计

（3）灯光效果氛围图

动画氛围图是从空间和景深关系、光线和光效的设计、烟雾云层和浮尘的表现、多种特效的综合设计表现动画场景中的氛围，从而有更好的视觉表现，能尽早地感受到动画中的后期效果。更直观，认识动画的风格，如图 6-33 所示。

■ 图6-33 《格萨尔王》灯光效果氛围设计

3、分镜设计

根据前期、场景、道具设计结合剧本文字的情节，由文字转化为画面。还要指明画面的构图，影片的节奏，人物的位置、动作、表情等信息，分镜头、场面调度等。这是3D环节正式制作中最重要的参考，就想搭建大楼所需要的建筑设计图纸一样，如图6-34所示。

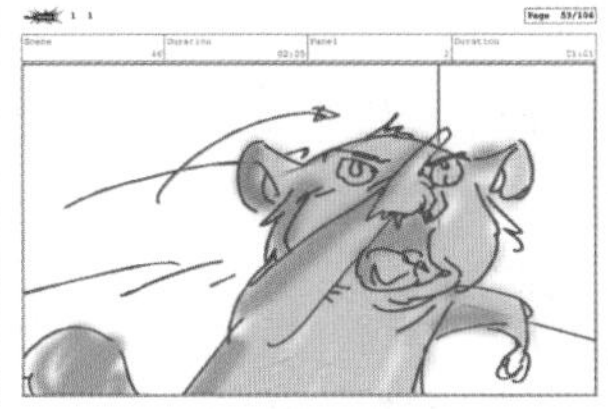
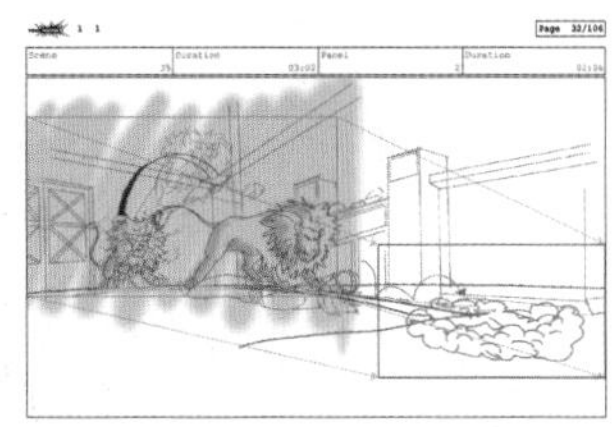

■ 图6-34 《格萨尔王》分镜设计

4、3D模型制作

模型制作主要是严格按照2D设计稿制作出3D立体图像，在制作模型过程中需要按照模型基本制作要（合理的点、线、面分布）制作出符合各后续环节生产需要的优化文件。

（1）角色模型：按照2角色设计稿制作出3D立体模型，特别注意合理的点、线、面分布，如图6-35所示。

■ 图6-35 《格萨尔王》3D角色模型图

（2）场景模型：按设计稿制作出3D立体模型，注意场景分布，特别是场景间的比例关系，如图6-36所示。

■ 图6-36 《格萨尔王》3D场景模型图

（3）道具模型：按 2D 设计制作 3D 模型，如图 6-37 所示。

■ 图 6-37 《格萨尔王》3D 道具模型图

5、材质贴图

严格按照 2D 设计稿上提示的各色彩、质地要求来对模型添加相应的纹理、质感，最大化的优化节点，减少后序环节文件量过的制作压力，如图 6-38 至图 6-40 所示。

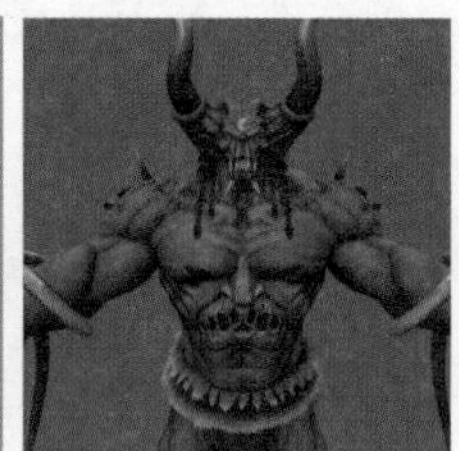

■ 图 6-38 《格萨尔王》3D 角色材质贴图

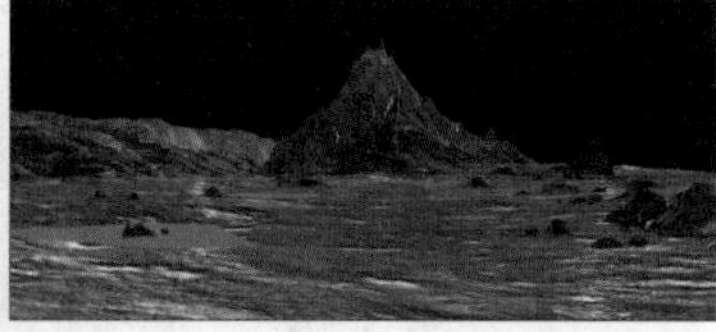

■ 图 6-39 《格萨尔王》3D 场景材质贴图

6、三维绑定

角色模型上添加骨骼系统，让模型能够运动起来。需 2D 提供 POSE 图和个角色生理结构和运动规律并归纳故事版中角色运动的特点来制作，如图 6-41 所示。

■ 图 6-40 《格萨尔王》3D 道具材质贴图

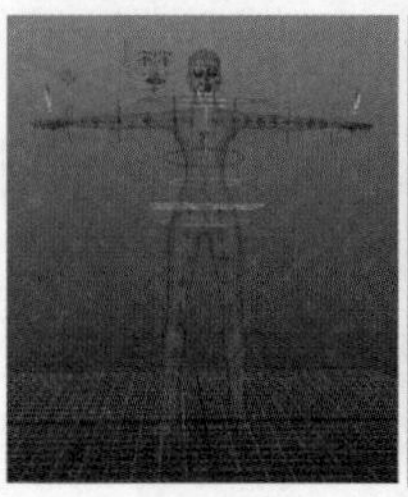
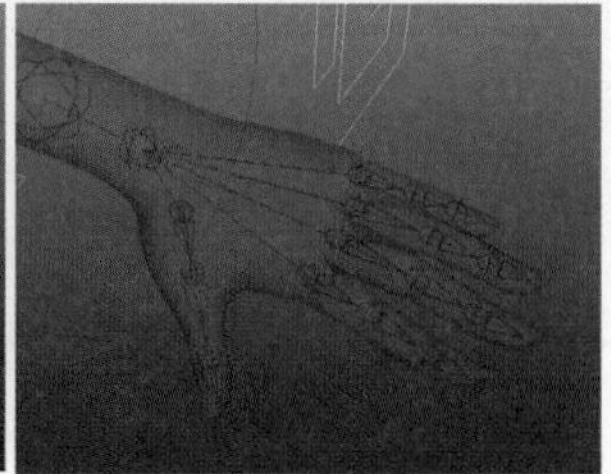

■ 图 6-41《格萨尔王》角色绑定图

7、三维动画制作

按照分镜及故事情节来制作角色的动作表演，赋予模型角色生命力。该环节是依据绑定环节的关节控制器来调节，如图 6-42 所示。

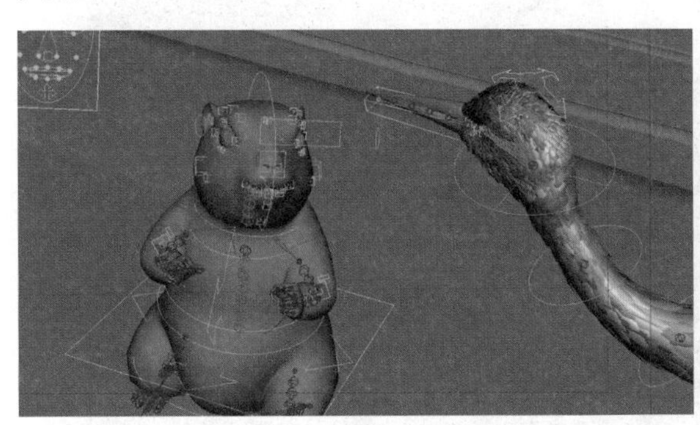

■ 图 6–42 《格萨尔王》角色动画制作

8、三维特效制作

风、火、雷、电、雾、爆炸、水、魔法等，根据前期特效参考图来制作，如图 6-43 所示。

■ 图 6–43 《格萨尔王》特效图

9、灯光

该环节是动画作品中最重要的组成部分，往往是一部动画的灵魂，很多视效效果都由这里实现。对画面进行大量的灯光校准、色调调和、景深处理、特效组合等，如图 6-44 所示。

■ 图 6–44 《格萨尔王》灯光效果图

10、后期合成

利用后期制作软件将在三维中制作的内容进行编辑合成，同时进行声音音效等处理。最后进行文件输出。完成效果如图 6-45 所示。

■图 6-45 《格萨尔王》最后合成效果图

6.6 数字动画制作技术

数字动画的制作是运用传统动画的制作流程和相关原理，在计算机中通过数字软件来实现，其工艺核心是数字软件。在数字动画制作中软件主要是以下几类：图形图像处理软件，如 Photoshop、Pinter 等；动画设计制作软件，如 Flash、Toon Boom Harmony、TBS、Maya、3ds Max 等，影视后期特效软件，如 After Effects、Premiere、Combustion 等，各类软件的存储格式基本实现了相互转换及软件部分功能的相互融合。数字化技术应用于动画制作中来，对动画工艺产生了巨大的影响。其相关技术涵盖了传统动画前期、中期、后期的制作以及动画片的管理。

数字技术给动画创作带来了新技术和新手段，就数字动画而言，数字二维与数字三维的区别主要在于表现形式和制作技术上的区别。数字二维动画偏向写意，制作流程上采用绘制的序列图像连续起来，造型简洁且符号化，具有独特的艺术风格和审美情趣。数字三维在表现形式上偏向写实，视觉效果具有较强的立体感，在制作技术上，数字三维动画主要运用三维模型的骨骼绑定，运用骨骼带动模型进行表演。无论数字二维还是数字三维，动画前期的创意过程基本一样，从剧情、到美术设计，到动画分镜头，再到角色表演，其表现形式只是一种载体和媒介，无论二维动画还是三维动画都只是动画的表现形式。

6.6.1 数字动画前期设计技术

图形图像处理软件主要就是实现数字动画制作中前期的平面设计部分，而其中 Photoshop 软件是大家最为熟悉和使用度最广泛的数字图像处理软件，它存储文件属于图像格式。Pinter 软件是专业绘画类软件，可以有多种艺术笔刷，绘制出传统手绘效果的艺术风格。在数字动画的前期设计中，运用数位板和 Photoshop、Pinter 等软件结合，利用软件的画布、应用工具、画笔、图层工具、色彩工具及软件的辅助工具和特效系统，来绘制角色、场景和分镜的草图或正稿。

【实例分析 6-5：《西游记之大圣归来》动画电影前期设计制作】

《西游记之大圣归来》是根据中国传统神话故事进行拓展和演绎的 3D 动画电影。影片讲述了已于五行山下寂寞沉潜五百年的孙悟空被儿时的唐僧——俗名江流儿的小和尚误打误撞地解除了封印，在相互陪伴的冒险之旅中找回初心，完成自我救赎的故事。《大圣归来》画风写实，场景设定梦幻玄妙，画面美感十足。下面来看看利用数字绘画实现的前期设计画面，如图 6-46 至图 6-48 所示。

■ 图 6-46 《大圣归来》前期场景设计

■ 图 6-47 《大圣归来》前期角色造型设计

■ 图 6-48 《大圣归来》前期氛围设计

这些精彩的前期设计全部都是利用计算机来完成的，利用计算机软件进行丰富、精彩的前期美术设计，为后续的动画工作做好准备。这是非常关键的部分，如果没有好的前期设计，动画的中后期都将无法进行，并且动画的最终效果会大打折扣。

6.6.2　数字动画中期制作技术

由于数字二维和三维动画在中期制作中使用软件技术相差甚远，所以其中期制作流程和技术上面差别较大。所以在数字动画中期制作中，我们将分别以二维动画、三维动画制作技术来进行说明。

1. 数字二维动画中期制作技术

伴随数字技术的发展，专业的二维动画数字化制作软件越来越多，功能越来越强大，但大都都是基于纸上动画的原理进行开发。以 Flash 为例，在其模块中可以运用造型工具和填充工具实现觉得、场景线稿的绘制，其存储格式属于矢量图形。主要功能还是实现各种动画效果，在时间轴中通过关键帧技术实现角色运动、镜头移动等动画效果，通过绘图纸外观功能实现在关键帧之间添加中间的动画张，在图层编辑工具通过图层的顺序改变中实现动画分层处理，同时也可以通过引导层动画来实现曲线运动的效果。

随着二维动画软件的不断提升，也出现了骨骼绑定的相关技术。目前 Flash 中也引入了骨骼绑定系统，它们通过骨骼绑定相关的控制点，调节权重来实现骨骼带动角色的动画模式。但目前骨骼系统在二维动画软件中还不够完善，角色各控制点只能在同方向上运动，角色不能够灵活地转面、运动等。所以该技术还有待完善。

2. 数字三维动画中期制作技术

数字三维动画在制作技术上主要运用三维模型的骨骼绑定，运用骨骼带动模型进行表演。数字三维动画的制作技术就制作平台而言首推 Maya 软件。Maya 是美国 Autodesk 公司出品的世界顶级的三维动画软件，应用对象是专业的影视广告、角色动画、电影特技等。Maya 功能完善，工作灵活，易学易用，制作效率极高，渲染真实感极强，是电影级别的高端制作软件。Maya 是现在最为流行的顶级三维动画软件，在国内外绝大多数的视觉设计领域都在使用 Maya，该软件功能强大，体系完善而且还与最先进的建模、数字化布料模拟、毛发渲染、运动匹配技术相结合。Maya 的应用领域极其广泛，比如《指环王》《蜘蛛侠》《疯狂原始人》《冰雪奇缘》《驯龙记》《大圣归来》等都是出自 Maya 之手，至于其他领域的应用更是不胜枚举。如图 6-49 和图 6-50 所示。

■ 图 6-49《冰雪奇缘》

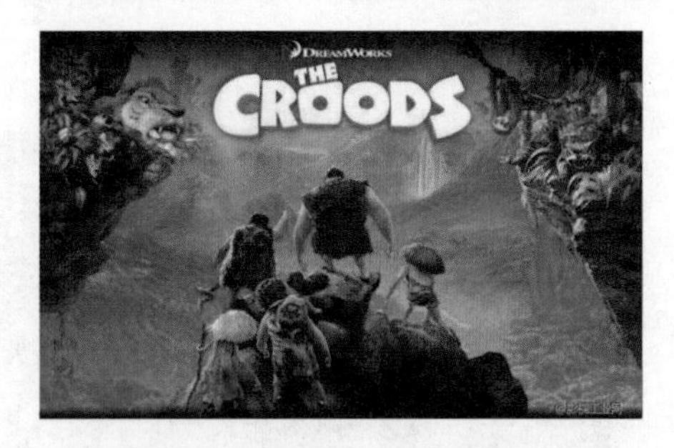

■ 图 6-50《疯狂原始人》

Maya 主要完成三维动画的中期制作。运用 Maya 模型模块对设计的角色进行三维建模，三维建模的方式可分为多边形建模、曲线建模、细分面建模。国内在建模环节常用到的是多边形建模，多边形可以是三角形、四边形、五边形或者更多。多变形建模需要注意的地方是在有运动部位的布线，如眼部、嘴、手肘等需要运动的地方布线一定是需要四边形建模。另外，建模是注意在达到效果的情况下，一定要尽量精简模型面数，因为后续渲染会影响效率。为角色制作材质贴图，运用动画模块对角色进行骨骼设定、骨骼绑定，然后再利用时间轴为角色调动画，运用特效模块制作自然现象的特效或者爆炸等特效。

运用灯光部分为动画制作灯光效果，后渲染出动画。这一系列的技术任务都可以在 Maya 软件中完成，所以对于学习数字三维动画的人来说，学会运用 Maya 技术是必不可少的。

6.6.3　数字动画后期编辑合成技术

数字动画短片的后期制作大多都是通过非线性编辑和后期合成软件完成的,在这些制作方面,技术占有比较重要的地位,甚至很多东西的完成需要技术手段来表现,技术可以变成电影、动画的感染力。

在国外的后期制作中,为了追求高质量的视觉效果极强大的震撼力,使用的后期制作软件也更加高端,如合成软件有 Flame、Flint 、Infenot,剪辑软件 smoke 等。在国内,动画短片的后期制作中最常见的软件是 Adobe Premiere 和 After Effect(简称 AE)。其实用于后期剪辑和合成的软件有很多,但是这两个软件是最常用的,上至电视台,下至爱好者,都在使用这些软件。它们有一个共同点就是功能强大但是使用起来简单易掌握。下面我们就简单地介绍一下后期编辑合成的情况。

AE 并不是一个非线性编辑软件,它主要是用于影视后期制作。该软件可以帮助用户高效且精确地创建无数种引人注目的动态图形和震撼人心的视觉效果。利用与其他 Adobe 软件无与伦比的紧密集成和高度灵活的 2D 和 3D 合成,以及数百种预设的效果和动画,为电影、视频、DVD 和 Macromedia Flash 作品增添令人耳目一新的效果。强大的路径功能就像在纸上画草图一样。强大的特技控制使用多达 85 种的软插件修饰增强图像效果和动画控制。同其他 Adobe 软件的结合 After Effects 在导入 Photoshop 和 Illustrator 文件时,保留层信息。After Effects 提供多种转场效果选择,并可自主调整效果,让剪辑者通过较简单的操作就可以打造出自然衔接的影像效果。

Adobe Premiere 是一款常用的视频编辑软件,编辑画面质量比较好,有较好的兼容性,且可以与 Adobe 公司推出的其他软件相互协作。目前这款软件广泛应用于广告制作和电视节目制作中。该软件是视频编辑爱好者和专业人士必不可少的视频编辑工具。它可以提升用户的创作能力和创作自由度,它是易学、高效、精确的视频剪辑软件。Premiere 提供了采集、剪辑、调色、美化音频、字幕添加、输出、DVD 刻录的一整套流程,并和其他 Adobe 软件高效集成,使用户足以完成在编辑、制作、工作流上遇到的所有挑战,满足您创建高质量作品的要求。

6.7　数字动画的应用领域

动画是一种综合艺术门类,是工业社会人类寻求精神解脱的产物,它是集合绘画,漫画、电影、数字媒体、摄影、音乐、文学等众多艺术门类于一身的艺术表现形式。近年来,随着科学技术的发展,数字动画的兴起,动画的应用领域日益扩大,并由此带来了一系列社会效益和经济效益。

6.7.1　电影和电视

数字化动画最早应用于电影业。发达的数字制作技术与优秀的动画师的联姻推动了数字动画的发展,影片开始在计算机上面进行直接的合成。数字化模式下还能制作出奇幻、科幻式奇效等手绘无法完成的画面效果。1986 年,迪士尼利用数字化技术制作了《妙妙探》,在这之后数字化动画技术在动画领域中得到了广泛的应用。如动画电影《海底总动员》《花木兰》等都是脍炙人口的三维和二维动画。数字动画在电影业中还有一个主要的运用就是数字特效,即"计算机特效",如《最终幻想》《终结者》《大圣归来》等,很多都采取了大量的三维动画技术,让人感叹。电视中,数字动画技术就应用的更加广泛,例如,电视广告、动画片、栏目包装、舞台美术等,现在甚至连新闻播报也运用了数字动画技术。运用数字动画技术能制作出各种精美的视觉效果,给人美的享受，让人感到数字动画表现能力的惊人之处。

6.7.2 教育和科研

数字动画在教育方面也有着广泛的应用价值，有些基本概念、原理知识和方法需要给学生认识，在实际教学中有可能无法用实物演示。这就可以借助数字动画技术把比较抽象的原理知识用更直观、更形象的方式展示出来，无论是数学、物理还是生物、化学都能够淋漓尽致地表示出来。而且，利用数字动画技术，可以将科学计算过程及计算结果转换为几何图形或图像信息在屏幕上显示出来，以便于观察分析和交互处理。在一些复杂的科学研究中，比如航空、航天等，利用数字动画技术进行模拟分析，可以达到设计可靠的目的，减少重大的损失。

6.7.3 游戏、手机娱乐和互联网

数字动画技术在游戏、手机娱乐和网络等方面也有着广阔的发展空间。PC 游戏和网络游戏不断的开发，同时制作也离不开数字化技术。随着移动通信带宽的拓展，以及手机硬件的改善，手机成为了集短信、图片、歌曲、游戏、流媒体于一身的便携式多媒体个人娱乐平台，手机娱乐的时代已经全面打开，更是数字动画的用武之地。互联网流行的趣味性动画表情、动作、动画等，对网络文化内容的丰富、趣味性的提高都有很大的促进作用，这些都需要数字动画的技术。

6.7.4 虚拟现实和 3D Web

虚拟现实和利用数字动画技术模拟产生的一个三维动画的虚拟环境系统。借系统提供的视觉、听觉甚至触觉的设备，“身临其境”地置身于这个虚拟环境中随心所欲地活动，就像在真实世界中一样。

本章小结

本章主要针对数字动画内容进行学习，对比了传统动画与数字动画的区别，学习了数字动画的制作流程与制作技术。随着科技的发展，数字动画会成为未来最具发展潜力的动画艺术与技术型产业。通过本章的学习，大家应该了解动画的概念，了解数字动画。掌握数字动画的制作流程和制作技术，并发挥自己的思考，能够将这些知识综合地运用到今后的学习中。

思考题

1. 动画形成的原理；
2. 传统动画与数字动画的区别；
3. 传统动画的制作流程；
4. 数字二维动画与三维动画的区别；
5. 数字二维动画与三维动画制作流程上的区别；
6. 数字动画制作后期编辑合成技术；
7. 数字动画应用领域的广泛性。

知识点速查

◆视觉残留现象是指两个视觉印象之间的间隔不超过 0.1 s，前一个视觉印象尚未消失而后一个视觉印象产生，并与前一个视觉印象融合在一起。

◆动画是动画艺术家将原本没有生命的形象符号赋予生命，再将有生命的形体创造出现的艺术生命与性格的视听艺术形式。

◆传统动画是将一系列连续变化的画面描绘在胶片上，采用逐格拍摄方法，再以每秒 24 帧的速度放映到银幕上。

◆原画就是一个完整动作过程的若干关键瞬间，要将动画角色的性格特点表现出来。原画是造型符号，是使动画角色获得生命力和性格的关键。

◆分镜头剧本又称为故事板，是导演根据文学剧本进行再创作的一个工作台本，体现导演的创作设想与艺术风格。

◆分镜头台本是根据分镜剧本以画面的形式表现内容，其画面内容有角色运动、景别大小、背景变化、镜头调度和光影效果等视觉效果。

第7章

游戏设计技术

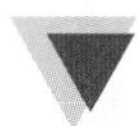

本章导读

本章共分 4 节，分别介绍游戏的概念、游戏的本质、游戏的特点及分类、游戏设计的基本原理及流程、游戏创意设计、游戏设计文档、游戏设计的基本过程、游戏设计的相关技术、游戏的发展状况及我国游戏发展。

本章从游戏设计的相关基础知识及基本技能入手，首先介绍游戏的概念及分类，然后探讨数游戏设计基本内容和流程，剖析游戏创意设计、游戏设计文档、游戏设计的基本过程、常用的游戏编程语言及游戏引擎，将数字游戏设计的全过程进行结合，同时对游戏的发展及游戏市场做出分析。让读者对从技术和商业的角度游戏设计都有一个全面的认识。

学习目标

1 理解游戏设计基本概念；

2 掌握游戏设计流程；

3 掌握游戏创意的内涵和外延；

4 分析评价各类游戏；

5 了解中国游戏发展状况及市场状况；

6 了解游戏文档设计的类型；

7 了解游戏开发语言种类及特征。

知识要点、难点

1 要点

游戏设计的基本原理及流程；

2 难点

游戏设计的相关技术、游戏设计的语言及游戏引擎。

7.1 游戏概述

游戏和娱乐是人的天性，它几乎和人类文明相伴而生，同人类文明一样历史久远。从最初的以对现实生活的模拟、对生产技能的训练为基本内容的游戏，到当今以娱乐为主题的游戏，现代游戏已经逐渐退去了最初的功利色彩，而成为一种纯粹的休闲手段。

随着技术的进步，游戏的形式发生了显著的变化，但其精神内核却始终未变——游戏是人类发明出来的一种愉悦身心的工具。

娱乐已经成为这个时代的一个重要特征。游戏已经形成了一个庞大的产业。游戏产业是指依托人的创造力和想象力，借助信息技术与艺术的融合进行创造的文化创意产业。

在日本和韩国，游戏产业超过了传统制造业成为国民经济的重要支柱产业，日本的游戏产业产值接近 GDP 的 1/5，而韩国的游戏业则担负起了振兴国民经济的使命。 游戏市场的发展蒸蒸日上，游戏正在跨进高雅的艺术殿堂。游戏已成为继文学、戏剧、绘画、音乐、舞蹈、建筑、电影、电视之后的第九艺术。现代主要游戏方式如图 7-1 所示。

■ 图 7–1 现代主要游戏方式

7.1.1 游戏本质

〔名〕娱乐活动，如捉迷藏、猜灯谜等。某些非正式比赛项目的体育活动如康乐球等也叫游戏。〔动〕玩耍。

——《现代汉语词典》

文化娱乐的一种。有发展智力的游戏和发展体力的游戏。前者包括文字游戏、图画游戏、数字游戏等，习称“智力游戏”；后者包括活动性游戏（如捉迷藏、搬运接力等）和非竞赛性体育活动（如康乐球等）。另外还有电子游戏和网络游戏等。

——《辞海》

没有明确意图、纯粹以娱乐为目的的所有活动。

——约翰·赫伊津哈《游戏的人》

一种由道具和规则构建而成、由人主动参与、有明确目标、在进行过程中包含竞争且富于变化的以娱乐为目的的活动，它与现实世界相互联系而又相互独立，能够体现人们之间的共同经验，能够体现平等与自由的精神。

——沃尔夫冈·克莱默

游戏本质是具有特定行为模式、规则条件、身心娱乐及输赢胜负的一种行为表现。

（1）行为模式

游戏会有特定的流程模式，这种流程模式是用来贯串整个游戏的行为，人们必须按照它的流程模式来执行。倘若一种游戏没有特定的行为模式，那么人们就会没有执行的行为，在没有执行行为之后，这个游戏就玩不下去了。

（2）规则条件

游戏的条件规则就是大家必须去遵守的游戏行为，只要是大家所一致认同的游戏行为，游戏中的玩家就必须去遵守它。如果人们不能遵守这种游戏行为的话，那么它就失去了公平性。

（3）身心娱乐

游戏所带来的娱乐性，关键就是在于它为玩家所带来的新鲜刺激感，这也是游戏最主要的精华所在。不管是很多人玩的在线游戏，还是一个人玩的单机游戏，游戏本身就会存在它的娱乐刺激性，使得玩家们会不断地想要去玩它。

（4）输赢胜负

输赢胜负是所有游戏的最终目的。一个没有输赢胜负的游戏，仿佛少了它存在的意义。

7.1.2　游戏特点及分类

游戏设计师安德鲁·罗琳斯认为，游戏是一种参与或交互的娱乐形式，它具有参与（Participation）、互动（Interactive）、娱乐（Entertainment）的特性。游戏是以娱乐为主的行为，也是过程性的行为，游戏的可玩性（Gameplay）是过程的重点。游戏可玩性源于游戏规则，它体现了游戏的目标性、变化性和竞争性，是游戏规则在游戏过程中的具体表现。

人们出于不同的目的去阅读文学作品、聆听音乐，但他们玩游戏的目的却只有一个，那就是获得娱乐，这正是游戏产生的原因。每个人都需要娱乐，游戏能够提供娱乐，它可以让人在辛苦的工作和学习之后，暂时逃离日常生活的例行公事。人们在闲暇之余打开计算机玩一会儿游戏，跟原始人在狩猎之后围着篝火跳舞并没有本质上的区别。而现在人们所说的游戏主要是指电子游戏或者说是计算机游戏。

电子游戏是指人通过电子设备，如计算机、游戏机、手机等，进行游戏的一种娱乐方式。 电子游戏的特点：

① 基于电子计算机技术，这点使电子游戏区别于普通玩具和传统机械游戏机（如小钢珠弹子机等）。

② 主要用途是娱乐，这点指出了电子游戏不同于普通用途（如科研、商务、办公、教育等）计算机系统的特性。

③ 游戏平台。对电子游戏的分类比较常用的分类方法有两种：一种是按照运行游戏的不同硬件平台分类，另一种是根据游戏软件的内容题材进行分类。

由于设计理念的不同，电子游戏所依托的基础环境游戏平台也各不相同，原则上可分为单机游戏和网络游戏两大类：

① 单机游戏：用于单一玩家在独立游戏平台上操作的电子游戏，主要分为计算机游戏、电视游戏、业务用机游戏、便携游戏等几种类型。其中，电视游戏机、业务用机、便携式游戏机属于专用游戏机范畴。

② 网络游戏：依托互联网或局域网，由多人共同参与的电子游戏，可分为联网游戏（Net Game）和在线游戏（Online Game）两种。

电子游戏、计算机游戏最大的特征就是数字化，所以也可以称之为数字游戏。

数字游戏包括三个主要的部分，即核心机制、交互性、叙事性，如图 7-2 所示。核心机制可以理解为游戏玩法和规则，它决定了游戏的可玩性。大多数游戏具有复杂的关卡设计和游戏规则，但是也有很多类似俄罗斯方块的游戏，提供简单但是持久的快乐。叙事的部分为游戏提供一个背景故事，引导游戏者在悬念和历险中体验到游戏的时间观与内涵。交互性是人与机器之间的沟通和反馈，通过软件和硬件的顺畅配合来创造良好的可用性和可玩性。

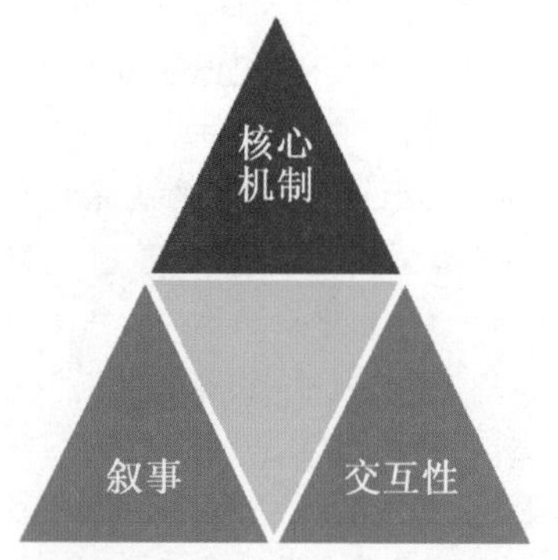

■ 图 7-2 游戏设计的三个领域

游戏设计开发是一个创造性的事业，关于游戏的类型已有很多的分类方式，如角色扮演型游戏、益智游戏、视频游戏、模拟游戏、策略类游戏、动作过关类游戏、射击类游戏、冒险类游戏等，但仍会有分类不全面之处，这就是创造性产品的特点，创造性产品的第一规则就是没有规则。

动作类游戏（ACT）是所有游戏类别最基本的游戏玩法模式，是游戏界占有最大市场的游戏类型。包括几种类型，通常以游戏者替身的视角进行游戏，这一类游戏最常见的是第一人称射击游戏（FPS）。动作游戏也有多人在线的版本，那里的敌对方是由真实的人来控制的，而不是计算机。在 FPS 游戏中，需要快速的反应、良好的手眼协调能力和对武器能力的精通。也有一些游戏是第三人称视觉的，游戏者能够看到自己的游戏角色或替身，也可以看到替身所处的虚拟世界的其他地方，比较经典的有《毁灭战士》《战栗时空》，如图 7-3 所示。

《毁灭战士》

《战栗时空》

■ 图 7-3 动作类游戏

冒险类游戏（AVG）主要是关于探险的。游戏角色会去寻找、发现物品以及解决难题。早期的冒险游戏是基于文字的，需要游戏者输入运动命令。进入一个新的地方或者房间，则需要给出一个所处位置简单的描述，例如“你在一个有着扭曲过道的迷宫中，周围一切都非常相似”。好的冒险游戏就像交互书籍或故事，游戏者决定下一步发生什么，以及在何种程度下发生。一般来说，指令与解密是冒险游戏的两大要素。文字冒险游戏逐渐进化，开始通过静态图像来给游戏者关于环境的概念。随着三维技术的发展，游戏者可以处在第一或者第三人称视角的环境中来体验游戏。冒险游戏需要依赖故事，并且通常是线性的，游戏者需要逐个任务地寻找解决办法，随着故事的发展，游戏者逐渐掌握预测游戏进程的能力，其成功取决于预测以及做出最好选择的能力。也可以说是动作 RPG，玩法机制上不同，以解密为中心，缺少角色升级系统。架构特点是让玩家好像在看一场电影或一本小说。如《亚特兰蒂斯》《古墓丽影》《生化危机》《行尸走肉》（见图 7-4）等。

■ 图 7-4 冒险类游戏

角色扮演类游戏（RPG）的流行可能是受到了儿时游戏的影响。六七岁的小孩经常会受到故事书和玩具的启发，设想或从事一些激动人心的冒险。和战略类游戏一样，这类游戏也源于桌面游戏，这些游戏移入计算机后，计算机承担了游戏大量的数据处理任务。角色扮演类游戏的核心在于扮演和培养，通常会向游戏者大量提供诸多的世界观设定以及故事剧本。最早风潮是 PC 上的《暗黑破坏神》与 TV 游戏上的《萨达尔传说》。动作角色扮演类游戏的技术是目前游戏类别中最专业的，包括故事剧情架构、人物特色表现、场景对象配置、物体动作设计等，如图 7-5 所示。

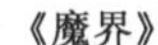
《魔界》

《轩辕剑系列》

■ 图 7-5 角色扮演类游戏

模拟类游戏（Simulation Game）的目标是重建一个尽可能正式的场景。衡量模拟精确性的标准就是逼真度。大部分模拟游戏非常强调游戏的视觉外观、声音和物理学方面。这类游戏最大化地映射了真实的探险体验。此类游戏强调游戏环节总体沉浸性，要使游戏者能感觉处于其中，如同自己正在驾驶飞机或者火车。模拟类游戏通常需要特殊的设备输入和控制器，如飞行操纵杆和方向舵踏板，或者建立一个正式的模拟仓环境来增强沉浸感。如“虚拟实景”（Virtual Reality, VR）符合大自然规律。如《模拟火车》《模拟飞行》《模拟城市》《模拟人生》等，如图 7-6 所示。

■ 图 7-6 模拟类游戏

体育类游戏（SPG）与模拟类相似，以人物运动为主，如篮球、足球等，突显运动游戏本身特点，目标就是尽可能精确地再现比赛。游戏者可以参加各个级别的体育比赛，或通过逼真的三维环境来观看竞赛。不像动作类战争游戏或者驾驶模拟游戏、体育类游戏都有经理人或赛季角逐设计。当然游戏者也可以选择教练、领队的角色，可以像职业棒球协会那样挑选、交换和推荐新的队员。在现代体育模拟游戏中，还可以管理预算和安排年赛的时间表，以及在不同的体育场举办比赛或在不同的跑道上竞赛，如图 7-7 所示。

■ 图 7-7 体育类游戏

策略类游戏（Strategy Game）起源于已有几个世纪历史的笔纸类（Pen-and-Paper）桌面游戏，例如战争游戏。随着计算机的引入，计算机界面和随机生成器取代了传统的查找地图和扔骰子方式。卡片标记或者模压军事模型的桌面战场（或者沙盘战场）也被搬进了计算机。早期的桌面游戏的玩法通常是轮流做出选择和对部队发出命令，然后扔骰子来测定命令结果，随后游戏者要根据结果来修改战场，并观察新的战场形态，策划下一步的行动，游戏随之反复延续。早期如象棋、军旗等，还包括经营模式，谋略模式如《仿真城市》《三国志》（见图 7-8），其架构特点是单人剧情类和多人联机类。

■ 图 7-8 策略类游戏

战略游戏和策略游戏有很多的相似之处，像《三国志》这类战略游戏中也包含了策略游戏中的经营成分。战略游戏（WG）又分为两个不同的模式，一是实时的战略游戏，主要是表现出游戏进行的持续性，游戏者需要反应快速，不太容易做深层次的思考；另一个是回合制，双方交替进攻，使游戏者可以去思考其作战策略，两者的结合产生了实时回合混合制的游戏，如《炉石传说》游戏。

游戏平台划分如图 7-9 所示。

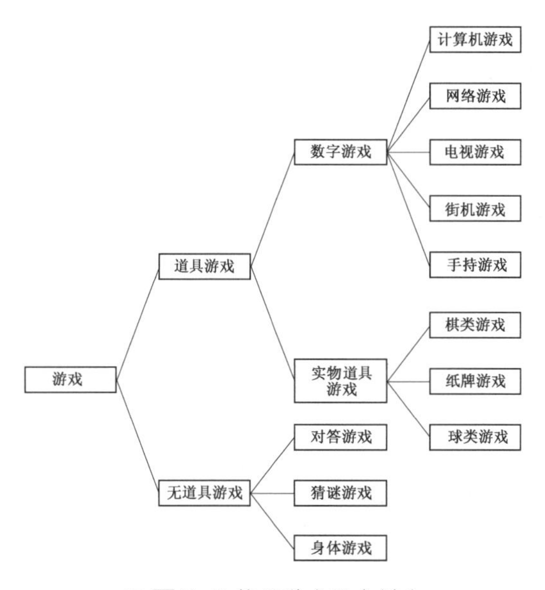

■ 图 7-9 按照游戏平台划分

7.2 游戏设计的基本原理及流程

信息时代文化、艺术与科技的交融和互动，给人们认识数字游戏产品和设计提供了新的维度。数字游戏是文化、艺术与科技交叉与融合的产物。数字游戏的设计主要包含策划、艺术和制作几个方面。策划包含游戏心理研究、游戏脚本编写、游戏运营等，它反映的是当代文化与商业手段的融合。艺术不仅包含游戏角色、道具与场景的设定、游戏动画、音频等多媒体表现方面，也包括角色性格塑造、游戏氛围渲染等情感化的方面，它是多媒体形式与认知体验的整合。制作则包含游戏编程、游戏关卡制作、游戏引擎和交互平台的运用，它是现代科技前沿的综合体现。

7.2.1 游戏创意

1. 游戏构思

游戏的构思需要定义游戏的主题和如何使用设计工具进行设计和构思。游戏的主题构思主要涉及以下几个问题：

① 这个游戏最无法抗拒的是什么？

② 这个游戏要去完成什么？

③ 这个游戏能够唤起玩家哪种情绪？

④ 游戏者能从这个游戏中得到什么？

⑤ 这个游戏是不是很特别，与其他游戏有何不同？

⑥ 游戏者在游戏世界中该控制哪种角色？

2. 游戏的非线性

非线性因素包括：故事介绍、多样的解决方案、顺序、选择等。

从一定意义上来说，非线性的游戏就是让游戏者按自己的意愿来编写故事。无论是角色扮演，竞争或是冒险游戏等。一款游戏的非线性部分越多，游戏就越优秀。

3. 人工智能

游戏中人工智能的首要目标是为游戏者提供一种合理的挑战。游戏设计者应确保游戏中人工智能动作尽可能与构思相同，并且操作起来尽最大可能给游戏者提供挑战并使游戏者在游戏中积累经验。

游戏中的人工智能可以帮助展开游戏故事情节，也有利于创造一个逼真的世界。

4. 关卡的设计

在游戏设计中，一旦建立好了游戏的核心和框架结构，下面的工作就是关卡设计者的任务了。在一个游戏开发项目中，所需关卡设计者的数量大致和游戏中关卡的复杂程度成正比。

7.2.2 游戏设计文档

游戏的设计文档包括：概念文档，涉及市场定位和需求说明等；设计文档，包括设计目的、人物及达到的目标等；以及技术设计文档，如何实现和测试游戏等。

概念文档主要对游戏设计的相关方面进行详述，包括市场定位、预算和开发期限、技术应用、艺术风格、游戏开发的辅助成员和游戏的一些概括描述。

设计文档的目的是充分描写和详述游戏的操控方法，用来说明游戏各个不同部分需要怎样运行。设计文档的实质是游戏机制的逐一说明：在游戏环境中游戏者能做什么，怎样做和如何产生激发兴趣的游戏体验。设计文档包括游戏故事的主要内容和游戏者在游戏中所遇到的不同关卡或环境的逐一说明。同时也列举了游戏环境中对游戏者产生影响的不同角色、装备和事物。

设计文档并不从技术角度花费时间来描述游戏的技术方面。平台、系统要求、代码结构、人工智能算法和类似的东西都是涵盖在技术设计文档中的典型内容，因此要避免出现在设计文档中。设计文档应该描述游戏将怎样运行，而不是说明功能将怎样实现。

1. 概念文档

概念文档主要对游戏设计的相关方面进行详述，包括市场定位、预算和开发期限、技术应用、艺术风格、游戏开发的辅助成员和游戏的一些概括描述。

2. 设计文档

设计文档的目的是充分描写和详述游戏的操控方法，用来说明游戏各个不同部分需要怎样运行。

设计文档要说明的要素包括：游戏者做什么（游戏者采取什么行动）、在哪里做（游戏的背景）、什么时间做（在不同的时间和不同的命令下游戏者采取不同的行动）、为什么做（游戏者的动机）以及怎样做（操控游戏的命令）。

3. 技术设计文档

设计文档阐述游戏怎样运行，而技术设计文档讨论怎样实现这些功能。技术设计文档有时称技术说明，它通常由游戏的主设计师来编写，编辑组将其作为一个参考因素。在技术设计文档中，要对代码结构进行编辑和分析。编程人员可以求助它，来明白应怎样应用一个特殊的程序。文档中可以包含有全部代码结构、代码的主要类型、使用结构的描述、AI 怎样发挥作用的描述，以及大量应用信息。

7.2.3　游戏设计的基本过程

设计创作游戏有四大要素分别是：策划（游戏的灵魂）、程序（游戏的骨架）、美术（游戏的皮肤）、音乐（游戏的外衣）。游戏开发过程中需要有游戏策划师、游戏程序员、游戏美术设计师、游戏音乐创作人的相辅相成。游戏设计的基本过程大致可分为 4 个阶段。其中游戏设计、美术设计、游戏技术平台分别如图 7-10 至图 7-12 所示。

1. 前期策划

前期策划是一项目开发的开始。策划团队首先要根据当前和未来一段时间的市场趋势，可用的人力资源、时间等要素定出大致方向，如选择游戏类型，是格斗游戏呢，还是角色扮演类？游戏有哪些独特的亮点？采用什么视角？大致长度是多少？什么时候发售？等等，然后写成一份草案，送交上层审批。待草案获得通过，策划者就要广泛分析各种类型相近的游戏，交流和讨论，最后制定一份详尽的游戏设计文档。这份设计文档包括故事大纲、剧本、角色、视角、武器道具、战斗、系统、关卡分布等，而且要配图，用来详尽说明每一个部分的要求，给程序美工指明方向。

2. 制作阶段

制作阶段，不同工作组围绕游戏的预定目标进行紧张的制作。其中包括：程序组、美工组、动画组、策划组、音效组、项目经理。

3. 测试阶段

测试阶段分为三个阶段：alpha 版、beta 版、master（成品）阶段。

4. 提交阶段

第三阶段完成的 master 版游戏需要进行标准化，如加上官方编号、版权信息等。经过标准化处理的文件随后就连同其他一些资料被提交给主管进行审批。这些工作一般由项目经理完成。

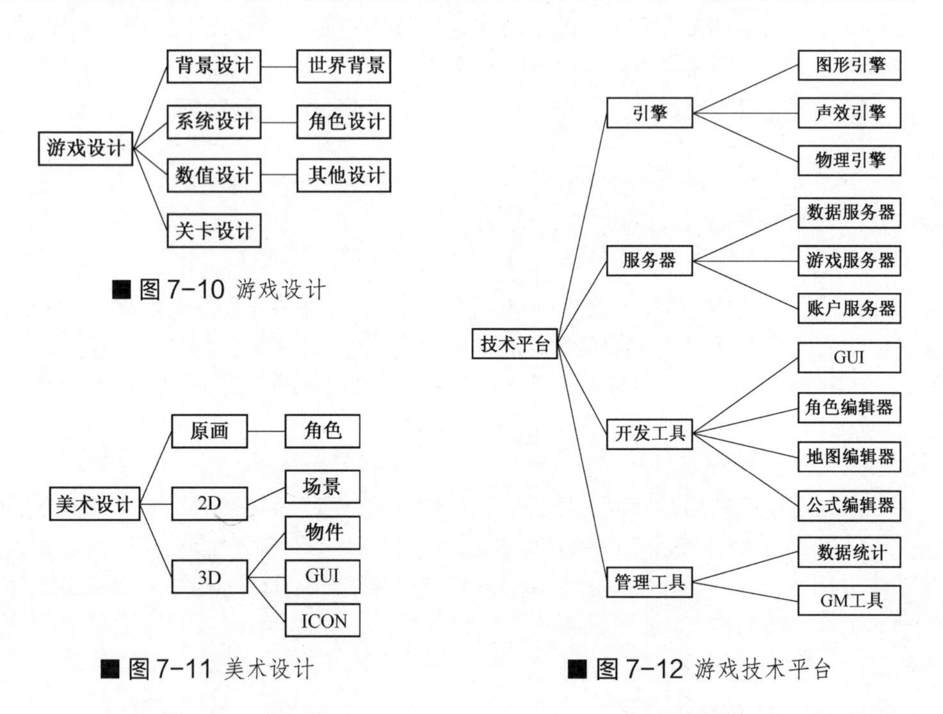

■ 图 7-10 游戏设计

■ 图 7-11 美术设计

■ 图 7-12 游戏技术平台

7.3 游戏设计相关技术

7.3.1 游戏编程语言

1. DirectX 简介

DirectX 是由微软公司开发的用途广泛的应用程序开发接口（Application Program Interface，API）。

（1）DirectX 5.0

此版本对 Direct3D 做出了很大的改动，加入了雾化效果、Alpha 混合等 3D 特效，使 3D 游戏中的空间感和真实感得以增强，还加入了 S3 的纹理压缩技术。DirectX 发展到 DirectX 5.0 才真正走向了成熟。

（2）DirectX 6.0

DirectX 6.0 中加入了双线性过滤、三线性过滤等优化 3D 图像质量的技术，游戏中的 3D 技术逐渐走入成熟阶段。

（3）DirectX 7.0

DirectX 7.0 最大的特色是支持“坐标转换和光源”。3D 游戏中的任何一个物体都有坐标，当此物体运动时，它的坐标发生变化，即坐标转换。

（4）DirectX 8.0

DirectX 8.0 的推出引发了一场显卡革命。它首次引入了“像素渲染”概念，同时具备像素渲染引擎（Pixel Shader，PS）与顶点渲染引擎（Vertex Shader，VS），反映在特效上就是动态光影效果。

（5）DirectX 9.0

2002 年底，微软发布 DirectX 9.0。Direct X9 中 PS 单元的渲染精度已达到浮点精度。全新的 VertexShader（顶点着色引擎）编程比以前复杂得多，新的 Vertex Shader 标准增加了流程控制和更多的常量，每个程序的着色指令增加到了 1024 条。

（6）DirectX 9.0c

与 DirectX 9.0b 和 Shader Model 2.0 相比较，DirectX 9.0c 最大的改进便是引入了对 Shader Model 3.0（包括 Pixel Shader 3.0 和 Vertex Shader 3.0 两个着色语言规范）的全面支持。

2. DirectX 的功能

① DirectX Graphics。

② DirectX Audio。

③ Direct Play。

④ DirectInput Direct Input 为游戏杆、头盔、多键鼠标以及力回馈设备等各种输入设备提供了最先进的接口。Direct Input 直接建立在所有输入设备的驱动之上，相比标准的 Win32 API 函数具备更高的灵活性。

⑤ Direct Show。

DirectX 8.0 中添加的部分新特性包括：新的过滤图形特性、Windows Media 格式支持、视频编辑支持、新的 DVD 支持、新的 MPEG-2 传输和程序流支持、对广播驱动程序体系结构的支持、DirectX 媒体对象。

3. OpenGL

OpenGL 是近几年发展起来的一个性能卓越的三维图形标准，它是在 SGI 等多家世界闻名的计算机公司的倡导下，以 SGI 的 GL 三维图形库为基础制定的一个通用共享的开放式三维图形标准。

OpenGL 实际上是一个功能强大，调用方便的底层三维图形软件包。它独立于窗口系统和操作系统，以它为基础开发的应用程序可以十分方便地在各种平台间移植。它具有七大功能：

① 建模。

② 变换。

③ 颜色模式设置。

④ 光照和材质设置。

⑤ 纹理映射（Texture Mapping）。

⑥ 位图显示和图像增强。

⑦ 双缓存动画（Double Buffering）。

OpenGL 在 Windows NT 下的 OpenGL 的运行机制如图 7-13 所示，在三维图形加速下的运行机制如图 7-14 所示。

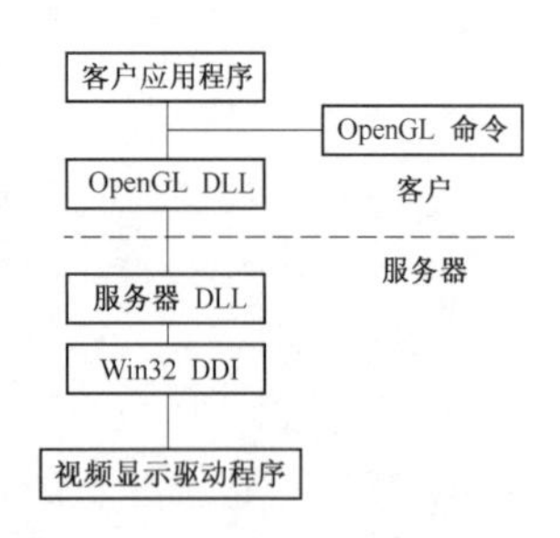

■ 图 7-13 OpenGL 在 Windows NT 下的运行机制

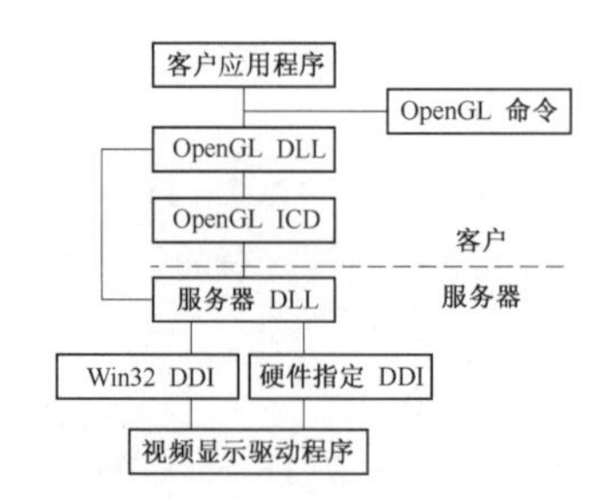

■ 图 7-14 OpenGL 在三维图形加速下的运行机制

4. 游戏编程语言简介

（1）C 语言

优点：有益于编写小而快的程序。很容易与汇编语言结合。具有很高的标准化，因此其不同平台上的各版本非常相似。

缺点：不容易支持面向对象技术。语法有时会非常难以理解，并易造成滥用。

移植性：C 语言的核心以及 ANSI 函数调用都具有移植性，但仅限于流程控制、内存管理和简单的文件处理。其他的东西都与平台有关。如为 Windows 和 Mac 开发可移植的程序，用户界面部分就需要用到与系统相关的函数调用。

（2）C++

优点：组织大型程序时比 C 语言好得多。很好的支持面向对象机制。通用数据结构，如链表和可增长的阵列组成的库减轻了由于处理低层细节的负担。

缺点：非常大而复杂。与 C 语言一样存在语法滥用问题。比 C 语言慢。大多数编译器不能正确实现整个语言。

移植性：比 C 语言好多了，但依然不是很乐观。因为它具有与 C 语言相同的缺点，大多数可移植性用户界面库都使用 C++ 对象实现。

（3）汇编语言

优点：最小、最快的语言。汇编语言能编写出比任何其他语言能实现的快得多的程序。

缺点：难学、语法晦涩、坚持效率，造成大量额外代码。

移植性：接近零。因为这门语言是为一种单独的处理器设计的，根本没移植性可言。如果使用了某个特殊处理器的扩展功能，代码甚至无法移植到其他同类型的处理器上，如 AMD 的 3DNow 指令是无法移植到其他奔腾系列的处理器上的。

（4）Pascal 语言

优点：易学、平台相关的运行（Dephi）非常好。

缺点：“世界潮流”面向对象的 Pascal 继承者（Modula、Oberon）尚未成功。

移植性：很差。语言的功能由于平台的转变而转变，没有移植性工具包来处理平台相关的功能。

（5）Visual Basic

优点：整洁的编辑环境。易学、即时编译导致简单、迅速的原型。大量可用的插件。有第三方的 DirectX 插件，DirectX7 已准备提供 Visual Basic 的支持。

缺点：程序很大，而且运行时需要几个巨大的运行时动态链接库。虽然表单型和对话框型的程序很容易完成，要编写好的图形程序却比较难。调用 Windows 的 API 程序非常笨拙，因为 VB

的数据结构没能很好地映射到 C 语言中。有 OO 功能，但却不是完全的面向对象。专利权。

移植性：非常差。Visual Basic 是微软的产品，被局限于他们实现它的平台上。

（6）Java

优点：二进制码可移植到其他平台。程序可以在网页中运行。内含的类库非常标准且极其健壮。自动分配合垃圾回收避免程序中资源泄漏。网上数量巨大的代码例程。

缺点：使用一个“虚拟机”来运行可移植的字节码而非本地机器码，程序代码长，执行速度慢。

移植性：最好的，但仍未达到它本应达到的水平。低级代码具有非常高的可移植性，但是，很多 UI 及新功能在某些平台上不稳定。

（7）创作工具

优点：快速原型——如果游戏符合工具制作的主旨，游戏运行会比使用其他语言快。在很多情况下，可以创造一个不需要任何代码的简单游戏。使用插件程序，如 Shockware 及 IconAuthor 播放器，可以在网页上发布很多创作工具生成的程序。

缺点：专利权，至于将增加什么功能，将受到工具制造者的支配。必须考虑这些工具是否能满足游戏的需要，因为有很多事情是那些创作工具无法完成的。某些工具会产生臃肿得可怕的程序。

移植性：因为创作工具是具有专利权的，移植性与他们提供的功能息息相关。有些系统，如 Director 可以在几种平台上创作和运行；有些工具则在某一平台上创作，在多种平台上运行；还有的是仅能在单一平台上创作和运行。

7.3.2　游戏引擎

人们常把游戏的引擎比作赛车的引擎。引擎是赛车的心脏，决定着赛车的性能和稳定性，赛车的速度、操纵感这些直接与车手相关的指标都是建立在引擎的基础上的。游戏也是如此。引擎是用于控制所有游戏功能的主程序。其主要功能包括从计算碰撞、物理系统和物体的相对位置，到接受玩家的输入，以及按照正确的音量输出声音，等等。

目前，游戏引擎已经发展为一套由多个子系统共同构成的复杂系统，从建模、动画到光影、粒子特效，从物理系统、碰撞检测到文件管理、网络特性，还有专业的编辑工具和插件，几乎涵盖了开发过程中的所有重要环节。

游戏引擎简介游戏引擎主要包括：

1. 图形引擎

图形引擎主要包含游戏中的场景（室内或室外）管理与渲染，角色的动作管理绘制，特效管理与渲染（粒子系统，自然模拟，如水纹、植物等模拟），光照和材质处理，级别对象细节（Level Object Detail，LOD）管理等。

2. 声音引擎

声音引擎功能主要包含音效、语音、背景音乐等的播放。音效是指游戏中及时无延迟的频繁播放，且播放时间比较短的声音。

3. 物理引擎

物理引擎是指包含在游戏世界中的物体之间、物体和场景之间发生碰撞后的力学模拟，以及发生碰撞后的物体骨骼运动的力学模拟。较著名的物理引擎有黑维克（havok）公司的游戏动态开发包（gamedynamicssdk），还有开放源代码（opensource）的开放动态引擎（Open Dynamics Engine，ODE）。

4. 数据输入 / 输出处理

数据输入 / 输出处理负责玩家与计算机之间的沟通，处理来自键盘、鼠标、摇杆和其他外设的信号。如果游戏支持联网特性，则网络代码也会被集成在引擎中，用于管理客户端与服务器之间的通信。

【实例分析 7-1：借力 Unity 3D 引擎 网游跨平台将优势先发】

尽管国内外最先应用 Unity 3D 引擎开发的游戏，多为 3D 页游和手机游戏，比如页游《图腾王》《龙歌在线》，手游《植物人大战僵尸》。不过，随着其应用所实现画面效果的曝光，包括 EA 在内的厂商已经转向使用该引擎开发新的产品，而 Gamersfirst 已经开始研发 3D 魔幻类 MMO《海兰的崛起》。

在国内的 Unity 3D 客户端网游中，目前较有名则是九众互动的三国题材 3DMMO《将魂》。该公司 CEO 朱传靖坦言，之所以选择此引擎，不仅是因为它实现的画面效果能与虚幻 3 媲美，易用性很高，能够实时生成查看，低端硬件也能流畅运行，性价比确实比虚幻 3 高，更在于其跨平台的功能，可以迅速实现网游向其他平台或系统的拓展。Unity 3D 应用平台及画面展示如图 7-15 所示。

■ 图 7-15 Unity 3D 应用平台及画面展示图

【实例分析 7-2：游戏引擎跨平台开发 或为关键】

目前，在国内外大型客户端网游的研发上，虚幻 3 称得上是最热门的引擎之一。此前有消息公布，基于欧美地区苹果系统的流行度高，虚幻 3 引擎已经预留了与 OS 系统对接的研发接口。这就意味着，该引擎可以直接用于研发 OS 系统的游戏产品。不过，由于虚幻 3 引擎存在前期技术难吃透，后期支持有欠缺，以及配置门槛高和优化难的问题，国内应用此引擎的厂商，并无暇顾及通过此功能实现网游的跨平台。

除了虚幻 3 以外，今年在国内渐成趋势的 Unity 3D 引擎，也成为了网游跨平台应用的关注焦点。该引擎有两大特色，其一是游戏设计能力强，能达到不逊于虚幻 3 的画面效果；其二便是具备跨平台应用的功能。据海外媒体最新公布的消息，该款引擎目前除了将生成的游戏导出到包括 iOS、Android、Wii、PS3、XB360 在内的系统平台，还通过视频演示了将 Unity3D 游戏导出到 Flash，并运行在 Flashplayer 11 beta 版上的效果，如图 7-16 所示。

■ 图 7-16 虚幻 3《剑灵》与 Unity 3D《将魂》画面

7.4 游戏的发展状况

1958 年的秋天，一个物理学家想让他的实验室参观人员提起一点兴趣，就用示波器和实验室里的模拟计算机设计了一个叫双人网球（Tennis for Two）的小演示游戏。

这就是历史上的第一个电子游戏设计者威利·海金博塞姆和他的游戏——乒乓的故事。1962 年，麻省理工学院的格拉茨、拉塞尔等 7 名大学生，在 DEC 公司 PDP-1 小型机上制作出了世界上第一个电子游戏程序《太空大战》。游戏由 4 个键控制两艘太空船，玩家可以相互发射火箭，直至一个人用火箭击中对方的飞船者就算取得获胜。它标志着数字化游戏形式的正式诞生。

RPG（Role Playing Game，角色扮演游戏）是源于 19 世纪的桌面游戏的延伸，而在 1974 年诞生的《龙与地下城》桌面游戏则是电子游戏 RPG 的始祖，可以说，RPG 是飘荡在电子游戏历史长河中最悠久的游戏类型之一。从 20 世纪 70 年代末的《创世纪》系列游戏开始，欧美风格的 RPG 开始步入一个高峰。

提到《龙与地下城》不得不提到龙与地下城的创始人加里·吉盖克斯。他是 RPG 类型的奠基人。1973 年成立了 TSR 公司。《暗黑破坏神》《永恒使命》以及《博得之门》等 RPG 游戏都与加里·吉盖克斯在 20 世纪 70 年代中发明的纸上角色扮演游戏《龙与地下城》有直接关系；吉盖克斯把现有的奇幻题材当作背景架构，然后规划出了 RPG 游戏的很多概念，如角色的阶级、种族、等级、攻防技术（包括魔法）等。这些综合起来的产物就是《龙与地下城 Ⅱ》，结果这个总结性质的纸上游戏，成为以后所有 RPG 游戏的基准点——不管是幻想题材如《暗黑破坏神》《永恒使命》，科幻题材如《辐射》《混乱在线》《杀出重围》，还是其他如《吸血鬼：避世救赎》《最终幻想》

等，都是在《龙与地下城 Ⅱ》的基础上而诞生的。70 年代末和整个 80 年代，真正意义上的个人计算机在这个时代诞生并逐步发展壮大。随着个人计算机业的发展，游戏产业也逐渐开始了自己的发展黄金期，电子游戏开始正式分化为游戏机游戏和计算机游戏两个种类。

1977 年 4 月 APPLELL 诞生，这是历史上首台真正意义上的商品化的个人计算机。1980 年理查德・加略特在 APPLELL 上用 BASIC 语言写了一段 3000 行代码的程序，这就是通过其两大要素：一是美德是角色发展最重要的影响因素，二就是游戏难以置信的高互动性。对后来整个游戏界产生了巨大的启发和推动作用的 RPG 游戏——《创世纪》第一代。

1994 年 RTS 制作公司暴雪公司（Blizzard），迈出了其即时战略游戏制作的第一步，《魔兽争霸》诞生，并由此开创了 RTS 的另一种类型。《魔兽争霸》成就了暴雪，也可以说是暴雪成就了《魔兽争霸》。以《魔兽争霸》为起点，暴雪开始了其通往 RTS 的王者之路。其后几乎所有的 RTS 游戏都可以看成是这两大 RTS 类型的衍生，RTS 时代正式降临于计算机平台。

最近十年，即时战略类游戏是个人计算机上最吸引玩家游戏类型。从最早的 Westwood 的 C&C，到基于 RTS 定则并不断创新的《横扫千军》，到脱胎于《文明》的帝国时代，再到集大成者《星际争霸》，即时战略游戏的发展随着各种游戏概念的提出和创新，达到了其发展史上的一个高峰。在 1997 年的 E3 大展上，《半条命》在吸引了大量玩家目光的同时也改变了人们对 FPS 的看法，作为一款把引人入胜的故事情节引入 FPS 中的游戏来说，它非常成功。FPS 从这时开始形成了一个巨大的分水岭。而其后续的《反恐精英》（Counter-Strike）这款本来是网络传播的小计划产物迅速成为了当今最红的网络游戏。2003 年的 E3 展上，《半条命 2》向人们展现了其 3D 技术的高超能力，强劲的引擎已经震撼了整个游戏业界。

7.4.1 市场需求

1. 中国游戏市场有多大

这是一个很难回答的问题，尽管社交网站服务（SNS）的游戏收益 2009 年才开始出现，但其发展非常快。但从绝对值来看，大型多人在线游戏（MMOG）仍然处于支配地位。SNS 游戏收益每年增长率为 31.2%，而 MMOG 收益的增长率仅为 22%，但是如果从绝对值来看，后者显然更胜一筹。总体看来，今年的收益是 70 亿美元，而到 2016 年中国游戏市场的总收益有望达到 200 亿美元。

2. 能否提供一些具体范畴的数据

2011 年的 SNS 游戏收益是 7.53 亿美元。而估计在 2016 年这一数值将变成 29 亿美元。MMOG 的收益也将是 2011 年的 6 倍。到 2016 年，若发展势头依旧的话，比例将有所放缓，降为 13%；然而 MMOG 在 2016 年仍然可以创造出 120 亿美元的收益。

在此需要阐明的一点是，基于大数定律（是指在随机试验中，每次出现的结果不同，但是大量重复试验出现的结果的平均值却几乎总是接近于某个确定的值），我们知道增长率终会呈现出下降趋势并且会变得无法继续维持。我们一直想着这应该就是顶峰了吧，但是总游戏收益依然在逐年提高。

3. 2016 年的数据包含了哪些内容

包含了 MMOG、SNS 以及休闲游戏。我们会想增长率应该会开始出现下降。投资团体们可能会开始抛售这些中国在线运营商的股票，而中国运营商们也将会开始转向国际市场寻求进一步发展。尽管如此，国内市场也将继续发展。且更让人费解的是发展速度依旧非常迅速。（根据对比，美国的掌机市场收益在 4 月份下降了 42%）。当着眼于所谓的网络用户以及他们使用在线游戏的频率，还有不同城市等级间的游戏行为变化（从上海、北京等大城市到一些小城市甚至是偏远城市），我们从中发现增长势头。事实上人们所拥有的娱乐选择并不多。可以发现，虽然游戏非常重要，但是仍然存在一些其他选择。在中国，在线视频非常受欢迎（特别是现在）。作为一种网络应用，它甚至赶超在线游戏的使用频率。基于某些因素可以说“在不久的将来会出现能够压制在线游戏增长率的内容。”除此之外，还发现玩家们仍然持续为游戏花钱，且潜在游戏玩家将乐意为游戏掏腰包，这样游戏的收益就会持续上升。

4. 中国游戏市场同西方游戏市场的对比

中国 PC 游戏市场是全球游戏市场的重要组成部分。这个市场的规模甚至超越人们的想象。一些美国和欧洲公司甚至会感觉到自己被阻隔在中国市场之外，即他们只能通过合作方式进入这个市场。虽然市场准入门槛过高，但是如果拥有一款热门的 MMOG，便能够在此夺取市场份额。但问题是，必须先拥有特许经营权，然后获得政府的批准，最后才能使用游戏内容。[1]

中国的游戏市场迎来了巨大的增长，这其中有 PS4 主机与 XboxOne 主机双双登陆，有移动游戏市场的巨大增长，也有可以更进一步扩展的市场潜力。这也就是说，在这个市场中所涌现出来的六大趋势中，还有一些值得了解的东西。这些趋势中有积极的一面也有消极的一面，下面对这中国游戏市场六大趋势逐一进行简单的拆解。

（1）移动游戏取得了巨大的增长，但是利润却没有增加

虽然在今年的下半年稍稍有所减缓，但是中国的移动游戏市场仍然呈现出不断增加的增长态势。据中国报告大厅发布的游戏行业市场调查分析报告显示，中国移动游戏市场在今年第三季度的增长速率为 72.8 个百分点，尽管比去年同期略有减少，但是其增长速率仍然相当惊人。并且随着明年有新的公司、新的产品以及新的服务加入，中国移动游戏市场还将会进一步扩大。这也就是说，这个市场在提升市场收入方面仍然有不少空间。据报道，中国绝大多数（比率超过 92%）最受欢迎的移动游戏都在亏钱。虽然在中国智能手机的用户数量是宽带联网 PC 用户数量的两倍，但是 PC 游戏的收入仍然高出移动游戏收入一大截。这并不是说这个市场目前有任何的困难或麻烦，而是一些开发商需要找到扭转自己不幸遭遇的解决办法。

（2）游戏主机已经登陆中国，但是却没有带来太大反响

XboxOne 主机已经在中国地区发售，结束了中国内地长达十来年的游戏主机空白。索尼的 PS4 也已发售。主机制造商们在多年之后终于踏上了这片拥有数以百万计游戏玩家的土地。虽然中国市场给主机制造商们带来了巨大的潜在市场，但是绝大多数的中国玩家对游戏主机并不关心。到目前为止，XboxOne 主机在中国包括预订在内的初期销量只有 10 万台。尽管微软对 XboxOne 主机进行了 80 美元的降价促销，但是也并没有改善它遭到冷遇的境况。游戏主机虽然已经登陆中国，但是它们却没能将中国玩家们的注意力从计算机前移开。

（3）电子竞技得到了发展但是仍然缺乏杰出的电竞选手

中国的电子竞技产业在 2014 年取得了长足的进展，赛事收视率与参与率都得到了提高。除此之外，在某些游戏中，竞赛团队也开始展现出了他们的统治力，比如今年在西雅图举办的《刀塔 2》（Dota2）世界锦标赛上，他们就包揽了冠亚军。不过，在其他的游戏中，中国的电竞选手仍然难求一胜。比如在最受中国玩家欢迎的《英雄联盟》（League of Legends）游戏的第二届锦标赛上，

1　根据《中国游戏市场发展情况报告》（中国电子商务中心）改编。

一支中国的电竞团队在决赛中彻底完败在一支韩国电竞团队的手上。在那之后，中国的《英雄联盟》电竞团队在引入韩国最优秀电竞选手的数量上破了纪录，其中就包括了今年的世界冠军，试图以此扭转局势。

（4）流媒体与电子商务挂上钩，但是只有少数人能够从中赚到大钱

流媒体服务今年在全球都掀起了一股热潮，中国也搭上了这趟顺风车。在老一辈的人还在对为什么有人愿意看别人玩电子游戏感到很困惑的时候，中国最受欢迎的一些流媒体视频提供者已经得到了数百万的视频观看次数。不过今年中国特有的一个趋势就是，这些提供者们将他们的流媒体视频与电子商务挂上了钩。这些热门的视频提供者们同时在淘宝上开设了电子商店，向那些观看他们视频的玩家销售 PC 周边设备、小吃零食甚至服装服饰等商品。视频流媒体今年或许是全球的一个热潮，只不过西方国家的视频制作者们大多是通过订阅费用和玩家捐赠的方式获得收入，只有中国的流媒体玩家是通过卖饼干来达到收支平衡的。而在所有这类型视频提供者中，确实有一些人从中赚到了一笔财富，比如 ID 为 Misaya 的原《英雄联盟》的电竞选手，据说他的电子商店一年就收获了 150 万美元的收入。但是，这并不表示每一个人都能有如此的回报。只有那些懂得了游戏视频之道并知道如何正确地推销自己的人才能从中受益。

（5）虚拟现实来到中国，但仍不知何时才能让玩家真正体验到它

虚拟现实技术在今年声势浩大，除了最早公开的 OculusRift 头戴显示器之外，近来还有三星的 VR 头戴显示器、索尼的“梦神”项目等。中国本土的硬件初创公司 ANTVR 也在 Kickstarter 上发布了自己的虚拟现实项目，想与这些开发虚拟现实技术的公司一较高下。而这还只是中国公司开发虚拟现实产品的冰山一角，另一间名为 Depth-VR 的中国公司也在从事这个领域的技术开发。然而，这些暂时都还只是虚言而已，没有一间公司正式推出他们的产品。只有少数几个试用原型和一些惹人关注的技术演示，并且几乎没有什么软件可以在这些虚拟现实硬件上运行。中国的硬件初创公司努力地想要创建一种身临其境式的虚拟现实游戏体验，但是想要真正体验到还需要等待很长一段时间。

（6）进口 PC 游戏打破免费模式的限制，但是仍然难与已有的热门游戏匹敌

分析师们早就已经说过，想要在中国的游戏市场上成功，要么推出免费游戏，要么成为第二个暴雪。由于绝大多数的游戏公司并不能成为第二个暴雪，或者是开发出像《魔兽世界》这样长期广受欢迎的游戏，因此当海外厂商开发的游戏进入中国市场的时候，他们往往都会将游戏的运营模式改为免费运营，希望能够借此吸引到大批的中国玩家。但是，一些海外游戏打破了这种经营模式的限制，同时还收获了成功。以《激战 2》（GuildWars2）为例，这款游戏在中国发售的时候采用了与它在世界其他国家发售时相同的预付费购买模式，而单单是游戏的预订量就达到了 50 万份。FinalFantasyXIV 是另一款中国“进口”的海外网络游戏，它同样以订阅收费的模式进行货币化。国外开发商必须将游戏运营模式改为免费模式才能在中国获得成功的魔咒已经就此解除。虽然如此，但是免费游戏仍然是中国 PC 游戏市场的“当朝天子”。《英雄联盟》《穿越火线》（CrossFire）以及《地下城与勇士》（Dungeon&Fighter）是今年全年中国最受欢迎的三大 PC 游戏，而这三款游戏全部都是以免费模式运营。这也许不是巧合，但所有这三款游戏在中国都是由腾讯公司代理发行。这些趋势是否会发生改变？或许吧，但是这要取决于 PC 游戏的内容。

2011—2018 年中国网络游戏市场规模及市场规模结构分别如图 7-17 和图 7-18 所示。

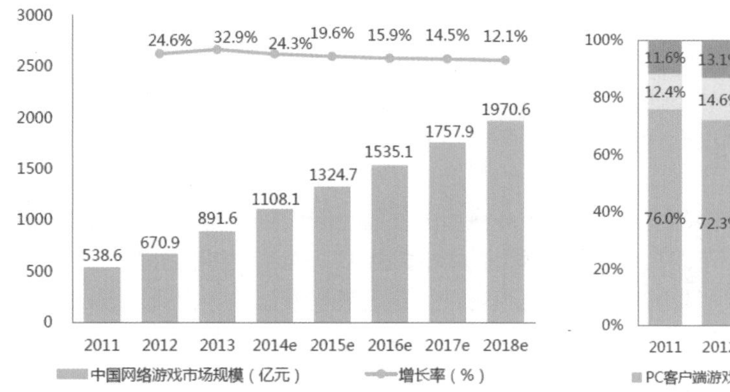

■ 图 7-17 2011-2018 年中国网络游戏市场规模

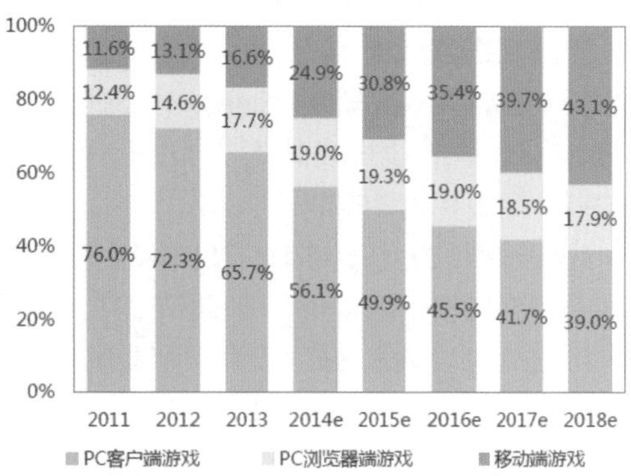

■ 图 7-18 2011-2018 年中国网络游戏市场规模结构[1]

【实例分析 7-3：网游跨平台已成燎原之势】

目前，国外很多厂商都已经着手实现网游跨平台的研发，或者有类似的战略计划。比如，此前已有消息称，韩国 NEXON 已在筹划跨平台作品《首尔：2012》，而 NCsoft 旗下热门的《剑灵》，也有计划推上 iPad 平台。此外，虚幻 3 引擎中国内地地区授权商也宣布了将该引擎打造的《全球使命》研发出 iOS 版本的计划（见图 7-19）。

■ 图 7-19 《全球使命》的游戏界面

相对应国外的趋势，国内的网游跨平台也并未落后，且多集中在客户端网游和页游、手游的互通上。较早尝试跨此三大平台的蓝港，已经推出了《开心大陆》，骏梦近期公布的《新仙剑 OL》，也造势称实现了客户端和网页的互通，而空中网也提出了手游和客户端网游的跨平台发展模式。同时，有其他的国内网游厂商还选择了更多的平台，完美曾表示要将《笑傲江湖》推上 XBOX360 平台，九城也有意向让《神仙传》登陆 PS3 平台。

不得不说，在客户端网游市场处于疲软期后，跨平台已经成为新的热点方向，并逐渐形成了燎原之势。

1　数据来源于艾瑞咨询 http://www.iresearch.com.cn.

7.4.2 我国的游戏发展

中国网络游戏市场的发展世界瞩目。网络游戏产业2005年的整体规模达到61亿元，比2004年增长51%。据调研机构Yankee公布的报告，未来5年中国网络游戏产业将继续保持平稳增长的态势。2006年产业规模达到78亿元，比2005年增长28%。2010年达到143亿元，2006—2010年的复合增长率为16%。

我国政府大力扶持游戏行业，特别是对本土游戏企业的扶持。积极参与游戏开发的国内企业可享受政府税收优惠和资金支持，同时，政府也加紧了对外国游戏开发商的管制力度。

将网络游戏纳入863计划。科技部高新产业与市场化司副司长李武强认为，最重要的原因是为了实现网络游戏核心技术的国产化。

国家体育总局将电子竞技列为正式开展的第99个体育项目，选拔优秀选手组成国家代表队积极参加国际比赛。

文化部向国内多家经营网络游戏的企业颁发《网络文化经营许可证》。文化部副部长孟晓驷表示：国家有关部门将进一步明确包括网络游戏产业在内的信息文化产业的定位，争取给予更多的优惠政策。

推出民族网络游戏出版工程的项目，新闻出版总署会同国内游戏开发商、运营商，在5年内推出100部具有自主知识产权、具有民族特色的优秀网络游戏软件，其中第一批21种网络游戏已经公布。

地方政府在中央政府的支持下，积极扶持动漫产业发展（电子游戏属于动漫产业的一部分），建立数字产业园区，为众多游戏企业提供支持。

游戏开发不仅仅是技术问题。游戏市场的走向、游戏的目标群体、未来的拓展因素等，都直接关系到产品的成败。

在决定开发游戏之前，游戏给谁玩是首先要认真考虑的问题。走出游戏开发的误区：避免盲目追随；国情与国际化；量力而行。

本章小结

游戏市场的发展蒸蒸日上，游戏正在跨进高雅的艺术殿堂。游戏已成为继文学、戏剧、绘画、音乐、舞蹈、建筑、电影、电视之后的第九艺术。

本章从游戏设计的相关基础知识及基本技能入手，首先介绍游戏的概念及分类，然后探讨数游戏设计基本内容和流程，剖析游戏创意设计、游戏设计文档、游戏设计的基本过程、常用的游戏编程语言及游戏引擎，将数字游戏设计的全过程进行结合，同时对游戏的发展及游戏市场做出了分析。

本章需要理解游戏设计基本概念；掌握游戏设计流程；掌握游戏创意的内涵和外延；分析评价各类游戏；了解中国游戏发展状况及市场状况；了解游戏文档设计的类型；了解游戏开发语言种类及特征。

思考题

1 什么是游戏？

2 游戏的设计包括哪些方面的要素？它们在游戏有什么作用？

3 游戏之间为什么会出现不同的类型？

4 游戏有哪些不同的类型？每个类型的基本要素是什么？

5 游戏的策划分为哪三个阶段？各个阶段的主要工作是什么？

6 什么是创意？创意在游戏策划中的作用是什么？

7 游戏策划中应该考虑哪些技术？

8 常用的游戏美工制作工具有哪些？它们的主要特点是什么？

9 简述游戏的制作流程。

10 一个好的剧本应该具有哪些特征？

11 游戏的故事是如何创建的？

12 创建游戏剧本有哪些方法？

知识点速查

◆数字游戏包括三个主要的部分：核心机制、交互性、叙事性。

◆非线性的游戏就是让游戏者按自己的意愿来编写故事。无论是角色扮演，竞争或是冒险游戏等。一款游戏的非线性部分越多，游戏就越优秀。

◆游戏中人工智能的首要目标是为游戏者提供一种合理的挑战。游戏设计者应确保游戏中人工智能动作尽可能与构思相同，并且操作起来尽最大可能给游戏者提供挑战并使游戏者在游戏中积累经验。

◆游戏的设计文档包括：概念文档，涉及市场定位和需求说明等；设计文档，包括设计目的、人物及达到的目标等；以及技术设计文档，如何实现和测试游戏等。

◆设计创作游戏有四大要素分别是：策划（游戏的灵魂）、程序（游戏的骨架）、美术（游戏的皮肤）、音乐（游戏的外衣）。

数字媒体压缩技术

本章导读

本章共分 4 节，分别介绍了数字媒体压缩概述、图像压缩的基本原理、图像压缩方法、数字媒体压缩标准等内容。

在 20 世纪 80 年代到 90 年代，模拟技术开始向数字技术发展，但在完成模数转换后，得到的数据量巨大，在当时条件下很难实现数字化的实时处理，这严重影响了数字化的发展进程。在制定了压缩编解码标准后，有效地解决了大数据量和图像压缩及还原的问题，数字媒体技术的实用化才得以普及。本章从数字媒体压缩技术的发展入手，首先分析了数据压缩的可能性与信息冗余，然后介绍了图像压缩的基本原理和依据，包括视觉特性、听觉特性等对图像压缩及编解码技术的影响，以及图像压缩的常用方法，最后阐述并总结了现阶段数字媒体压缩的国际标准。

学习目标

1 了解数字媒体压缩的必要性；

2 了解数字媒体压缩的可能性；

3 了解数字媒体压缩的分类；

4 理解图像压缩的基本原理；

5 理解视觉特性对压缩编码的影响；

6 理解听觉特性对压缩编码的影响；

7 了解图像的压缩方法；

8 掌握几种数字媒体压缩的标准。

知识要点、难点

1 要点

数字媒体压缩的可能性和图像压缩的基本原理、图像压缩的方法和标准；

2 难点

图像压缩的基本原理和方法。

8.1 数字媒体压缩概述

数字媒体是指以二进制 0 和 1 的方式产生、记录、处理、传播和获取的信息媒体，这些信息媒体以数字化的形式产生、存储和处理信息，以存储单元和网络为主要的传播交换载体，所以数字化、网络化、虚拟化和多媒体化是数字媒体的主要特征。

数字媒体包括文字、图形、图像、音频、视频等媒体内容，通过多种形式的整合及集成，形成电影、电视、音乐、动画、游戏、广告、建筑设计、视觉艺术等内容产业，以数字媒体技术为基础的内容产业已经成为整个信息产业中发展最快、最具前景的产业。[1]

8.1.1 压缩的必要性

在介绍数字媒体压缩技术之前，先看一个简单的数据对比：

一幅 640 × 480 中等分辨率的真彩色位图图像的数据量是 0.92 MB，如果以 PAL 制式隔行扫描 25 幅 /s 的帧频播放，1 s 就有 23 MB 的数据量，1 GB 的容量只能存储约 45 s 的数据。

如果假设图像是 1920 × 1080 的高清分辨率，并采用逐行扫描 50 幅 /s 的帧频播放，其他条件不变，1 s 就产生约 300 MB 的数据量，1 GB 的容量只能存储不到 4 s 的数据。

从上述比较可以看到，数字化生成的数据量非常大，在以数字媒体技术为基础的内容产业中，包含有大量的视频、音频、图像、图形和文字等信息内容，大容量数据的处理是数字媒体技术面临的一个难题；同时随着人们对信息内容实时性的要求，不仅需要传输和处理大量的数字媒体信息内容，而且要求要有很高的传输速度，这样就为数据的存储、传输和处理带来了巨大的挑战。

所以，计算机领域也在不断地采用新技术提升数据的处理、存储和传输能力，如提高 CPU 的处理速度、提升 GPU 的图形处理能力、加大硬盘的存储容量、扩展网络的传输速度等，除了这些硬件条件的提升外，重点放在不断研究高效的数据压缩技术，在保证还原效果的前提下，尽量减少信息的数据量，从而便于数据的存储、处理和传输。

【实例分析 8-1：计算机上的压缩过程[2]】

计算机采用的是二进制系统。一个连续的 n 位二进制数集，就可以用来表示 2^n 个字符。目前的国际标准是 ASCII 码，用一个字节即 8 位数的二进制码来表示各种字符和字母。

现在只使用 2 位二进制码，来简单地演示由 4 个符号组成的字符串的压缩过程。

假设有一串 20 个字母的数据：

AABAABBCBABBBCBBABDC

默认情况下，用 2 位二进制码来表示这 4 个字母：

1 袁贝贝 . 浅谈数字媒体信息压缩技术 . 科技信息，2012（29）.

2 数据是怎么被压缩的 . 果壳网，http://www.guokr.com/article/46865/.

A	B	C	D
00	01	10	11

每个字符在字符串中各自出现的次数并不相等：

A:6 次　　B:10 次　　C:3 次　　D:1 次

而在计算机中，数据则是以二进制码的形式存储在硬盘上的：

00 00 01 00 00 01 01 10 01 00 01 01 01 10 01 01 00 01 11 10

压缩过程如下：

（1）注明每个字符的出现次数。把两个出现次数最小的字符圈到一起，看作一个新字符，新字符的次数为两个组成字符的次数之和。

（2）重复上述操作，直至完成对所有字符的处理。这种操作形成的结构看起来像棵树，被称为霍夫曼(Huffman)树，如图 8-1 所示。

（3）在每一层的分支线上，按图 8-2 所示分别标上 0 和 1。

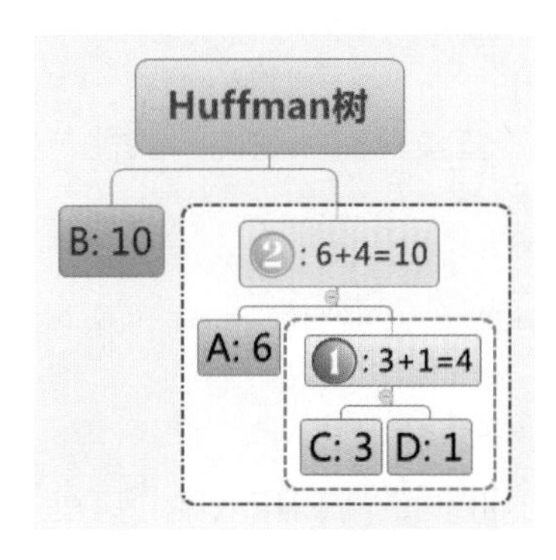

■ 图 8-1 霍夫曼树

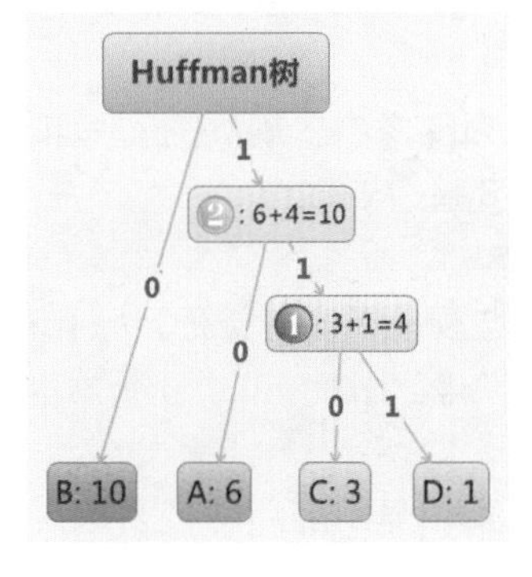

■ 图 8-2 标注 0 和 1

从最顶端往下读，每个字符都有唯一的分支编号连到它那里，无重复也无遗漏，这样就得到了 ABCD 这 4 个字符的新的代码：

A	B	C	D
10	01	10	111

用以上新编码代入原字符串中，得到：

10 10 0 10 10 0 0 110 0 10 0 0 0 110 0 0 10 0 111 110

整理一下得到新编码：

原编码：0000010000010110010001010110010100011110

新编码：1010010100011001000011000100111110

数据成功被压缩。这一段 40 位长度的内容被压缩到了 34 位，压缩率是 85%。

回顾过程容易发现压缩的秘密：出现频率最多的 B 由一位二进制码 0 来表示，而出现频率较低的 C 和 D，则由长度增加了的三位二进制码来表示。通过合理分配不同长度的编码，肯定可以对数据进行一定程度的压缩。

8.1.2 压缩的可能性与信息冗余

数据能否被压缩主要在于包含信息量的数据中是否存在着数据的信息冗余[1]。数字媒体信息内容的数据自身在内容、结构以及统计等方面存在着大量的信息冗余，如视频信号，它是由一帧一帧画面组成，每帧画面又是由像素组成，在每帧画面的像素之间、前后帧画面之间存在着大量的相同之处，即信息冗余，这些数据之间有很强的关联性，所以能够进行压缩处理。

数字媒体信息内容的种类多，其中视频信息的数据量最大，其次是音频信息的数据量，所以，数字媒体数据压缩技术的关键点在于对视频信号和音频信号的压缩处理。下面以视频信号和音频信号为例简单论述数据压缩的可能性与信息冗余。

1. 视频信号压缩的可能性与信息冗余

视频信号是由一帧一帧图像组成，在隔行扫描制式中，1 s 有 25 帧图像，1 帧有两场，在相邻帧间、相邻场间、相邻行间、相邻像素间，还有局部与局部之间、局部与整体之间都存在着很强的相关性，利用这些相关性，可以从一部分数据推导出另一部分数据，这样就可以使视频信号的数据量被极大地压缩，有利于处理、存储和传输。

一般视频信号的信息冗余主要体现在下面几种形式：

（1）空间冗余

表现形式：视频图像中，规则的物体和规则的背景具有很强的相关性，如蓝天、草地中的亮度、色度和饱和度基本相同。

（2）结构冗余

表现形式：有些视频图像的部分区域有着很相似的纹理结构，或者图像各部分之间存在着某种关系，如自相似性等。

（3）时间冗余

表现形式：视频信号的前后两帧图像往往具有相同的背景和人物，只是空间位置关系略有变化，有很强的相关性。

（4）视觉冗余

表现形式：人眼的视觉系统对于图像的感知是非均匀的和非线性的，这样对图像中的不敏感信息可以适当舍弃，只要人眼对压缩及解码后的还原图像和原始图像之间产生的少量失真觉察不到即可，这为提高压缩比提供了有利的机会，对于其中的原因在人眼的视觉特性中进行详述。

（5）知识冗余

表现形式：在某些图像中，一些压缩编码对象的信息与某些已经掌握的基本知识有关，如人的头、眼、脸、耳、鼻的相对位置，可以利用基本知识对压缩编码对象建立模型，对模型参数进行编码即可。

（6）信息熵冗余

表现形式：对于视频图像数据的一个像素点，理论上可以按其信息熵的大小分配位数，但对于实际图像的每个像素点，很难得到其信息熵，采用相同的位数表示某些像素点，这样必然存在冗余。

2. 音频信号压缩的可能性与信息冗余

在物理学中声音是以一种机械振动波的形式来表示，与频率有关。在广播电视领域，我们熟

1 刘清堂 . 数字媒体技术导论 . 清华大学出版社 .

知一些与频率有关的波，如中波、短波、调频立体声、调幅广播等，这些是与声音传输有关的电磁波，不是声波。能被人耳所听到声波的频率范围在 20 Hz ~ 20 kHz 之间。

既然音频信号是一种声波，在物理学上可以变换成时域或者频域的表现形式，其自身也存在着多种时域冗余和频域冗余，这是音频信号进行压缩的理论基础。

一般音频信号的信息冗余主要体现在下面两种形式：

（1）时域冗余

表现形式：语音分为浊音和清音两种基音。浊音里不仅有周期之间的冗余度，还有对应于音调间隔的长期重复波形。语音中的间歇、停顿等都会出现大量的低电平值。相邻的语音数据之间也存在很多相关性[1]。

（2）频域冗余

表现形式：在频域范围内对音频信号进行统计平均，得到长时间功率谱的密度函数，呈现出非均匀性，这表明在频域范围存在着固有频率冗余度。音频信号的频谱存在着以基音频率为周期的高次谐波结构，那么也存在有频率的冗余度。

8.1.3　压缩分类

数字媒体的数据压缩有多种分类方法，下面介绍几种常用的分类：

（1）按数据压缩前后比较是否有损失进行划分：可以分为无损压缩和有损压缩

无损压缩是指对进行压缩编码后的数据进行重构，重构后的数据与原来的数据完全相同。常用的无损压缩算法有霍夫曼算法和 LZW 算法。无损压缩在图片压缩格式中见到的较多，如 GIF、PNG、TIFF 等，它的特点是压缩后数据量大。

有损压缩是指对进行压缩编码后的数据进行重构，重构后的数据与原来的数据有所不同，但不影响对原始数据的表达，不会造成明显的不一致。常见的有损压缩格式有 JPG、WMF、MP3、MPG 系列等，它的特点是压缩后数据量小。

（2）按数据压缩编码的原理和方法进行划分：可以分为统计编码、预测编码、变换编码和分析 - 合成编码

统计编码主要针对无记忆信源，根据信息码字出现概率的分布特征而进行压缩编码，寻找概率与码字长度间的最优匹配。

预测编码主要是利用时间和空间上相邻数据的相关性来进行压缩数据的，能减少空间冗余和时间冗余。如空间冗余反映了一帧图像内相邻像素之间的相关性，可采用帧内预测编码；时间冗余反映了图像帧与帧之间的相关性，可采用帧间预测编码。

变换编码是把一幅图像分成许多小图像块，在这些小图像块上进行某种变换，将空间域的时域信号转换为频域信号进行处理。

分析—合成编码是指通过对源数据的分析，将其分解成一系列更适合于表示的“基元”或从中提取若干更为本质意义的参数，编码仅对这些基本单元或特征参数进行。

（3）按照媒体的类型进行压缩划分：可以分为图像压缩标准、声音压缩标准和运动图像压缩标准[2]

数据压缩分类如图 8-3 所示。

1　陈光军 . 数字音视频技术及应用 . 北京邮电大学出版社 .

2　流清堂 . 数字媒体技术导论 . 清华大学出版社 .

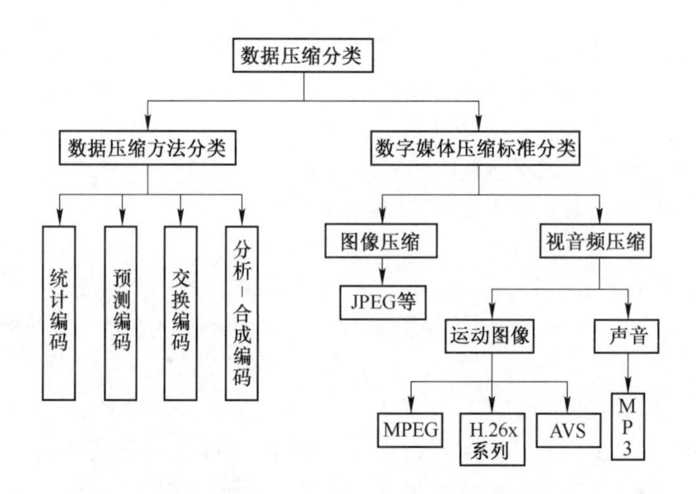

■ 图 8-3 数据压缩分类

8.2 图像压缩的基本原理

在任何数字传输系统中如何有效地传输数据都存在两个方面的问题：一是如何只传输需要的信息；二是如何以任意小的失真来传输和接收这些信息。这两个方面问题的解决都与数字媒体的压缩技术直接关联在一起，其解决方案都是由信息论中香农定理给出，所以，数字媒体数据压缩技术的理论基础是信息论。

根据信息论的原理，可以找到最佳数据压缩编码方法，数据压缩的理论极限是信息熵。 熵是信息量的度量方法，它表示信息所附带的价值，也就是说如果表示某一事件出现的可能性越大，那么当事件出现时，传递给人们的信息量的价值就越小，如果表示某一事件出现的可能性越小，那么当事件出现时，传递给人们的信息量的价值就越大，一般用概率的形式表示事件发生可能性的大小。这种信息论的理论可以解释很多人们心理和行为方式的变化情况。

8.2.1 信息论基础

1. 信息与信息量

信息量是指信源中某种事件的信息度量或含量。一个事件出现的可能性越小，其信息量越多，反之亦然。

若 p_i 为第 i 个事件的概率为 $0 \leqslant p_i \leqslant 1$，则该事件的信息量为

$$L_i = -\log_2 p_i$$

一个信源里包括的所有数据叫数据量，而数据量中包含有冗余信息，那么，

$$信息量 = 数据量 - 冗余量$$

2. 信息熵

信息熵是信源中所有可能事件的平均信息量。

设从 N 个数中选定任一个数 x_j 的概率为 $p(x_j)$，假定选定任意一个数的概率都相等，即

$$p(x_j) = 1/N$$

则

$$I(x_j) = \log_2 N = -\log_2 1/N = -\log_2 p(x_j) = I[p(x_j)]$$

式中，$p(x_j)$ 是信源 X 发出 x_j 的概率。$I(x_j)$ 的含义是信源 X 发出 x_j 这个消息（随机事件）后，接收端收到信息量的量度。

信源 X 发出的 n 个随机事件 x_j $(j=1,2,\cdots,n)$，这 n 个随机事件的信息量的统计平均为 $H(X)$，即

$$H(X) = E\{I(x_j)\} = \sum p(x_j)\, I(x_j) = -\sum p(x_j) \log_2 p(x_j)$$

式中，$H(X)$ 称为信源 X 的"熵"，即信源 X 发出任意一个随机变量的平均信息量，单位是 bit。

从信息熵的公式可以推出等概率事件的熵最大，假设有 N 个事件，此时信息熵 $H(X) = \log_2 N$，如果 N 个事件中出现有确定性事件，即当 $P(x_1) = 1$ 时，$P(x_2) = P(x_3) = \cdots = P(x_j) = 0$，此时熵为 $H(X) = 0$。

由上可得熵的范围为　$0 \leqslant H(X) \leqslant \log_2 N$

根据信息论的香农定理：信源中所包含的平均信息量即信息熵是进行无失真压缩编码的理论极限。在压缩编码中用熵值来衡量是否为最佳编码。

若以 L_c 表示编码器输出码字的平均码长，其计算公式为：

$$L_c = \sum p(x_j)\, L(x_j) \quad (j=1,2,\cdots,n)$$

式中，$P(x_j)$ 是信源 X 发出 x_j 的概率，$L(x_j)$ 为 x_j 的编码长。即平均码长 = ∑概率 × 码长。

平均码长与信息熵之间的关系为：

$L_c \geqslant H(X)$ 表示有冗余，不是最佳；

$L_c < H(X)$ 表示不可能没有失真；

$L_c = H(X)$ 表示是最佳编码。

在实际压缩编码中，要做到无失真，一般 L_c 稍大于 $H(X)$，也就是熵值是平均码长 L_c 的下限。

8.2.2　视觉特性

在对模拟的视频信号进行数字化时，从保证图像质量的角度，希望量化比特越高越好，这样可以有效减少压缩过程中产生的量化误差和轮廓失真，但是会产生很大的数据量；而从图像处理和传输的角度，希望量化比特越少越好，这样可以节省数据处理和传输的时间和效率。二者之间存在着对立性，如何进行协调，既保证图像质量，又方便进行图像处理和传输，并且统一协调的依据是什么，这就取决于人眼的视觉特性。

眼睛是人类感知外界视觉图像的唯一窗口，它有自己独特的视觉特性，这些特性既有客观性的一面，同时也带有很强的主观性。对图像信号进行压缩编码时，判断压缩编码质量的好坏就取决于解码后的还原图像与原始图像之间在人眼的主客观感受上是否差别极小，所以人眼的视觉特性为压缩编码提供了一个重要依据和判断标准，并且也为压缩时选取合适的量化比特数确定了一个参考标准，这个量化比特数并不是越高越好，要综合考虑质量、处理难度和成本等多种因素的影响。

现在就来认识一下人眼所具有的视觉特性。先介绍一个常用的名词：阈值。阈值又称临界值，是指对一个行为反应所能够产生的最小值，它受各种环境条件和生理状况的影响。

1．亮度辨别阈值

人眼对亮度的感知不是连续变化的。当眼睛适应了某个亮度后，只有当增加的亮度或者减少的亮度达到一定的程度后，才能通过人眼观测到亮度发生了明暗变化。

2. 视觉阈值

人眼的视觉对图像发生变化的感知也不是连续变化的。观察两幅相同的图像，让其中一幅图像发生局部的细微变化，这时眼睛并不能马上觉察到，只有当这种变化积累到一定的程度后，人眼才能察觉到图像发生了变化。

3. 空间分辨力

空间分辨力是指对一幅图像相邻像素的灰度和细节的分辨力。对不同类型的图像空间分辨力是不同的：静止的或变化缓慢的图像，视觉的空间分辨力较高，能看清楚图像的细节；活动的图像，视觉的空间分辨力较低，运动速度和频率越快的图像，其视觉空间分辨力迅速降低。

4. 掩盖效应

掩盖效应是指人眼对图像中量化误差的敏感程度与图像信号变化的剧烈程度有关。如在视频图像中亮度变化缓慢的区域，量化后如果产生了的失真，很容易察觉出来；而亮度变化剧烈的区域，其量化后产生的失真就不容易察觉到。

人眼的视觉特性还有很多，除上述几个主要的特性外，还有人眼对黑白图像的分辨力高；对彩色图像的分辨力低；对亮度信号敏感；视觉集中度存在一定的范围，对中心区域的变化敏感，对边缘区域的变化不敏感等等，这些特性都是对视频信号进行压缩编码和判断还原图像优劣的依据。

8.2.3 听觉特性

在对音频信号进行压缩编码时，与视频信号的要求一样，既要保证声音的质量，同时又要考虑处理和传输的成本、时间与效率，二者如何进行统一协调，并且统一协调的依据是什么，这就取决于人耳的听觉特性。

在人类的听觉上，存在着一个复杂的心理学和生理学现象——人耳的掩蔽效应，也就是说一个较强声音的存在可以掩蔽掉另一个较弱声音的存在，这种人耳的掩蔽效应是对音频信号进行压缩的基础，主要有下面三种表现形式：

1. 频率掩蔽效应

表现形式：在 20 Hz ~ 20 kHz 的听觉范围内，人耳对频率为 3 ~ 4 kHz 附近的声音最敏感，对太低或太高的声音感觉比较迟钝。

2. 时间掩蔽效应

表现形式：一个较强的声音信号出现时，弱的声音会被掩蔽掉，并且，在较强的声音信号出现之前和之后的短暂时间里，较强的声音信号也会掩蔽掉已存在的弱声音信号。

3. 方向掩蔽效应

表现形式：人耳能辨别声音的强弱、声音的高低音，还能辨别声音的方向，但是对频率接近的高频声音信号，人耳就分辨不出声音信号的方向了，利用这个特性，就可以把多个声道的高频部分耦合到一起，从而达到压缩音频数据的目的。

8.2.4 图像的数字化

信号处理向全数字化时代迈进，现在使用的电子设备几乎都是经过数字化处理的，但也有例外，数字摄像机在大家的印象中应该是全数字化的，其实不然。外界景物的光信号通过摄像机的镜头，经过分光棱镜将彩色光像分解为红、绿、蓝三种单色光像，然后由摄像器件 CCD 完成光电转换，转换成与光信号对应、能进行有效处理的电信号，此时的电信号还不是数字信号，而是模拟信号，这个模拟的电信号需要经过信号放大、校正等环节的模拟处理后，再通过模 / 数转换器转换成数字信号，便于以后的数字处理、压缩编码等，此时，摄像机视频信号才是真正的数字信号了。

模拟图像信号的数字化要经过下面三个步骤：取样、量化和编码。这个过程称为模 / 数转换（A/D 转换）或者 PCM（脉冲编码调制），所得到的信号称为 PCM 信号。其数字化模型如图 8-4 所示。

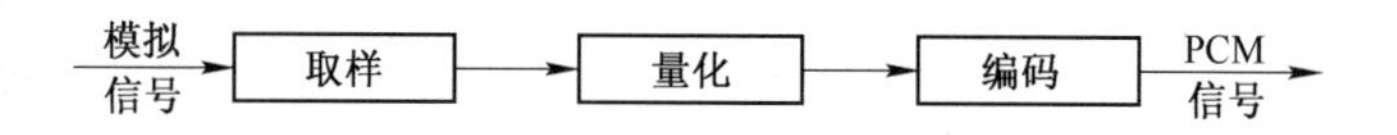

■ 图 8-4 模拟信号的数字化模型

1．取样

模拟信号转换成数字信号的第一步就是取样。按照奈奎斯特取样定理，只要取样频率大于或等于模拟信号中最高频率的两倍，就可以不失真地恢复模拟信号。模拟信号的取样及模拟信号的频谱如图 8-5 和图 8-6 所示。[1]

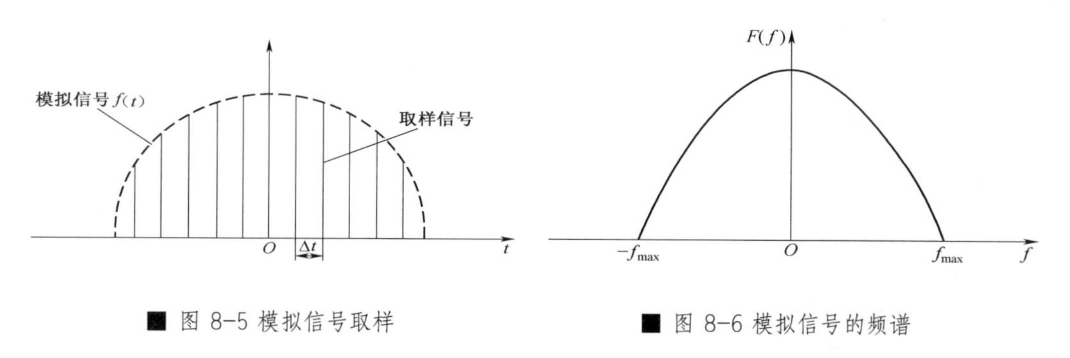

■ 图 8-5 模拟信号取样　　■ 图 8-6 模拟信号的频谱

在图中，$f(t)$ 为连续的模拟信号，Δt 为取样间隔，其倒数为取样频率，即 $f_s = 1/\Delta t$。图中的竖实线为取样信号，这些信号中包含了模拟信号的信息。f_{max} 为模拟信号 $f(t)$ 的最大频率。

如果按照奈奎斯特取样定理对模拟信号进行取样，为使取样后的离散信号无失真，则必须满足：

$$f_s \geqslant 2f_{max} \text{ 或 } f_{max} \leqslant 1/2\Delta t。$$

2．量化

量化就是把模拟信号中连续变化的幅值变换为离散变化的幅值，用有限个二进制编码来表示一组连续取样的过程。如果模拟信号的动态范围 A 是一定的，量化过程就是将 A 分为 M 个小区间，每个小区间称为分层间隔 ΔA，M 称为分层总数或者量化级数，$M = A/\Delta A$。当采用二进制编码时，$M = 2^n$，$n = 1$，2，3，…，称为量化比特数。那么，量化就是对模拟信号中的某一数值 A_i，用 $2n$ 去接近它，使之等于 $A_i + \delta$，其中 $\delta \leqslant \Delta A/2$，为最大量化误差。

（1）均匀量化

在模拟信号的动态范围内，量化间距处处相等的量化称为均匀量化或者线性量化，如图 8-7 所示。

均匀量化时信噪比随模拟信号动态幅度的增加而增加，在强信号时采用均匀量化，噪波对信

1　陈辉．数字音视频技术及应用．北京邮电大学出版社．

号的影响很小，但在弱信号时，噪波对信号的干扰就非常严重。这时就要采用非均匀量化进行处理。

（2）非均匀量化

非均匀量化是为了改善弱信号量化时的信噪比，此时量化间距随模拟信号幅度变化而变化，强信号时进行粗量化，弱信号时进行细量化，所以也称为非线性量化。

非均匀量化有两种方法：一是把非线性处理放在编码器前的模拟部分，编码器仍采用均匀量化，在模拟信号进入编码器之前，对信号进行压缩，这等效于对强信号进行粗量化，对弱信号进行细量化；二是直接采用非均匀量化，强信号时进行粗量化，弱信号时进行细量化。非均匀量化示意图如图 8-8 所示。

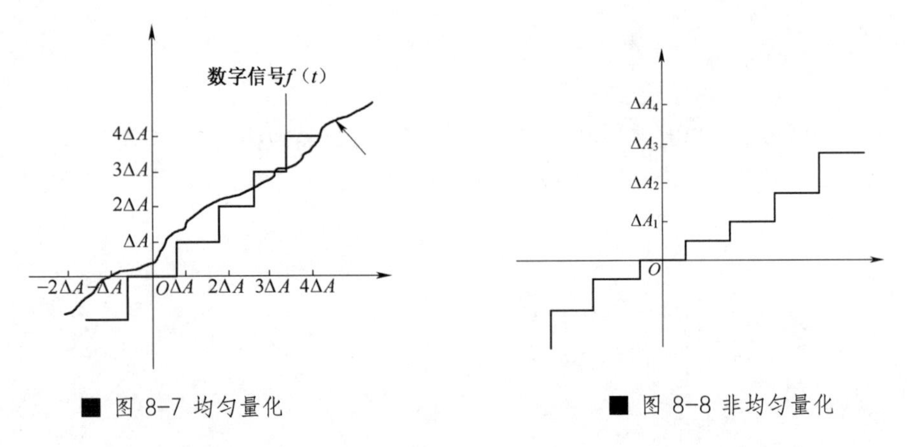

■ 图 8-7 均匀量化　　■ 图 8-8 非均匀量化

8.3 图像压缩方法

图像压缩即信源编码就是将模拟信号进行取样、量化后形成的符号序列变换成另一种序列（码字）。压缩编码的目的是减少原来信号序列中存在的信息冗余，使信源的信息率最小，从而用最少的符号序列来表示信源。

压缩编码的编码方式有定长编码和变长编码。假设信源序列长度为 L，码字的长度为 K_L，在定长编码中，对每一个信源序列，其 K_L 都是定值，设等于 K，编码的目的就是找到最小的 K 值，为实现无失真的压缩编码，就要求信源序列与码字是一一对应的，并且由码字所组成的序列逆变换为信源序列时也是唯一的。在变长编码中，码字的长度 K_L 是变化的，在编码过程中根据信源序列的统计特性，如概率大的符号用短码，概率小的符号用较长的码，这样信源序列编码后平均每个信源符号对应的符号数就可以降低，提高了编码效率。

8.3.1 熵编码

信息熵是信源中所有可能事件的平均信息量。信源中所包含的平均信息量即信息熵是进行无失真压缩编码的理论极限。那么熵编码是实现无损编码的一种方式。熵编码的方式有很多种，下面简单介绍霍夫曼编码和行程编码两种熵编码方式。

1. 霍夫曼编码

霍夫曼编码是运用信息熵原理的一种无损编码方法，这种编码方法是根据源数据中各信号发生的概率来进行编码。在源数据中发生概率越大的信号，分配的码字越短；发生概率越小的信号，分配的码字越长。

从霍夫曼编码的方式可以看出，霍夫曼编码是一种变长编码，根据变长编码的特点，可以用尽可能少的码来表示源数据。下面具体了解霍夫曼编码的步骤：

① 对信源符号进行初始化，按照其出现的概率的大小顺序依次排列。

② 把概率最小的两个符号组成一个新符号（节点），与其他信源符号中重新排队，新符号的概率等于这两个符号的概率之和。

③ 对重排后两个概率最小的符号重复步骤②，直到形成一个符号为止，其概率和等于1。

④ 开始分配码字，从最后一步反向进行码字的分配，即从最后两个概率开始逐渐向前进行编码，对于每次相加的两个概率，给概率大的配以0，概率小的配以1，也可以用全部相反的方式分配码字，如果两个概率相等，则可以任选一个概率配以0，另一个配以1。这样就完成了霍夫曼编码的过程。

霍夫曼编码是一种无损编码，与其他编码方式比较，有以下几个特点：

① 由于可能出现概率相等的符号，所以其构造出的编码值并不是唯一的。

② 对不同的信源，其编码效率也不同。

③ 霍夫曼编码是变长编码，可以提高编码效率，但会增加解码时间，并且由于编码长度不统一，会增大硬件实现的难度。

2. 行程编码

行程编码又称行程长度编码（Run Length Encoding，RLE），是一种熵编码，这种编码方法广泛地应用于各种图像格式的数据压缩处理中。

行程编码是一种十分简单的压缩方法，其工作原理是在给定的图像数据中寻找连续的重复数值，然后用两个字符取代这些连续值，即将具有相同值的连续串用其串长和一个代表值来代替，该连续串称为行程，串长称为行程长度。

对于二进制的图像数据，只有两种符号：0和1。连续的0串称为0行程，行程长度用$L(0)$表示；连续的1串称为1行程，行程长度用$L(1)$表示。0行程和1行程总是交替出现。如果规定二进制数据总是从0开始，第一个行程就是0行程，那么第二个行程必然是1行程，第三个又是0行程，如此周而复始。对于随机的序列，行程长度是随机的，其取值可以是从1到无穷，这对建立行程长度与码字之间的一一对应关系是困难的。

在一般情况下，行程长度越长，出现的概率越小，当行程长度趋向于无穷时，出现的概率也趋向于0。按照霍夫曼编码规则，概率小码字越长，但小概率的码字对平均码长影响较小，在实际编码过程中常对行程长度采用截断处理的方法，取一个适当的n值，行程长度为1，2，…，$2n$-1，$2n$，所有大于$2n$的都按$2n$来处理。

行程编码可以分为定长编码和变长编码两大类。定长行程编码是指编码的行程长度所用的二进制位数固定。变长行程编码是指对不同范围的行程长度使用不同位数的二进制位数进行编码，使用变长行程编码需要增加标志位来表明所使用的二进制位数。

8.3.2 预测编码

预测编码是根据离散信号之间存在着一定关联性的特点，利用前面一个或多个信号预测下一个信号，然后对实际值和预测值的差（预测误差）进行编码。如果预测比较准确，误差就会很小。在同等精度要求的条件下，就可以用比较少的比特进行编码，达到压缩数据的目的。[1]

预测编码中典型的压缩方法有脉冲编码调制（Pulse Code Modulation，PCM）、差分脉冲编码调制（Differential Pulse Code Modulation，DPCM）、自适应差分脉冲编码调制（Adaptive Differential Pulse Code Modulation，ADPCM）等。

预测编码主要用来减少数据在时间和空间上的相关性，去除空间冗余和时间冗余。由于图像数据中视频信号和音频信号的相邻值之间存在着很大的相关性，以视频信号为例，其空间冗余反映在一帧图像内相邻像素之间的相关性，其时间冗余反映在图像帧与帧之间的相关性，所以在视频信号和音频信号的压缩常用到预测编码。

（1）脉冲编码调制

脉冲编码调制是最简单、理论上最完善的编码系统，同时也是使用范围最广、数据量最大的编码系统。

脉冲编码调制的编码原理比较直观和简单，对输入的模拟视频信号通过取样、量化后，编码为二进制数字信号，完成模数转换，所得到的信号称为PCM信号。对视频信号的数字化，有复合编码和分量编码两种方式，复合编码是将视频信号直接编码成PCM形式；分量编码是将亮度信号及两个色差信号分别编码成PCM信号。

（2）差分脉冲编码调制

在PCM系统中，对模拟信号进行取样后得到的每一个样值都被量化成为数字信号。而差分脉冲编码调制是为了达到压缩数据的目的，对模拟信号取样后，不对每一样值都进行量化，而是预测下一样值，并将实际值与预测值之间的差值进行量化和编码。

以视频信号为例，由于人眼的视觉掩蔽效应，对出现在轮廓与边缘处的较大误差不敏感，不容易觉察到，因此对预测误差量化所需的量化层数要比直接量化视频信号实际取样值小很多，这样通过差分脉冲编码调制去除了相邻像素之间的相关性，并减少差值的量化层数实现了码率压缩。

差分脉冲编码调制的优点是算法简单，容易硬件实现，缺点是对信道噪声很敏感，会产生误差扩散。即某一位码出错，将使该像素以后的同一行各个像素都产生误差，或者还将扩散到以下的各行。这样，将使图像质量大大下降。同时，DPCM的压缩率也比较低。

（3）自适应差分脉冲编码调制

自适应差分脉冲编码调制包含两个方面的内容：一是自适应量化，利用自适应的方式改变量化阶的大小，即使用小的量化阶去编码小的差值，使用大的量化阶去编码大的差值；二是自适应预测，使用过去的样本值估算下一个输入样本的预测值，使实际样本值和预测值之间的差值总是最小。

自适应量化必须有对输入信号的幅值进行估值的能力，有了估值才能确定相应的改变量。若估值在信号的输入端进行，称前馈自适应；若在量化输出端进行，称反馈自适应。信号的估值必须简单，占用时间短，才能达到实时处理的目的。

为了减少计算工作量，预测参数仍采用固定的，但此时有多组预测参数可供选择，这些预测参数根据常见的信源特征求得。编码时具体采用哪组预测参数需根据特征来自适应地确定。为了

1 解相吾，解文博．数字音视频技术．人民邮电出版社．

自适应地选择最佳参数，通常将信源数据分区间编码，编码时自动地选择一组预测参数，使该实际值与预测值的均方误差最小。随着编码区间的不同，预测参数自适应地变化，以达到准最佳预测。

预测编码的性能由预测器的性能决定。按预测值选用的相邻像素不同，预测器可分为帧内预测和帧间预测。按预测系数是否随输入信号的统计特性变化而自适应调整，预测器又可分为线性预测和非线性预测。自适应预测是非线性预测。

8.3.3 变换编码

在图像压缩编码技术中，变换编码也是去除图像的相关性，减少冗余度的基本编码方法。它在降低数码率等方面取得了和预测编码相近的效果。进入 20 世纪 80 年代后，逐渐形成了一套运动补偿和变换编码相结合的混合编码方案，大大推动了数字视频编码技术的发展。90 年代初，ITU 提出了著名的针对会议电视应用的视频编码建议 H.261，这是第一个得到广泛使用的混合编码方案。之后，随着不断改进的视频编码标准和建议如 H.264，MPEG1、MPEG2 和 MPEG4 等，混合编码技术逐渐趋于成熟，成为一种应用最广泛的数字视频编码技术。

变换编码不是直接对图像信号进行编码，它是首先将空域图像信号分成许多小图像块，在这些小图像块上进行某种变换，将空间域的图像信号映射变换到另一个正交矢量空间（变换域或频域），产生一批变换系数，然后对这些变换系数进行编码处理。

变换编码系统框图如图 8-9 所示。[1]

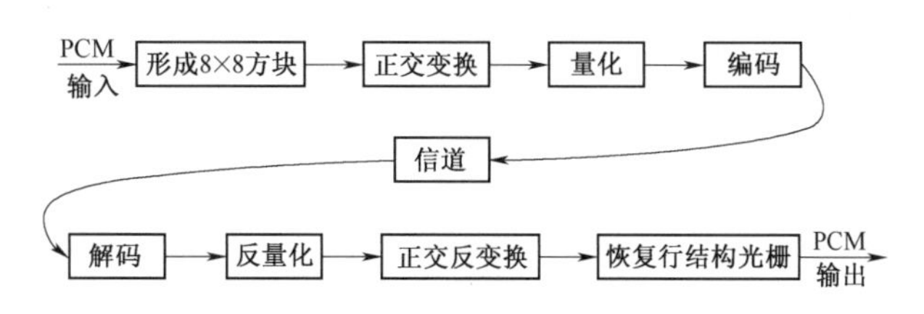

■ 图 8-9 变换编码系统框图

变换编码是一种间接编码方法，一般来说，图像在时域或空域中，数据之间存在着很强的相关性，数据冗余度大，能量分布比较均匀，经过变换后，在变换域中的图像变换系数间参数独立，数据量少，数据相关性和冗余量大大减少，并且能量集中在直流和低频变换系数上，高频变换系数的能量很小，绝大部分为 0，这样再进行量化、编码就能实现有效的图像压缩。

变换编码虽然实现时比较复杂，但在分组编码中还是比较简单的，所以在语音和图像信号的压缩中都有应用。典型的准最佳变换有 DCT（离散余弦变换）、DFT（离散傅里叶变换）、WHT（Walsh Hadama 变换）、HrT（Haar 变换）等，国际上已经提出的静止图像压缩和活动图像压缩的标准中都使用了离散余弦变换（DCT）编码技术。

8.3.4 离散余弦变换（DCT）

从图 8-9 中可以看到，变换编码的关键是找到一个好的正交变换矩阵，以提高压缩编码效率。近 30 年出现了许多正交变换编码方法，如离散傅里叶变换（DFT）、沃尔什变换（WHT）、K-L 变换（KLT）和离散余弦变换（DCT）等。一个最佳的正交变换矩阵应使变换矩阵中每行或每列的矢量和图像的统计特性相匹配。

经证明，K-L 变换是在均方误差最小准则下，失真最小的一种变换，其失真为被略去的各分

1 陈辉 . 数字音视频技术及应用 . 北京邮电大学出版社 .

量之和。由于这一特性，K-L 变换被称为最佳变换，许多其他变换都将 K-L 变换作为比较性能的参考标准。但 K-L 变换的变换矩阵是由图像的协方差矩阵的特征矢量组成的，对不同的图像，变换矩阵不同，每次都要计算，没有快速算法，且计算复杂，很难满足实时要求，这是 K-L 变换在实际应用中的一个很大障碍。

而离散余弦变换（DCT）与 K-L 变换的性能最接近，是一种准最佳变换。离散余弦变换（DCT）克服了 K-L 变换的弱点，其变换矩阵与图像内容无关，是由对称的数据序列构成，从而避免了子图像轮廓处的跳跃和不连续现象，且有快速算法，所以在多种静态和活动图像编码的国际标准中，大都采用了离散余弦变换（DCT）。其系统框图如图 8-10 所示。

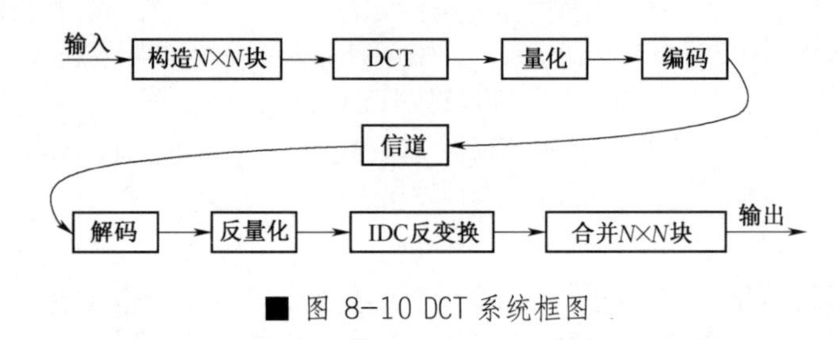

■ 图 8-10 DCT 系统框图

8.4 数字媒体压缩标准

8.4.1 声音压缩标准

1. MP3 标准

大多数人常常提到的 MP3 实际上是一种便携式音乐播放器的简称，它是由韩国人 Moon 于 1997 年发明的，在当时 MP3 以其外形小巧、操作简便、音质高风靡全世界，它同时也是音乐播放器的声音压缩格式。

说到 MP3 声音压缩格式，首先要提一提 MPEG。MPEG（动态图像专家组的简称）是 ISO（国际标准化组织）与 IEC（国际电工委员会）于 1988 年成立的专门针对运动图像和语音压缩制定国际标准的组织，目前已经建立了多个 MPEG-X 压缩编码标准。

MPEG-1 音频文件指的是 MPEG-1 标准中的声音部分，即 MPEG-1 音频层。MPEG-1 音频文件根据压缩质量和编码复杂程度的不同可分为三层（MPEG-1 Audio Layer 1/2/3 分别与 MP1、MP2、MP3 这三种声音文件相对应。 MPEG-1 音频编码具有很高的压缩率，MP1 和 MP2 的压缩率分别为 4:1 和 6:1 ～ 8:1，而 MP3 的压缩率则高达 10:1 ～ 12:1，从这里可以看到 MP3 声音压缩格式采用的是 MPEG-1 音频编码的 Layer 3。

MP3 是一种有损压缩，它的最大特点是采用较大的压缩比，得到较小的比特率，其效果能达到 CD 的音质，并且操作简单，容易从互联网上下载 MP3 资源。

MP3 压缩编码是一个国际性全开放的编码方案，其编码算法流程大致分为时频映射、心理声学模型、量化编码三大功能模块，这三个功能模块是实现 MP3 编码的关键。MP3 编码框图如图 8-11 所示。

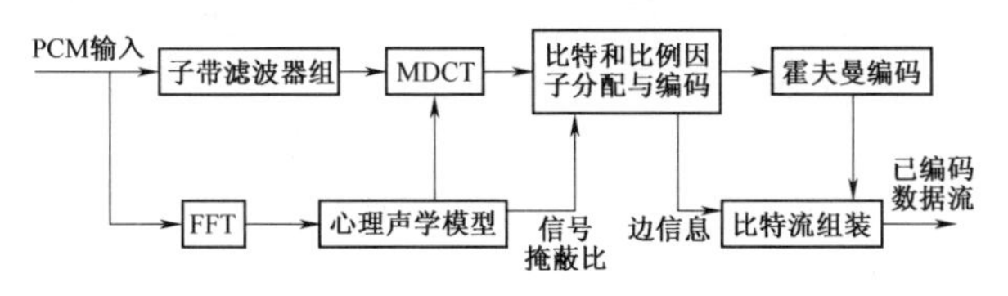

■ 图 8-11 MP3 编码框图

2. MP4 标准

提到 MP4 声音压缩标准容易与 MPEG-4 活动图像压缩标准搞混，它实际采用的是 MPEG-2 AAC 技术。MP4 声音压缩标准的特点是音质更加完美且压缩比更大，在压缩编码过程中它增加了诸如对立体声的完美再现、比特流效果音扫描、多媒体控制、降噪等 MP3 没有的特性，使得在音频信号在高压缩后仍能完美地再现 CD 音质。

8.4.2 静止图像压缩标准

1. JPEG 标准概述

国际标准化组织 ISO 和国际电工技术委员会 IEC 等国际组织于 1992 年制定出 JPEG（联合图片专家小组简称）压缩编码标准，JPEG 是第一个数字图像压缩的国际标准，其标准为 “多灰度连续色调静态图像压缩编码”。该标准广泛应用于互联网、数码相机等很多领域的图片格式。JPEG 标准不仅适用于静止图像的压缩，在电视图像序列的帧内压缩也常采用 JPEG 标准。

JPEG 标准包括两种基本的压缩方法：无损压缩方法和有损压缩方法。无损压缩方法又称预测压缩方法，是基于差分脉冲调制（DPCM）为基础的压缩方法，解码后能精确地恢复原图像，其压缩比低于有损压缩方法。有损压缩方法是基于离散余弦变换（DCT）为基础的压缩方法，其压缩比较高，是 JPEG 标准的基础。

2. JPEG 压缩编码算法

基于离散余弦变换的 JPEG 编解码原理框图如图 8-12 和图 8-13 所示。

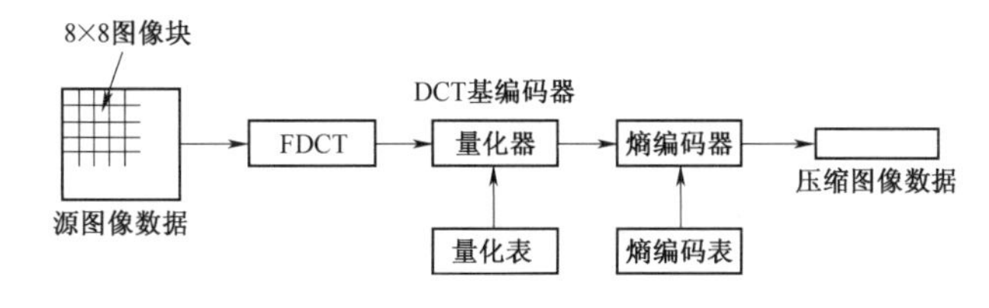

■ 图 8-12 DCT 压缩编码框图

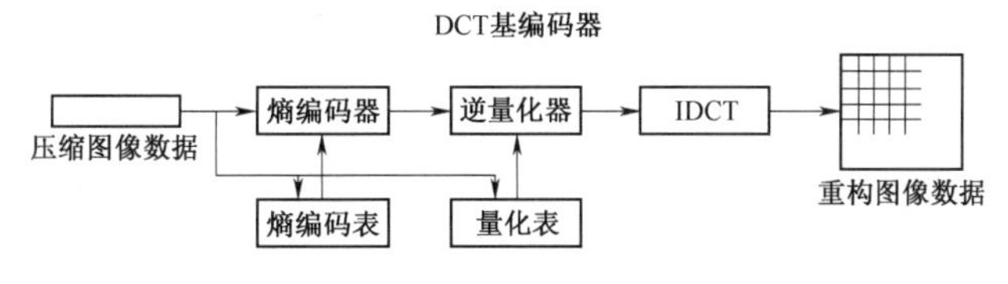

■ 图 8-13 DCT 压缩解码框图

从框图中可以看到，对于原图像数据使用正向离散余弦变换把信息从空间域变换成频率域的数据，并利用数据的频率特性进行处理；使用加权函数对 DCT 系数进行量化，这个加权函数对于人的视觉系统是最佳的；使用霍夫曼可变字长熵编码器对量化系数进行编码。

JPEG 压缩编码算法的主要有以下几个计算步骤：

① 正向离散余弦变换（FDCT）。

② 量化。

③ Z 字形编码。

④ 使用差分脉冲编码调制 DPCM 对直流系数 DC 进行编码。

⑤ 使用行程长度编码 RLE 对交流系数 AC 进行编码。

⑥ 熵编码。

3. JPEG 2000

JPEG 2000 是基于小波变换的图像压缩标准，由 JPEG（联合图片专家小组简称）制定。JPEG 2000 通常被认为是未来取代 JPEG（基于离散余弦变换）的下一代图像压缩标准。

JPEG 2000 与传统的 JPEG 压缩技术相比，有以下几个优点：

① JPEG 2000 的压缩比更高，而且不会产生原先的基于离散余弦变换的 JPEG 标准产生的块状模糊瑕疵。

② JPEG 2000 同时支持有损压缩和无损压缩。

③ JPEG 2000 支持更复杂的渐进式显示和下载。

④ JPEG 2000 的目标不仅仅是性能要超越 JPEG，而且增加和增强了如可缩放性和可编辑性这样的特性。

⑤ JPEG 2000 可以对感兴趣的区域进行压缩。

虽然 JPEG 2000 在技术上有一定的优势，但是到目前为止，网络上采用 JPEG 2000 技术制作的图像文件数量仍然很少，并且大多数的浏览器没有内置支持 JPEG 2000 图像文件的显示，这可能是因为 JPEG 2000 存在版权和专利的问题，JPEG 2000 标准本身是没有授权费用，但编码的核心部分的各种演算法被大量注册了专利。由于 JPEG 2000 在无损压缩下仍然能有比较好的压缩率，目前 JPEG 2000 在图像品质要求比较高的医学图像的分析和处理领域已经有了一定程度的应用，希望将来在更多领域能得到广泛应用。

8.4.3 运动图像压缩标准

1. MPEG 标准概述

MPEG（动态图像专家组简称）是 ISO（国际标准化组织）与 IEC（国际电工委员会）于 1988 年成立，专门负责开发电视图像数据和声音数据的编码、解码和它们的同步标准的组织，这个专家组开发的标准称为 MPEG 标准。MPEG 标准主要有以下 5 个：MPEG-1、MPEG-2、MPEG-4、MPEG-7 及 MPEG-21 等。

（1）MPEG 标准图像类型

MPEG 标准将编码图像分为三种类型，分别是 I 帧（帧内编码图像帧）、P 帧（预测编码图像帧）和 B 帧（双向预测编码图像帧）。I 帧采用类似 JPEG 标准的帧内 DCT 编码，压缩比较低，可作为 P 帧和 B 帧的图像预测参考帧。P 帧根据一个前面最近的 I 帧或 P 帧进行前向预测，采用有运动补偿的帧间预测编码方式，P 帧的压缩比也不高。B 帧既要用以前的图像帧（I 帧或 P 帧）做预测参考帧进行前向运动补偿预测，又要后面的图像帧（P 帧）做预测参考帧，进行后向运动补偿，B 帧有较高的压缩比。

（2）MPEG 标准数据流结构

MPEG 标准定义了视频数据流的分层数据结构，共分 6 层，从高到低依次为视频序列层、图像组层、图像层、宏块条层、宏块层和块层。每一层定义了一个确定的功能或信号处理功能或逻辑功能。

（3）MPEG 标准视频编码原理及关键技术

MPEG 标准视频编码原理是利用了序列图像中的空间相关性。其关键技术有以下几点：帧重排、离散余弦变换（DCT）、量化器、熵编码、运动估计和运动补偿、I 帧、P 帧和 B 帧编码。

2. MPEG-1 标准

MPEG-1 标准于 1993 年公布，为工业级标准而设计，主要解决多媒体的存储问题，它的成功制定，使得以 VCD 和 MP3 为代表的 MPEG-1 标准产品迅速在世界范围内普及。MPEG-1 标准是用于传输 1.5 Mbit/s 数据传输率的数字存储媒体运动图像及其伴音的编码，具有 CD 音质，质量级别基本与家用录像机 VHS 相当。MPEG 的编码速率最高可达 4 ~ 5 Mbit/s，但随着速率的提高，其解码后的图像质量有所降低。

MPEG-1 标准包括 5 个部分，分别为：系统、电视图像、音频、一致性测试和软件模拟。MPEG-1 标准的数据流由图像流、伴音流和系统流三种组成。

3. MPEG-2 标准

MPEG-2 标准全称为“运动图像及有关声音信息的通用编码”，是 ISO/IEC 的 MPEG 专家组与 ITU-T 的 ATV 的图像编码专家组共同制定的，其编码速率高达 10Mbit/s，是运动图像和伴音的通用标准，其视频编码算法采用带运动补偿的帧间预测和帧内 DCT 编码相结合的混合编码算法。

MPEG-2 标准包括了系统、电视图像、音频、一致性测试、软件模拟、数字存储媒体命令和控制扩展协议、先进声音编码、编码器实时接口扩展标准、DSM-CC 一致性扩展测试等。MPEG-2 的主要特点是：

① MPEG-2 解码器兼容 MPEG-1 和 MPEG-2 标准。

② 其视频数据速率为 3 ~ 15Mbit/s，基本分辨率为 720 × 576 像素，每秒可播放 30 帧画面。

③ 可以 30 : 1 或更低的压缩比提供具有广播级质量的视频图像。

④ 允许在画面质量、存储容量和带宽之间选择，在一定范围内改变压缩比。

【实例分析 8-2：数字电视的压缩编码】

数字电视是指从电视信号的采集、编辑、传播到接收整个广播链路都是数字化的电视广播系统，在这个过程中，视频和音频的模拟信号经模数（A/D）转换后形成数字信号，进入信源压缩子系统，进行信源编码去掉信号源中的冗余成分，以达到提高压缩码率和降低带宽，实现信号有效传输的目的。[1]

目前数字电视有多种分类方式，其中按照图像清晰度（水平和垂直分辨率）划分，可以分为数字高清晰度电视（HDTV）、数字标准清晰度电视（SDTV）和数字普通清晰度电视（LDTV）三种。HDTV 的图像水平清晰度大于 800 线，图像质量可以达到或接近 35 mm 电影的水平；SDTV 的图像水平清晰度大于 500 线，主要对应现有电视的分辨率量级，其图像质量为演播室水平；LDTV 的图像水平清晰度为 200 ~ 300 线，对应现有 VCD 的分辨率量级。

全世界数字电视的压缩编码标准主要有下列几种：一是美国数字电视标准，其视频编码采用 MPEG-2 标准，音频编码采用杜比（Dolby）公司的 AC-3 方案；二是欧洲数字电视标准，其数字电视地面广播、

1　雷运发，田惠英. 多媒体技术与应用教程. 清华大学出版社.

数字电视卫星广播、数字电视有线广播和手持式数字电视广播的视频和音频编码都采用 MPEG-2 标准；三是日本数字电视标准，其视频和音频编码都采用 MPEG-2 标准。我国的数字电视压缩编码标准中，数字电视卫星广播和数字电视影像广播视音频采用 MPEG-2 标准，数字电视地面广播采用具有自主知识产权的 DMB-TH 标准。

4. MPEG-4 标准

MPEG-4 标准在 1995 年 7 月开始研究，于 1998 年 11 月公布，是各种音频 / 视频对象的编码，包括了系统、电视图像、音频、一致性测试和参考软件、传输多媒体集成框架等。同时 MPEG-4 标准不仅针对一定比特率下的视频、音频编码，更加注重多媒体系统的交互性和灵活性，分辨率为 176×144，对传输速率要求较低，在 4800 ~ 6400 bit/s 之间，主要应用于视像电话、视像电子邮件等。

MPEG-4 标准为多媒体数据压缩编码提供的是一种格式、一种框架，而不是具体算法，以建立一种更自由的通信与开发环境。它的目标是支持多种多媒体的应用，特别是多媒体信息基于内容的检索和访问，可以根据不同的应用需求现场配置解码器。其编码系统也是开放的，可以随时加入新的有效的算法模块。

MPEG-4 标准有以下几个优点：

① 针对低带宽等条件设计算法，MPEG-4 标准的压缩比更高。通过帧重建技术，使低码率的视频传输成为可能，并获得最佳的图像质量。

② 节省存储空间。由于 MPEG-4 标准的算法较 MPEG-1 标准、MPEG-2 标准更为优化，在压缩效率上更高，在同等条件如图像格式和压缩分辨率条件下，经过编码处理的图像文件越小，所占用的存储空间也越小。

③ 图像质量好。MPEG-4 标准的最高图像清晰度为 768×576，远远优于 MPEG1 的 352×288，可以达到接近 DVD 的画面效果。其他的压缩技术由于算法上的局限，在画面中出现快速运动的人或物体和大幅度的场景变化时，图像质量下降。而 MPEG-4 标准采用基于对象的识别编码模式，从而保证良好的清晰度。

5. MPEG-7 标准

MPEG-7 标准于 2001 年公布，称为多媒体内容描述接口，包括系统、描述定义语言、电视图像、音频、多媒体描述框架、参考软件以及一致性测试 7 个部分。确切来讲，MPEG-7 标准并不是一种压缩编码方法，其正规的名称为多媒体内容描述接口，其目的是产生一个描述多媒体内容的标准，这个标准支持对多媒体信息在不同程度层面上的解释和理解，从而使其可以根据用户的需要进行传递和存取。

MPEG-7 标准并不针对某个具体的应用，而是针对被 MPEG-7 标准化了的图像元素，这些元素将支持尽可能多的各种应用，如可应用于数字图书馆，例如图像编目、音乐词典等；多媒体查询服务，如电话号码簿等；广播媒体选择，如广播与电视频道选取；多媒体编辑，如个性化的电子新闻服务、媒体创作等。在这里 MPEG-7 标准注重的是提供视听信息内容的描述方案，并不包括针对不同应用的特征提取方法和搜索引擎。

6. H.26X 系列视频标准

H.26X 系列视频标准是国际电信联盟 ITU 的视频编码专家组（ITU-T）制定的系列图像压缩标准，主要有 H.261、H.263、H264 等。这些视频标准主要应用于实时视频通信领域，如会议电视、可视电话等。

H.261 又称 Px64，传输码率为 Px64 kbit/s，其中 P 可变。H.261 是 ITU-T 为 ISDN 网络上的视频传输专门制定的。根据图像传输清晰度的不同，传输码率变化范围在 64 kbit/s ~ 1.92 Mbit/s之间，其编码方法首次采用了带有运动补偿的帧间 DPCM、DCT 变换编码和熵编码，这种混合编码方法具有压缩比高、算法简单的特点，是国际上第一个成熟的压缩标准，其编码算法框架对后来制定的视频编码标准产生了深远的影响。

H.263 是 ITU-T 为低于 64 kbit/s 的窄带通信信道制定的视频编码标准，其标准输入图像格式可以是 S-QCIF、QCIF、CIF、4CIF 或者 16CIF 的彩色 4 : 2 : 0 子取样图像。该标准被公认为是以像素为基础的第一代混合编码技术所能达到的最佳效果，广泛应用在会议电视、可视电话、远程视频和监控等众多领域。

H.264 于 2003 年 3 月公布，在采用传统的混合编码框架的同时，又引入了新的编码方式，并且引入了很多先进的技术，这样可得到较高的压缩比，提高了编码效率，但同时也提高了算法的复杂度，因此 H.264 标准中加入了去块效应滤波器，对块的边界进行滤波。H.264 支持网络中视频的流媒体传输，具有较强的抗误码特性，特别适应丢包率高、干扰严重的无线视频传输的要求。因其更高的压缩比、更好的 IP 和无线网络信道的适应性，在数字视频通信和存储领域得到越来越广泛的应用。

【实例分析 8-3：手机彩信的压缩编码】

手机彩信的英文简称是 MMS（Multimedia Messaging Service），是指多媒体信息服务，它最大的特色就是支持多媒体功能。多媒体信息包括图像信息、音频信息、视频信息、数据信息和文本信息等，可以支持语音、因特网浏览、电子邮件、会议电视等多种高速数据业务，多媒体信息业务可以实现手机之间、手机终端到互联网或者互联网到手机终端的即时多媒体信息的传送。

手机彩信一般由彩信头和彩信体两部分组成。彩信头包括彩信流程中的发送、通知、取回彩信、报告以及确认等信息组成，总共有 12 种彩信头，它们有各自的功能和格式。彩信体就是用户要发送的多媒体信息，包括图片、文本、声音和视频。我们可以将彩信理解为一种带有许多附件并规范化了的电子邮件，其多媒体信息为了传输的便利，同样需要进行压缩编码，如静态图像信息采用 JPEG、GIF、WBMP 等压缩编码格式，音频信息采用 MP3、MIDI、AAC 等压缩编码格式，视频信息采用 MPEG-4、H.263 等压缩编码格式。

7. AVS 标准

AVS 是中国自主制定的音视频编码技术标准，其核心是把数字视频和音频数据压缩为原来的几十分之一甚至百分之一以下。AVS 标准包括系统、视频、音频、数字版权保护等 4 个主要技术标准和一致性测试等支撑标准，涉及视频压缩编码的有两个独立的部分，一个是 AVS 第 2 部分（AVSI-P2），主要针对高清晰度、标准清晰度数字电视广播及高密度激光数字存储媒体应用；二是 AVS 第 7 部分（AVSI-P7），主要针对低码率、低复杂度、较低图像分辨率的移动视频应用。AVS 标准视频当中具有特征性的核心技术包括：8 × 8 整数变换、量化、帧内预测、1/4 精度像素插值、特殊的帧间预测运动补偿、二维熵编码、去块效应环内滤波等。

本章小结

随着计算机网络技术、信息技术和多媒体技术的迅速发展，人们对图像中视频和音频的质量要求越来越高，数字视频及音频的编码技术也得到越来越广泛的应用，如网络流媒体、移动电视、电视电话会议、视频监控、视音频存储、无线通信等，在这些数字媒体技术中，高效的数据编码是其关键技术，如何解决图像的压缩编码和解压后获得高质量的重现图像一直是人们关注的焦点。

本章从模拟技术向数字技术发展的视角，分析数字媒体压缩的必要性和实现压缩的可能性，并介绍了图像压缩的基本原理及方法，最后总结了现阶段数字媒体压缩的国际标准。随着数字媒体技术的发展，衍生出很多新的应用、新的服务，如云媒体、云服务、智慧城市等，这些也会推动压缩技术向更高效压缩方式、更自然逼真的还原效果等方向发展。

思考题

1 视频信号的信息冗余有哪几种形式？

2 音频信号的信息冗余有哪几种形式？

3 压缩有哪些分类方式？

4 简述图像压缩的基本原理；

5 简述人眼的视觉特性对压缩的影响；

6 简述人耳的听觉特性对压缩的影响；

7 常用的声音压缩标准有哪些？

8 常用的运动图像压缩标准有哪些？

知识点速查

◆视频信号的信息冗余：视频信号的处理是数字媒体压缩技术的重点和难点，其信息冗余的表现形式有空间冗余、结构冗余、时间冗余、视觉冗余、知识冗余和信息熵冗余。

◆音频信号的信息冗余：音频信号的处理是数字媒体压缩技术的另一个重点和难点，其信息冗余的表现形式有时域冗余和频域冗余。

◆视觉特性：人眼的视觉特性既有客观性的一面，同时也带有很强的主观性，它是我们判断经过压缩编码和解码后画面质量好坏的重要依据，对压缩编码影响较大的有亮度辨别阈值、视觉阈值、空间分辨力和掩盖效应。

◆听觉特性：人耳的听觉特性有一个复杂的心理学和生理学现象——人耳的掩蔽效应，它是我们判断经过压缩编码和解码后声音质量好坏的重要依据，有频率掩蔽效应、时间掩蔽效应和方向掩蔽效应。

◆音频压缩编码标准：为减少音频信号的冗余，国际上根据不同的目的和用途制定了一些音频压缩格式，其中主要的有 MP3 压缩技术、MP4 压缩技术、ITU-T G 系列声音压缩标准。

◆图像压缩编码标准：为减少图像信号的冗余，国际上制定了相应的压缩编码标准，其中包括静止图像压缩标准和运动图像压缩标准。静止图像压缩标准以 JPEG 格式为代表，运动图像压缩标准包括 MPEG 系列压缩标准、H.26X 系列视频标准等。

数字媒体存储技术

本章导读

本章共分五节，分别介绍了存储概述、内存储器、外存储器、光盘存储器以及云存储等内容。

本章从数字媒体存储技术发展与变化的视角入手，首先分析存储的必要性、可行性、发展史和存储应用及案例，然后分别讲述内存储器、外存储器、光盘存储器和云存储的特点、分类和工作原理，最后展望了存储技术发展趋势。

学习目标

1 了解存储的必要性、可行性；

2 了解存储发展史；

3 掌握内存储器的特点、分类和工作原理；

4 掌握外存储器的特点、分类和工作原理；

5 掌握光盘存储器的特点、分类和工作原理；

6 掌握云存储的特点、分类和工作原理；

7 了解存储技术的发展趋势。

知识要点、难点

1 要点

存储的发展史；

各种存储器的特点、分类和工作原理。

2 难点

各种存储器的工作原理。

9.1 概述

9.1.1 存储的必要性

信息存储无论对个人还是团体来说都是十分必要的。个人信息存储不当或丢失，会对自己及家人的生活、工作造成严重影响。对于一个企业来说，信息存储更为重要，一旦重要的数据被破坏或丢失，就会对企业日常生产造成十分重大的影响，甚至是难以弥补的损失。通过分析网络系统环境中数据被破坏的原因，发现主要有以下几个方面：

① 自然灾害，如水灾、火灾、雷击、地震等造成计算机系统的破坏，导致存储数据被破坏或完全丢失。

② 系统管理员及维护人员的误操作。

③ 计算机设备故障，其中包括存储介质的老化、失效。

④ 病毒感染造成的数据破坏。

⑤ Internet 上“黑客”的侵入和来自内部网的蓄意破坏。

根据 3M 公司调查，对于市场营销部门来说，恢复数据至少需要 19 天，耗资 17 000 美元；对于财务部门来说，这一过程至少需要 21 天，耗资 19 000 美元；而对于工程部门来说，这一过程将延至 42 天，耗资达 98 000 美元。而且在恢复过程中，整个部门实际上是处在瘫痪状态。在今天，长达 42 天的瘫痪足以导致任何一家公司破产。而唯一可以将损失降至最小的行之有效的办法莫过于数据的存储备份。

近几年来，国内网络系统的规划和设计不断推陈出新，在众多网络方案中，通常对数据的存储和备份管理的重要性重视不够，至少在方案中提及不多，甚至忽略。当网络建成运行后，缺乏可靠的数据保护措施，等到出现事故后才来弥补。总之，不论是规划设计还是运行维护阶段，都缺乏对整个系统数据存储管理和备份应采取的专业而系统的考虑，往往陷于盲目之中。

可以说，网络设计方案中如果没有相应的数据存储备份解决方案，就不算是完整的网络系统方案。计算机系统不是永远可靠的。双机热备份、磁盘阵列、磁盘镜像、数据库软件的自动复制等功能均不能称为完整的数据存储备份系统，它们解决的只是系统可用性的问题，而计算机网络系统的可靠性问题需要完整的数据存储管理系统来解决。因此，对原网络增加数据存储备份管理系统和在新建网络方案中列入数据存储备份管理系统就显得相当重要了。

从国际上看，以美国为首的发达国家都非常重视数据存储备份技术，而且将其充分利用，服务器与磁带机的连接已经达到 60% 以上。而在国内，只有不到 15% 的服务器连有备份设备，这就意味着 85% 以上的服务器中的数据面临着随时有可能遭到全部破坏的危险。因此，有必要持续不断地宣传数据存储备份的重要性，直到人们把数据存储备份视为头等重要的大事，并不断引进最先进的数据存储备份设备来确保网络数据的绝对安全为止。

9.1.2 存储的可行性

随着科学技术的发展，存储技术也取得较大发展，特别是数字技术的迅猛变革，使存储技术在数字媒体领域得到了广泛应用，存储的技术手段也发生很大变化。

常用的存储技术包括以下几种：

1. SCSI 技术

SCSI 的发展经过三个阶段。SCSI 协议的第一版本仅规定了 5 MB/s 的传输速度的总线类型、接口定义、电缆规格等标准。第二版本作了较大修改。SCSI-2 协议规定了 16 位数据带宽。高速的 SCSI 存储技术陆续成为市场的主流，也使 SCSI 技术牢牢地占据了随机存储市场。SCSI-3 协议增加了能满足特殊设备协议所需要的命令集，使得它既能适应传统的并行传输设备，又能适应最新出现的一些串行设备的通信需要，如光纤通道协议（FCP）、串行存储协议（SSP）、串行总线协议等。由于 SCSI 技术兼容性好，市场需求大，其技术不断翻新。现在已从 5 MB/s 传输速度的 SCSI-1 发展到 LVD 的 160 MB/s。近期 320 MB/s 的 SCSI 也已投入使用。SCSI 技术广泛应用于非线性编辑、字幕机等制作设备。早期的硬盘播出设备采用该技术构建视音频服务器 . 但因其可靠性等原因而被新技术取代。高可靠性的大型存储系统，通常把 SCSI 技术与其他技术结合来实现故障自恢复，以提高安全性，达到系统不间断工作的目的。

2. 网络存储技术

网络存储是近年高速发展的技术，具有安全性高、动态扩展性强的特点。许多基于工业标准的网络存储方案已经得到广泛应用。目前在数字媒体领域应用最多的是局域网存储，理论上带宽可达 1 Gbit/s，实测带宽可在 700 Mbt/s 左右；其次是光纤通道技术，理论上在全双工的情况下，带宽可达 2 Gbit/s，单通道达 1 Gbit/s，实测带宽可在 720 Mbit/s 左右。前者是基于低价位的分布式网络存储方案，后者主要架构采用专用存储，并逐渐向中低市场发展。Intel 公司推动的 Infiniband 是基于 IA-64 架构的核心存储技术，第一阶段是取代 PC， 带宽目标是 2.5 Gbit/s；第二阶段达到 Cluster 应用，带宽目标是 30 Gbit/s。其目标宏伟，是否可被市场接受，技术瓶颈能否突破，人们将拭目以待。网络存储技术近年在视频领域发展迅猛。无论是从管理、制作还是播出都得到广泛应用。但是在目前的技术条件下，形成大型电视台的制播一体网、全台媒体资产的中心存储和统一管理，还有不少的技术难点需要克服。特别是网络存储技术的带宽问题是面临的最大障碍。

3. RAID 技术

RAID 是一种由多块廉价磁盘构成的冗余阵列。虽然 RAID 包含多块磁盘，但是在操作系统下是作为两个独立的大型存储设备出现的。RAID 技术分为几种不同的等级，可以分别提供不同的速度、安全性和性价比。RAID0 是最简单的一种形式。RAID0 可以把多块硬盘连接在一起形成一个容量更大的存储设备。但由于 RAID0 没有冗余或错误修复能力，其安全性大大降低。因此，在 RAID0 中配置 4 块以上的硬盘，对一般应用是不明智的。如果其中的任何一块磁盘出现故障，整个系统将会受到破坏，无法继续使用。国内早期某些视音频服务器采用 RAID0 技术，几乎没有几台能够长期、安全使用。RAIDl 和 RAID0 截然不同 . 其技术重点全部放在如何能够在不影响性能的情况下最大限度地保证系统的可靠性和数据可修复性上。RAIDl 又称磁盘镜像，每一个磁盘都具有一个对应的镜像盘。RAIDl 是所有 RAID 等级中实现成本最高的一种，尽管如此，人们还是选择 RAIDl 来保存那些关键性的重要数据。RAID3 是利用一个专门的磁盘存放所有的校验数据，而在剩余的磁盘中创建带区集分散数据的读写操作。RAID3 不仅可以像 RAIDl 那样提供容错功能，而且整体开销从 RAIDl 的 50％下降为 25％（RAID3+1）。随着所使用磁盘数量的增多，额外成本开销会减少。在不同情况下，RAID3 读写操作的复杂程度也不相同。最简单的情况就是从一个完好的 RAID3 系统中读取数据。这时，只需要在数据存储盘中找到相应的数据块进行读取操作即可，不会增加额外的系统开销。当向 RAID3 写入数据时，情况会变得复杂一些。即使只是向一个磁盘写入一个数据块，也必须计算与该数据块同处一个带区的所有数据块的校验值，并将新值重新写入校验块中。由此可以看出，一个写入操作事实上包含了数据读取（读取带区中的关联数据块）、校验值计算、数据块写入和校验块写入 4 个过程，系统开销大大增加。可以通过适当设置带区的大小使 RAID 系统得到简化。如果某个写入操作的长度恰好等于一个完整带区的大小（全带区写入），那么就不必再读取带区中的关联数据块计算校验值。只需要计算整个带区的校验值，然后直接把数据和校验信息写入数据盘和校验盘即可。到目前为止，我们所探讨的都是正常运行状况的下的数据读写。下面，再来看一下当硬盘出现故障时，RAID 系统在降级模式下的运行情况。RAID3 虽然具有容错能力，但是系统性能会受到影响。当一块磁盘失效时，该磁盘上的所有数据必须使用校验信息重新建立。如果是从好的磁盘中读取数据块，不会有任何变化。但是如果所要读取的数据块正好位于已经损坏的磁盘，则必须同时读取同一带区中的所有其他数据块，并根据校验值重新建立丢失的数据。当更换了损坏的磁盘之后，系统必须一个数据块一个数据块地重建坏盘中的数据。整个过程包括读取带区、计算丢失的数据块和向新盘写入新的数据块，都是在后台自动进行。重建活动最好是在 RAID 系统空闲的时候进行，否则整个系统的性能会受到严重的影响。与 RAID3 不同，RAID5 是将校验数据平均分配到每一个磁盘上，各块硬盘分别独立进行条带化分割，相同的条带区进行奇偶校验（异或运算），这样就可以确保任何对校验块进行的读写操作都会在所有的 RAID 磁盘中进行均衡。因此，RAID5 具有良好的随机读性能，因为在规定的传输块大小范围内的数据只需访问单个数据驱动器，也克服了 RAID3 单个冗余盘的局限性。RAID5 的主要缺点是降低写功能，因为它是一位或一个字节地写磁盘。经过处理后，使数据块 1 的位或字节写在数据块 1 上，数据块 2 的位或字节写在数据块 2 上，因此，在写数据时处理的环节比较多，降低了随机写功能。采用 IDE 硬盘构建 RAID 的技术是新出现的一个技术方向。由于 IDE 设备扩展性和 IDE 设备支持热插拔的技术限制，IDE 设备的 RAID 应用尚不够广泛。在广电业，使用 RAID 技术最多的是视音频服务器和非线性编辑硬盘塔。其他存储设备也广泛应用，但不如上述设备引人注目。

4. SAN 技术

SAN 是存储技术进入网络时代的产物。它一方面能为网络应用系统提供丰富、快速和简便的存储资源，另一方面又能对网上的存储资源进行集中统一的管理，成为当今理想的存储管理和应用模式。它既可以作为电视台业务管理的结构，也可以作为视音频播出服务器的网络化构架。

5. NAS 技术

NAS 是目前发展速度最快的数据存储设备之一。在典型的网络架构中，数据成为网络的中心，NAS 设备是直接连接在网络上的。它具有如下的特点：

① NAS 设备是作为单独的文件服务器存在的。网络中所有设备的大多数据均存储在 NAS 设备上。

② 将 NAS 设备连接到网络中非常方便。如通过设置简单的 IP 地址等，就可以即插即用地使用 NAS 设备。

③ NAS 设备使用的方便性，可大大降低设备的管理和维护费用。

④ NAS 设备可以支持不同的操作系统平台。同时，NAS 技术提供了 RAID 硬盘、冗余电源和风扇、冗余控制器，可保证 7×24 小时工作。该技术在数字视频领域用于中心在线存储、网络硬盘服务器和网络非线性编辑等。

6. 数据流磁带技术

数据流磁带技术是一门古老的技术。伴随着技术的不断发展和更新，其容量、读写速度、可靠性的迅速提高，它在广电领域的应用也引起重视。常用的磁带存储技术有 3 类：

（1）LTO 技术

LTO 即线性磁带开放协议，是由 HP、IBM 和 Seagate 三家厂商于 1997 年底联合制定的。它是开放式的技术，三家厂商将生产许可证开放给存储介质和磁带机厂商，使不同厂家的产品兼容。开放性带来更多的创新，兼容已有设备，降低成本和价格，使用户受益。LTO 结合了线性多通道、双向磁带格式、硬件数据压缩、优化的磁道存储和高效纠错技术，大大提高了磁带的性能。目前 LTO 支持 Ultrium（高速开放磁带格式）和 Accelis（快速访问开放磁带格式）。Ultrium 格式具有高可靠性、大容量的特点。特别是能单独操作，也可以在自动环境中使用。Accelis 则侧重于快速数据存储。它在磁带盒中装有双轨磁带存储器用于加快读写速度。两种格式使用同样的磁头、介质磁道面、通道和服务技术，并共享许多代码。两种格式相较而言，大部分用户更强调存储容量，因而 Ultrium 技术更引人注目。国内广电业于 2002 年开始引用该技术作媒体资产存储，这是一个值得重视的技术走向。

（2）DAT 技术

DAT（数字音频磁带技术）最早由 HP 和 SonY 开发。它采用螺旋扫描技术。早期主要用于数字音频存储，后来经过改进，用于信息存储领域，而且种种迹象表明，DAT 的优势还将继续保持。DAT 技术之所以大受欢迎，很重要的原因是其具有很高的性价比、高可靠性。另外，该技术全世界都在采用，因此在世界范围内都可得到该产品的持续供货和良好的售后服务。

（3）DLT（数字线性磁带）技术

DLT 技术最早于 1985 年由 DEC 公司开发。它主要应用于 VAX 机。当时是高性能、高价格，仅应用于很少领域。经改进后，又重新成为存储领域的热门技术。目前磁带驱动器容量为 10 ~ 35 GB，采用硬件压缩技术，容量可提高一倍。但 DLT 技术也存在一定的劣势：驱动器和磁介质价格高，主系统和网络之间带宽窄。非标准的外形设计使内部受到很大限制。但该技术仍可视为未来有前途的产品。目前只被少数需要高性能备份的用户采用 DLT 技术。特别值得提及的是，上述各种数据流磁带机均称有硬件压缩技术，可将数据无损压缩 1/2 或以上。但是，在广电数字媒体领域，大部分的数字媒体采用了 MPEG-1、MPEG-2 和 MPEG-4 压缩，当把这些数据保存到磁带机上时，数据不能再压缩。如果再次用磁带机的硬件压缩，不但不能压缩数据，而且会增加容量，这是由实验得出的结果。在考虑数据流磁带库容量时，如果存储的是 MPEG 或 JPEG 文件，不能按硬件压缩能力设计容量。

此外，光存储技术、Cluster 存储、IP 存储和面向对象的网络数据库存储技术也是蓬勃向上、值得关注的热点，限于篇幅此处从略。实际上，上述技术并不是孤立存在的，而是综合应用这些技术来构造系统。例如，GVG 公司和 Pinnacle 公司视音频服务器的存储阵列服务器采用 RAID3 技术，存储阵列服务器主、备镜像，视音频服务器与存储阵列服务器采用 FC 的 NAS 方式。SeaChange 公司服务器的存储阵列采用 RAID5 技术，服务器之间采用 Cluster 连接、RAID2 故障在系统选型和设计系统时，要充分考虑存储及系统的可扩充能力。例如，网络化的非线性编辑系统，如果硬盘存储阵列采用单通道 FC 传输，理论带宽是 1 000 Mbit/s，实际传输有效带宽约为标称带宽的 70%。在这样的系统上，8 个或 8 个以上精编站同时工作就容易出现等待或死机（容错功能设计不很完善时）现象。如果订购时按单通道 FC 硬盘存储阵列设计，以后扩充至 5 个以上精编站，而没有扩充硬盘存储阵列的结构，出现问题也是很正常的。

技术在发展，多种存储技术在互相竞争、互相促进和共融，适者生存。没有绝对的先进领先，只有相对的领先。特别是设计数字媒体应用系统时，要根据对象、投资、技术要求来确定选用的存储技术和结构类型，缺乏前瞻和过于追求低价格，都会造成不必要的浪费[1]。

9.1.3　存储的发展史

存储是数据的“家”。处理、传输、存储是信息技术最基本的三个概念，任何信息基础设施、设备都是这三者的组合。 历史学家发现：每当存储技术有一个划时代的发明，在这之后的 300 年内就会有一个大的社会进步和繁荣高峰。

存储技术总是伴随着人类新的发明而产生的。存储是信息跨越时间的传播。几千年前的岩画、古书，以及近代的照相技术、留声机技术、电影技术、计算机技术等的发明，极大丰富了人们的信息获取渠道。这些都是和存储技术的发明分不开的。

1. 打孔纸卡

打孔纸卡是最早的数据存储媒介，在 1725 年由 Basile Bouchon 发明，用来保存印染布上的图案。但是，关于它的第一个真正的专利权，是 Herman Hollerith 在 1884 年 9 月 23 日申请的，这个发明用了将近 100 年，一直用到了 20 世纪 70 年代中期。其实这张卡片上能存储的数据少得可怜，事实上几乎没有人真的用它来存储数据。一般它是用来保存不同计算机的设置参数的。

2. 穿孔纸带

Alexander Bain（传真机和电传电报机的发明人）在 1846 年最早使用了穿孔纸带。纸带上每一行代表一个字符。显然穿孔纸带的容量比打孔纸卡大多了。

3. 计数电子管

1946 年 RCA 公司启动了对计数电子管的研究，这是用在早期巨大的电子管计算机中的，一个管子长达 10 英寸（1 英寸 =2.54 cm），能够保存 4 096 bit 的数据。糟糕的是，它极其昂贵，所以在市场上昙花一现，很快就消失了。

4. 盘式磁带

在 1950 年，IBM 最早把盘式磁带用在数据存储上。因为一卷磁带可以代替 1 万张打孔纸卡，于是它马上获得了成功，成为直到 20 世纪 80 年代之前最为普及的计算机存储设备。

5. 磁鼓

一支磁鼓有 12 英寸长，一分钟可以转 12 500 转。它在 IBM 650 系列计算机中被当成主存储器，每支可以保存 1 万个字符（不到 10 KB）。

6. 软盘

第一张软盘发明于 1969 年，当时是一张 8 英寸的大家伙，可以保存 80 KB 的只读数据。4 年以后的 1973 年一种小一号、但是容量为 256 KB 的软盘诞生了——它的特点是可以反复读写。从此一个趋势开始了——磁盘直径越来越小，而容量却越来越大。到了 20 世界 90 年代后期，已经可以找到容量为 250 MB 的 3.5 英寸软盘。

1　卢胜民 . 浅谈存储技术在数字媒体领域中的应用 . 黑河学刊，2004（06）.

7. 硬盘

1956 年 9 月世界上第一块硬盘 IBM350RAMAC 诞生。它的总容量只有 5 MB, 使用了 50 个直径为 24 英寸的磁盘。硬盘作为微型计算机主要的外围存储设备，随着设计技术的不断提高而广泛应用，不断朝着容量更大、体积更小、速度更快、性能更可靠、价格更便宜的方向发展。

8. 光盘

自 20 世纪 70 年代人类发明激光以后，各国科学家就开始了高密度光学存储器的研究与开发。荷兰飞利浦（Philips）公司的研究人员开始研究利用激光来记录和重放信息，并于 1972 年 9 月向全世界展示了长时间播放电视节目的光盘系统，这就是 1978 年正式投放市场并命名为 LV（Laser Vision）的光盘播放机。那个时候的光盘是只读的，虽然不能写，但是能够保存达到 VHS 录像机水准的视频，使得它很有吸引力。从此，利用激光来记录信息的革命便拉开了序幕。40 多年来在光存储技术方面已取得了举世瞩目的成就。

DVD 是使用了不同激光技术的 CD，它采用了 780 nm 的红外激光，这种激光技术使得 DVD 可以在同样的面积中保存更多的数据。

9. 闪存

20 世纪末，出现了闪存。闪存是一种新型的 EEPROM（电可擦可编程只读存储器）内存。它的历史并不长，但却取得了飞速发展，新的种类不断出现。有市面上常用的“U 盘”，有数码照相机、MP3、MP4 上用的 CF（Compact Flash）卡、SM（Smart Media）卡，MMC（Multi Media Card）卡以及移动硬盘等。它们携带和使用方便，容量和价格适中，存储数据可靠性强，因此普及很快。

几十年来，传统的存储设备更新换代，身形由当年的巨大越变越小，容量却从当年的微小越变越大。同时，存储速度大幅也得到提升，不可同日而语。从最原始的打孔设备到磁带设备，再到软盘、光盘、硬盘、磁盘阵列和固态硬盘，存储成本已经大大降低，传输速度和效能大大提高，大数据信息时代已经来临。如今，机械硬盘（磁盘）、固态硬盘存储容量已达到 TB 的级别，主流的存储器芯片 DRAM、 SDRAM、Flash 等存储设备的寿命越来越长，体积越来越小、速度越快而功耗越来越小。

9.1.4 存储器的分类

存储器目前主要采用半导体和磁性材料作为存储介质。按不同的分类方式，存储器可以分出多种类别：按照存储介质分类，可以粗略分为半导体存储、磁性存储和光学存储；按照读写功能，可分为只读存储器 ROM 和随机存储器 RAM；按存储器在计算机系统中所起的作用，可分为主存储器、辅助存储器、高速缓冲存储器、控制存储器等。

9.1.5 存储应用及案例

【实例分析 9-1：中科蓝鲸数字媒体存储案例——天津电视台播出系统】

1、项目背景

天津电视台始建于 1958 年 10 月，1960 年 3 月 20 日正式开播，是中国创建最早的 4 家电视台之一。地面信号覆盖天津市和北京、河北、山东等省市部分地区，可收视人口超过 2000 万人，现有员工 1400 人，拥有 14 个专业频道（含付费频道），一个高清演播室，一部十六信道高清数字转播车，9 个标清演播室和全数字录音棚。该播出系统需要较高的读写性能与可靠性来进行数据的迁移与技审服务。

2、解决方案

针对上述需求，中科蓝鲸采用两台 BWStor CSA 为此播出系统提供高性能共享存储服务。本方案提供 6 台 FC 直连客户端，其中 4 台作为自动技审服务器，采用 FC 直连的方式进行存储服务，此外，该服务器作为 NAS 头为人工技审服务器提供服务。另外 2 台作为 FTP 迁移服务器负责素材迁入和迁出。系统架构如图 9-1 所示。

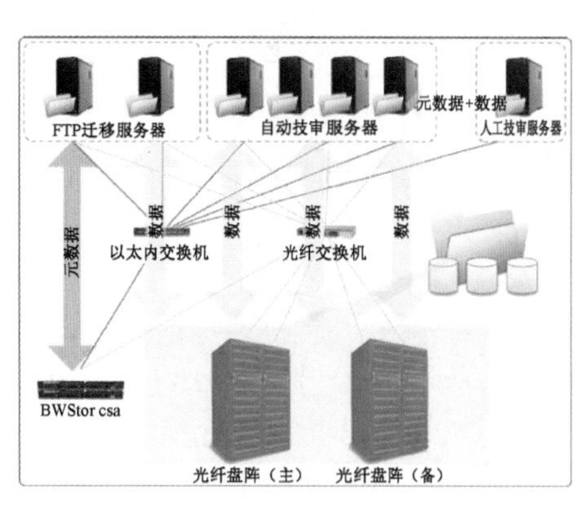

■ 图 9-1 天津电视台播出系统架构图

3、应用效果

该系统经过严格测试和用户实际使用后证实，以中科蓝鲸 BWFS 为核心的 BWStor CSA 为用户带来以下价值：

（1）为整个播出系统中提供高性能文件共享服务，有效地降低了因拷贝带来的烦琐与错误。

（2）先进的带外数据传输架构，有效地解决文件并发访问时存储系统的 I/O 带宽瓶颈问题，服务器全部 FC 直连，充分满足带宽延时要求。

（3）采用双元数据控制器，系统良好的可靠性和冗余设计有效地降低系统业务中断带来的损失，并采用主、备光纤盘阵作冗余，大大地提高了数据存储的可靠性。

9.2 内存储器

9.2.1 分类

内存储器（见图 9-2）分为读写存储器（RAM，又称随机存取存储器）、只读存储器（ROM）、Cache（高速缓冲存储器）等，都是半导体存储器，其中 RAM 是最主要的存储器。内存储器是计算机中影响整个系统性能的一个重要因素，内存容量的大小、存取速度、稳定性等都是内存性能的重要指标。

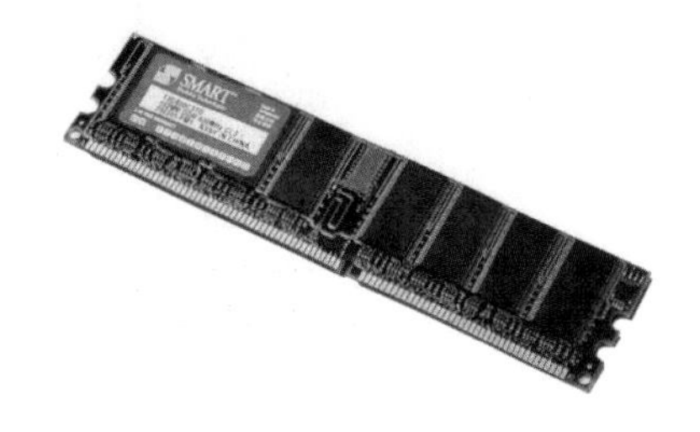

■ 图 9-2 内存储器外形

9.2.2 特点

微型计算机的内存储器由于采用大规模及超大规模集成电路工艺制造，所以具有密度大、体积小、重量轻、存取速度快等特点。

1. 读写存储器（RAM）

RAM 的特点是其中的内容可随时读写，但断电后 RAM 中的内容全部丢失。在 RAM 中主要存放要运行的数据和程序。RAM 是仅次于 CPU 的宝贵资源。

2. 只读存储器（ROM）

ROM 的特点是能读不能写。但是断电后，ROM 中的内容仍然存在。在系统主板上的 ROM-BPS，主要包括引导程序、系统自检程序等。

3. 高速缓冲存储器（Cache）

Cache 简称高速缓存。它是指内存与 CPU 之间设立的一种高速缓冲器，有 CPU 内部和外部两种。一级高速缓存（Primary Cache）设置在微处理器芯片内部，二级高速缓存（Secondary Cache）安装在主板上。

9.2.3 工作原理

内存储器泛指计算机系统中存放数据和指令的半导体存储单元。内存中的几千万个基本存储单元，每一个都被赋予一个唯一的序号，称为地址（Address）。CPU 凭借地址准确地控制每一个单元。

内存物理实质就是一组或多组具备数据输入 / 输出和数据存储功能的集成电路，内存只用于暂时存放程序和数据，一旦关闭电源或发生断电，其中的程序和数据就会丢失。人们平常所提到的计算机的内存指的是动态内存（即 DRAM），动态内存中所谓的“动态”是指当将数据写入 DRAM 后，经过一段时间数据会丢失，因此需要一个额外电路进行内存刷新操作。具体的工作过程是这样的：一个 DRAM 的存储单元存储的是 0 还是 1 取决于电容是否有电荷，有电荷代表 1，无电荷代表 0。但时间一长，代表 1 的电容会放电，代表 0 的电容会吸收电荷，这就是数据丢失的原因；刷新操作定期对电容进行检查，若电量大于满电量的 1/2，则认为其代表 1，并把电容充满电；若电量小于 1/2，则认为其代表 0，并把电容放电，由此来保持数据的连续性。每一个内存单元通过可以短暂存储电荷的电容组成，数据信息由无数个位（bit）组成，每一个位只有两种状态：0 和 1，内存将这些位的数据存储在内存单元组成的栅格里。当处理器进行运算时，通过前端总线和内存之间的通道将一些需要信息的存储到内存中的栅格里，当需要调用信息时，再向内存发出请求，这些请求都带有内存地址的信息，以此来定位数据在内存栅格内的位置。

常用的 ROM 是可擦除可编程的只读存储器，称为 EPROM。用户可以通过编程器将数据或程序写入 EPROM，也可以用过紫外灯照射将 EPROM 中的信息删除。还有一种 EEP-ROM，可以像 RAM 那样写入时擦除原有的信息。

Cache 完成 CPU 与内存之间信息的自动调度，保存计算机运行过程中重复访问的数据或程序代码。这样，高速运行部件和指令部件就与它建立了直接联系，从而避免了直接到速度较慢的内存中访问信息，实现了内存与 CPU 在速度上的匹配。

【实例分析 9-2：AWS 新增虚拟设备 内存储器锁定实时计算】

为了将内存储器的发展趋势锁定为实时计算，AWS 增加了一个新类型的虚拟服务器。可以在 EC2 上提供新的第 10 个选项，被称为高内存集群实例，包括容量为 88 个 EC2 的计算单元（在两个英特尔 Xeon E5-2670 处理器、两个 120 GB 固态硬盘的实例存储和 244 GB 内存上运行）。

它的速度要考虑到其用途，例如用于内存分析（包括在 SAP HANA 的流行平台上）和一定的科学工作负载上，这些工作负载需要数据交付能够跟上处理速度。应用程序能够读取和写入数据越快（从一个内存缓存或固态硬盘中会比从硬盘驱动器中快），处理器就可以计算得越早。

而且因为新的实例是 AWS 集群计算族的一部分，多个实例达到服务器到服务器之间通过 10 Gbit/s 以太网连接的数据快速传输。2010 年，在一个叫 CloudHarmony 网站的基准测试中，集群计算实例在市场上远优于其他实例。它们还被用于自旋向上集群，在纯粹的性能方面可以与传统超级计算机相媲美——在最新的 500 强名单中以 354.1 兆次的峰值速度位居第 102 名。

尽管如此，AWS 如今并不是需要数据实时处理用户的唯一工具。例如，Liquid Web 的风暴云服务提供了一些每小时近 1.50 美元的高端内存、固态硬盘驱动服务器，低于 AWS 的费用（虽然有更少的核，也缺少 AWS 平台具有的 10 Gbit/s 以太网主干网和一系列功能）。

9.3 外存储器

内存虽有不小的容量，而且存取速度又快，但相对于计算机所面对的任务而言，仍远远不足以存放所有的数据；另一方面，内存不能在断电时保存数据。因此需要更大容量、能永久保存数据的存储器，这就是外存储器（Secondary Storage）。

9.3.1　分类

在微型计算机中，常用的外存储器主要有磁盘存储器、磁带存储器和光盘存储器。磁盘是最常用的外存储器，通常它分为硬盘和软盘两类，分别如图 9-3 和图 9-4 所示。

■ 图 9-3 硬盘外形

■ 图 9-4 软盘外形

闪存是另外一种常用的外存储器，如图 9-5 所示。它实质上是一种新型的 EEPROM。

■ 图 9-5 各类闪存外形

9.3.2　特点

外存储器又称辅助存储器，它的容量一般都比较大，而且大部分可以移动，便于不同计算机之间进行信息交流。

1. 硬盘存储器

硬盘存储器简称硬盘（HardDisk），是微型计算机中广泛使用的外部存储器，它具有比软盘大得多的容量，速度快，可靠性高，几乎不存在磨损问题。硬盘的存储介质是若干刚性磁片，硬盘由此得名。

2. 软盘

软盘当初因其具有体积小、重量轻、携带方便和价格低廉等优点，被普遍使用。但随着存储技术的发展，以上优点不复存在，所以已彻底退出历史舞台。

3. 闪存

闪存具有容量和价格适中、存储数据可靠性强、携带使用方便等优点，目前被广泛使用。

9.3.3 工作原理

无论是软盘还是硬盘，这些盘片表面都涂覆着磁性物质的圆盘，存取数据都是通过一种称为磁盘驱动器的机械装置对磁盘的盘片进行读写而实现的。工作时，它的磁头可以直接移动到盘片上的任何一块存储区域，通过专门的电子电路和读写磁头，把计算机中的数据录到盘上（称为写入）或从盘上把数据传回到计算机（称为读出），从而成功地实现随机存储。

【实例分析 9-3：一个 IBM 笔记本电脑硬盘的数据恢复例子】

今天接了一个同行的数据恢复，是一块 IBM 笔记本电脑硬盘。故障现象是正确认盘，MHDD 扫描 10% 前面完好。心想，这个难度不大了。干脆检测完毕再做吧。结果全盘没坏道色块。工具盘引导进入 DOS，用 diskgen 查看，分区表正常。其中 C 盘为 NTFS 格式，其他盘都为 FAT32。退出回到 DOS 状态，输入 DIR C:、DIR D:、DIR E: 均能查看信息。

在 Windows XP 系统下，直接把硬盘接 IDE2 口，另外供电给硬盘。终于认到了硬盘，可是等了半天还没反应。想想，检测没有坏道色块，难道分区表有问题？于是换系统接硬盘进 Windows 98。还没进去就报错了。

会不会是读写磁头的写磁头有问题呢？

于是，用 MHDD 加了个密码进去，然后断电，再扫描，加密不成功，原来是这样。接下来是用 DE 做还是用别的方法呢？

DE 太慢了。对了，试下 GHOST 硬盘对克。顺利完成克隆，将克隆好的硬盘接上 Windows XP 系统，认盘正常，分区正常，资料都在了。至此，这个 IBM 笔记本电脑硬盘数据恢复完成！

9.4 光盘存储器

9.4.1 分类

光盘存储器包括光盘和光盘驱动器、DVD 和 DVD–ROM 以及光盘刻录机等。光盘和光盘驱动器如图 9-6 所示。

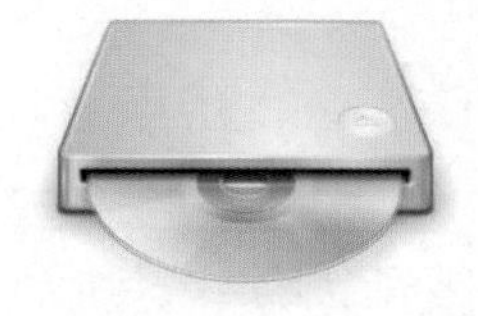

■ 图 9-6 光盘和光盘驱动器示意图

9.4.2 特点

1. 光盘和光盘驱动器

只读光盘存储器（Compact Disk Read-Only Memory），简称 CD-ROM，它具有体积小、容量大（一张 CD -ROM 的容量可达 650 MB）、易于长期保存等优点，很受用户欢迎。

正像读磁盘需要磁盘驱动器一样，读取光盘的内容也需要光盘驱动器，简称光驱。使用时将 CD-ROM 盘放入 CD -ROM 驱动器，CD-ROM 驱动器安装在计算机机箱前部。衡量一个 CD-ROM 的性能有两个指标：一个是数据的传输速率，早期的为单速、倍速、四倍速，后来发展为八倍速、十倍速、十六倍速，目前配置大都在四五十倍速；另一个指标是数据的读取时间。

2. DVD 和 DVD - ROM

新一代光盘——数字视频光盘或数字影盘（Digital Video Disk）简称 DVD（DVD-ROM），

也称为数字通用光盘。它利用 MPEG2 的压缩技术来存储影像，集计算机技术、光学记录技术和影视技术为一体，成为一种容量大、性能高的存储媒体。外观上一张 DVD 盘与一张 CD 盘相似，直径都是 120 mm、厚度为 1.2 mm 的圆盘。DVD 盘与 CD 盘一样便于携带，但更节约空间。

3. 光盘刻录机

光盘可分为只读光盘（CD-ROM）和可读写光盘，若要在光盘上写入信息需光盘刻录机。光盘刻录机的外观和 CD-ROM 光驱几乎一样。可供写入的盘片有 CD-R（CD-Recorder）和 CD-RW（CD-Rewritable）两种。CD-R 是一种将数据一次性写入光盘的技术，一般用 CD-R 刻录机为 CD-R 盘写入信息。CD-WR 是指可以多次写入的光盘，利用一种“重复写入”技术可以在 CD-RW 盘片上相同的位置重复写入数据。具有在 CD-RW 盘上写入信息的刻录机称为 CD-RW 刻录机。CD-RW 刻录机除了可以刻录 CD-RW 光盘外，也能刻录 CD-R 光盘。目前 DVD 刻录机已经被广泛使用，它可以实现对 DVD+R 盘写入信息。

9.4.3 工作原理

光存储器是指利用光学原理存取信息的存储器。其基本工作原理是利用激光改变一个存储单元的性质，而性质状态的变化就可以表示存储的数据，识别性质状态的变化就可以读出存储的数据。光盘又称为 CD（Compact Disk，压缩盘），是通过冲压设备压制或激光烧刻，从而在其上产生一系列凹槽来记录信息的一种存储媒体。光盘的存储介质不同于磁盘，它属于另一类存储器，主要利用激光原理存储和读取信息。光盘片用塑料制成，塑料中间夹入了一层薄而平整的铝膜，通过铝膜上极细微的凹坑记录信息。CD-R 盘片直径为 12 cm，可以存储 650 MB 的数据或 74 min CD 质量的音乐或 VHS 质量的视频。CD-R 盘片共由 5 层组成。其中，记录层的主要成分是涂有特殊性质的有机染料，这些染料在激光的作用下会产生变化，从而达到记录数据的目的。CD-R 的工作原理是利用较高功率的激光在空白的光盘片上刻出可供读出的反光点，为了达到这个目的，CD-R 盘片上必须涂抹一些用激光就可以改变其反光特性的特殊颜料。CD-R 盘片都使用有机染料作为记录层的主要材料。CD-R 盘片在开始时是没有任何内容的，当有一束较强的激光照射时，记录层的感光染料转变成具有不同反光特性的点阵。在标准的 CD-ROM 驱动器中用较弱功率的激光照射，变色的点阵对激光进行不同的反射，从而使得驱动器可以读出存储在其中的数据。DVD 是数字视盘（Digital Video Disk）和数字通用盘（Digital Versatile Disk）的缩写。它是能够保存视频、音频和计算机数据的容量更大、运行速度更快的压缩盘片。DVD 的特点是存储容量比 CD 盘大得多，最高可达到 17 GB。一片 DVD 盘的容量相当于 25 片 CD-ROM（650 MB），而 DVD 盘的尺寸与 CD 相同。DVD 所包含的软、硬件要遵照正在由计算机、消费电子和娱乐公司联合制定的规格，目的是能够根据这个新一代的 CD 规格开发出存储容量大和性能高的兼容产品，用于存储数字电视和多媒体软件。DVD-ROM 光驱与普通光驱的结构基本是相同的，只是 DVD 盘的记录凹坑比 CD-ROM 更小，且螺旋存储凹坑之间的距离也更短。要读取 DVD 盘片上的数据，需使用频率更高、波长较短的 635 ~ 650 nm 红外激光器，这样才能读取窄轨上的数据。目前主要的 DVD-ROM 品牌有明基、三星、先锋、LG、索尼、飞利浦、志美等。在光存储产品家族中，除了 CD-ROM、DVD-ROM 或者光盘刻录机 CD-RW 产品之外，还出现了集三种类型光驱功能于一身的全能光驱——Combo。Combo 又称为全能光驱或者康宝。

【实例分析 9-4：美国军方下令禁止全军使用 USB 存储器、CD 光盘等移动存储介质】

据美国有线电视新闻网 2010 年 12 月 13 日报道：为防止军事机密泄露，美国军方近日下令禁止全军使用 USB 存储器、CD 光盘等移动存储介质，违者将以军法论处。

美国空军网络部门指挥官理查德·韦伯少将发布“网络控制令”，要求所有人员“立即停止在所有系统、服务器和连接国防部秘密网络的计算机上使用移动存储介质。”报道称，美军其他军种也收到类似命令。

报道称，军方此举是为防范军事机密再次被“维基解密”一类的网站泄露。早在两年前，美国军方曾下令禁止使用移动存储介质，理由是防止病毒传播。但由于禁止使用移动存储设备给军方数据传输带来很大麻烦，该禁令被取消，结果为“维基解密”大开方便之门。“维基解密”网站陆续公开数十万份有关伊拉克和阿富汗战争的军事文件。经美国军方调查，文件的泄露者是曾在伊拉克服役的美军情报分析员布拉德利·曼宁，作案工具就是移动存储设备。他从军方网络下载大量机密文件，并刻录在一张标为“Lady Gaga”的 CD 中，之后他将机密文件传输给“维基解密”网站。

“维基解密”事件发生后，美军方采取大量措施，一份内部报告显示，五角大楼已限制所有机密计算机向移动设备复制文件的权限。美军大约 60% 的计算机与主机安全系统连接，监视任何异常行为。

9.5 云存储

一说起云存储，人们想到的就是容量大、方便，在有些人看来云存储是一种技术，也有一部分人认为云存储是一种服务，那么，云存储究竟是什么？

云存储的第一个含义是网络。最早人们通过云的图示表示网络，这是云存储的由来。“云存储”实际上借助了网络的概念，所以它有网络的意思在里面。实际上，云存储是通过网络提供的可配置虚拟化存储和相关数据服务，而这个服务级别是可以按需要来保证的。

云存储的第二个含义是它的服务。如果没有存储作为服务提供给大家就没有“云存储”这个词。包括虚拟化存储，提供一个存储池，屏蔽后台的所有细节，提供传统的存储很难做到的按需服务。

云存储示意图如图 9-7 所示。

■ 图 9-7 云存储示意图

9.5.1 分类

云存储目前可以划分为公共云存储，即公有云；私有云存储，即私有云；混合云存储，即混合云三种模式。目前主流的当属公有云和私有云服务。

国内比较知名的提供公有云服务的包括：

个人网盘：百度网盘、360 网盘、华为网盘、酷盘、新浪微盘、腾讯微云等；

企业网盘：燕麦（OATOS）企业云盘、金山快盘、搜狐网盘、115 网盘等。

金山的云存储服务产品快盘可信度较高，市场前景很被看好。

2010年，上海云商信息科技有限公司推出真正的云端存储——WinStor，其完全做到私有存储，完全以用户为基础，对磁盘空间为导向，以跨域/路由完美实现真正的云存储。此存储将在未来几十年内大量应用到家庭用户，企业，教育市场，其价值不可小视。

此外，云存储系统还可按以下4种类型划分：

① 提供块存储的云存储系统。

② 提供文件存储的云存储系统。

③ 提供对象存储的云存储系统。

④ 提供表存储的云存储系统。

9.5.2　特点

云存储系统应具有以下特点：

（1）高可扩展性

云存储系统可支持海量数据处理，资源可以实现按需扩展。

（2）低成本

云存储系统应具备高性价比的特点。低成本体现在两方面：更低的建设成本和更低的运维成本。

（3）无接入限制

相比传统存储，云存储强调对用户存储的灵活支持，服务域内存储资源可以随处接入，随时访问。

（4）易管理

少量管理员可以处理上千节点和PB级存储，更高效地支撑大量上层应用对存储资源的快速部署需求。

9.5.3　工作原理

云存储是一个子云计算。云计算系统不仅提供用户访问存储，而且还在网络上安装一个遥控器处理能力和计算机网络应用。

举个例子，有数百人有不同的云存储系统。有些人存储一个非常具体的重点电子邮件信息或者数码照片，其他用来存储所有形式的数字数据。有些云存储是小规模的，而有些则是庞大的。

在最基本的层面，一个云存储系统只需要一个数据服务器连接到互联网。客户端通过互联网发送文件副本的数据服务器，然后记录信息。当客户端要检索资料的时候，通过访问一个基于Web的界面的数据服务器。然后，服务器发送文件或者返回客户端或允许客户端访问和操作服务器本身的文件。

【实例分析9-5：云存储的例子】

现在有数以百计的云存储供应商的网站，并且每一天使用人数都在增加。不仅是提供存储竞争的公司很多，每家公司为客户提供的存储量似乎也在定期成长。

例如，一些服务器存储了医疗卫生系统的电子健康记录，使得医生即时获得患者的健康记录十分容易。

人们可能对一些云存储服务提供商有些熟悉，尽管并不知道云存储的具体形式。下面是一些著名公司提供的一些云存储的形式。

谷歌 Docs 允许用户上传文件、电子表格和演示谷歌的数据服务器。用户可以使用谷歌的应用程序来编辑文件，还可以发布文件，以便其他人可以阅读它们甚至进行修改。这意味着谷歌 Docs 也是一个云计算的例子。

还有电子邮件服务商，例如 Gmail、Hotmail 和雅虎。邮件信息在自己的服务器存储电子邮件，用户可以从计算机和连接到互联网上的其他设备访问电子邮件。

YouTube 的主机文件以百万计的用户上传的视频也是一个例子。社会网络站点如 Facebook 和 MySpace 允许成员张贴图片和其他内容，所有这些内容都在各自网站的服务器上。

上面列出的一些服务都是免费的，也有公司收取一定数额的费用，还有一些规模稍大的是按照客户来定的，一般来说，随着越来越多的公司进入这个行业，网上服务的价格也随之下降。

那么，是否有一个对存储的需求，足以支持所有企业进入市场？有些人认为，如果有空间有待填补，就会有人将它填满。也有人认为该行业注定要经历不同的网络泡沫，人们将拭目以待。

9.6 存储技术发展趋势

IDC（美国市场研究公司）研究表明，从 2006 年到 2010 年，全球信息总量 已增长 6 倍以上，从 161 EB 增加到 988 EB(1 EB=1024 PB)。一些新推出的磁盘阵列中已经普遍采用了 750 GB 或 1 TB 的 SATA 硬盘。目前已知存储密度最高的磁盘阵列可以在 4U 空间内提供高达 42 TB 的存储容量，这在以前是根本无法想象的。

最新一代 LTO-4 磁带的单盒磁带存储容量也达到了 1.6 TB（压缩比为 2∶1）。技术的不断进步必将推动存储向更高容量发展，而重复数据删除、压缩等技术的引入，可以进一步提升存储空间的利用率。从性能方面看，FC 磁盘阵列已经逐步过渡到 4 Gbit 时代，而 8 Gbit FC 又在向数据中心用户招手；万兆 IP 存储不再是纸上谈兵；在 InfiniBand 领域，已经有厂商推出了 40 Gbit InfiniBand 适配器产品。 现有的网络存储架构，比如 SAN 或 NAS 还能够有效支撑无处不在的云计算环境吗？有人表示怀疑。其主要论据是：面对 PB 级的海量存储需求，传统的 SAN 或 NAS 在容量和性能的扩展上会存在瓶颈；云计算这种新型的服务模式必然要求存储架构保持极低的成本，而现有的一些高端存储设备显然还不能满足这种需求。从谷歌公司的实践来看，它们在现有的云计算环境中并没有采用 SAN 架构，而是使用了可扩展的分布式文件系统 Google File System（GFS）。这是一种高效的集群存储技术。 近几年逐渐兴起的集群存储技术，不仅轻松突破了 SAN 的性能瓶颈，而且可以实现性能与容量的线性扩展，这对于追求高性能、高可用性的企业用户来说是一个新选择。随着一些专注于集群存储业务的厂商，比如 Panasas、Isilon、龙存科技等在中国市场的快速发展，集群存储技术的应用会更加普及。虽然集群存储在处理非结构化数据方面优势十分明显，但从目前情况看，集群存储不太可能在短时间内完全取代传统的网络存储方式，SAN 和 NAS 仍会有用武之地。 需要强调的是，虚拟化是实现云计算远景目标的一项核心技术，因为云计算本身就是一个能提供虚拟化和高可用性的新一代计算平台。从目前的市场情况看，服务器虚拟化已经是如火如荼，而存储虚拟化的发展相对慢一些。2007 年底，EMC 推出了 SAN 存储虚拟化产品 Invista 2.0。与上一代产品相比，Invista 2.0 支持的存储容量扩大了 5 倍，进一步提升了可用性，强化了数据保护机制和管理功能，提高了使用效率，增强了可扩展性。此外，Invista 2.0 还通过了 VMware 认证，可以让用户在 VMware 的架构中更妥善地管理、分享和保护信息。

存储公司 3PAR 营销副总裁 Craig Nunes 表示："为了有效支持云计算，基础架构必须具备几个关键特征。首先，这些系统必须是自治的，也就是说，它们必须内嵌自动化技术，消除人工部署和管理，允许系统自己智能地响应应用的要求。如果系统需要人为干预来分配和管理资源，那么它就不能充分地满足云计算的要求。其次，云计算架构必须是敏捷的，能够对需求信号或变化的工作负载做出及时反应。换句话说，内嵌的虚拟化技术和集群技术，必须能够应对业务增长或服务等级要求的快速变化。如果系统需要花几个小时、几天或几个星期的时间来响应新的应用或用户需求，那么这个系统也就不能满足云计算的要求了。" SaaS 也是 Storage as a Service 的缩写，意为存储即服务。在云计算环境下，存储不再是冷冰冰的硬件设备，而是一种服务。这会不会改变今后用户的存储采购方式，从采购硬件转变为购买存储服务？ Craig Nunes 表示："在大型企业内，不管是采用云计算模式还是自建一个公用数据中心，终端用户的 IT 要求终将以服务方式来满足。"

我们可以清晰地看到信息存储的发展方向，那就是速度更快、容量更大、体积更小。例如，据科学家发现，在谈到信息存储时，硬盘完全不能和 DNA 相提并论。在人类的基因序列中，1 g 的重量就可以包含几十亿 GB 的数据，而 1 mg 分子的信息存储空间就可以包含美国国会图书馆全部的书籍，并且还有剩余。在过去，这些只是理论上的概念。现在，最新的一项研究表明，研究人员可以把一部遗传学教科书的内容存储到 1 μg DNA 中，这一技术上的突破很可能会革命性地提升人类存储信息的能力。过去，有些研究团队一直试图向活细胞中的基因组写入数据，但是这种方式有一些不足之处。首先，细胞会死亡，这并不是存储数据的好方法。另外，细胞还会分裂、复制，其中会不断发生变异，从而改变数据的内容。为了解决这些问题，科学家、生物学家们正在努力研究，并且已经取得了重大的突破。

未来是信息的世界，信息的重要性与日俱增，对存储技术的要求也不可避免地越来越高，越来越多的人喜欢这种具有安全和可靠性的存储方式，所以存储技术的发展必将有伟大的变化，发展的方向必定是给人们带来更加便捷的存储方式。我们有理由相信，随着科学技术的不断发展和我们对这个世界的认识不断深入，信息存储技术还能不断发展、不断进步。

【实例分析 9-6：英特尔与美光研发出基于 3D Xpoint 架构的突破性存储技术】

北京时间 2015 年 7 月 29 日上午 8 点英特尔与美光全球同步发布：双方共同研发最新的存储技术——基于 3D Xpoint 架构闪存技术，这是一款突破性全新的（NON-V）非易失性存储器。

该存储器相对于目前的 NAND（NAND 是一种非易失性存 储技术，即断电后仍能保存数据）超出 1000 倍的速度，超出 1000 倍的耐用性。此外，相比传统存储器，该存储器技术的存储密度也提升高达 10 倍。也是自 1989 年 NAND 闪存推出至今的首款基于全新技术的非易失性存储器。

3D XPoint 技术点包括：

交叉点阵列结构——垂直导线连接着 1280 亿个密集排列的存储单元。每个存储单元存储一位数据。借助这种紧凑的结构可获得高性能和高密度位。

可堆叠——除了紧凑的交叉点阵列结构之外，存储单元还被堆叠到多个层中。目前，现有的技术可使集成两个存储层的单个芯片存储 128 Gbit 数据。未来，通过改进光刻技术、增加存储层的数量，系统容量能够获得进一步提高。

选择器——存储单元通过改变发送至每个选择器的电压实现访问和写入或读取。这不仅消除了对晶体管的需求，也在提高存储容量的同时降低了成本。

快速切换单元——凭借小尺寸存储单元、快速切换选择器、低延迟交叉点阵列和快速写入算法，存储单元能够以高于目前所有非易失性存储技术的速度切换其状态。

3D Xpoint 架构闪存未来应用（见图 9-8）：为数据库提供大规模的内存应用，可以提供更快的系统恢复，同时提供更低延迟 更长耐久性。应用环境比如机器学习、实时跟踪疾病和身临其境的 8K 游戏等。

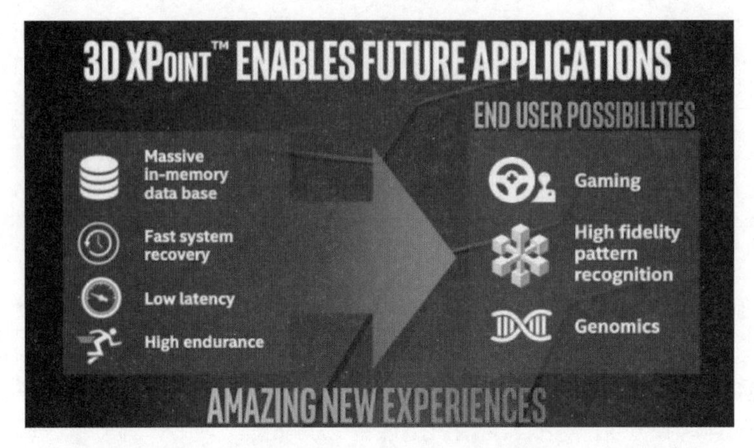

■ 图 9-8 基于 3D Xpoint 架构的存储技术未来应用示意图

本章小结

本章从数字媒体存储技术发展与变化的视角入手，讲述了存储的必要性、可行性以及发展史，分别论述了内存储器、外存储器、光盘存储器和云存储的特点、分类和工作原理，最后指出了存储技术的发展趋势。

本章需要了解存储的必要性、可行性、发展史以及发展趋势；掌握内存储器、外存储器、光盘存储器和云存储的特点和分类；理解内存储器、外存储器、光盘存储器和云存储的工作原理。

思考题

1 存储的必要性是什么？

2 简述存储的发展史。

3 存储技术有哪些种类？

4 内存储器、外存储器、光盘存储器和云存储的特点分别有哪些？

5 分别说出内存储器、外存储器、光盘存储器和云存储的分类。

6 简述内存储器、外存储器、光盘存储器和云存储的工作原理。

知识点速查

◆ SCSI（Small Computer System Interface）：中文名“小型计算机系统接口”。它是一种外设接口协议，广泛应用于服务器和高档 PC 中。

◆ RAID（Redundant Array of Independent Disk）：中文意思是独立冗余磁盘阵列。冗余磁盘

阵列技术诞生于1987年，由美国加州大学伯克利分校提出。RAID磁盘阵列（Redundant Array of Independent Disks）: 简单地解释，就是将多台硬盘通过RAID Controller（分Hardware、Software）结合成虚拟单台大容量的硬盘使用，其特色是多台硬盘同时读取速度加快及提供容错性。

◆ SAN（存储区域网）：是一种建立在存储协议基础之上的可使服务器与存储设备之间进行任意连接通信的存储网络系统，它将存储设备、连接设备和接口集成在一个高速网络中，可实现多服务器共享一个独立冗余磁盘阵列（RAID），以实现数据共享和集中管理，进而完成快速、大容量和安全可靠的数据存储。SAN具有很高的灵活性、可靠性和可扩展性，它符合数据存储系统在存储容量、存取速度、数据的高效管理等方面日益增长的需求，从而彻底改变了服务器与存储设备之间的关系。

◆ NAS（Network Attached Storage，网络附加存储）技术：是一种将分布、独立的数据整合为大型、集中化管理的数据中心，以便于对不同主机和应用服务器进行访问的技术。

◆ LTO（Linear Tape Open）技术，即线性磁带开放协议。LTO技术是由HP、IBM、Seagate这三家厂商在1997年11月联合制定的，其结合了线性多通道、双向磁带格式的优点，基于服务系统、硬件数据压缩、优化的磁道面和高效率纠错技术，来提高磁带的能力和性能。LTO技术有两种存储格式，即高速开放磁带格式Ultrium和快速访问开放磁带格式Accelis，它们可分别满足不同用户对LTO存储系统的要求，Ultrium采用单轴1/2英寸磁带，非压缩存储容量100 GB、传输速率最大20 MB/s、压缩后容量可达200 GB，而且具有增长的空间。非常适合备份、存储和归档应用。Accelis磁带格式则侧重于快速数据存储，Accelis磁带格式能够很好地适用于自动操作环境，可处理广泛的在线数据和恢复应用。

◆ DAT（Digital Audio Tape）技术：又称数码音频磁带技术，也叫4 mm磁带机技术，最初是由惠普公司（HP）与索尼公司（SONY）共同开发出来的。这种技术以螺旋扫描记录（Helical Scan Recording）为基础，将数据转化为数字后再存储下来，早期的DAT技术主要应用于声音的记录，后来随着这种技术的不断完善，又被应用在数据存储领域里。4 mm的DAT经历了DDS-1、DDS-2、DDS-3、DDS-4几种技术阶段，容量跨度在1 ~ 12 GB。目前一盒DAT磁带的存储量可以达到12 GB，压缩后则可以达到24 GB。DAT技术主要应用于用户系统或局域网。

◆ DLT（Digital Linear Tape，数字线性磁带）：源于1/2英寸磁带机，它出现很早，主要用于数据的实时采集。DLT成本较低，主要定位于中、高级的服务器市场与磁带库系统。DLT具备灵活的缓冲区、多磁头、纵向蜿蜒的轨道，以及极快磁头转动速度，特别适合密集资料多媒体的应用，广泛应用于电视、电影的后期编辑制作及DVD、VCD的制作。DLT更被美国太空总署审批选用，足证它是存储重要资料的数据流带首选。

◆光存储技术：是采用激光照射介质，激光与介质相互作用，导致介质的性质发生变化而将信息存储下来的。读出信息是用激光扫描介质，识别出存储单元性质的变化。在实际操作中，通常都是以二进制数据形式存储信息的，所以首先要将信息转化为二进制数据。写入时，将主机送来的数据编码，然后送入光调制器，激光源输出强度不同的光束。

◆集群存储（Cluster Storage）：是通过将数据分布到集群中各节点的存储方式，提供单一的使用接口与界面，使用户可以方便地对所有数据进行统一使用与管理。集群中所有磁盘设备整合到单一的共享存储池中提供给前端的应用服务器，极大提高了磁盘利用率，可以为非结构化数据提供具备极高IO带宽和灵活可扩展性的存储解决方案。

◆ IP存储：是指通过Internet协议（IP）或以太网的数据存储。IP存储使得性价比较好的

SAN 技术能应用到更广阔的市场中。它利用廉价、货源丰富的以太网交换机、集线器和线缆来实现低成本、低风险基于 IP 的 SAN 存储。

◆存储器（Memory）：是计算机系统中的记忆设备，用来存放程序和数据。存储器的主要功能是存储程序和各种数据，并能在计算机运行过程中高速、自动地完成程序或数据的存取。存储器是具有“记忆”功能的设备，它采用具有两种稳定状态的物理器件来存储信息，这些器件也称为记忆元件。有了存储器，计算机才有记忆功能，才能保证正常工作。按用途分存储器可分为主存储器（内存）和辅助存储器（外存），也分为外部存储器和内部存储器。一个存储器包含许多存储单元，每个存储单元可存放一个字节（按字节编址）。每个存储单元的位置都有一个编号，即地址，一般用十六进制表示。

◆云存储：是在云计算（Cloud Computing）概念上延伸和发展出来的一个新的概念，是指通过集群应用、网格技术或分布式文件系统等功能，将网络中大量各种不同类型的存储设备通过应用软件集合起来协同工作，共同对外提供数据存储和业务访问功能的一个系统。当云计算系统运算和处理的核心是大量数据的存储和管理时，云计算系统中就需要配置大量的存储设备，那么云计算系统就转变成为一个云存储系统,所以云存储是一个以数据存储和管理为核心的云计算系统。

◆公共云存储（Public Cloud Storage）：又称存储即服务、在线存储或公有存储，它是一个按次付费的数据存储服务模式。

◆私有存储云：是针对于公有存储来说的。私有云几乎五脏俱全，但是云的应用局限在一个区域、一个企业，甚至只是一个家庭内部。这样的私有存储云只对受限的用户提供相应的存储服务以及相应的服务质量（QoS）。使用存储服务的用户不需要了解“云”组成的具体细节，只要知道相应的接口，并提供相应的策略，剩下的工作交由“云”来完成。用户只需将这个存储云看作一个黑盒资源池，具体其内部是如何实现，如何配置，采用什么样的技术，使用什么样的平台，用户都无须关心。只要用户需要时，这朵“云”就提供存储空间，并且其中的数据可以做到随时访问，就像访问本地的存储一样。作为云端则在不影响用户的情况下，提供很多的附加功能，使得云成为高效、可靠、安全的存储池。

◆混合云存储：更准确的定义是使用企业内部部署存储和公共云存储，以创建一个更具整体价值的混搭。企业用户可以将一些数据存储在企业内部；而将另一些数据存储在云中，这取决于相关的风险分类和应用程序对于延迟性和带宽的需求。另外，企业可以采用私有云存储和公共云相结合的方法，使用公共云存储用于归档、备份、灾难恢复、工作流共享和分发。这种混合的方法可以使企业用户能够充分利用云存储的可扩展性和成本效益，而不会暴露任何关键任务数据。

数字媒体资产管理

本章导读

本章共分 5 节，分别介绍了数字媒体资产管理系统的起源与发展，媒体资产管理系统的基本业务流程与应用模式、媒体资产管理的版权保护技术与风险管理、媒体资产管理系统的架构、系统应用、未来媒资管理系统发展趋势等内容。

本章从媒资、媒资管理的起源入手，分别介绍数字媒资管理、媒资管理系统的概念、相关管理技术，同时从媒资管理系统的基本业务流程、应用模式以及媒资系统的数字水印、加密的版权保护技术，以及媒资系统的风险管理，最后分析了媒资管理系统的架构和实例，以及媒资管理未来的趋势。

学习目标

1 了解数字媒资资产管理的起源；

2 了解数字媒体资产管理的主要环节和应用模式；

3 了解数字媒体资产管理的版权保护技术；

4 了解数字媒体资产管理系统的架构与实例分析；

5 掌握数字媒体资产管理的基本业务流程。

知识要点、难点

1 要点

数字媒体资产管理的基本功能；

2 难点

数字媒体资产管理的基本业务流程与应用模式。

10.1 起源与发展

10.1.1　数字媒体资产管理的起源

媒体资产管理的概念源自数字图书馆的研究。数字图书馆的概念产生于20世纪90年代初，美国IBM公司是最早倡导及投入数字图书馆实践的商业机构，其早期著名的梵蒂冈数字图书馆项目具有深远的影响。从1995年开始，IBM公司将其数据库DB2技术与有关创立数字图书馆的技术结合起来，开发出了一个完整的数字图书馆软件系统，或者说是一个数字图书馆的解决方案。由于当时数字图书馆实践尚没有建立一个公认的统一结构与规范，IBM首先为数字图书馆系统的内容管理构造了一个框架模型，称为三角形体系结构，即由索引服务器+对象服务器+客户端组成的内容管理模型。IBM成功地以三角形体系结构为基础，开发了基于DB2的Content Manager（CM）的内容管理核心平台。在之后的10年中，IBM利用这个CM软件系统，将媒体资产的概念推广到其他行业，如银行、保险、报纸、网络、广播、电视等，为各行业的媒体资产管理提供了解决方案。

IBM媒体资产管理解决方案以内容管理器Content Manager为基础层，建立多级存储管理层，可以使媒体公司在多种媒体应用程序和系统之间实现数字化资产的存储、获取、管理和发布。

北京捷成世纪科技有限公司在2001年为中国电影资料馆设计成功地开发了媒体资产管理系统。它完全构建在IBM Content Manager内容管理系统之上。这是我国企业首次引进国外媒体资产管理技术的成功案例。

2003年7月中旬，捷成世纪又为辽宁电视台数字频道成功搭建了“数字电视节目平台媒体资产管理系统”，并于2003年BIRTV展会上展出，这是国内电视行业第一套进入实用阶段的数字电视节目平台。

由中央电视台、中科大洋公司等多家单位联合开发的中国广播电视音像资料馆项目，作为迄今最完整的媒体资产管理系统，涵盖了对视音频数据从产生、处理、存储、检索到发布的完整生命周期的管理。这是我国国内电视台和企业根据我国电视行业的实际情况联合开发的首个具有自主知识产权的大型媒体资产管理系统。

随着IT技术的深入发展以及以数字电视、IPTV等为代表的新媒体在我国的全面推行，广播电视行业的音像资料再利用的价值越来越受到重视，媒体资产管理已成为电视行业数字化的一个重要环节，也是电视行业进入交互时代的必由之路。媒体资产管理技术的全面发展将大大提升电视行业的节目生产自动化的水平及媒体资产的再利用的能力，其带来的影响力将是非常巨大的和持久的。

【实例分析10-1：阿凡达的成功——内容管理的重要】

一个叫座的电影可能产生很多其他来源的收入：续集、前传、DVD的销售和租借、音乐唱片、电视节目、视频游戏、网络游戏、漫画书和音乐舞台剧等。

音乐可以制作成彩铃出售，图片可以获准用来制作计算机、PDA和手机的屏幕保护，如果电影足够受欢迎，还可以为电影中用到的道具等物品进行更进一步的商业开发。之后动画片及其所有因素都可以被人们重新使用、重新设计和重新制作用以发起一个全新的生命周期，这些内容不同的媒体格式都要在产生它的组织内部管理，包括进行各种形式的内容处理、存储和传送。另一个趋势是，内容的建立不再是线性过程，内容是从代表不同媒体和信息种类的文章中集合而来的。

因此，内容管理系统并不是最终的存储库，而是内容建立和传送的中心环节。

10.1.2 数字媒体资产管理的概念

1. 媒体资产的概念

广播电台、电视台、通讯社、报社、网站等传媒企业，每天都要播放或发布大量的音频、视频、图片、文字等媒体信息。传媒企业在内容制作时，一方面需要引用最新采集制作的媒体信息；另一方面，也必须参考本单位以前的，或别的传媒企业提供的有关资料。这些供编辑制作使用的资料就具有再利用的价值，也就具有资产的属性，我们称之为“媒体资产”。媒体资产不仅具有重复使用的价值，而且还可以进行交换，具有商业价值。所以，这些媒体信息是传媒企业的重要资产，媒体资产管理系统就是针对这种媒体资产的管理系统。其目的是将现有的影视节目进行数字化或者数据化，并采用适当的方式编码，再存储到稳定的媒体上，达到影视节目长期保持和重复利用的目的，以满足因素节目的制作、播出和交换的需要。它不是对媒体数据的简单管理与存储，而是对媒体数据进行分类管理和检索处理后再存储，以方便用户的查询检索和再利用。

再利用的形式包括如下几种形式：重播；再制作；网上发布；交换；出版；宽带AV服务。所以媒体资产的基本概念由两部分组成：媒体内容和元数据。媒体内容包括数字媒体（视频、音频）的文件；元数据是媒体的描述信息，如作者、制作日期以及音、视频编辑等信息。

2. 媒体资产管理整体概念

由于媒体资产管理系统从其诞生之初就是面向应用的，是为解决电视台的实际问题产生的，因此相对于一些在学术机构研究的比较多的一些技术而言，媒体资产管理系统缺少比较权威的严格定义。这里仅从几个例子给一简单介绍。

美国运动图像和电视工程师协会（SMPTE）针对媒体资产管理系统的关键术语给出了以下解释：

原始素材（Essence）：也称媒体数据是媒体资产的基本元素，如视频或音频素材信息、图形、静止图像、文本等。

元数据（Metadata）：任何与原素材Essence或原始素材描述相关的信息，但不是原始素材本身——如一个磁带编码、摄影日期或作者姓名。

元数据被定义为关于数据的数据（Data about Data）。元数据是指媒体内容以外的信息，没有单独存在的价值，它是和媒体内容相关的数据。

内容（Content）：原始素材与元数据的结合。

资产（Asset）：是内容与权限的结合。很多组织只是在内部使用内容，而相关的权限信息在某些工作组，甚至在整个企业范围内，只是在某些操作上才使用。在这种情况下可以说，是内容而不是资产管理在被操作实施。在将来，如果用户想真正受益于媒体资产管理，那么被使用内容的权限信息必将统一并在整个组织甚至以外的范围内被使用。媒体资产管理系统不仅仅只管理视音频数据，图片、文字以及组织内其他数据都是系统的考虑对象[1]。

由上述讨论我们可以明确，媒体资产管理系统的建设根本目的在于应用，所以其核心应该是使媒体资产的价值最大化。

在媒体信息数字化以前的模拟时代，传媒企业通常采用仓库式的管理模式，将纸张、胶片、录像带贴上索引标签，用卡片或建立简单的关系型数据库进行检索。当媒体信息成为数字化信息以后，媒体资产已不再是以实物形式存在于库房中，而是以非实物的信息方式存储于计算机系统的存储媒体中。这种变化是革命性的，它意味着对媒体资产的管理不仅仅是关于资产的品名、数量、存放地点简单的查询，还可以通过计算机的存储、传送、分析和处理媒体信息的能力对媒体资产进行保存、搬运、加工、检索、销售等活动。

因此，对媒体资产的管理是一种比较特殊的比较复杂的管理形式，它的通常定义如下：

媒体资产管理（Media Asset Management，MAM）是一个端到端的对各种类型的媒体资产（模拟的录音带、录像带、出版物、照片、图表等，数字化的文本、图片、网页、动画、音频、视音频等）进行其生命期内全面管理的总体解决方案[2]。它完全满足媒体资产拥有者收集、保存、查找、编辑、发布各种媒体信息的功能要求，为媒体资产的使用者提供了在线内容的访问方法，实现了安全、完整地保存媒体资产和高效、低成本地利用媒体资产。

媒体资产管理运用先进的技术手段（媒体资产管理系统）、科学的理论和方法，对数字资产进行计划、组织、存储、控制和开发利用的管理活动和过程。其目的是统筹资产的利用效率，使之价值最大化。

媒体资产管理系统把元数据存于某种类型的数据库中，这种数据库支持对存在的媒体资产的多种有效的检索和查询操作；媒体内容则存于数据库之外，并且媒体内容的存储位置在其生命周期（活动期）内将不断变化。媒体内容存储于多个磁盘中，以支持网络系统的高速实时视频流，它可以被传送到播出或编辑视频服务器中以便播出或被编辑，它也能迁移到离线存储设备中做长期存档。

【实例分析 10-2：看得见和看不见的资产——胶片电影数字化】

胶片电影是将感光乳剂涂在片基上，通过感光、显影，将形成的影像放映到荧幕上；胶片的工作方式与人的眼睛很相像，它可容纳更广泛的反差、色彩范围以及高光和暗部的细节。

胶片解像力一般可达 100 cycles/mm，柯达 50D 能到 200 cycles /mm，而数字影片 2K 的像素是 2048×1556，相当于 40 cycles /mm。具体如下图所示。

扫描器规格	像素	解像力
2K	2048×1556	40cycles/mm
3K	3072×2334	60cycles/mm
4K	4096×3112	80cycles/mm
8K	8196×6224	160cycles /mm

目前大量使用的是 2K 以下的扫描器，解像力远不如胶片，不能准确还原胶片上的细节，使胶片上的细部层次、质感受到损失，而这种损失是不可挽回的 。

1 任宇红．抓紧瞬间：浅谈媒体资产管理的价值．科技资讯，2013（35）：252-253.

2 唐文杰．株洲广播电视台媒资系统建设．现代电视技术，2011（09）：78-82.

数字电影的发行不再需要洗印大量的拷贝，即避免了从原始素材到拷贝多次翻制的损失，也免除了运输过程，节约成本又利于环保 。

使用胶片存储，数据的密度高，可靠性强，效率高，寿命长，涤纶片的概率寿命在 500 年以上。

现阶段数字电影的存储介质多为硬盘，数字媒介厂商明确建议其用户每 5 ~ 7 年，必须转录一次海量数据以防数据出现问题；海量的数据复制也面临困难。一部 2K 制作的故事片大概需要 2.7 TB 存储空间，我国数字电影年产量 2008 年已经达到 260 部，其数据量几乎就是一个天文数字。

在“媒体资产管理系统”中提到的系统，一般意义上是指建立在计算机网络基础之上，支持电台电视台媒体资产管理业务的软硬件组合。

从技术层面上来看，媒体资产管理系统（可简称为媒资系统）是以计算机网络为平台，以非结构化数据库管理技术为基础，综合了网络技术、视音频编解码技术、海量数据存储技术、编目与索引技术、全文检索技术、图像识别与检索技术、网络流媒体发布技术等计算机技术，以达到收集、保存、查找、编辑、发布各种媒体信息的目的。

如果将电视台比作一个生产节目信息的工厂，电视台现有的数字系统：如卫星收录系统、演播室、非线性编辑系统、播出服务器等构成一条数字化的节目生产线，而媒资系统则是为该生产线提供服务的产品库、管理机构、原料采购部门和产品销售部门。媒资系统为电视节目生产线提供节目素材的保存、查找、发布、交换等管理功能，实现媒体资产整个生命期的数字化管理，使媒体信息成为媒体资产。

【实例分析 10-3：历史得以保存：素材的存储】

越来越多的组织正面临着怎样处理它们的内容的问题。

1、央视新媒体

“爱布谷” 为用户提供网络电视的点播、直播和 7×24 小时回放服务。直播内容覆盖数十个频道的精品栏目，点播则每日新增近 300 小时视频。

2、教育

中国戏曲学院是我国唯一一所培养高级戏曲艺术人才的高校，其教学特点要求学生学习期间观看大量的戏曲影视资料。长期以来，资料查找非常困难，无法满足多人同时观看使用，严重影响到教学质量的进一步提高。中国戏曲学院运用媒资管理系统，来实现戏曲资料的数字化存储和教学应用，使得将学校原有的珍贵资料数字化，去除节目资料缺失的危险；充分满足了学校对具有保存价值的资料进行收集、整理、存储和再利用的需求，使图像、声音、文字等方面的资料能有效地为学校教学服务。

10.1.3　媒体资产管理系统的基本功能

1. 媒体资产的基本任务与功能

媒体资产管理系统的目标是实现媒体资产的再利用。它有三项基本任务：第一是媒体数据产生；第二是媒体数据管理；第三是媒体数据发布。

在这三大任务中又有六项主要功能，就是媒体信息输入、编目标引、内容管理、存储管理、检索查询和媒体信息输出。媒体资产管理的基本任务和功能，如图 10-1 所示。

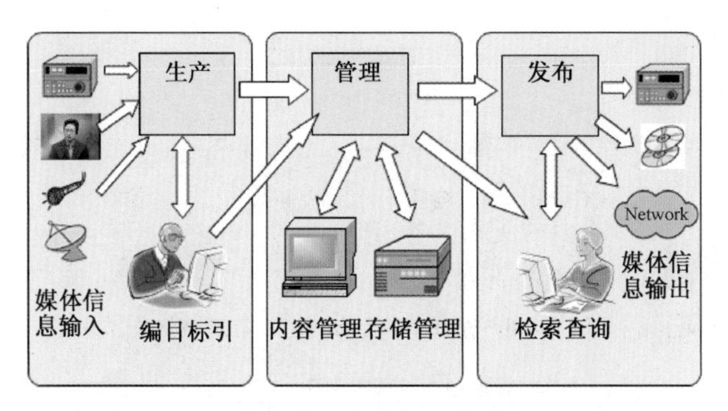

■ 图 10-1 媒体资产管理的基本任务和功能图

2. 媒体数据的产生

媒体信息输入——媒体数据的产生是媒体资产的来源。媒体资产的来源基于以下几个方面：电视台自主采编、已发布的并有再利用价值的节目或素材；通过卫星采录的有使用价值的素材；通过购买、交换等手段获取的音像资料。

编目标引——采集的数据必须经过编目才有意义。编目是将媒体资产进行分类，并将其中各个片段加入文字描述，便于检索。由于这种分类和描述信息，再加上标题、作者、版权等信息与相关的媒体紧密相关，是媒体资产管理的重要信息，被称为元数据。与图书管理一样，编目需要遵循统一的标准，即元数据标准。

3. 媒体数据的管理

存储管理——媒体数据产生以后需要将其存放起来，并进行有效管理，这是存储管理。以电视台为例，一个电视台有多个频道，每个频道每天都有新的节目需要保存，再加上通过交换、购买等方式获得的媒体资产，媒体数据的数据量非常巨大，需要非常大的存储空间。存储空间是需要经济代价的，如何经济有效地进行海量数据的存储并能及时地将媒体资产输入 / 输出是媒体数据管理需要解决的问题。

内容管理——媒资系统的内容管理是整个媒资系统的核心部分。内容管理包括素材（即媒体信息）的管理和数据（元数据）的管理。

4. 媒体数据的发布

检索查询——想要获取媒体信息首先要检索。检索的手段主要分三种：一种是根据关键字进行精确查找；第二种是根据文字说明进行全文检索；第三种是对视音频内容的检索，被称为基于内容的检索。

媒体数据输出——这种输出就是实现媒体数据的再利用，是媒体资产的价值体现。输出实际上就是面向用户的界面。用户通过这个界面查询、浏览，下载所需媒体素材。

5. 基本业务流程

在电视媒体中，对于传统的模拟磁带库的内容资产进行数字化及其管理利用，媒体资产管理系统的基本业务流程。如图 10-2 所示。

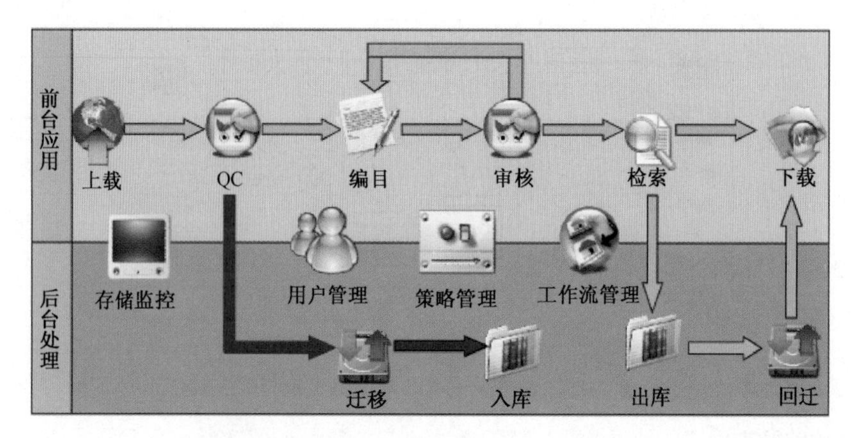

■ 图 10-2 媒资管理系统的基本业务流程图

在媒体资产管理系统中，界面和素材是通过媒体资产上载工作站上载，生产时间上精确同步的高码流文件和相应的低码流文件（采集上载提供灵活的采集方式，可同时抽取生成界面的关键帧）[1]。经过质量等方面的审查后，高质量的数字化节目文件存储到磁盘阵列，同时节目的相关信息（包括原始编目消息）将自动写入数据库。利用编目工作站完成对采集上载的节目的文字描述信息、节目详细编目信息的标引和录入。编目信息需要通过审核，审核通过后，该节目可被用户检索、下载使用。

10.1.4 数字资产管理技术

数字资产管理技术（Digital Asset Management，DAM）是基于数字信息的采集、加工、存储、发布和管理技术、面向媒体企业实现跨媒体出版和媒体数字资产再利用的计算机应用技术[2]。其中，数字资产可以包括文字、图片、视音频、图表和其他结构化与非结构化的数字信息。

媒体资产管理技术是综合性的应用技术，它以信息组织学为理论指导，核心部分是内容管理技术；系统涉及多媒体压缩技术、网络存储技术、多媒体数据库技术、编目与检索技术、版权管理技术、软件系统设计等诸多信息技术，形成了一套完整的技术体系。因此，作为一项应用技术，媒体资产管理技术架构已经成熟。

数字资产管理技术结合计算机存储、网络、数据库、多媒体等多项技术，主要解决多媒体数据资料的存储、编目检索管理、资料查询发布等问题[3]。

10.2 媒体资产管理的主要环节与应用模式

10.2.1 主要环节

1. 上载

上载是将媒体介质（传统磁带、光盘等）中的视音频数据通过视音频采集、文件引入等多种

1 石强 . 小型媒体资产管理系统 . 西部广播电视，2006，05：19-20.

2 张乾，顾相军 . 数字资产管理及其印刷产业链的建立与实施 . 印刷质量与标准化，2014，04：24-25.

3 陈丹 . 贵州电视台媒资系统建设概述 . 现代电视技术，2010，05：84-85.

方式上载到网络系统中，实现资料的数字化。在上载过程中可设置多组采录入出点进行批量采集，工作流程便捷清晰；支持独立上载和集中上载应用模式；提供采集素材预处理、预编目功能。

2. 高码流质量审核（QC）

上载完成后的素材要经过 QC 环节，即对采集生成的数字化文件进行重新回放，确认采集过程中没有错误发生，文件可用、画面清晰。若发现文件无法读取或者画面有损伤则要求重新上载，或无问题则 QC 签章通过，存储管理后台服务自动启动将高码流素材归档迁移至近线存储中。管理人员可以对即将入库的素材和编目元数据进行质量、内容的审核。支持在审核过程中进行元数据查看和修改；审核后将结果以及时消息的方式快速通知提交者，提高工作效率。

3. 编目

经过 QC 签章后的文件即可进行编目处理。编目是对节目资料进行著录、标明，组织制作各种检索目录或检索途径和工具的工作，是数字媒体资产管理工作的核心内容。该环节主要对资料内容分阶段进行片段层、场景层和镜头层的编目。符合国家的编目标准，可进行多级编目。对节目，其栏目作为节目编目的基本单元，即按照编目标准中节目、片段、场景、镜头的划分，栏目作为节目层，条目作为片段层，场景标引不需要，对于重要的需要标引到具体的镜头。

所谓编目就是编制目录。它是建立在信息标引的基础上的。也就是说，要将信息有序地组织起来，提供检索[1]，首先要对信息资源的形式及内容特征进行分析、选择和记录，并赋予某种检索标识，这个过程称为标引；然后将这些描述信息按照一定的规则有序化地组织起来，这个过程就是编目。编目是检索的基础。

媒体资产管理系统中任何资料如果不经过科学严格的编目便进入管理系统，其后果可能是永远也找不到该资料。而编目系统往往是系统管理运行中占用资源较多的一个环节，该环节设计的好坏，直接影响到系统的整体运行效率。

4. 编目审核

编目完成后需要进行编码是否正确规范的审核，若编目内容存在不正确或不规范之处，则提出修改意见要求修改编目，若编目内容正确则审核签章通过。

5. 检索

检索是媒体资产库的数据发布及输出的平台，节目资料的价值就体现在数据的检索和再利用上。编目审核通过后便可由网络发布软件进行发布，检索客户端通过浏览器浏览数据内容、关键帧数据和检索编目信息来选择自己所需要的数据。选定后可以通过检索浏览页面向系统提出下载请求。

对于媒资系统而言，主要目标是已有资源的再利用。媒体资产是否能够被高效、方便地利用，取决于能否快速和准确地查找到所需的目标。如果不能有效地检索，利用自然无从谈起，所以，检索是系统应用的关键。

媒体信息的检索技术一般可分为两大类：

（1）基于数据库的检索方式

按照关键字的字段项目、要素分类检索出所需素材，比如通过节目标题、素材主题、行业类别、编导、摄制人、制作时间等字段项目检索；或者根据预先标记好的关键帧进行检索，比如按照预先标记好的片段、场景或镜头中去检索所匹配的画面。

1 邓伟．媒体数据管理与维护．现代电视技术，2001，06：8-10.

（2）基于视频内容的检索方式

对某一段视频素材中的视频图像逐帧检索，可以通过分析和描述的方法，对视频信息的颜色、纹理、形状和运动特征进行检索。

6. 下载

资料检索终端提出下载请求并获得通过后，系统存储管理后台服务便启动迁移服务，将进行存储体内的相应资料文件迁移到在线存储系统，检索客户在下载工作站上边可以实现资料下载。

10.2.2 应用模式

由于媒体资产管理系统建设目的不同，周边配套的系统环境不同，其应用模式也多种多样。就电视台的媒体资产管理系统分析，有两大类主要应用模式。

1. 面向节目的用于资料长期保存的资料馆型媒资管理系统

这类媒体资产管理系统通常相对比较独立，或通过较为松散的耦合方式进行一些资源交互，以对节目资料长期保存，稳定提供节目 / 素材为主。

资料馆型媒体资产管理系统适合省级以上电视台或独立的音像资料馆的应用需求，其主要特点是节目存储量大，存储介质种类繁多，像中央台或一些省级电视台节目存储要求在数十万小时以上，节目原始存储介质有各类录像带甚至胶片；其次是节目种类齐全，一般包含新闻、综艺、体育、电视剧、专题等各类节目，同时还需要对传统录像带进行妥善管理。

例如，中央电视台音像资料馆工艺系统是资料馆型媒体资产管理系统的典型代表，它在设计时就必须考虑满足每天较大的上载量。由于存储量大，必须保证较高的上载效率才能在短时间内尽快完成传统磁带的数字化上载保存，系统的数据传输带宽也要能承载大容量数据并发传输。为满足大容量快速上载的需要，中央电视台音像资料馆采用了一套服务器自动化上载和人工上载工作站结合的复合上载模式，配合一个自动化的传统磁带库，使得系统的上载能力大大增强，目前每天可完成 120 小时传统录像带上载。

系统在完成大的上载量的同时必须配套强大的编目系统，适合流水线大规模编目生产和管理，适合多种节目类型的不同编目需求。在中央台音像资料馆通过一套工作流引擎驱动下的编目系统，配合强大的编目结构、编目界面定制系统，完善地解决了多条流水线并行工作，多个不同的编目结构编目界面同时使用，并且可灵活定制，还提供了方便的任务和管理手段，使得大规模工业化的编目数据加工得以实现。

这类性的媒体资产管理系统主要包含几个特点：系统存储容量巨大，资料类型较为全面，并以成品节目存储为主；面向的用户类型广泛，资料再利用模式不确定；针对系统节目资料的检索需求较高，检索手段多样。

【实例分析 10-4：资料馆的魅力——容量巨大】

图 10-3 是音像资料馆的一个具体案例，该系统规模较大，总在线存储容量为 42 TB，为 SAN+NAS 结构，用于存储媒体数据和元数据信息，近线采用的数据流磁带库配置 10 台 LTO2 磁带机 +6000 多个槽位，总近线存储容量超过 1.2 PB，高码流根据资料馆需求采用 MPEG2 IBP 25 Mbit/s，低码流采用 WMV 300 kbit/s。

其他一些主要参数包括：系统一期配置 80 台编目工作站用于编目加工；配置 26 台有卡工作站用于资料数字化采集和下载输出；配置 2 台 8 通道视频服务器用于采集和修复处理；配置 16 台转码服务器实现编

解码转换；整个系统采用基于工作流的全流程设计，实现多人协同工作；系统编目元数据基于广电行业的编目标准，数据项超过 100 项；整个编目元数据结构按照节目，片段，场景，镜头进行划分。

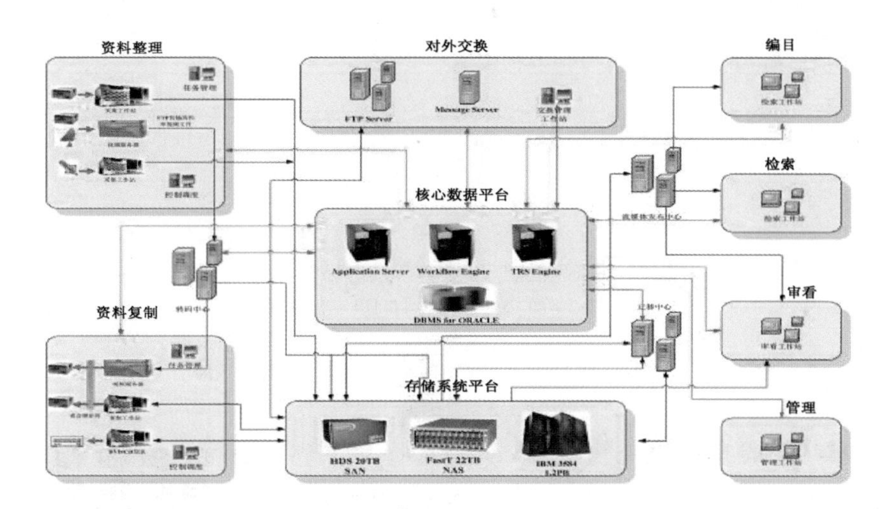

■ 图 10-3 资料馆型系统结构拓扑图

2. 面向节目生产的媒资管理系统

媒资管理系统与节目生产业务紧密结合起来，建成以媒资系统为平台的新型节目生产系统，即是节目生产服务型媒资系统[1]。基于这样的媒资系统的有力支撑，使得新型节目生产系统具备了媒资技术所带来的诸多特色功能，例如，快速检索素材，嵌入式检索，检索结果可立即调用，资料集所包含的各种相关信息辅助节目制作等，在很大程度上提高了节目生产的工作效率，改进和丰富了节目生产的工作流程。

面向节目生产的媒资管理系统实际上由于各自支撑的业务生产模式不同，各自还有自己的不同点。按支撑业务类别来区分为面向新闻制播的媒资管理系统和面向播出的媒资管理系统。

（1）面向新闻制播的媒资管理系统典型案例及系统特点

和新闻网络系统结合是电视台媒体资产管理系统应用的一个非常重要的模式，在这种模式下媒体资产管理系统主要存储和管理新闻素材和成品节目，同时也提供临时素材管理、素材整理精选、重要素材深度编目等功能。由于新闻节目自身的重要性和对时效性的要求，对其支持的媒体资产管理系统与其他模式下相比有更加方便、快捷，素材来源多种途径、自动提取和继承元数据、权限认证和流程管理更加全面等特点。

特别是在资料来源方面，既有可能是新闻网收录的外来素材，也可能是编辑记者上载的临时素材，也可能是资料管理员整理加工过的必须长期存储的重要素材，通常也需要存储成品节目。多样性的资料来源要求媒体资产管理系统能对它们作不同的存储和管理，系统通常会划分为几个不同作用的存储区：临时素材区、整理加工区、归档存储区。不同存储区域素材的编目详细程度、生命周期和存储管理策略都各不相同：收录素材和临时上载的素材首先进入临时素材区，只对其进行最简单的编目描述，给出新闻五要素等即可供编辑记者制作使用；临时存储区中部分重要素材可以迁移到整理加工区进行剪切合并等简单编辑，同时对其进行详细的编目描述，供以后节目

1　陈起来 . 宁波电台新型媒资系统的规划和实践 . 广播与电视技术，2014，05：52-53.

制作使用；经过审核的重要素材和编辑完成的节目可以在归档存储区长期保存再利用，归档存储区大部分资料都存储在近线的数据流磁带库中，只有在需要时才回迁供编辑使用 [1]。

【实例分析 10-5：新闻制播的魅力——再利用】

南京台新闻系统改造共涉及 4 个系统：集中收录系统、18 频道新闻系统、新闻中心新闻系统、媒资管理系统。系统建设的目的是为 18 频道和新闻中心提供一个集中共享的新闻制作环境，集新闻收录上载、新闻整体制作配音审片、新闻素材归档存储和传统库房管理为一体，是一个全数字化的制作环境，如图 10-4 所示。

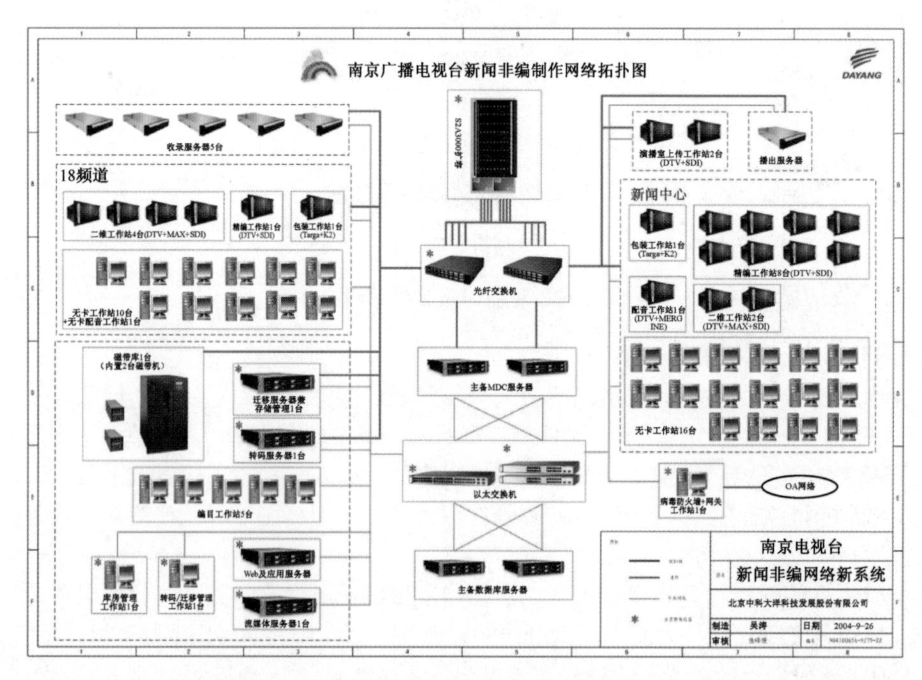

■ 图 10-4 南京广播电视台新闻非编制作网络拓扑图

南京电视台新闻制作及媒资管理系统是新闻制作网络系统与媒体资产管理系统结合的一个典型案例。该项目中，整个网络采用了传统的双网结构，在网络的各关键点均配备了冗余设备，以避免单点故障点，确保系统运行的安全性，主要站点采用了上下载及编辑工作站 18 台，无卡编辑工作站 26 台，配音工作站 2 台。媒体资产管理系统含编目工作站 5 台、存储管理系统 1 套、STK 公司的 L180 一台、数据流磁带 180 盘；整个系统集视音频节目收录、编辑制作、审片、媒资管理等功能于一体，并具备与播出系统等直接连接的功能。具备完善的节目制作流程、节目管理和设备管理功能，能够实现设备管理、节目管理、资料管理、字幕、实时二三维特技制作、业务统计、系统人员管理等功能，实现了编辑、配音、审片、包装、新闻文稿和系统流程的无带化和无纸化。

这类媒资系统的主要特点是：针对性，专指性很强，视音频编解码格式一般不是问题；针对资料再利用以及资料存储管理的模式要求非常具体且针对性强；资料再利用的效率要求更高，大多采用资源共享方式，而非数据交换模式；元数据标引专用性强；存储以素材为主，也会涉及半成品的存储管理。

1　徐俭 . 媒体资产管理系统实施与应用探讨 . 有线电视技术，2007，11：76-78.

（2）面向播出的媒体资产管理系统典型案例及系统特点

目前很多电视台正在对播出系统进行数字化改造，其中一个很大的难题就是播出系统的服务器存储容量小，服务器存储容量扩充代价又很高昂，因此造成上载空间紧张、播出节目无法长期保存供重播使用等问题[1]。解决的有效途径就是给播出系统配套一个媒资管理系统作为扩充存储，媒体资产管理系统可以给播出系统提供上载预存空间，提供需要重播节目的长期存储，播控系统可对在媒体资产管理系统中存储的节目进行检索和统一编单，通过审核后系统自动完成向播出服务器的上载迁移。

由于播出系统对安全性的特殊要求，在播出与媒资互联时一般对流程和操作都会有一定限制：流程和操作都以播出系统为主，播出系统提交节目资料的归档存储，媒体资产管理系统只负责接收；播出系统主动检索媒体资产管理系统中的资料，从媒体资产管理系统中将资料取到播出系统中。安全、高效、操作简单是播出和媒资互连的最大特点。

【实例分析 10-6：媒体资产管理的秘籍——海量存储】

图 10-5 是某电视台的一套多频道自动播出系统内嵌媒体资产管理系统的系统结构图，该系统总共为 20 多个频道进行播出服务，考虑素材的管理、存储等多方因素，内部独立建立一套分级存储及播出素材共享管理，实现硬盘播出 + 播出素材存储管理的大规模硬盘播出系统。系统内部资源完全共享，并不存在交换和传输的问题，而和外部系统则通过千兆光纤及 FTP 协议完成对外的数据交换。

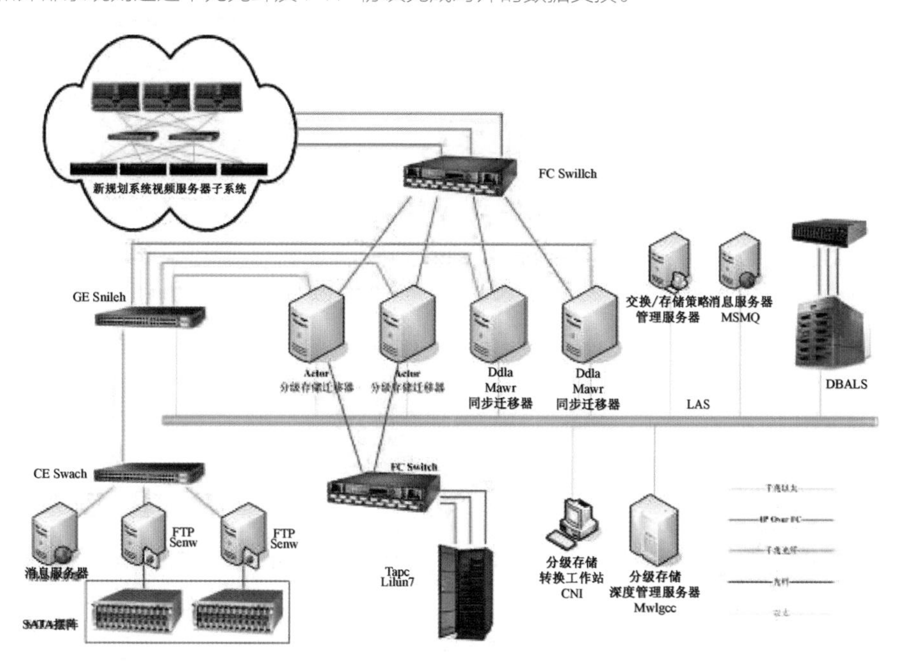

■ 图 10-5 多频道自动播出系统内嵌媒体资产管理系统的系统结构图

该系统主要设计参数如下：系统文件以及编解码格式直接选择播出系统的视频服务器格式，内部不需要任何编解码转换；播出系统采用采集播出分离的方式构建；采集部分采用 SAN 方式构建，并通过数据迁移器完成上载节目的近线迁移；播出部分也采用 SAN 架构，数据迁移器可以承担上载、播出、近线以及远程

1　袁峥，钱曙华．让我们了解“媒体资产管理”。兰台世界，2014(S3)：160.

交换缓冲区的各个存储体之间的数据调度和迁移；元数据结构建立在播出平台之上，与应用结合非常紧密，元数据层次只包含节目一层。

3. 两种模式的特点对比

这两种类型的媒体资产管理系统在核心功能上没有大的变化，但在系统工作流程和个性化应用等方面却各不相同，在系统建设的初期就应该针对不同的业务，设计不同的生产流程，使媒体资产管理系统对业务系统的支持最大化，给业务的运行开展提供最大的方便。例如，对大型音像资料馆类型的系统，媒体资产管理系统应该提供完善的库房管理，完善的出入库管理和统计，多种类型节目的混合管理等；对支持新闻制作业务的媒体资产管理系统需要提供快捷的编目、大容量的准在线存储、方便的归档和回调等；对支持播出系统的媒体资产管理系统来说，保证节目资料随时可用，按节目预播单自动回调上传待播节目等是必须考虑的功能如表 10-1 所示。

表 10-1　两种媒体资产系统特点比较

项　目	面向大容量的节目存储系统	面向业务的媒体资产管理平台
资料存储的全面性	最全面	与系统所支持的业务系统相关
系统服务对象	各种类型，面向社会开放	台内相关支持的业务部门和系统
编目元数据深度	全面揭示内容特征	只对各业务系统的相关信息进行描述
数据存储类型	成品节目为主	成品节目，素材以及半成品节目
数据再利用模式	数据交换与传统交换共存	数据交换为主
数据再利用效率	传统交换最低，数据交换也采用间接交换	间接交换效率较低，直接交换效率较高
系统互联架构	全松散耦合，接口开放	半松散耦合，重点在于效率

10.3 版权保护

数字版权保护方法主要有两类，一类是采用数字水印技术；另一类是以数据加密为核心的防拷贝技术[1]。

1. 数字水印技术

数字水印(Digital Watermark)技术是在数字内容中嵌入隐蔽的标记,这种标记通常是不可见的，只有通过专用的检测工具才能提取；数字水印可以用于图片、音乐和电影的版权保护，在基本不损害原作品质量的情况下，把著作权信息隐藏在图片、音乐或电视节目中，而产生的变化通过人的视觉或听觉是发现不了的。数字水印技术用于发现盗版后用于取证，而不是在事前防止盗版。

数字水印技术可以不考虑用户终端的情况，而融入被保护的媒体中，作为其完整的一部分被传输。数字水印技术是属于事后追究性质，它依赖于完善的法律体系，当产生版权纠纷时，它以检测媒体中是否含有水印信息作为法律上认定侵权的证据。因此，它与加密技术有着本质上的不同。

1　敏婕 .DRM 的加密内功 . 软件世界，2007，16：85.

数字水印技术作为发展时间相对密码学来说很短，但是其发展迅速，有大量算法被提出，而且也已经有许多实际应用，比如 Photoshop 中集成了 DigiMarc 公司的数字水印系统、MediaSec 公司的水印系列产品等，都已经取得了好的效果。

数字水印技术是信息隐藏技术的一个分支，它在强调数据安全性的同时，保持载体的不变性，即将水印信息隐藏到载体中后，载体的特性不发生可见的变化，不产生可感知的失真。

2. 数据加密

数据加密（Data Encryption）为核心的防拷贝技术，是把数字内容进行加密，只有授权用户才能得到解密的密钥，而且密钥是与用户的硬件信息绑定的。加密技术加上硬件绑定技术，防止了非法拷贝，这种技术能有效地达到版权保护的目的。如图 10-6 所示，数字版权保护需要三个基本要素：加密后的数字内容、用户加解密该数字内容的密钥、用户使用该数字内容的权限。通常，用户通过 DRM 终端完整地获得与所订购数字内容相关的三个基本要素后，就可以正确解密并按照所订购的使用权限正常使用受保护的数字内容[1]。

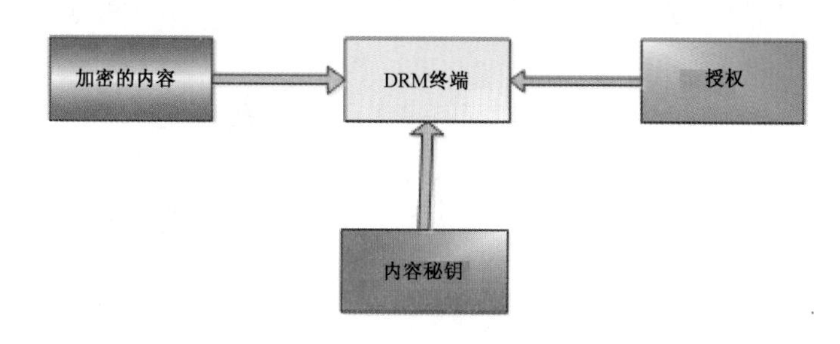

■ 图 10-6 DRM 的加密

【实例分析 10-7：传统版权保护——伤敌一千，自损八百】

在快速发展的数字技术、网络技术的推动下，互联网上教育领域的图片、音频、视频等数字化信息的传播越来越多，也不可避免地出现了大量的侵权盗用情况，特别是针对图片的篡改、裁剪、拼接现象尤为严重。为了防止自己创作的图片被人盗用，图片创作者对上传图片变得越来越谨慎，往往将图片进行大比率压缩、分辨率降低处理后才发布到网上。这种伤敌一千、自损八百的手法在防止用户盗用图片的同时，也削弱了图片的展示效果，妨碍了教育资源的共享利用，并不是一种值得推荐的方法。

从目前盗图者的侵权手法来看，他们先是利用浏览器查看图片时通过下载或截屏得到原始图片，之后再利用图像编辑软件进行后期的裁剪和拼接。因此，防范侵权的重点一是防止用户获得原图，二是加大盗图者后期处理的难度。由此而生的图片版权保护手段也主要分为两类：一种是在图片进入流通领域前，对图片进行预加工处理，添加版权信息，从而加大盗图者后期处理的难度；另一种是在用户浏览图片时采取一些保护措施，防止图片被用户下载或截屏，即图片获取干扰保护。这两类方法比起大比例压缩图片、降低图片分辨率等直接损害图片质量来保护图片版权的方法，在维持图片保真度和使用价值方面更具有实际应用意义。

所以，应在数字版权保护方面采取更加有力措施。一方面，国家应加大对数字作品版权保护条例的宣传，提高作品开发者的权益保护意识；另一方面，应倡导行业用户的自律，形成谁开发谁受益、谁使用谁付费，尊重开发人员劳动成果、保留开发人员版权信息的行业风尚；再一方面，计算机专业人员也要不断进取，积极研究，开发出更加便利、高效、安全的技术性保护手段。

1 王美华，范科峰．数字媒体内容版权管理技术标准研究．广播与电视技术，2007，06：19-22.

10.4 媒体资产管理系统应用

10.4.1 媒体资产管理应用系统架构

1. 系统架构

媒资管理应用系统按照系统架构可以分为支撑环境层、数据处理层、系统管理层、应用层等4层架构，如图10-7所示。

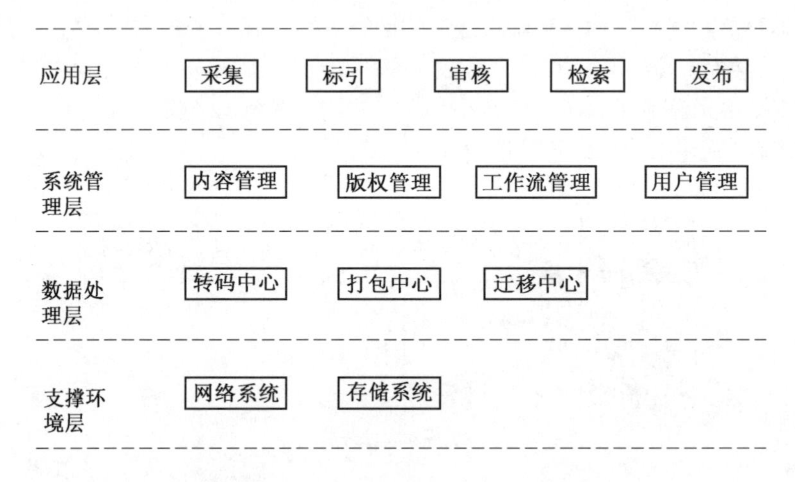

■ 图10-7 媒资管理应用系统架构图

（1）支撑环境层

该层次模块为系统提供支撑环境，也是系统的运行平台。它包括以下几个模块：

网络系统：由于整个系统是由多个服务器和多个客户端所组成，因此系统的运行是依靠网络的。这个网络系统一方面支持上载（采集）和下载（发布）等任务，另一方面还要支持编目标引、检索、编辑等工作，因此，它必须有足够的带宽和服务器。

存储系统：媒体数据的数据量非常大，需要设计一个存储系统，能方便且经济地保存并能及时访问媒体数据。仿照计算机系统的内存、硬盘、软盘的数据存储方式，媒资系统的存储方式有在线、近线和离线三种方式[1]。

（2）数据处理层

转码中心：媒体数据有音频、视频、图像、动画等各种不同类型。同类型的媒体数据的格式也是相当多的，人们希望素材上载转成存储要求的媒体文件格式；在输出时，更要根据转成发布所需要的格式。

打包中心：视音频媒体数据在数据库中可以是单一的多媒体格式，也可以是按故事板方式组织的多视频流，如MXF格式。下载或发布输出时常常需要打包成单一的视音频格式文件，打包中心将根据用户需求将故事板打包输出，所以又称故事板打包中心。

迁移中心：由于媒体数据存储的存储方式有多种，如在线、近线和离线方式，分别对应媒体

1 黄健．全数字硬盘自动播出系统的存储实现．江西能源，2008，02：37-38.

数据的不同使用需求。媒体数据需要在不同存储介质之间进行数据迁移。这个迁移是按照事先设计好的策略自动进行的。

（3）系统管理层

内容管理：内容管理是关于元数据内容及媒体信息内容管理两个方面，元数据可以用于存储数据库的字段，也可以用于媒体数据交换。同时，内容管理也应该支持基于媒体信息内容的检索方法。

版权管理：媒体资产是有价值的，这个价值体现在版权上。版权管理可以是基于元数据的，也可使用基于内容的版权保护技术，如媒体数据加密、数字水印等技术。

工作流管理：对媒体内容的采集、标引、审查、检索、发布等工作流程进行动态管理。

用户管理：不同的用户有不同的访问权限。这个管理策略是根据媒资系统的使用者的要求而定的。

（4）应用层

采集：负责媒体数据的上载录入。这个采集模块包括录像机上载、卫星收录、直播节目录制、网络文件传送等多种方式。

标引：按照编目标准对上载素材进行编目标引。编目标引是对媒体数据的分类管理，编目标引的过程就是元数据著录的过程，为基于元数据的媒体数据检索提供方便。

审核：审核是媒体数据采集确认的必经程序，也是工作流管理中的关键环节。

检索：检索是为了将所需要的媒体数据查找出来。检索分为两种方式，一是基于元数据的检索，二是基于媒体内容的检索。基于媒体内容的检索即根据所要检索媒体内容的特征到库存媒体数据中去查找。

发布：负责媒体数据的下载输出。媒体数据发布的方式有多种，例如，文件拷贝、录像机录制、流媒体输出、光盘刻录等。发布的过程就是实现资产价值的过程。

2. 媒资管理系统应用功能结构

具体的数字媒体资产管理系统按照其功能划分为信息处理、内容管理 、内容存储以及各种应用子系统 4 部分，如图 10-8 所示。

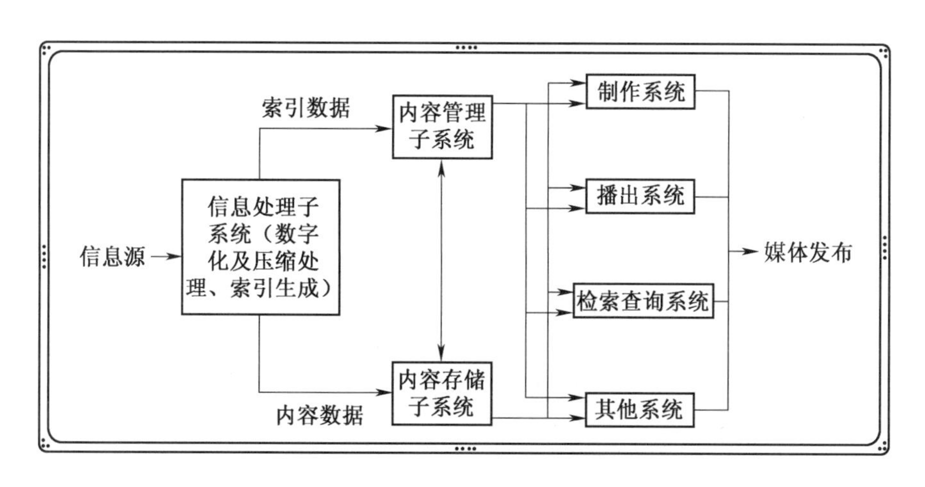

■ 图 10-8 媒体资产管理系统功能结构图

（1）信息处理子系统

它包含了信息接收信息接收（如磁带信号录入、现场/卫星信号接收、图像扫描）、数字化、编目、格式转换、索引生成等工作。

在这个过程中，通过不同技术和途径产生的素材和媒体内容，可根据其用途的不同而采用不同的方法将其数字化，用户需要对编码、压缩的方法和数字化的类型做出一定的选择。

（2）内容存储子系统

媒体资产的具体内容（数据）多存储在这个子系统中。

存储的具体内容有：播出后的节目进行归档，已编辑好的、待播出的节目，未编辑的素材以及各种编目信息如元数据等。可以使用各种存储设备，如硬盘阵列、数据流磁带库、光盘库等。可以容纳不同品牌、不同规格的产品，具有良好的扩展性。这个存储子系统可以是集中式的，也可以是分布式的。

（3）内容管理子系统

它是一个功能强大的综合管理系统，不仅要管理和控制系统存储的所有内容，而且是媒体资产管理与各种应用子系统的接口。内容索引管理、内容资源调度、存储设备调度等重要功能，都由这个子系统完成。

（4）应用子系统

它包括电子制作系统、播出系统、查询检索系统等。还可以根据用户要求定制专用的应用子系统，比如，制作成VCD或DVD交换、出售；网站发布；带宽服务（VOD系统）。

10.4.2 基于云计算架构下的媒资管理系统

云媒资系统是结合IT行业蓬勃发展的云计算技术，所提出的全新的全媒资系统理念。该系统是云计算在广电专业领域中的应用扩展，拟在形成一个以提供服务的交付和使用为建设模式，以资源虚拟化为基本特征，可提供按需服务、按量计费、资源共享、便捷网络访问以及弹性扩展、自动管控等各种服务内容；通过建立统一的监管控及应用、处理平台，最大化的实现各业务系统的整合；通过权限和分域等控制手段，辅以资源监管及安全防护技术体系，提供面向图、文、音、像等全媒体资源汇聚、共享平台。

【实例分析10-8：云计算架构的媒资管理系统】

基于云计算架构下的全媒体资产管理系统分别在基础设施云、平台云和应用云三层结构中，构建可提供不同类型服务内容的私有云，并在条件成熟时，扩展成混合云或公有云，以满足不同用户群体的业务需要，从一定程度上降低IT设备运营维护成本，提高运行效率，使广电用户能够更加专注于核心业务实现，使系统能够为其创造最大的价值和更好的用户体验。

云媒资管理系统将节目素材、影视资料、教学课件、各类光盘、图片等媒体内容数字化处理后，通过精细、智能编目整理，提供素材检索、素材浏览及下载再使用功能，满足电视台、资料馆、档案馆、多媒体教室、远程教学等媒体平台内容存储及再利用的需求。系统提供多种版本供用户进行选择，也可先选择指定版本，再根据用户自己的个性化需求进行定制开发。系统架构如图10-9所示。

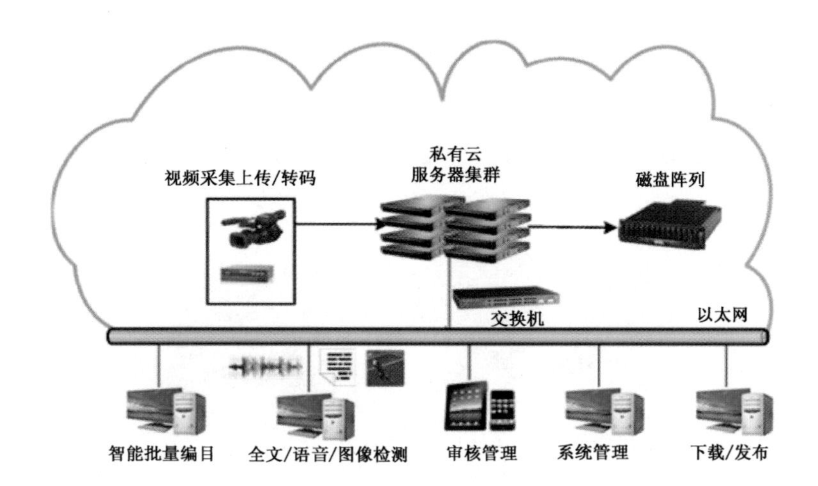

■ 图 10-9 云计算下的媒体资产管理系统拓扑图

基于云计算架构下的全媒体资产管理系统（以下简称云媒资系统），充分利用了云计算的动态性、虚拟性、扩展性、有效性和灵活性，构建了广电内部的私有云，当条件成熟时，可以扩展成混合云或公有云，满足广电内部用户和外部用户对全媒体内容的需求。

云媒资系统是基于数字媒体资源为核心的运营模式和云计算架构，实现采、编、播、管、存的数字化和网络化的管理，为广电用户带来的结果将是业务实现手段的转变和业务核心管理的提升，建立更具有扩展性、灵活性、高效性的广电业务平台。

10.4.3 基于电视台的媒体资产管理系统

在电视台新闻、制作、播出网络化建设和应用取得阶段性成果的基础上，建立以集素材保存、资料开发与再利用、节目保存等功能于一身的媒体资产管理系统。该系统应该能充分满足电视台对历史的、现实的具有保存价值的资料进行收集、整理、存储和再利用的需求，同时为电视相关业务提供强有力的资料平台。通过不断的积累，使电视台的图像、声音、文字等方面的资料能有效地为宣传工作服务，有效地为各种数字媒体平台服务，有效地为市场服务。

媒体资产管理系统采用模块化设计，各模块可成为独立系统，也可组合成不同规模的网络系统，采用先进的分级存储技术；与原有非线性编辑系统的无缝连接，提供多种数据接口。经过科学、严格的编目，保证被存储的节目能被用户方便地进行浏览、查询、检索和调用，从而提高整体运行效率，实现节目资源共享。

【实例分析 10-9：基于电视台的媒资管理系统】

索贝与某广播电视集团（总台）一起，在已有媒资总体框架设想的基础上，结合实际工程经验和实际需求进行详细调研，共同进行媒资系统的方案设计，共同制定出适应实际情况且具有可操作性的媒资实施方案。同时，索贝还负责实施系统集成工作，解决不同厂商的各软件、硬件、子系统及模块之间的互联互通。并在规定的时间内组织和完成各子系统或设备的测试、安装调试和验收工作等。此外，还负责与电视广播电视集团（总台）共同制定出媒资系统软件体系规划、相关规范及接口标准。

如图 10-10 所示，某广播电视集团（总台）计算机网络由视频网和办公局域网络组成。视频网络由新闻制作网、后期制作网和播出网三个视频网络组成。目前电视台 98% 的节目均在视频网络上完成，每天新闻、栏目产生的素材和成片约为 10 小时左右，平均有 40% 的素材将要进行保存处理。此外，电视台现有视音频资料约 5 万小时，主要是 BETACAM 和 U-Matic 格式，其中有约 2 万小时需转到媒资系统中保存。这些音像节目和素材资料是电视台最为宝贵的财富，是集团在未来日益激烈的市场竞争中得以持续有力地发展和保持领先地位的重要资本和信息基础。随着事业的发展，数字频道、移动电视、视频点播、网上电视等项目的相继实施，节目制作播出的规模越来越大，音像素材的数量也越来越多，许多珍贵的历史资料和音像素材也急需加以复制和保护。从各方面业务需求来看，新建现代化的媒体资产管理系统已迫在眉睫。

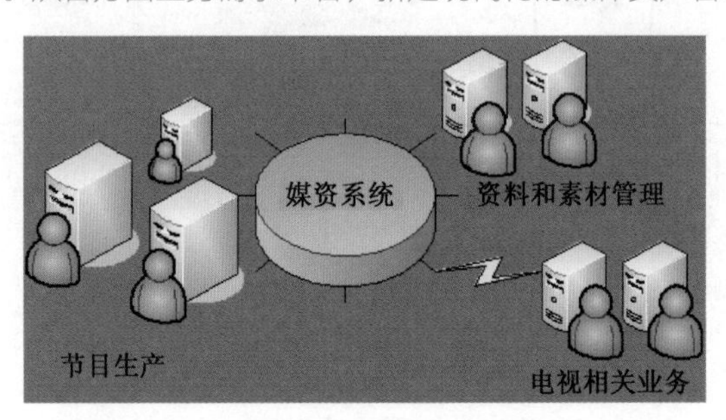

■ 图 10-10 某电视台媒资管理系统示意图

近年来，广播电视传媒行业的竞争日趋激烈，强势竞争成为竞争基本特点，多极崛起成为行业基本格局，同时，以互联网媒体、手机媒体为代表的新媒体迅速崛起，对传统媒体形成强烈的竞争态势[1]。随着传媒业的竞争加剧，传统广电媒体盈利模式单一的弊端越来越明显，向新媒体转型的压力越来越紧迫，越来越多的电视台开始注重数字媒体内容产业和新媒体业务的发展。而媒体资产管理系统作为全台内容资源存储、管理及再利用的基础平台，正是关系到电视台技术进步和多种新业务开展的战略性步骤。

随着信息技术的飞速发展，电视台节目生产正逐步实现设备和技术的数字化、网络化，采编人员的工作流程也因此发生巨大改变。媒体资产管理系统是电视台制作、播出综合网络的资源核心，也是全台网络工作流程高效、安全的关键。媒体资产管理系统结合了存储、网络、数据库、多媒体等多项技术，是一个复杂的系统工程。全台网建设中的媒体资产管理系统还要提供与其他系统的连接，允许跨平台搜索、检索、采集和传送，包括元数据和素材的交换，并且提供消息和事件处理能力，使媒体业务的工作流能够跨越系统界限，实现无缝连接。

【实例分析 10-10：全台网的媒资管理系统】

媒资系统与全台网相关业务板块的关系如图 10-11 所示。

在系统设计时，提出了“大媒资”的概念。所谓“大媒资”，主要体现在以下几个方面：

（1）是总台层面的媒资系统。涵盖广播、电视等多种业态。

（2）是全台网架构下的媒资系统。通过与全台网各业务板块的互联互通，实现网络方式的资源采集和下载利用，提升节目生产效率，提升资源整合和利用能力。

（3）是集中统一管理的媒资系统。作为全台内容管理的核心，实现全台媒体资源的有效收集、统一编目、集中管理，实现资源集约化、效益最大化。

（4）是应用和版权并举的媒资系统。在实现全台媒体资源存储、管理的同时，为节目生产提供资料服务，为节目创新提供创意墙服务，为版权经营提供版权管理服务，为新媒体业务提供内容支撑服务。

（5）是开放和外延的媒资系统。不仅与台内生产播出业务互联互通，而且考虑台际之间的互联互通和信息交换。

1 顾建国，朱光荣．基于全台网架构的“大媒资”系统设计及实践，现代电视技术，2009，05：72-75.

在设计全台大媒资的同时，考虑到新闻业务对时效性的要求特别高，加上网络的开放性问题，在新闻网络中设计了新闻生产媒资系统，保存新闻网常用素材，为新闻生产提供贴近服务，并解决新闻制播网络与全台网其他业务板块的互联互通问题。

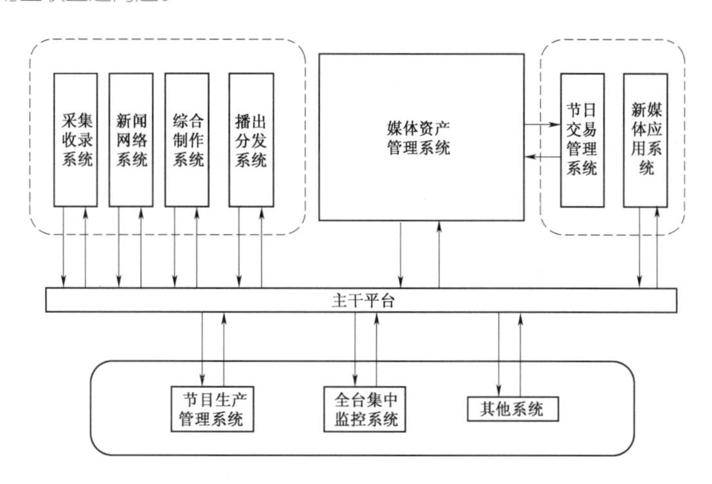

■ 图 10-11 全台网媒资系统结构图

10.5 未来趋势

内容管理作为一项工作,存在已经有些年头了。传统上的档案馆和图书馆一直在做着这项工作，但在它们的内容管理通常是（并且仍然是）物理载体（如书、文件、电影胶片和录像带）的大量添加和保存工作，并一直使用传统的归档方法。近些年来，对内容的处理和管理的需求发生了较大的变化,主要原因是多媒体内容数量的迅猛增加和对内容生产与传播的速度上的要求。对于后者，能重新利用现有的内容变得越来越重要。另外，不同的媒体格式的种类以及内容输出渠道的数目也有所增加。因此，现在有更多的、以不同格式存在的内容需要被管理。此外，内容的再利用周期变得越来越短，内容管理正在成为内容生产和传播过程的核心部分，而不仅仅是收尾工作。

伴随着新的数字编码技术和压缩格式的出现、电子媒体空间的拓展（主要是互联网和万维网）以及相关技术的进步，内容管理将提供各种方法来应对所有这些需求和变化。内容管理系统是基于多媒体技术的系统，它利用这种技术的优势处理数字格式，并且可以高效地处理海量信息。

尽管内容管理系统这个术语已被广泛使用，但到目前为止还没有一个关于内容管理系统通用的特性和功能的定义。例如，有的认为内容管理系统这个术语只是指对网页进行管理的一些基于IT技术的系统，其他一些内容或资产管理系统主要是管理文档，或者是指更先进的、可以对连续媒体提供或多或少支持的系统。但本书的着眼点是在媒体生产和传播过程中的专业内容管理系统。这种类型的内容管理系统可以管理大量的内容对象（用大量不同格式的素材拷贝和一系列元数据来表示）。此外，内容管理系统可以与特殊的生产以及广播系统进行连接，并且也可以与许多其他现有系统进行整合。

因此，内容管理系统这个术语包含了丰富的含义与多种表示，具体要依据使用时所处的环境来判断。目前专业内容管理系统还没有朝着更为普通的 CMS 发展的趋势，所以很难预测任何关于内容管理系统市场和技术的发展趋势。该领域市场的发展也还没有达到期望。事实上，目前还没有出现过有关内容管理产品的市场，内容管理系统还只是不同领域特殊市场的从属市场，这些市场包括网络出版技术、文档管理或是媒介生产以及播出空间。由于这些部分的需求是大不相同的，因此要采取不同的技术方案。虽然这些技术主要基于普通信息技术产品，但是还没有一个中间产品或是平台来满足内容管理系统的不同需求。因此，既不存在一般概念的内容管理系统市场，也没有一项通用的内容管理技术可以为普通内容对象的处理提供普遍的支持。

内容管理领域也一直在变化，这使得预测该领域的未来趋势更为困难了。人们预测 IT 技术和广播技术将实现融合，电信网络将用于内容、数据的传播以及实现人际间的交流，并且娱乐业将成为互联网的一部分。但到目前为止，虽然变化正在来临，但这些事件并不像预测的那样真正地发生，因此，目前并不可能明确地认识到内容管理的未来发展趋势。

尽管如此，还是有一些对此感兴趣的团体、一些关于内容管理的初始标准，以及一些与内容管理相关的议题出现。本节将讨论一些选出的案例以展示多种与这些内容相关的方法。为与本书的主题保持一致，选出的例子主要是与专业化企业环境中的内容管理有关。这组案例并不完全，但是它们很好地说明了这些内容在相关范围内的进展情况，包括 MPEG-21 标准、EBU 和 SMPTE 中涉及内容的相关探讨和关于内容管理的议题，以及 IETF 中关于内容传递网络的进展情况。我们选择后者来说明未来基于互联网的发布平台是怎样的，是如何在网络的基础上架构内容管理和放置内容资料的。本节将基于迄今所积累的经验进行探讨并对未来的发展进行展望。

10.5.1 MPEG-21：多媒体框架结构

活动图像专家组（Moving Pictures Expert Group，MPEG）已经认识到定义一个框架结构的必要性，这个框架可以描述内容管理的不同元素如何协调起来，从而提供一个宏伟蓝图。这就引出了 MPEG-21 多媒体框架结构的规范定义。MPEG-21 涉及一个完整的（完全电子化的）工作流，即数字多媒体内容的创建、传递和交易。它的目标是覆盖与多媒体内容的交互并且为各种内容类型和多媒体资源的透明使用提供一个框架结构，这些资源存在于由大范围网络连接的多个设施上。

MPEG-21 包含 7 个关键元素：

（1）内容处理和使用

这是一个接口说明，它覆盖内容价值链中所有的工作流程，价值链包括从内容的创建、操作、搜索和存储到它的传递和再利用。这个框架结构的主要技术和战略于 2001 年 9 月被定义并且正式通过审核。

（2）数字项声明

这是一个通过一组标准化的、抽象的术语和概念来声明数字项的解决方案，即指定素材和内容对象（称数字项）的组成、结构和组织。数字项不仅可以是视听对象，也可以是包含链接的网页以及脚本命令。

（3）数字项标识

这是一个标识和描述实体的框架结构，但并不关注它们的属性和来源。它对于描述方案已存在的部分或领域，不再指定新的标识符，例如关于声音录制的 ISRC。

（4）知识产权管理和保护（Intellectual Property Management and Protection，IPMP）

这是在所涉及的设备和网络中处理 IPR 管理和保护工作的。在这部分中，不同系统间的可操作性是非常重要的。它包括远程查询 IPMP 工具的标准方法，也包括 IPMP 工具之间或 IPMP 工具与终端间的消息交换[1]。它还可以用来认证 IPMP 工具。此外，它可以根据权限数据字典和权限表述语言整合权限表达式。

（5）终端和网络

终端和网络处理异构网络以及设备间的功能可操作性。实际网络与终端的设置和管理以及实现问题对于用户来说应该是透明的。这有利于网络和终端资源在被需求时的供应，从而形成多媒体内容创作和共享的用户社区。可以使用描述符适配引擎和资源适配引擎来实现以上设想，由它们一起提供数字项适配。

（6）内容表示

这是说明如何表示媒体资源。

（7）事件报告

事件报告定义了 MPEG-21 系统中的行为和事件报告的结构。图 10-12 描述了一个与 MPEG-21 相兼容的系统的使用与事务，以及这些操作是如何对 MPEG-21 的关键元素支持的。从它最基本的层面来看，MPEG-21 提供了一个用户与其他用户进行交互的基础框架，在这里交互的对象是一部分内容（在 MPEG-21 中称为数字项）。这些交互包括内容创建、内容提供、内容归档、内容分级、内容增值和传递、内容集结、内容传递、内容联合、内容零售、内容消费、内容订购、内容调整以及实施与调整以上可能发生的事务。

7 个关键元素支撑事务的用户模型如图 10-12 所示。

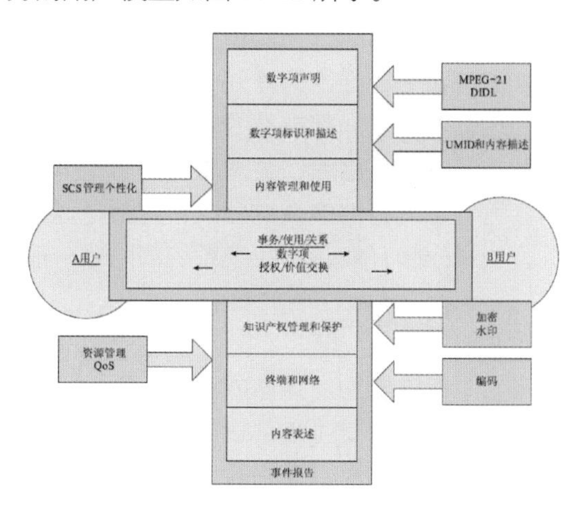

■ 图 10–12 7 个关键元素支撑事务的用户模型

MPEG-21 标准化工作起始于 1999 年后期，但是由于这项工作涉及的方面多、工作量大，目前还处于初期阶段。目前人们在 IPR 管理与保护问题上投入了大量的精力，包括所有涉及的法律方面的内容。MPEG-21 是以信息技术驱动的创新，极力关注 Web 环境下的内容管理，它把 Web 作为一个开放式的分布网络并拥有因特网提供的特性。由于它极力关注与版权相关的问题，因此在这样一个开放式的环境中，它有利于贸易和电子商务交易。机构内的内容管理过程并不是 MPEG-21 的主要目标。MPEG-21 框架的适用性以及能否充分满足各种专业内容管理系统的需求，

1　何建翔，冯玉珉 .MPEG-21：21 世纪多媒体框架 . 中国多媒体视讯，2003.

至今仍然是一个公开争议的议题。这里关注的并不主要是内部过程，更重要的是内容交换和贸易。因此对于 MPEG-21 来说，能否与广播和媒体生产领域的其他标准（例如 SMPTE 元数据字典、P/Meta 和 UMID）紧密合作是非常重要的。正如内容管理系统，它们将会使用元数据模型、字典和全球唯一标识方案，进而以 B2B 模式或 B2C 模式来交换或销售内容。只有当主要的内容所有者和零售商都参与到标准化过程中并且将产生的标准应用到未来的系统中，MPEG-21 才会获得成功，这还需要与此环境下各自领域使用的其他标准紧密结合起来。MPEG-21 的标准化过程仍然有很长的路要走，它是否会带来一些影响我们将拭目以待。

10.5.2 相关广播电视领域的创新

有关的团体和标准化组织开展广播电视领域的内容管理研究已经有一段时间了。从 20 世纪 90 年代中期开始，电影与电视工程师协会（Society of Motion Picture and Television Engineers，SMPTE）与欧洲广播联盟（European Broadcast-ing Union，EBU）就已经开始研发相关标准和实用编码。为了制定节目资料交换比特流标准，他们建立了合作团队，并定义了内容的术语。这个领域已经在研讨的其他相关标准还有：SMPTE 数据字典和 P/Meta，P/Meta 是 EBU 中为普通数据模型进行标准化的一个标准。为了让更多的人了解内容管理系统在广播电视领域的影响，EBU 已经在开展一个叫“未来电视档案库”（P/FTA）的项目[1]。

10.5.3 经验与展望

关于企业范围的专业内容管理系统技术已经到达了一个新阶段，第一批系统已经在日常的操作中得以实际应用。在这些系统的开发过程中，人们积攒了大量的经验和知识，这将有助于进一步地发展内容管理系统技术。人们现在已经处于这样一个阶段，此时检验一下所获取的经验以及已经出现的主要问题（即吸取的教训）将是非常有益的事情。人们也要关注未来对内容管理系统有意义的相关发展，关注已经改变了的方方面面，关注支持内容管理的各种技术的出现。未来的发展是指那些预期可以丰富内容管理系统特性集合的领域，这些是通过提升内容管理系统的功能或提高它的操作效率来实现的，当进一步开发内容管理系统的时候，很有必要对这两方面都进行充分的考虑。

1. 与内容管理系统相关的问题

最初对内容管理系统的期望就是使之成为多媒体内容数字化、无磁带生产、管理以及发布的平台。实际的管理应该是高度自动化的，只要可能都应使用计算机化的分析、存档、处理以及管理工具。同时，系统应该具有通用性、普遍性，在只有少数或没有人工干预的情况下，对内容对象的所有元素（素材与元数据）方便地实现跨组织机构的交换。此外，系统应该是规模可调的，可以用于各种格式和不同的媒体。这就意味着一定要使用相同（至少是兼容的）的技术。既可以管理相对较少数量的视听、低带宽、低码率的对象，也可以管理世界广播业巨头的资料（包括各种清晰度和多样化的媒体，它们还可能是存储于多个不同的载体上的）。这些内容对象可能是音频、视频、图像，也可能是网页、文档等。另外，内容管理系统应该足够灵活地支持和适应各种不同的应用状况和工作流。尽管内容管理系统已经取得了很大的进步，但是绝大部分（至少是部分）期望的要求并没有达到。

在专业环境下使用内容管理系统的另一个问题，就是基于信息技术的内容管理系统被认为是

1　宋培义 . 媒体资产管理系统在电视节目生产中的应用分析 . 现代电视技术，2007，11：130-133.

先天不可靠的。在 24×7 的运行过程中，任何因故障的停工都将带来灾难性的后果。许多系统（例如自动系统或是广播服务器）都已经内建了某些机制来处理硬件和软件的故障。从根本上看，现今的这些系统通常都使用信息技术，并且看起来还是相当稳定的。因此，使基于信息技术的内容管理系统满足特定应用的可靠性需求，是系统设计和正确投资的问题。同时在实施中，还必须要充分考虑技术的灵活性，以此来保证将内容管理系统成功地引入那些富媒体组织。

2. 未来发展

如今内容管理系统已经可以在内容生产、管理、传送以及销售等方面进行实际使用。然而，还存在着进一步发展和提高组成内容管理系统的子系统与组件的空间，尤其是在以下几个方面：

① 更好地支持自动内容处理过程。

② 更好地支持复制海量内容及与内容相关的元数据。

③ 满足不同系统类型和请求的更加灵活的基础设施。

尽管存在着大量的版权管理和保护技术（例如水印技术），但是到目前为止，在专业内容管理中还没有一个很高的优先权，即使出现了新的发行渠道以及在公共领域内更多数字化的内容格式。因此，版权管理问题将成为内容管理系统所关注的一个主要课题。内容管理系统最终将成为一个真正的数字资产管理系统。

可以预期，系统设计人员与使用者之间对于不同功能和需求的理解将会更加深入。厂商和用户都已经从经验得知，新技术是利大于弊的，但是新技术也不是万能的。

本章小结

本章主要介绍了数字媒体资产管理的概念源自数字图书馆的研究，随着 IT 技术的深入发展以及以数字电视、IPTV 等为代表的新媒体在我国的全面推行，广播电视行业、新媒体行业的音像资料再利用的价值越来越受到重视，媒体资产管理已成为电视行业数字化的一个重要环节，也是电视行业进入交互时代的必由之路。媒体资产管理系统的目标是实现媒体资产的再利用。

数字媒体资产管理系统的基本功能包括媒体数据产生、媒体数据管理、媒体数据发布，围绕基本的功能，媒资管理系统基本的业务流程包括上载、QC、编目、编目审核、索引、下载等环节，同时衍生出内容管理技术；系统涉及多媒体压缩技术、网络存储技术、多媒体数据库技术、编目与检索技术、版权管理技术、软件系统设计等管理技术。

由于媒体资产管理系统建设目的不同，周边配套的系统环境不同，其应用模式也多种多样。目前电视台的媒资管理系统主要有中心媒资库、媒体资料馆、节目生产服务型三大类主要应用模式。分别就这三种模式进行了应用系统的实例分析介绍。

同时，媒资管理系统的应用涉及版权保护和风险的管理，版权保护主要使用数字水印和数据加密技术的应用，风险管理主要涉及风险的影响因素、数字媒体自身的风险管理、数字资产经营层面的风险管理等方面。

最后，对媒资管理未来的框架结构、电视领域创新、内容发现网络和内容发行创新进行了展望。

思考题

1 简述我国媒体资产管理起源。

2 什么是媒体资产？什么是媒体资产管理？

3 媒体资产管理技术包含哪些技术？这些技术的作用是什么？

4 媒体资产管理的任务和基本功能是什么？

5 媒体资产管理的基本业务流程的主要环节包括哪些内容？

6 媒体资产管理系统有哪些应用模式？

7 媒体资产管理系统主要有哪些版权保护技术？

8 对于学校应用媒体资产管理系统的意义在哪？

知识点速查

◆数字媒体资产的概念：广播电台、电视台、通讯社、报社、网站等传媒企业，每天都要播放或发布大量的音频、视频、图片、文字等媒体信息。传媒企业在内容制作时，一方面需要引用最新采集制作的媒体信息，另一方面，也必须参考本单位以前的，或别的传媒企业提供的有关资料。这些供编辑制作使用的资料就具有再利用的价值，也就具有资产的属性，称之为“媒体资产”。

◆数字媒体资产管理系统的组成由信息处理系统、内容管理系统、存储管理系统以及应用系统组成。

◆数字媒体资产管理技术（Digital Asset Management，DAM）是基于数字信息的采集、加工、存储、发布和管理技术、面向媒体企业实现跨媒体出版和媒体数字资产再利用的计算机应用技术。

◆媒体资产管理系统的基本功能是包含媒体数据产生、媒体数据管理、媒体数据发布三大基本任务中的六项主要功能：媒体信息输入、编目标引、内容管理、存储管理、检索查询和媒体信息输出。

◆基本业务流程包括素材的上载、QC、编目、编目审核、索引、下载等环节。

◆编目是对节目资料进行著录、标明，组织制作各种检索目录或检索途径和工具的工作，是数字媒体资产管理工作的核心内容。

◆检索：对于媒资系统而言，主要目标是已有资源的再利用。媒体资产是否能够被高效、方便地利用，取决于能否快速和准确地查找到所需的目标，如果不能有效地检索，利用自然无从谈起，所以，检索是系统应用的关键。

◆版权保护就是采取信息安全技术手段在内的系统解决方案，在保证合法的、具有权限的用户对数字信息（如数字图像、音频、视频等）正常使用的同时，保护数字信息创作者和拥有者的版权，根据版权信息使其获得合法收益，在版权受到侵害时能够鉴别数字信息的版权归属及版权信息的真伪，并确定盗版数字作品的来源。

◆数字水印（Digital Watermark）技术是在数字内容中嵌入隐蔽的标记，这种标记通常是不可见的，只有通过专用的检测工具才能提取；数字水印可以用于图片、音乐和电影的版权保护，在基本不损害原作品质量的情况下，把著作权信息隐藏在图片、音乐或电视节目中，而产生的变化通过人的视觉或听觉是发现不了的。数字水印技术是用于发现盗版后用于取证，而不是在事前防止盗版。

◆数据加密（Data Encryption）为核心的防拷贝技术，是把数字内容进行加密，只有授权用户才能得到解密的密钥，而且密钥是与用户的硬件信息绑定的。

数字媒体传输技术

本章导读

本章共分 7 节，分别介绍了计算机网络、互联网、数字媒体与网络的融合、数字媒体内容集成分发技术、流媒体技术、P2P 技术、IPTV 技术及异构网络互通技术等内容。

本章从计算机网络特点入手，介绍数字媒体在网络中的传播、传输，首先从计算机网络特点与互联网的特点入手，分别介绍数字没有与网络的融合，以及为适应数字媒体在网络中的高速传输的内容集成分发技术，同时从 P2P、IPTV 等流媒体技术的特点与网络体系结构，以及这些流媒体技术的典型应用和应用前景，最后分析介绍了为适应流媒体在异构网络中的传输，需要通过转码和解码技术来实现网络互通技术进行解决。

学习目标

1 了解计算机网络以及互联网网络组成和特点；

2 了解数字媒体与网络的融合；

3 了解内容集成分发技术的应用；

4 掌握流媒体、P2P、IPTV 技术的概念；

5 掌握流媒体、P2P、IPTV 的典型应用系统；

6 理解异构网络互通的意义。

知识要点、难点

1 要点

计算机网络及互联网特点，P2P、IPTV 等流媒体技术的典型应用；

2 难点

流媒体技术与网络的融合。

11.1 计算机网络

随着数字媒体产业和信息网络技术的高速发展，数字媒体由最初的文字、图片来向视音频、多媒体传输方式的演进，数字媒体强调信息媒体的网络传播特性及其数字化特征，因此现代网络成为主要传播载体。数字媒体也因为数字媒体网路的融合程度、普及程度以及带宽大小表现出了三个阶段特征。

第一阶段，随着数字媒体内容快速增长，流量的增加，带宽增加是这个阶段最主要的特征。

第二阶段，由于数字媒体的普及，数字媒体逐步在多行业运用，构建交流平台、传播文化、知识和新闻，这个阶段内网络技术需要解决管理和发布的问题。

第三阶段，数字媒体跨行业跨网络阶段。这个阶段实现了三网的融合，打破了网络的传统界限，三网融合使行业应用的空间更加广阔。

如今，人们都非常坦然地面对这样的现实：

① 买火车票不用到车站去了，只要就近找一家预售票处，或打个电话，就能预售到票。

② 出门携带大量现金会遇到种种不便，现在办理一张通存通兑卡，可以异地存取现金，极大方便了外出旅行者。

③ 网上大学，使得大学学习可以不受时间和空间的限制，为愿意受教育者开辟了更广阔的自由空间。

……

这一切便利，都是网络带来的。那么，什么是计算机网络？它的组成、功能、分类方式有哪些？它传输信息的基本原理和过程是什么？今天，就让我们到网络世界中转一转，看一看，顺便寻找一下答案吧。

目前，人类所处的是一个以计算机为核心的信息时代，其特征是数字化、网络化和信息化。计算机网络的发展水平不仅反映了一个国家的计算机科学和通信技术水平，而且已经成为衡量其国力及现代化程度的重要标志之一。因此，了解计算机网络的定义、功能、分类方式以及硬件组成，掌握计算机网络传输信息的基本原理和过程非常必要。它为下一步构建局域网以及通过网络获取知识奠定了理论基础。

11.1.1　计算机网络的定义与功能

1. 计算机网络的定义

一般地，将分散的多台计算机、终端和外围设备用通信线路互连起来，实现彼此间通信，且可以实现资源共享的整个体系叫做计算机网络[1]，如图 11-1 所示。

从物理连接上讲，计算机网络由计算机系统、通信链路和网络节点组成。计算机系统进行各种数据处理，通信链路和网络节点提供通信功能。

1　陆文嘉 . 小型非编系统的组成与应用 . 西部广播电视，2014，06：114.

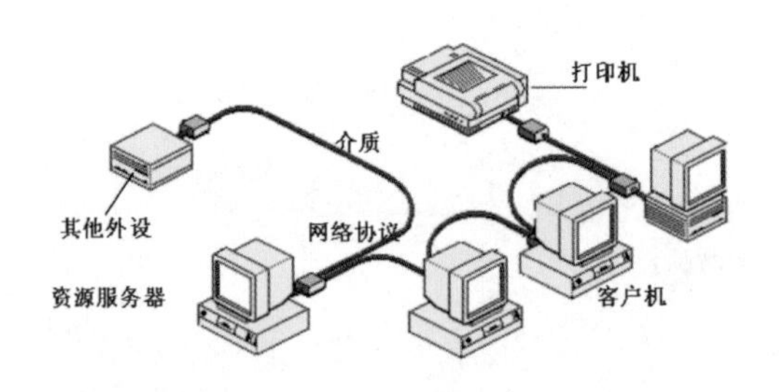

■ 图 11-1 计算机网络示意图

① 计算机网络中的计算机系统主要担负数据处理工作，它可以是具有强大功能的大型计算机，也可以是一台微机，其任务是进行信息的采集、存储和加工处理。

② 网络节点主要负责网络中信息的发送、接收和转发。网络节点是计算机与网络的接口，计算机通过网络节点向其他计算机发送信息，鉴别和接收其他计算机发送来的信息。在大型网络中，网络节点一般由一台通信处理机或通信控制器来担当，此时的网络节点还具有存储转发和路径选择的功能，在局域网中使用的网络适配器也属于网络节点。

③ 通信链路是连接两个节点之间的通信信道，通信信道包括通信线路和相关的通信设备。通信线路可以是双绞线、同轴电缆和光纤等有线介质，也可以是微波、红外等无线介质。相关的通信设备包括中继器、调制解调器等，中继器的作用是将数字信号放大，调制解调器则能进行数字信号和模拟信号的转换，以便将数字信号通过只能传输模拟信号的线路来传输。

2. 计算机网络的功能

（1）数据通信（Communication Medium）

数据通信是计算机网络最基本的功能，用于实现计算机之间的信息传送。在计算机网络中，人们可以在网上收发电子邮件，发布新闻消息，进行电子商务、远程教育、远程医疗，传递文字、图像、声音、视频等信息。

（2）资源共享（Resource Sharing）

计算机资源主要是指计算机的硬件、软件和数据资源。资源共享功能是组建计算机网络的驱动力之一，使得网络用户可以克服地理位置的差异性，共享网络中的计算机资源。共享硬件资源可以避免贵重硬件设备的重复购置，提高硬件设备的利用率；共享软件资源可以避免软件开发的重复劳动与大型软件的重复购置，进而实现分布式计算的目标；共享数据资源可以促进人们相互交流，达到充分利用信息资源的目的。

11.1.2 计算机网络的分类

1. 按网络的覆盖范围划分

（1）局域网

局域网（Local Area Network，LAN）一般用微机通过高速通信线路连接，覆盖范围从几百米到几千米，通常用于覆盖一个房间、一层楼或一座建筑物。局域网传输速率高，可靠性好，适用各种传输介质，建设成本低。

（2）城域网

城域网（Metropolitan Area Network，MAN）是在一座城市范围内建立的计算机通信网，通常使用与局域网相似的技术，但对媒介访问控制在实现方法上有所不同，它一般可将同一城市内不同地点的主机、数据库以及 LAN 等互相连接起来。

（3）广域网

广域网（Wide Area Network，WAN）用于连接不同城市之间的 LAN 或 MAN，广域网的通信子网主要采用分组交换技术，常常借用传统的公共传输网（如电话网），这就使广域网的数据传输相对较慢，传输误码率也较高。随着光纤通信网络的建设，广域网的速度将大大提高。广域网可以覆盖一个地区或国家。

（4）因特网

因特网（Internet）是覆盖全球的最大的计算机网络，但实际上不是一种具体的网络技术，因特网将世界各地的广域网、局域网等互联起来，形成一个整体，实现全球范围内的数据通信和资源共享。

2. 按传输介质划分

（1）有线网

有线网采用双绞线、同轴电缆、光纤或电话线作传输介质。采用双绞线和同轴电缆连成的网络经济且安装简便，但传输距离相对较短。以光纤为介质的网络传输距离远，传输率高，抗干扰能力强，安全好用，但成本稍高。

（2）无线网

无线网主要以无线电波或红外线为传输介质。联网方式灵活方便，但联网费用稍高，可靠性和安全性还有待改进。另外，还有卫星数据通信网，它是通过卫星进行数据通信的。

3. 按网络的使用性质划分

（1）公用网

公用网（Public Network）是一种付费网络，属于经营性网络，由商家建造并维护，消费者付费使用。

（2）专用网

专用网（Private Network）是某个部门根据本系统的特殊业务需要而建造的网络，这种网络一般不对外提供服务[1]。例如，军队、银行、电力等系统的网络就属于专用网。

11.1.3　Internet 基础

1. Internet 的基本知识

Internet，音译为“因特网”，也称“国际互联网”，是通过路由器将世界不同地区、规模大小不一、类型不同的网络互相连接起来的网络，是一个全球性的、开放的计算机互联网络。Internet 联入的计算机几乎覆盖了全球 180 个国家和地区且存储了最丰富的信息资源，是世界上最大的计算机网络。

2. Internet 的组成

一般将计算机网络按照地域和使用范围分成局域网和广域网，Internet 是一个全球范围的广域网，同时又可以将它看成由无数个大小不一的局域网连接而成的。整体而言，Internet 由复杂的物理网络通过 TCP/IP 协议将分布世界各地的各种信息和服务连接在一起，如图 11-2 所示。

1　江沩．数字通信技术讲座 第三讲 计算机通信网的组成和分类．现代通信，2002，03：26-27.

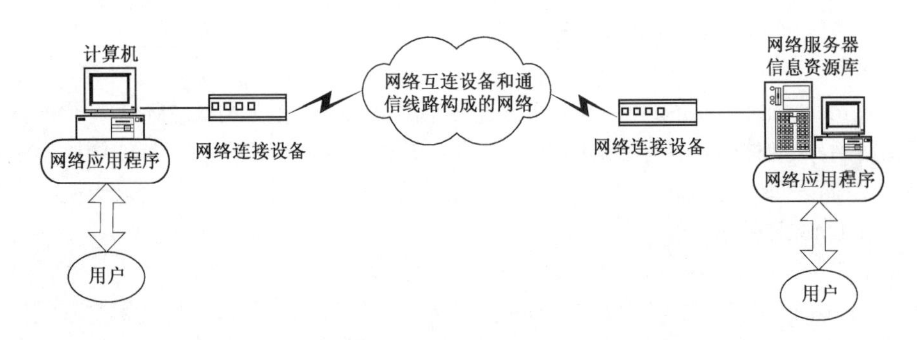

■ 图 11-2 Internet 的组成

（1）物理网络

物理网络在 Internet 中所起的作用仿佛是一根无限延伸的电缆，把所有参与网络中的计算机连接在一起。物理网络由各种网络互连设备、通信线路以及计算机组成。网络互连设备的核心是路由器，是一种专用的计算机，它起到类似邮局准确分发信件的作用，以极高的速度将 Internet 上传送的信息准确分发到各自的通道中去。

通信线路是传输信息的媒体，可用带宽来衡量一条通信线路的传输速率，用户上网快和慢的感觉就是传输带宽大和小的直接反映。

（2）通信协议

在 Internet 中要维持通信双方的计算机系统连接，做到信息的完好流通，必须有一项各个网络都能共同遵守的信息沟通技术，即网络通信协议。

Internet 上各个网络共同遵守的网络协议是 TCP/IP，由 TCP 和 IP 组合而成，实际是一组协议。IP 协议负责数据的传输，TCP 协议负责数据的可靠传输。

3. Internet 中的地址

（1）IP 地址

如前所述，Internet 是通过路由器将物理网络互连在一起的虚拟网络。在一个具体的物理网络中，每台计算机都有一个物理地址（Physical Address），物理网络靠此地址来识别其中每一台计算机。在 Internet 中，为解决不同类型的物理地址的统一问题，在 IP 层采用了一种全网通用的地址格式。为网络中的每一台主机分配一个 Internet 地址，从而将主机原来的物理地址屏蔽掉，这个地址就是 IP 地址。

IP 地址由网络号和主机号部分组成，网络号表明主机所连接的网络，主机号标识了该网络上特定的那台主机，如图 11-3 所示。

网络号	主机号

■ 图 11-3 IP 地址的结构

IP 地址用 32 个比特（4 个字节）表示。为便于管理，将每个 IP 地址分为 4 段（一个字节一段），用三个圆点隔开，每段用一个十进制整数表示。可见，每个十进制整数的范围是 0 ~ 255。例如，某计算机的 IP 地址可表示为 11001010.01100011.01100000.10001100，也可表示为 202.99.96.140。

（2）域名系统

在 Internet 上，IP 地址是全球通用的地址，但对于一般用户来讲，数字表示的 IP 地址不容易记忆。因此，TCP/IP 为人们记忆方便而设计了一种字符型的计算机命名机制，便形成了网络域名系统（Domain Name System，DNS）。在网络域名系统中，Internet 上的每台主机不但具有自己的 IP 地址（数字表示），而且还有自己的域名（字符表示），如德州职业技术学院主机的 IP 地址为 222.133.10.5，其域名为 www.dzvtc.cn。实际上，域名是 Internet 中主机地址的另外一种表示形式，是 IP 地址的别名。

（3）域名解析

域名解析就是域名到 IP 地址或 IP 地址到域名的转换过程，由域名服务器完成域名解析工作。在域名服务器中存放了域名与 IP 地址的对照表（映射表）[1]。实际上它是一个分布式的数据库。各域名服务器只负责其主管范围的解析工作。从功能上说，域名系统基本上相当于一个电话簿，已知一个姓名就可以查到一个电话号码，这与电话簿的区别是与名服务器可以自动完成查找过程。

当用户输入主机的域名时，负责管理的计算机把域名送到域名服务器上，由域名服务器把域名翻译成相应的 IP 地址，然后连接的过程不一样，但效果是一样的。同一个 IP 地址可以有若干不同的域名，但每个域名只能有一个 IP 地址与之对应，就像每个人可以有一个以上电话号码，但一个电话号码只能给一个人注册。

11.1.4 Internet 提供的服务

Internet 之所以具有极强的吸引力，来源于其强大的服务功能。目前遍布全世界的因特网服务提供商 ISP（Internet Service Provider），为用户提供的各种服务已数不胜数。

1. 电子邮件（E-mail）

电子邮件是 Internet 上应用最为广泛的一种服务，它是一种在全球范围内通过 Internet 进行互相联系的快速、简便、廉价的现代化通信手段。电子邮件通常采用 SMTP（Simple Mail Transfer Protocol）协议或 POP3（Post Office Protocol Version 3）协议。

使用电子邮件的首要条件是拥有一个电子邮箱，即拥有一个电子邮件地址。与普通邮件类似，电子邮件也有其固定的格式。通常在电子邮件的头部要说明发信人的邮件地址（from）、发信的时间和日期（date）、收信人的邮件地址（to）和邮件主题（subject）等，接下来才是信件内容。

2. WWW 浏览

Internet 是信息的海洋，有着极其丰富的信息供用户查询利用，这些信息通常以网页的形式通过 Web 浏览器供大家浏览。网页又称 Web 页，WWW 浏览也称 Web 浏览，是目前 Internet 上最基本的服务。

事实上，Internet 提供的服务不可胜数。例如，电子商务、电子政务、电子刊物、网络学校、金融服务、远程会议、远程医疗、网络游戏、VOD 视频点播等。

【实例分析 11-1：世界怎么了——互联网的冲击】

互联网的发明者蒂姆 - 伯纳斯 - 李（Tim Berners-Lee）爵士首次提出了有关“信息管理系统”的概念，他当时的目标是“当一个人想要找他觉得重要的任何信息时，都能在一个地方找到这些信 息，并且之后也能够通过一种方式找到这些信息。该计划的结果将非常吸引人，并且随着信息的积累，应用范围将越来越广泛。

时光荏苒，互联网的出现成功改变了人们日常生活的方方面面，其影响力甚至超过了人类历史上任何一个发明所带来的巨大变革。对此对该技术所产生的多方面影响力进行一番盘点，具体内容如下：

1 王振宇，施东炜．基于 BIND 域名解析服务管理的设计．计算机工程，2007（15）：134.

天气：在互联网出现后，人们将不需要苦苦守在电视机前听天气预报员讲解未来几天的天气变化。现在，人们需要做的仅仅是打开手机上的天气应用而已。

成名：如今，得益于诸如 Youtube 这些大众传播平台的存在，几乎任何人都有可能在一夜间成为国际巨星。

购物：你还会在为去沃尔玛、巴诺书店还是百思买购物而感到纠结吗？据美国统计局公布的数据显示，2013 年美国人的网购总金额已经达到了 2700 亿美元，且这一数字仍在以每年 15% ~ 20% 的速度递增。

旅游：据市场调研机构 eMarketer 透露，2012 年有 70% 的旅游者都是通过在线的方式制定自己的出行计划，包括预订酒店和机票。

工作：在互联网应用范围逐渐扩展后，你或许永远不需要和自己的同事在一间办公室工作，甚至不需要同他们见面，因为电子邮件、即时消息服务和远程接入软件完全可以满足人们的日常工作需要。

传播效应：在某一颁奖典礼上带上一顶造型奇特的帽子？偷偷对着摄像头扮鬼脸？这些消息在今天的传播速度可能比你想象中更快。

11.2 数字媒体与网络的融合

对于什么是网络传播，比较普遍的看法是：所谓网络传播，就是通过国际互联网这一信息传播平台，以计算机、电视机及移动电话等为终端，以文字、声音、动画、图像等形式来传播信息。网络传播可以理解为利用互联网这一媒介进行的信息传递，是一种兼具人际、组织传播内涵的新型大众传播。

网络传播能够在短时间内迅猛发展，主要是由其不同于传统媒体的优势和特点决定的。网络传播信息的速度和规模、影响的地域范围以及表现形式等都远远超过以往的大众媒体，极大地开阔了人们的视野、丰富了人们的文化生活。按照学者们的归纳，网络传播主要有以下优势：

信息量大，速度快。网络以其超链接的方式将存储信息的容量无限放大，而传统媒体却要受版面、频道、时间等因素限制，无法任意扩大和丰富所发布的信息内容。在信息传播效率上，传统媒体所要发布的信息都必须经过采集、筛选、加工等多个环节才能够传递给受众，而网络传播将这个过程大大缩短，网络信息可以实现即时更新，大到国际、国家大事，小到生活琐事，均能在网上得到同步反映[1]。

传播手法多样。网络传播不仅集传统媒体传播手段之大成，而且在传播过程中可以把文字、声音、图像等融为一体，实现以往各种传统传播手段的整合，满足了受众多方面需要。

传播过程多向互动。传统的报纸、广播、电视等媒体是以传播者为中心的单向、线性传播，传播主体和受众之间存在信息不对称。而在网络信息传播中，传播者和受众可以任意互换角色，受众既是信息的接收者，也可以成为信息的传播者。受众的主体地位得以体现，不仅可以主动地获取或发布信息，而且可以实现无时空限制的交流沟通。

交流具有开放性。在网络上，人们可以在不同国家、不同民族之间就文化传统、思想观念、宗教信仰和生活方式等各个方面进行交流。网络传播是完全开放的，全球共享、广泛参与是其鲜明特征。

传播主体广泛。传统信息发布主体是某个具体的电台、电视台或者报社、杂志社。而在互联网上，

1 张克力．论网络传播的时代特征及社会影响力双重效应分析．甘肃科技纵横，2011（01）：10-11.

每个网民都可以是信息发布者。同时，网络还具有传统媒体所没有的虚拟性，网络传播主体可以匿名，网民随意出入、自由发言，发言机会均等。

在计算机技术和网络技术的推动下，现代社会的信息生产、传播与接收方式正发生着天翻地覆的变化。最明显的变化是人们对通信的需求由单纯的语音需要向语音、数据、图像、视频等综合需要转变。无论是现代技术的不断革新、还是市场经济浪潮的风起云涌，抑或是经济媒介融合的推动，网络融合都是历史的潮流，大势所趋。当前，为优化配置社会资源，鼓励电信网、广播电视网、互联网等国内主要网络企业在相关法规和政策指导下，技术上互相支持，业务上互相融合。数字媒体依托计算机软件技术得以飞速发展，借助网络融合平台，丰富多彩的数字媒体得以广泛传播。

网络融合在我国主要就是指三网融合，2010 年 1 月 21 日，国务院发布《关于印发推进网络融合总体方案的通知》，对网络融合含义作出如下界定："网络融合是指基于网络技术趋于相似，业务范围趋于相同的电信网、广播电视网、互联网等主要网络在向数字化电视网、宽带通信网，以及下一代互联网等网络演变的过程中，互通互联、共享资源，为客户提供语音通信、图像和视频等多种综合服务项目。"网络融合概念中，三个网络之间并非简单叠加或硬性合并，而是一种由最初的各自独立经营慢慢互相渗透最终走向融合。其最佳实现形式是三个网络能够通过合作或独立开展运营互联网、电视节目传输、语音通信传输等综合型业务。数字媒体主要包含媒介和信息两个部分 。以二进制数的形式进行存储、传输和处理的信息媒体称为数字媒体，而数字媒介就是处理数字媒体的设备或介质。纵观历史，网络融合与数字媒体集成不仅仅是中国电信、广电、互联网共同面对的一次信息技术革命，更是网络技术和数字媒体技术发展到一定程度后，提升全民物质生活和精神文化的强烈需要。

【实例分析 11-2：传统电视台与互联网融合——全媒体】

四川传媒学院全媒体交互式演播中心的建设，就是很好地利用网络技术实现了信息接入互动系统，该系统由短信、微博、微信信息实时采集终端、图文资讯实时播出系统等组成。

传统的播报只能是广播式的播报，不能与观众互动。由于采用了多项新技术手段，例如虚拟现实技术、全媒体互动、大屏背景图文包装等，与原来传统的演播室相比，互动播报主要有两种形式：一种是演播室内部各景区之间的互动播报，另一种是通过背景大屏、触摸屏与场外进行互动播报。整个系统设计时，充分考虑了全媒体接入时各种数据类型、多种文件格式的实时对接、识别，包括 3D 实时在线节目包装、网络视频互动、微信、微博、现场点评、短信参与等各种信号接入。实现了播报手段多种多样，观众参与、媒体互动迅速直接。全媒体交互式演播室的启用，为学院打造一个高端的综合制作应用平台，为多种节目形态的制作打下良好的基础，同时也为学院各专业进行教学实践搭建了一个对接的平台。

11.3 内容集成分发技术

随着 Internet 的日趋普及和信息传输技术的快速发展，Internet 上的传输内容已逐渐由单纯的文字传输转变成为包含文本、音频、视频的多媒体数据传输，这样的改变不仅使 Internet 使用者能获得更为丰富多样的信息，同时也代表着多媒体网络时代的来临。以前，多媒体文件需要从服务器上下载后才能播放。由于多媒体文件一般都比较大，下载整个文件往往需要很长的时间，限制了人们在互联网上使用多媒体数据进行交流。面对有限的带宽和拥挤的拨号网络，要实时实现窄带网络的视频、音频传输，最好的解决方案就是采用流式媒体的传输方式。流媒体应用的一个最大的好处是用户不需要花费很长时间将多媒体数据全部下载到本地后才能播放，而仅需将起始几秒的数据先下载到本地的缓冲区中就可以开始播放了[1]。流媒体的特点是数据量大、传输持续时间长、并且对延迟、抖动、丢包率、带宽等 QoS 指标要求严格，在当前的因特网上构建大规模的性价比高的流媒体系统是一个具有挑战性的工作。

因特网上的传统流媒体系统是基于 Client/Server（简称 C/S）模式的，一般包括一台或多台服务器，若干客户机。系统能同时服务的客户总数称为系统容量，C/S 模式的流媒体系统容量主要是由服务器端的网络输出带宽决定的，有时服务器的处理能力、内存大小、I/O 速率也影响到系统的容量。在 C/S 模式下，由于传输流媒体占用的带宽大，持续时间长，而服务器端可利用的网络带宽有限，所以即使是使用高档服务器，其系统容量也不过几百个客户，根本就不具有经济规模性。另外，由于因特网不能保证 QoS，如果客户机距服务器较远，则流媒体传输过程中的延迟、抖动、带宽、丢包率等指标也将更加不确定，服务器为每一个客户都要单独发送一次流媒体内容，从而网络资源的消耗也十分巨大。对此业界相继提出了多种解决方案，比较重要的有内容分发网络（Content Delivery Network，CDN）和 IP 组播（IP Multicast），以及对等网络（P2P）内容分发方式等。

内容分发网络的目的是通过在现有的 Internet 中增加一层新的网络架构，将网站的内容发布到最接近用户的网络“边缘”，使用户可以就近取得所需的内容，解决 Internet 网络拥挤的状况，提高用户访问网站的响应速度[2]。从技术上全面解决由于网络带宽小、用户访问量大、网点分布不均等原因所造成的用户访问网站响应速度慢的问题，如图 11-4 所示。

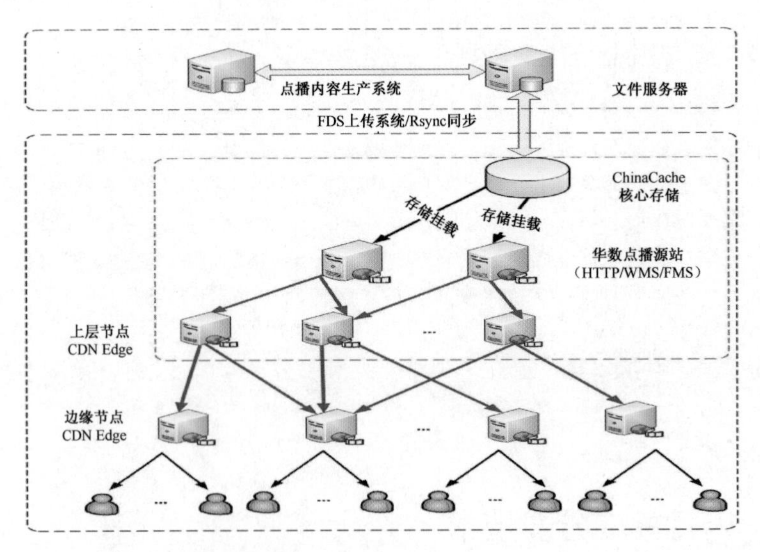

■ 图 11-4 CDN 内容分发网络示意图

1 叶林 .3G 移动流媒体业务平台构建 . 计算机与现代化，2009，12：140-141.

2 王钊 . 电视台新媒体网站系统设计与实践要点 . 现代电视技术，2009，10：80-81.

【实例分析 11-3：异于平常的网速——CDN 技术】

是不是经常有用户反映看电影播放视频经常出现缓冲需要漫长的时间等待呢?

出现缓冲有时候甚至就卡住了? 视频网站出现这种情况将直接导致用户无法正常观看视频，这是用户经常抱怨的，该网站将必定给用户留下非常不好的印象。

视频网站需要的是流畅的播放，那又如何给用户营造良好的网络环境呢？

在互联网领域里，对于网站而言，什么是最重要的? 有人可能会说是美观，有人可能会说是创意，其实，最重要的是速度，其次是网站安全。为什么有着巨大访问量的各大门户网站的访问速度如此之快呢? 答案就是 CDN 技术。所有的大型门户网站都采用了 CDN 技术对自己的站点进行加速。

CDN 提供的“网站内容访问加速服务”，是让“客户网站”使用 CDN 服务将网站内容投递到 CDN 网络中的各个加速节点，并由各节点主动到“源网站”进行刷新，来保证内容的新鲜。网站访问用户通过 CDN 网络中，相对速度最优的“加速节点”，来获取“源网站”中的内容资源。使影响访问网站质量的因素尽可能地减少，进而提高网页响应时间和传输速度，最终实现改善服务质量，大大减轻“源网站”的访问负载和带宽消耗目的。

11.4 流媒体技术

流媒体是多媒体的一种，指在网络中使用流式传输技术的连续时基媒体，如音频、视频或多媒体文件。

流媒体技术的产生是因为 Internet 的固有特性（带宽有限、传输品质无保障等）阻碍了音乐及视频在互联网上的普及应用。流媒体技术就是把连续的非串流格式的声音和视频编码压缩（目的：减少对带宽的消耗）成串流格式（目的：提高音视频应用的品质保障）后放到网站服务器上，让用户一边下载一边收听观看，而不需要等待整个文件下载到自己的机器后才可以观看的网络传输技术。

11.4.1 概述及特点

以前，多媒体文件需要从服务器上下载后才能播放，一个 1 min 的视频文件，在 56 kbit/s 的窄带网络上至少需要 30 min 时间进行下载，这限制了人们在互联网上大量使用音频和视频信息进行交流。“流媒体”不同于传统的多媒体，它的主要特点就是运用可变带宽技术，以“流”（Stream）的形式进行数字媒体的传送，使人们在从 28 ~ 1200 kbit/s 的带宽环境下都可以在线欣赏到连续不断的高品质的音频和视频节目。在互联网大发展的时代，流媒体技术的产生和发展必然会给人们的日常生活和工作带来深远的影响。

目前在网络上传输音频和视频等多媒体信息主要有下载和流式传输两种方式。一般音频和视频文件都比较大，所需要的存储空间也比较大；同时由于网络带宽的限制，常常需要数分钟甚至数小时来下载一个文件，采用这种处理方法延迟也很大。流媒体技术的出现，使得在窄带互联网中传播多媒体信息成为可能[1]。当采用流式传输时，音频、视频或动画等多媒体文件不必像采用下载方式那样等到整个文件全部下载完毕再开始播放，而是只需经过几秒或几十秒的启动延时即可进行播放。当音频、视频或动画等多媒体文件在用户机上播放时，文件的剩余部分将会在后台从

1 赵自强 . 流式传输与局域网络技术在闭路监控系统中的应用 . 冶金动力，2002，03：68-69.

服务器上继续下载。

所谓流媒体是指采用流式传输方式的一种媒体格式。流媒体的数据流随时传送随时播放，只是在开始时有些延迟。流媒体技术是网络音频、视频技术发展到一定阶段的产物，是一种解决多媒体播放时带宽问题的“软技术”。实现流式传输有两种方法：顺序流式传输和实时流式传输。

这种对多媒体文件边下载边播放的流媒体传输方式具有以下突出的优点。

① 缩短等待时间：流媒体文件的传输是采用流式传输的方式，边传输边播放，避免了用户必须等待整个文件全部从 Internet 上下载才能观看的缺点，极大地减少了用户等待的时间。这是流媒体的一大优点。

② 节省存储空间：虽然流媒体的传输仍需要缓存，但由于不需要把所有内容全部下载下来，因此对缓存的要求大大降低；另外，由于采用了特殊的数据压缩技术，在对文件播放质量影响不大的前提下，流媒体的文件体积相对较小，节约存储空间。

③ 可以实现实时传输和实时播放：流媒体可以实现对现场音频和视频的实时传输和播放，适用于网络直播、视频会议等应用。

11.4.2 网络体系结构

现存流媒体解决方案采用的技术是多样的，但其体系结构的本质是相近的。

流媒体的体系构成，如图 11-5 所示。

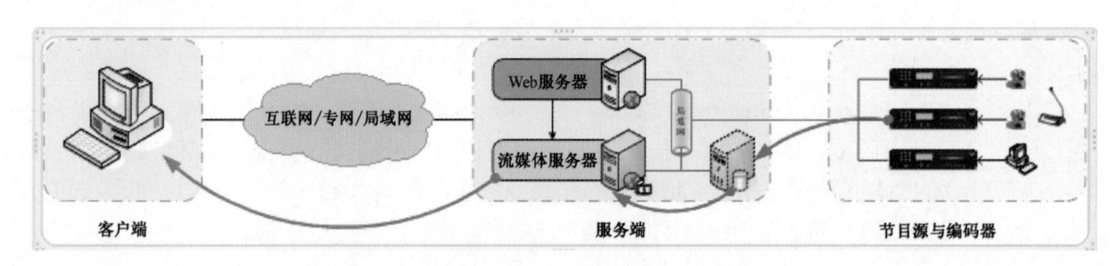

■ 图 11-5 流媒体体系结构

编码工具：用于创建、捕捉和编辑多媒体数据，形成流媒体格式，这可以由带视音频硬件接口的计算机和运行其上的制作软件共同完成；

流媒体数据；

服务器：存放和控制流媒体的数据；

网络：适合多媒体传输协议甚至实时传输协议的网络；

播放器：供客户端浏览流媒体文件（通常是独立的播放器和 ActiveX 方式的插件）。

一个基本的流媒体系统包括编码器、服务器和播放器三部分。

编码器对原始的音、视频数据进行一定格式的压缩编码，编码的方式有实时和非实时两种，常用的音频编码器主要有 MP3，常用的视频编码器主要有 MPEG-4、H.261、H.263 和 H.264 等，其中 H.264 视频编码器无论是在编码效率还是在图像质量上都优于其他现有视频编码器。

服务器负责将编码数据封装成 RTP 数据包发送到网络中。每次从节目中获取一帧数据，然后分成几个 RTP 数据包，并将时间戳和序列号添加到 RTP 包头，属于同一帧的数据包具有相同的时间。一旦到达数据包所应播放的时间后，服务器便将这一帧的音视频数据包发送出去，然后读取下一帧数据。

客户端每次从队列头部读取一帧的数据，从包头的时间戳中解出该帧的播放时间，然后进行音视频同步处理。同步后的数据将送入解码器进行解码，解码后的数据被送入一个循环读取的缓存中等待。一旦该帧的播放时间到达，解码数据就会从缓存中取出，送入播放模块驱动底层硬件设备进行显示或播放。

1. 媒体服务器硬件平台

视频服务器把存储在存储系统中的视频信息以视频流的形式通过网络接口发送给相应的客户，响应客户的交互请求，保证视频流的连续输出。视频信息具有同步性要求，一方面必须以恒定的速率播放，否则引起画面的抖动，如 MPEG-1 视频标准要求以 1.5 Mbit/s 左右的速度播放视频流。另一方面，在视频流中包含的多种信号必须保持同步，如画面的配音必须和口型相一致。另外，视频具有数据量大的特点，它在存储系统上的存放方式，直接影响视频服务器提供的交互服务，如快进和快倒等功能的实现。因此，视频服务器必须解决视频流特性提出的各种要求。

视频服务器响应客户的视频流后，从存储系统读入一部分视频数据到对应于这个视频流的特定的缓存中，然后此缓存中的内容送入网络接口发送到客户[1]。当一个新的客户请求视频服务时，服务器根据系统资源的使用情况，决定是否响应此请求。其中，系统资源包括存储 I/O 的带宽、网络带宽、内存大小和 CPU 的使用率等。

2. 媒体服务器软件平台

网络视频软件平台包括媒体内容制作、发行与管理模块、用户管理模块、视频服务器。内容制作涉及视频采集、编码。发行模块负责将节目提交到网页，或将视频流地址邮寄给用户。内容管理主要完成视频存储、查寻；节目不多时可使用文件系统，当节目量大时，就必须编制数据库管理系统。用户管理可能包括用户的登记和授权。视频服务器将内容通过点播或直播的方式播放，对于范围广、用户多的情形，可在不同的区域中心建立相应的分发中心。

3. 流媒体的网络环境

流媒体通信网并不是一个新建的专门用于流媒体通信的网络，目前绝大部分的多媒体业务多是在现有的各种网络上运行的，并且按照多媒体通信的要求对现有网络进行改造和重组[2]。目前通信网络大体上可分为两类：一类为计算机网络，如局域网、城域网、广域网，具体如光纤分布式数据接口、分布式队列双总线等；一类为电视广播网络，如有线电视网、混合光纤同轴网、卫星电视网等。

以上介绍的通信网虽然可以传输多媒体信息，但都不同程度上存在着各种缺陷。于是，人们自然将目光转向了一些新的网络存取方式，如异步传输网和宽带 IP 网络。事实表明，这些网络是目前是最适合多媒体信息传输的网络。

11.4.3 典型应用系统

1. 基于传统节目资源的流媒体服务

这些流媒体服务包括视频直播、视频点播。这是目前应用最广泛的流媒体服务，很多大型的新闻娱乐媒体，从中央台到地方各台都在互联网上提供基于流媒体技术的节目，都在提供此项服务，甚至以此作为网络盈利的依托。随着宽带和数字家电的发展，流媒体技术正在越来越广泛的应用于视频点播 VOD 系统，如图 11-6 所示。

1 孔静萍，郝毅 . 媒体服务器的硬件平台 . 电子质量，2002，12：122.

2 王利国 . 浅谈流媒体技术及其应用 . 太原大学教育学院学报，2006，04：78-79.

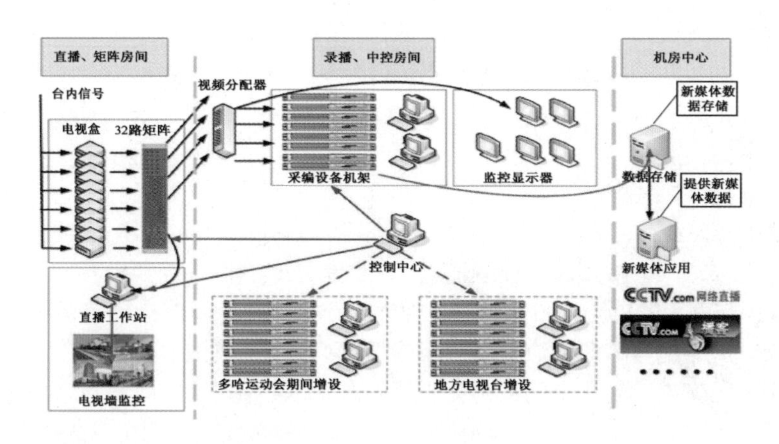

■ 图 11-6 VOD 点播系统图

2. 互联网直播

这是指网站在网络上以电视节目的制作手段制作、以流媒体手段播出的节目，这类节目通常以“频道”的形式组织，具有一定的原创性。互联网直播是现在流媒体应用中最成熟的一个。流媒体技术的发展实现了在低带宽环境下提供高品质的影音，互联网用户可以在 Internet 上自主地、直接地收看到正在直播的体育赛事、商贸展览、娱乐互动等栏目[1]，如图 11-7 所示。

■ 图 11-7 互联网直播示意图

【实例分析 11-4：网络电视运营平台——流媒体视频直播】

流媒体技术作为一种优秀的互联网音视频传输技术被广泛应用。其主要的应用形式为视频直播和视频点播。视频直播模块是流媒体服务平台解决方案中的重要模块之一，可独立运营。整个模块基于 B/S（C/S）架构，它综合了计算机网络技术和视频技术的优点，采用最先进的 MPEG-4、H.264 编解码技术。

厦门广电网络电视台运营平台：采用软硬件结合的方式，融合了计算机、网络、音视频和 3G 移动通信等相关技术，推出的一套基于广域网和移动互联网的分布式流媒体综合应用运营支撑平台，它解决了长久以来宽带平台和手机平台无法共享资源、统一管理的问题，使用独创的统一流媒体服务引擎（USS），可同时

1 任卫东，陶福贵 .Internet 流媒体技术综述 . 科技咨询导报，2007（18）：10.

支持宽带平台和手机平台，提供统一的管理界面。可完全替代原模拟点（直）播系统，大幅提高视频清晰度外，还可实现互联网、移动网内任意位置的点播等功能，用户可以随时随地的通过接收视频资源，如图11-8所示。

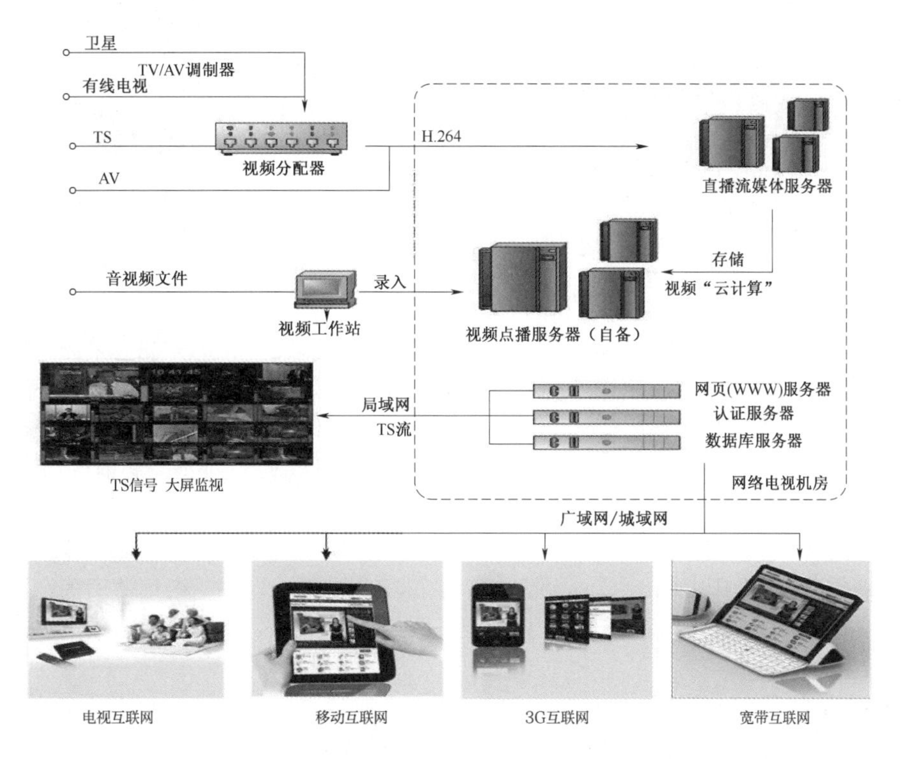

■ 图11-8 流媒体视频直播示意图

3. 远程教育、医疗

这是流媒体的一项重要应用，利用流媒体技术开发的系统具有现场实时视频、点播、在线交汇等功能。而且通信的成本远低于传统的远程系统。流媒体技术的产生和发展给远程教育的发展带来了新的机遇，越来越多的远程教育网站开始采用 Real System、Flash、Shockwave 等流媒体技术作为主要的网络教学方式。教师将视频、音频、文本或图片等需要传送的信息传到远程的学生端，学生在家通过一台计算机、网络连接就可以实现远程教学。

【实例分析11-5：远程的教学——流媒体技术缩短了彼此的距离】

随着（移动）互联网技术的迅速发展，又给人们增加了更多的知识获取渠道，也给有限的优质教育资源带来更大的价值发展空间。传统的教育都是线下教育，一个老师辅导的学生数目受时间、地点、交通等方面限制，同时对于学生来说成本也较高。有了在线视频直播，就可以突破前面的种种限制，一个老师可以同时向全国各地的学生授课。对于一些大企业做各个分公司的培训或一些产品发布会，传统做法都是把员工、相关的人员召集到一个地方进行培训，需要花费高额的差旅费。当前通过视频直播技术进行企业培训，在为企业降低90%成本的同时，能够面向更多的员工做培训教学。

系统部署框架图如图11-9所示。

■ 图 11-9 远程教育示意图

4. 视频会议

视频会议是流媒体的一个商业用途，通过流媒体技术的量化的可访问性、可扩展性和对带宽的有效利用性，可以很好地满足视频会议的需求。首先可以使大量的授权流媒体用户参加到视频会议中，扩大了会议的规模和覆盖面；而且利用流媒体技术的记录功能，视频会议在召开完以后可以实时存储，流媒体用户可以通过点播的方式来访问会议的内容。同时，也降低了视频会议的成本。

会议的举办方和与会者可以实现面对面的远程视频会议。企业利用基于流媒体技术的视频会议来组织跨地区的会议和讨论，另外，政府部门、部队、水电、石油、电信通信等也可以应用视频会议系统。从 2003 年至今，视频会议被列为电子政务工程中重要的环节得到切实的应用和推广。

5. 安全监控

采用流媒体技术实时视频在网上的多路复用传输，并通过设在网上的网络虚拟（数字）矩阵控制主机（IPM）来实现对整个监控系统的指挥、调度、存储、授权控制等功能。流媒体监控领域进入了全数字时代。

11.4.4 应用前景

流媒体的出现改变了这种状况，它不需要下载整个文件就可以在向播放器传输的过程中开始播放，一边下载一边播放，实现了在网 上点播或观看实况电影、电视的梦想。现在，以“流”的形式进行数字媒体的传送，使人们在从 28 kbit/s 到几 Mbit/s 的带宽环境下都可以在线欣赏到连续不断的高品质的音频和视频节目。在互联网大发展的时代，流媒体技术的产生和发展必然会给人们的日常生活和工作带来深远的影响。随着技术的发展，流媒体的定义已不再是指单一的流式传输技术，它衍生出了适合流式传输的网络通信技术、多媒体数据采集技术、多媒体数据压缩技术、多媒体数据存储技术等更多的基础技术。现在的流媒体已经逐渐发展成为一个产业。随着流媒体技术的不断成熟和商业应用市场的不断扩大，带动了诸如流媒体技术、流媒体内容的存储和管理、流媒体终端、流媒体服务商、网络运营商、数字安全等市场的发展。

所有拥有网络基础设施或网络接入能力的公司都有可能利用流媒体来增强它们的业务能力，另外，需要在因特网上传递各种信息的公司也都有可能需要流媒体来丰富它们传递的内容。因此，业务提供商（包括固定网运营商、移动网运营商、托管公司、ISP、广播电视商和交互电视网络商）及内容所有者（包括内容创作者、批发商和零售商）构成了驱动流媒体发展的两大群体。

11.5 P2P 技术

11.5.1 概述及特点

1. P2P 的概述

P2P 是 Peer-to-Peer 的缩写，Peer 在英语里有“地位、能力等同等者”“同事”和“伙伴”等意义。因此，P2P 被称为“伙伴对伙伴”或“对等连接”或“对等网络”。P2P 打破了传统的 C/S（Client/Server，客户 / 服务器）体系结构和 B/S（Browser/Server，浏览器 / 服务器）体系结构中以服务器为中心的模式。在网络中的每个节点的地位都是对等的。每个节点既充当服务器为其他节点提供服务，同时也享用其他节点提供的服务。P2P 不是一种新技术，而是一种新的 Internet 应用模式，指网络上的任何设备（包括大型机、PC、手机等）可以平等地直接进行连接并进行协作。

总体来讲，P2P 是一种分布式网络，网络的参与者共享他们所拥有的一部分硬件资源（处理能力、存储能力、网络连接能力、打印机等），这些共享资源需要由网络提供服务和内容，能被其他对等节点（Peer）直接访问而无须经过中间实体。在此网络中的参与者既是资源（服务和内容）提供者（Server），又是资源（服务和内容）获取者（Client）。因此，P2P 使网络沟通更畅通，使用户资源获得更直接的共享和交互。

P2P 打破了传统的 Client/Server 模式，在网络中的每个节点的地位都是对等的。每个节点既充当服务器，为其他节点提供服务，同时也享用其他节点提供的服务[1]，如图 11-10 所示。

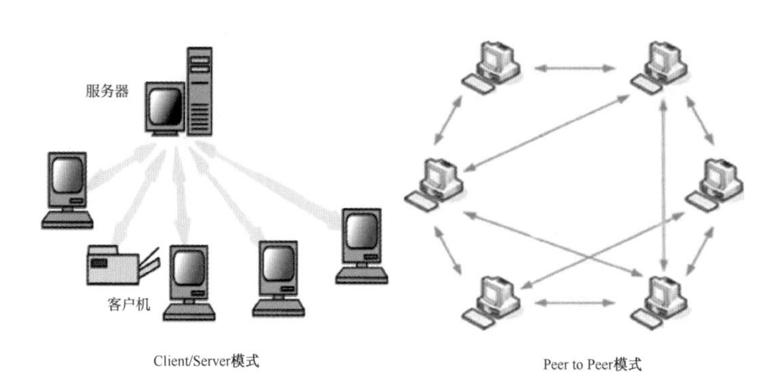

■ 图 11-10 P2P 架构示意图

2. P2P 技术特点

非中心化（Decentralization）: 网络中的资源和服务分散在所有节点上，信息的传输和服务的实现都直接在节点之间进行，可以无须中间环节和服务器的介入，避免了可能的瓶颈。

可扩展性：随着用户的加入，不仅服务的需求增加了，系统整体的资源和服务能力也在同步地扩充，始终能较容易地满足用户的需要。理论上其可扩展性几乎可以认为是无限的。

健壮性：P2P 架构具有耐攻击、高容错的优点。服务是分散在各个节点之间进行的，部分节点或网络遭到破坏对其他部分的影响很小。

1 魏婷，刘炼．关于 P2P 对等网络研究的浅析．科技信息，2010（22）：601-602.

高性能/价格比：采用 P2P 架构可以有效地利用互联网中散布的大量普通节点，用更低的成本提供更高的计算和存储能力。

11.5.2 网络体系结构

目前，Internet 的存储模式是“内容位于中心”，现在互联网是以 B/S 或 C/S 结构的应用模式为主的，这样的应用必须在网络内设置一个服务器，信息通过服务器才可以传递。信息或者上传到服务器保存，然后再分别下载（如网站），或者信息按服务器上专有规则（软件）处理后才可以在网络上传递流动（如邮件）[1]。而 P2P 技术的运用将使 Internet 上的内容向边缘移动，如图 11-11 所示。简单的说，P2P 就是一种用于不同 PC 用户之间，不经过中继设备之间交换数据或服务的技术，这允许 Internet 用户直接使用对方的文件。

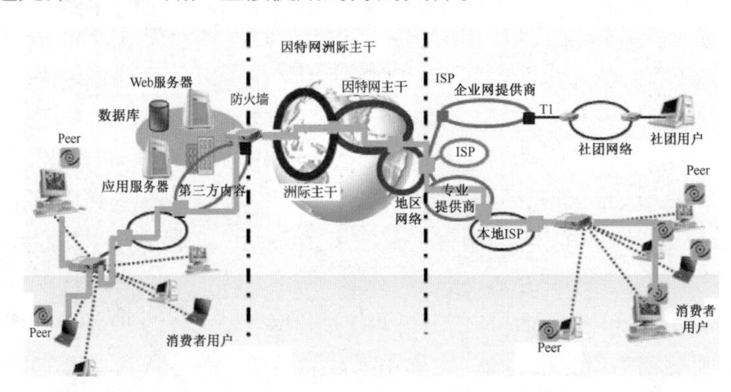

■ 图 11-11 P2P 网络结构示意图

首先，客户不再需要将文件上传到服务器，而只需要使用 P2P 与其他计算机进行共享；其次，使用 P2P 技术的计算机不需要孤岛的 IP 地址和永久的 Internet 连接，这使得占有极大比例的用户可以享受 P2P 技术带来的带宽的变革。从技术角度而言，P2P 可提供机会利用大量闲置资源。这些闲置资源包括大量计算机处理能力以及海量存储能力。P2P 可消除仅用单一资源造成的瓶颈问题。

11.5.3 典型应用系统

随着 P2P 流媒体技术的日渐成熟，基于 P2P 流媒体的应用越来越普及。P2P 流媒体技术广泛用于互联网多媒体新闻发布、在线直播、网络广告、网络视频广告、电子商务、视频点播、远程教育、远程医疗、网络电台、网络电视台、实时视频会议等互联网的信息服务领域。

【实例分析 11-6：P2P 文件下载】

P2P 文件下载是 P2P 应用中最为广泛的方式之一，它通过在不同用户间直接进行文件交换达到文件共享的目的，该种方式较之传统 C/S 模式下从公共服务器系统下载文件的方式具有速度快、资源丰富等优势。内容下载共享：典型的有 BT、eMule、eDonkey、迅雷等软件，成为用户下载电影、电视剧、软件、资料等首选工具，用户群非常庞大。即时通信：典型的有 MSN、QQ、Skype 等软件。QQ 成为一般用户特别是年轻人日常联系的工具，MSN 成为上班一族的首选。音视频在线共享：典型的有 MP3 在线播放、土豆网

1 熊江，胡仲华 .P2P 技术及其应用 . 重庆三峡学院学报，2003（03）：100-101.

视频分享等，如图 11-12 所示。

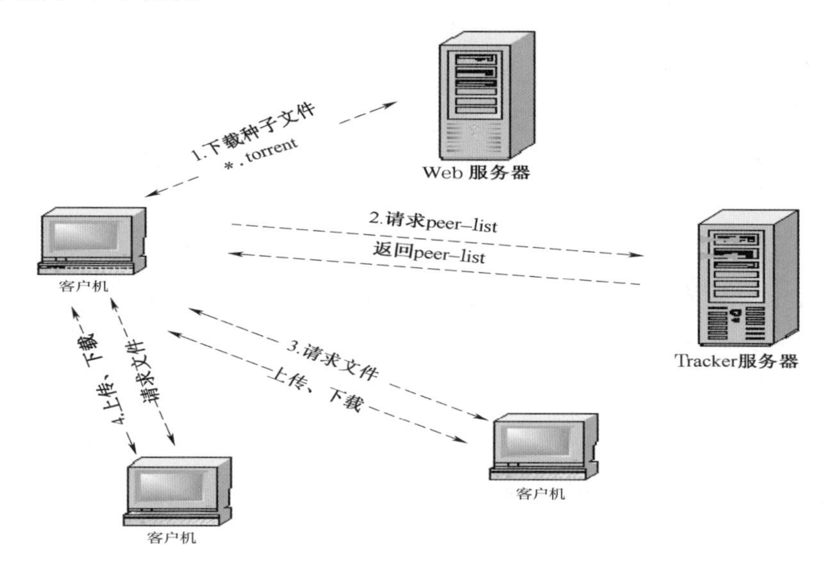

■ 图 11–12 P2P 文件下载应用

【实例分析 11-7：你有多久没去影院看过电影】

P2P 的视频直播是第二种应用。流 PPLive 网络电视是一款全球安装量大的 P2P 网络电视软件，支持海量高清影视内容的“直播 + 点播”功能。可在线观看电影、电视剧、动漫、综艺、体育直播、游戏竞技、财经资讯等丰富视频娱乐节目。P2P 传输越多人看越流畅、完全免费，是一款备受推崇的软件。

启动该软件后，将弹出 PPLive 窗口，该窗口主要包含播放控制栏、搜索栏、视频播放窗格和节目列表等，如图 11-13 所示。

■ 图 11–13 PPLive 视频播放

【实例分析 11-8：有了网络还用打电话——VOIP 应用】

P2P 的第三种应用是 Skype 这类 VOIP 软件电话的应用。

Skype 成为 IP 电话的代名词，主要用于通话业务。Skype 实现了将网络资源分散（即不是利用集中式的服务器资源，而是利用各个节点的网络资源），致使语音呼叫的接通率、语音质量在很大程度上甚至超过传统的电话网络。从搜索方面来讲，Skype 所采用的技术可称为第三代 P2P 网络技术。

11.5.4 应用前景

P2P 流媒体技术和传统流媒体不同之处在于，用户在播放过程中不仅仅可以从流媒体服务器取得媒体流，还可以从其他用户那里取得媒体流，与此同时，用户还会向其他用户提供媒体流。P2P 流媒体技术能有效缓解服务器压力并有效利用闲置带宽，大大降低流媒体服务器压力，从而在同等条件下支持到更多的流媒体用户，对于流媒体业务发展具有重要意义。P2P 技术可以提高用户收视质量，可以根据网络延时、响应速度等参数选择较快的相邻节点进行连接，从而避免了传统流媒体方式下单一地从局端服务器获取数据的方式。

P2P 推进了媒体的平移，改变了今天通信的体系结构，对于电信运营商来讲，它的冲击和影响力还远远没有表现出来。P2P 的推进并和 Web 2.0 融合能够产生的影响非常巨大。P2P 软件如雨后春笋般出现，使网民们能在互联网上浏览到高清的电影。P2P 流媒体技术的优点还有很多，它有很深远、广阔的发展应用前景。它可以用于网络电视，远程教育等多个领域。流媒体由于加入了 P2P 技术而得到蓬勃发展，随着网络电视 IPTV、无线流媒体、数字家庭等未来流媒体的应用，相信 P2P 流媒体还将会有一个更广阔的前景。随着运营商的加入，P2P 流媒体的研究势必取得更大的进展并将更加广泛地应用于商业领域。

11.6 IPTV 技术

11.6.1 概述及特点

传统电视播放存在的问题：传统的电视是单向广播方式，它极大地限制了电视观众与电视服务提供商之间的互动，也限制了节目的个性化和即时化。如果一位电视观众对正在播送的所有频道内容都没有兴趣，他（她）将别无选择。这不仅对该电视观众来说是一个时间上的损失，对有线电视服务提供商来说也是一个资源的浪费。另外，实行的特定内容的节目在特定的时间段内播放对于许多观众来说是不方便的。一位上夜班的观众可能希望在凌晨某个时候收看新闻，而一位准备搭乘某次列车的乘客则希望离家以前看一场原定晚上播出的足球比赛录像。现在看来是不可能的。

IPTV 是 Internet Protocol Television 的缩写，即交互式网络电视。网络电视在 20 世纪 90 年代中期开始发展，当时通过互联网向大众提供实时视 / 音频流的流媒体技术开始出现。网络电视，也叫 IP 电视或 IPTV，是指利用互联网作为传输通路传送电视节目及其他数字媒体业务，在终端设备观看的技术[1]。IPTV 是利用宽带网的基础设施，以家用电视机（或计算机）作为主要终端设备，集互联网、多媒体、通信等多种技术于一体，通过互联网络协议（IP）向家庭用户提供包括数字

1 黄浩东，邢建兵．中国普天开拓 IPTV 盈利空间．移动通信，2006（12）：82-83.

电视在内的多种交互式数字媒体服务的新兴技术。IPTV 在国内也被称为网络电视，是一种个性化、交互式服务的崭新的媒体形态。

IPTV 与传统 TV 节目的最大区别在于“交互性”和“实时性”，实现的是无论何时地都能“按需收看”的交互网络视频业务。

IPTV 的工作原理和基于互联网的电话服务相似，它把呼叫分为数据包，通过互联网发送，然后在另一端进行复原。其实也是跟大多数的数据传输过程一样。首先是编码，即把原始的电视信号数据进行编码，转化成适合 Internet 传输的数据形式。然后通过互联网传送最后解码，通过计算机或是电视播放。由于要求传输的数据是视频和同步的声音，如果效果要达到普通的电视效果 24 帧 /s，甚至是 DVD 效果，大家可以想象到要求的传输速度是非常高的，它采用的编码的压缩技术是最新的高效视频压缩技术。IPTV 对带宽的要求也比较苛刻，带宽至少达到 500 ~ 700 kbit/s 即可收看 IPTV。768 kbit/s 的能达到 DVD 的效果，2 Mbit/s 就非常清楚了。

用户在家中可以有三种方式享受 IPTV 服务：计算机；网络机顶盒 + 普通电视机；移动终端（如手机、iPad 等）。它能够很好地适应当今网络飞速发展的趋势，充分有效地利用网络资源。IPTV 既不同于传统的模拟式有线电视，也不同于经典的数字电视。因为，传统的和经典的数字电视都具有频分制、定时、单向广播等特点；尽管经典的数字电视相对于模拟电视有许多技术革新，但只是信号形式的改变，而没有触及媒体内容的传播方式。

IPTV 最大的特点是使电视图像业务在高速互联网上的应用成为现实，即 IPTV 给宽带业务注入了电视服务内容。IPTV 可以充分利用宽带资源，用宽带平台整合有线电视资源，为用户提供更多多媒体信息服务的选择。

IPTV 是利用宽带有线电视网的基础设施，以家用电视机作为主要终端电器，通过互联网络协议来提供包括电视节目在内的多种数字媒体服务。特点表现在：

① 用户可以得到高质量（接近 DVD 水平的）数字媒体服务。

② 用户可有极为广泛的自由度选择宽带 IP 网上各网站提供的视频节目。

③ 实现媒体提供者和媒体消费者的实质性互动。IPTV 采用的播放平台将是新一代家庭数字媒体终端的典型代表，它能根据用户的选择配置多种多媒体服务功能，包括数字电视节目、可视 IP 电话、DVD/VCD 播放、互联网游览、电子邮件，以及多种在线信息咨询、娱乐、教育及商务功能。

④ 将广电业、电信业和计算机业三个领域融合在一起。

由于 IPTV 的技术传输遵循 TCP/IP 协议。这就决定了 IPTV 能够非常容易地将数字电视节目、可视 IP 电话、DVD/VCD 播放、互联网游览、电子邮件以及多种在线信息咨询、娱乐、教育及商务功能结合在一起，实际上已有效地将广电业、电信业和计算机业三个领域融合在一起，充分体现出 IPTV 在未来竞争中的优势。

目前中国的 IPTV 系统采用客户机 / 服务器模式提供单播和点播（包括 VoD 和时移电视）业务。由于服务器输入 / 输出（I/O）“瓶颈”的限制，一台服务器只能支持有限的并发流（千数量级的并发流）。要解决十万、百万用户同时收看的问题，不仅需要大量服务器，还需要极宽的网络带宽。目前的解决方法一是采用组播来提供广播，二是采用内容传送网络（CDN）技术将服务器尽量放到离客户近的地方以减轻网络负荷。现有网络要支持组播，需要进行改造，这不仅导致成本增加还将损失互联网无所不在的通达能力。因此，IPTV 只能在经过改造的局部网络内提供广播业务。对于 IPTV 进一步向网络新媒体演化趋势，目前的客户机 / 服务器模式也不能很好地提供支持。

11.6.2 网络体系结构

IPTV 系统结构主要包括流媒体服务、节目采编、存储及认证计费等子系统，主要存储及传送的内容是以 MPEG-4 为编码核心的流媒体文件，基于 IP 网络传输，通常要在边缘设置内容分配服务节点，配置流媒体服务及存储设备，用户终端可以是 IP 机顶盒 + 电视机，也可以是 PC。

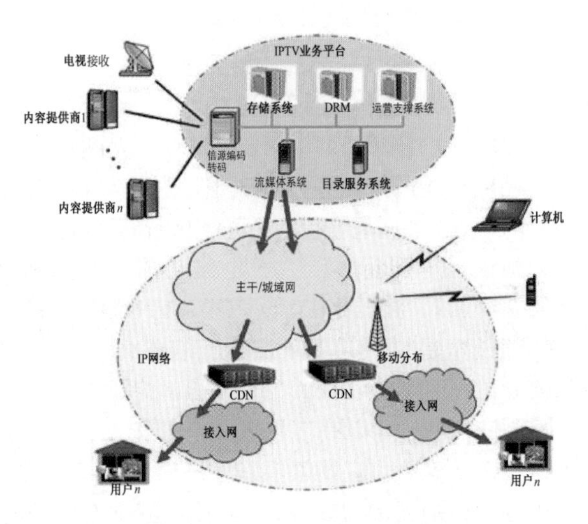

■ 图 11–14 IPTV 网络系统架构图

从物理结构上看 IPTV 系统分为三个子系统：网络系统（业务传送平台）、服务端系统（包括节目源、业务平台）、用户端系统组成。如图 11-14 所示。

IPTV 的业务平台主要包括信源编码与转码系统、存储系统、流媒体系统、运营支撑系统和 DRM 等[1]。IPTV 业务平台一般具有节目采集、存储与服务两种功能。

IPTV 系统所使用的网络是以 TCP/IP 协议为主的网络，包括骨干网 / 城域网、内容分发网、宽带接入网。

IPTV 用户接收终端负责接收、处理、存储、播放、转发视音频数据流文件和电子节目导航等信息[2]。

11.6.3 典型应用系统

IPTV 业务充分利用高带宽和交互性的优点，提供各种能满足用户有效需求的增值服务，让用户体验到宽带消费物有所值。对于成熟的宽带业务至少应该具备 4 个特点：多媒体化、互动性、人性化、个性化。由具有上述特点的 IPTV 业务衍生的宽带增值应用很多， 典型应用包括以下内容。

1. 直播电视

直播电视类似于广播电视、卫星电视和有线电视所提供的服务，这是宽带服务提供商为与传统电视运营商进行竞争的一种基础服务。直播电视通过组播方式实现直播功能。

2. 时移电视

时移电视能够让用户体验到每天实时的电视节目， 或是今天可以看到昨天的电视节目。时移电视是基于网络的个人存储技术的应用。时移电视功能将用户从传统的节目时刻表中解放出来，能够让用户在收看节目的同时，实现对节目的暂停、后退操作， 并能够快进到当前直播电视正在播放的时刻。

3. 视频点播

IPTV 的视频点播是真正意义上的 VOD 服务，它能够让用户在任何时间任何地点观看系统可提供的任何内容。通过简单易用的遥控器，让用户有了充分支配自己观看时间的权利。这种新的

1　申彦舒 . 基于 IPTV 技术的数字图书馆服务创新探讨 . 新世纪图书馆，2012（07）：57-58.

2　徐俭 .IPTV 产业化运营要点问题探析 . 广播电视信息，2005，12：38-39.

视频服务方式让传统的节目播出时刻表失去意义，使用户在想看的时候立即得到视频服务的乐趣。

4. 电视上网

尽管目前个人计算机日益普及，但仍有相当一部分人认为计算机过于昂贵、太复杂。这个群体的人们只是喜欢偶尔上上网，收发电子邮件，而不想费神去拥有或学习使用计算机。IPTV 业务的出现使他们的愿望得以实现。他们可以利用机顶盒的无线键盘或遥控器在电视机上享受定制的互联网服务，浏览网页和收发电子邮件，享受高科技带来的丰富的信息资源。

5. 远程教育

IPTV 所具有的点播功能完全符合远程教育的需求，是远程教育课件点播很好的应用平台。随着信息技术的发展，远程教育作为一种新型教育方式为所有求学者提供了平等的学习机会，使接受高等教育不再是少数人享有的权利， 而成为个体需求的基本条件。IPTV 业务的应用更使得远程教育贴近授众，人们坐在家中电视机前即随时可以获得想要的学习资料 。

11.6.4 应用前景

IPTV 开启了网络变革的大门，它的产生与发展在网络的演进中扮演着重要的角色。尽管 IPTV 可以利用其互联网优势提供服务，但也要有广电系统提供节目等协作，同样，广电也需要电信部门的合作，在未来的发展中，数字电视要如 IPTV 般实现互动点播，就必须依托电信宽带网络的接入。广电的先天优势在节目内容的制作，而电信与互联网的优势则在于网络覆盖宽广，便于与下一代网络发展走向沟通，有较丰富的大型网络设计、运营与管理经验。IPTV 的发展除必须有宽带双向网络基础设施外，还要有丰富的音视频节目，这亦对广电、电信双方自发进行优势互补、共赢合作起到了推动作用。

IPTV 业务使三网产业链条紧密联系起来，使得未来的下一代网络将以 IPv6 为纽带，以用户需求为基础，以多网业务融合为出发点，以灵活的用户接入和信息数字一元化的处理模式，逐渐把目前以电路交换为主的 PSTN 网过渡到以分组交换为主的 IP 网，把目前基于 TDM 的 PSTN 语音网和基于 IP/ATM 的分组网进行融合，让电信、电视与数据业务灵活地构建在一个统一的 IP 开放平台上，综合提供现有 PSTN 网、IP 网、ATM 网以及移动网等异构网上承载的电话和 Internet 接入业务，数据业务、视频流媒体业务，数字电视广播业务和移动等业务，满足人们随时随地以及采用何种手段实现通信或个人定制的个性化通信业务和服务，并在 IP 这个全业务网络的统一转发平台上，提供端对端的 QoS 质量保证，使网络全面实现基于数据包的传输，同时实现端对端透明的宽带能力，能和以前网络协同工作，支持广泛的可移动性，并为用户提供多个服务商无限制的接入访问和极为广泛的自由度选择。因此，基于 IP 技术的 IPTV，全面加速了传统的电信网、计算机网和有线电视网业务的相互渗透、相互融合的自然延伸和演进，引领下一代网络走向新领域。

11.7 异构网络互通技术

随着 Internet 的飞速发展和多媒体技术的不断成熟，流媒体应用已经成为互联网上最为重要、最具活力的应用之一。然而，由于 Internet 与生俱来的尽力而为特性以及在网络拓扑、终端设备等方面存在的异构性，导致流媒体应用在传输机制方面仍然存在许多有待改进的地方。

就我国目前现状而言，在未来的一段时间内，IPTV、数字电视、移动多媒体三种网络将是并存的态势，如何充分利用好各部分的资源，实现有效的互通共用、资源共享，通过转码技术来做到这一点是当前研究中的一个热点和难点。

针对异构网络、异类终端及不同传输需求问题，现有的数字媒体内容传播与消费过程中的共享与互通技术主要可以分为两大类：转码和解码技术。

兼容已有音视频压缩标准的转码技术。转码技术在数字媒体压缩标准传输链路中增加额外处理环节，使码流能够适应异构传输网络和异类终端。它主要着眼于现有编码码流之间的转换处理。转码技术分为异构转码和同步转码。异步转码指在同一压缩标准的编码码流之间的转码技术，同构转码则指不同压缩标准之间码流的转码。

面向下一代媒体编解码标准的可伸缩编解码技术。为了适应传输网络异构、传输带宽波动、噪声信道、显示终端不同、服务需求并发和服务质量要求多样等问题，以“异构网络无缝接入”为主要目标可伸缩编解码技术的研究应运而生。

本章小结

随着计算机网络以及互联网和多媒体技术的发展，对数字媒体内容如何进行有效地编目和传输是数字媒体走入人们生活的重要前提。流媒体是一种新兴的数字媒体网络传输技术，它可以在互联网上实时、顺序地传输和播放音 / 视频等多媒体内容；使用 P2P 技术可以使网络上的任何设备（包括大型机、PC、手机等）平等地进行连接并进行协作；IPTV 是一种以家用电视机或 PC 为显示终端，通过互联网，提供包括电视节目在内的内容丰富的多媒体服务业务。

为适应未来在各种异构网络流媒体的应用，需要解决异构网络间的流媒体的转码和解码问题，方能让流媒体更好地在网络间进行传输。

思考题

1. 什么是流媒体？流媒体与传统媒体相比有何特点？
2. 简述流媒体的传输过程和基本工作原理。
3. 流媒体系统包括哪三个部分？目前三大主流的流媒体格式及协议是什么？
4. 什么是 P2P 技术？ P2P 技术有何特点？
5. 典型的 P2P 应用系统有哪些？试举例说明。
6. 什么是 IPTV？ IPTV 有何特点？
7. IPTV 系统由哪几个主要部分组成？
8. 查阅资料，了解 IPTV 的应用现状和发展趋势。

知识点速查

◆计算机网络是将分散的多台计算机、终端和外围设备用通信线路互连起来，实现彼此间通信，且可以实现资源共享的整个体系。

◆网络传播。对于什么是网络传播，比较普遍的看法是：所谓网络传播，就是通过国际互联网这一信息传播平台，以计算机、电视机及移动电话等为终端，以文字、声音、动画、图像等形式来传播信息。网络传播可以理解为利用互联网这一媒介进行的信息传递，是一种兼具人际、组织传播内涵的新型大众传播。

◆ CDN 的全称是 Content Delivery Network，即内容分发网络。其目的是通过在现有的 Internet 中增加一层新的网络架构，通过智能化策略，将中心的内容发布到最接近用户、服务能力最好的网络"边缘"节点，使用户可以就近取得所需的内容，解决 Internet 网络拥塞状况，提高用户访问网站的响应速度。从技术上全面解决由于网络带宽小、用户访问量大、网点分布不均等原因，解决用户访问响应速度慢的问题。

◆流媒体是多媒体的一种，指在网络中使用流式传输技术的连续时基媒体，如音频、视频或多媒体文件。

◆流媒体技术就是把连续的非串流格式的声音和视频编码压缩（目的：减少对带宽的消耗）成串流格式（目的：提高音视频应用的品质保障）后放到网站服务器上，让用户一边下载一边收听观看，而不需要等待整个文件下载到自己的机器后才可以观看的网络传输技术。

◆ P2P 是一种分布式网络，网络的参与者共享他们所拥有的一部分硬件资源（处理能力、存储能力、网络连接能力、打印机等），这些共享资源需要由网络提供服务和内容，能被其他对等节点（Peer）直接访问而无须经过中间实体。在此网络中的参与者既是资源（服务和内容）提供者（Server），又是资源（服务和内容）获取者（Client）。因此，P2P 使网络沟通更畅通，使用户资源获得更直接的共享和交互。

◆ IPTV 也叫网络电视或 IP 电视，是指利用互联网作为传输通路传送电视节目及其他数字媒体业务，在终端设备观看的技术。IPTV 是利用宽带网的基础设施，以家用电视机（或计算机）作为主要终端设备，集互联网、多媒体、通信等多种技术于一体，通过互联网络协议（IP）向家庭用户提供包括数字电视在内的多种交互式数字媒体服务的新兴技术。IPTV 在国内也被称为网络电视，是一种个性化、交互式服务的崭新的媒体形态。

◆异构网络互通是解决在未来的一段时间内，IPTV、数字电视、移动多媒体三种网络将是并存的态势，如何充分利用好各部分的资源，实现有效的互通共用、资源共享，通过转码技术来做到这一点是当前研究中的一个热点和难点。

第12章 数字媒体内容消费及终端参与

本章导读

本章从数字媒体内容消费及终端参与的视角入手，共分两节。首先简单介绍了数字媒体内容消费市场，并从数字媒体消费行为的角度进行了详细阐述；然后剖析了数字媒体在电视终端、计算机及显示屏终端、移动智能终端和汽车终端的参与情况，提出了智能移动终端已成为移动互联网入口之争的重要工具以及智能汽车被视为高速移动的超级智能终端观点。

学习目标

1 了解全球数字媒体内容市场；

2 理解消费者行为及市场消费过程AISAS；

3 了解数字媒体终端的分类；

4 了解云计算机终端；

5 了解电视新名词；

6 了解未来电视的功能；

7 理解智能电视与网络电视所存在的区别；

8 理解移动智能终端为何被认为是移动互联网的入口；

9 理解智能汽车的概念及被视为高速移动的超级智能终端原因。

知识要点、难点

1 要点

数字媒体内容消费市场概况。

2 难点

数字媒体终端参与（电视终端、计算机终端、移动智能终端、智能汽车终端）；智能电视与网络电视的区别。

12.1 数字媒体内容消费

12.1.1 待价而沽的全球数字媒体内容

随着网络技术的发展,数字化成为未来发展的趋势。数字技术正在影响着人类生活的各个领域，越来越多的人开始接触并逐渐适应、习惯、依赖数字环境下的生活。同时，人们的消费行为也正随着媒体的数字化而发生改变。

麦克卢汗提出，媒介是人的延伸，今天的数字化媒体是人的心智的延伸，是人的各种感官的全面延伸[1]。根据全球市场研究公司 Juniper Research 的最新研究报告显示：全球数字媒体内容市场的总价值将从 2019 年起每年高达 1540 亿美元，这要比 2014 年增长近 60%。在 2014 年，平均每个英国成年人每天要花费逾 8.5 个小时消费媒体内容。其中，每天有 3 小时 41 分钟花费在网络上、非语音手机活动上或其他数字媒体上；而 3 小时 15 分钟花费在看电视上。

中国目前是世界第三大数字媒体市场，未来有望成为最大市场。以视频行业 2014 年在中国的发展为例：中国在线视频行业规模达 191.2 亿元，增幅达到 40.7%；中国移动视频营销在视频营销整体中渗透率预计为 19.6%，将在 2017 年达到 46.1%；中国具有联网功能电视机渗透率预计达 73%，共计 3312 万台。（数据来源：艾瑞咨询）

12.1.2 数字媒体消费

消费者行为从狭义上讲仅仅指消费者的购买行为以及对消费资料的实际消费行为，从广义上讲指消费者为索取、使用、处置消费物品所采取的各种行动以及先于这些行动的决策过程。消费者的整个消费过程可归结为 AISAS，即注意（Attention）—兴趣（Interest）—搜索（Search）—行动（Action）—分享（Share）。遵循这一过程，可以清晰地分析出媒体数字化对消费者行为的影响。[2]

媒体数字化促成了消费者行为的改变，消费者行为的改变又进一步刺激了消费市场，企业纷纷调整媒体策略以促进产品销售或服务，加快传统媒体的数字化进程以及数字化新媒体的研发。从 2010 年到 2014 年，互联网呈现出一个稳步的成长趋势。在这个过程中，平面媒体、报纸和杂志则都有明显的下滑趋势。传统媒体为了在未来获得立足发展的空间，不得不借用数字技术，比如数字广播、电子杂志、手机报、移动电视等提高对消费者获得信息的影响，传统媒体加快了数字化发展进程，新型媒体形式不断涌现。互联网为用户提供了良好的交互性平台，使用户重新找到了失去的个性。同时，互联网基于消费者的访问数据，总结出消费者对信息的个性化需求，并及时为消费者提供个性化服务。比如，消费者钟情于某品牌，数字化媒体就会及时为消费者提供关于此品牌产品的最新信息，这也使得市场更为精准地接近受众。

从花费时间上看，消费者对于每周 7 天每天 24 小时访问任何媒体设备的需求正在增长，

---

1 马歇尔 . 麦克卢汉（加拿大）. 理解媒介——论人的延伸 . 译林出版社，2011（07）.

2 阚志刚，彭晓玲 . 媒体数字化对消费者行为的影响 . 新闻与传播研究，2012（02）：8-9.

20 ~ 34 岁的消费者数字媒体消费时间超过传统，已成为年轻人主要媒体消费渠道，如图 12-1 所示。这将导致 OTT 公司（Over-the-Top，指通过互联网向用户提供各种应用服务），如苹果、谷歌、亚马逊，会充分利用这次变革而处于领先地位，而这些公司如今都为用户提供用于个人存储及访问优质内容的云计算服务。

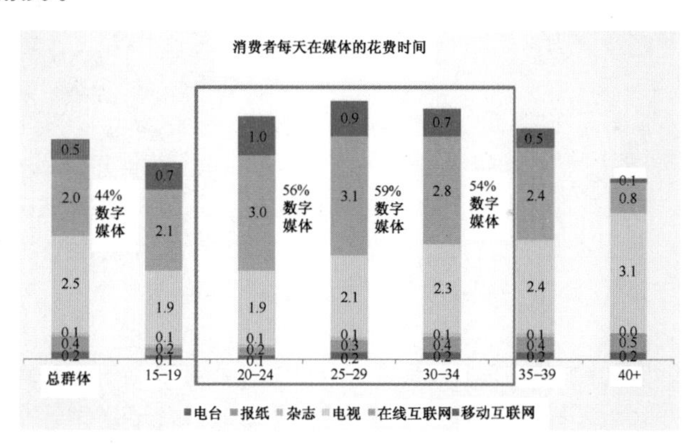

■ 图 12–1 消费者每天在媒体的花费时间示意

从数字营销上看，全球 76% 广告主计划增加移动营销预算。2014 年，中国广告整体预算平均增幅达 29%，83% 广告主 2014 年增加了预算，63% 中国广告主将增大视频广告预算。数字媒体营销预算变化趋势如图 12-2 所示。

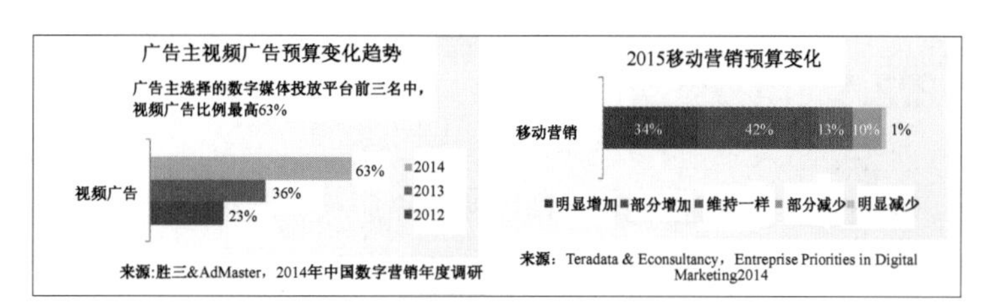

■ 图 12–2 数字媒体营销预算变化趋势

从受众购买上看，美国展示广告程序化购买已经超过 60%，未来 2 ~ 3 年中国将成倍增长，预计将超过 90%。数字广告也将从人工走向程序化交易，并大规模颠覆数字媒体广告市场，如图 12-3 所示。因此，程序化运用的领域也更为广阔，除了展示广告之外，移动、视频、社交和搜索甚至开始了传统电视的程序化购买。

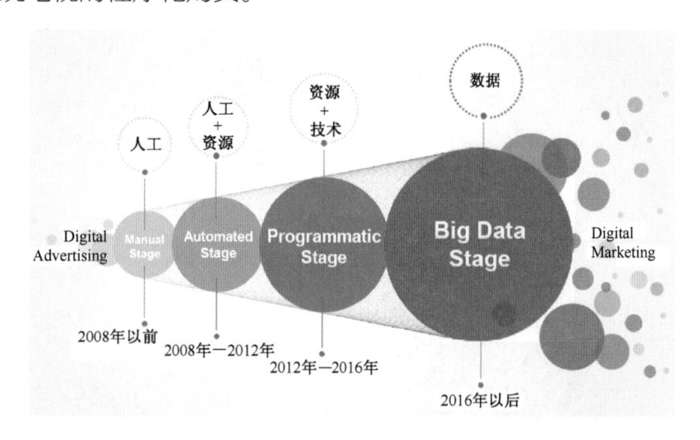

■ 图 12–3 数字广告从人工走向程序化交易

【实例分析 12-1：程序化交易，从购买广告位到购买受众】

当点开各大门户网页的新闻时，页面便会根据浏览记录弹出不同内容的广告；当在百度、淘宝搜索一个关键词时，搜索结果便会根据关键词显示不同类型的商家信息，精准营销正越来越成为互联网投放广告的主要形式。

当某个用户访问某网站时，该网站所加入的 SSP（供给方平台）会向 ADX（广告交易平台）发送广告请求，ADX 给多个 DSP（需求方平台）发送 RTB 请求（提供广告位信息，包括 User ID、IP 等），DSP 将接受的信息通过数据库（自主或第三方 DMP）进行分析（Cookie Mapping），确定该用户的喜好后解决三个问题：是否投放广告；投放哪个广告；以多少的价格投放该广告。之后再向 ADX 提起竞价。竞拍价格最高的 DSP 将获得广告位，并将最适合该用户的广告投放给网站，整个流程只需要 30 ~ 50 ms。

程序化交易的好处是降低交易成本，提高交易效率，便于跨平台投放，充分数据挖掘，实时调整投放，以及更多广告位和广告需求的释放。据 eMarketer 预计，2015 年美国程序化交易将达 148.8 亿美元，到 2016 年年均增长 42%。

其中，移动端增长将远快于桌面端，视频广告和 Newsfeed 广告快于其他广告格式。对应于广告位获得与否和价格的确定性从高到低，直接优选的增长速度将快于 RTB，RTB 中的封闭交易所将快于公开交易所。

12.2 数字媒体终端参与

12.2.1 电视终端

电视终端的显示技术经历了黑白 CRT 电视机、彩色 CRT 电视机、彩色背投电视机、彩色平板电视机、互联网电视到智能电视 6 个阶段，跨越了模拟时代、数字时代、网络时代和智能 4 个时代，如图 12-4 所示。

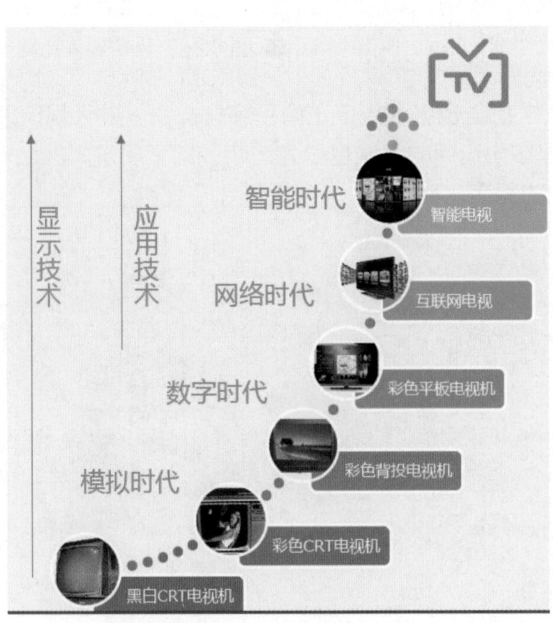

■ 图 12-4 电视终端发展背景

其中，智能电视较好地满足了用户在网络时代、智能时代的收视与体验需求，其“内容 + 终端 + 数据 + 服务”的方式也形成了一个价值链的闭环。在这里，将以智能电视为例为大家讲解电视终端。

随着以乐视、爱奇艺为代表的互联网公司进入智能电视领域，这个家庭传统娱乐中心再次引发资本和市场的热烈关注，一场客厅争夺战不可避免地打响。

互联网公司入侵电视圈。一部分互联网公司选择软硬件垂直整合，进而发布独立电视品牌（乐视、小米、同洲等），另一些企业选择和传统厂商分工合作，主要提供操作系统、平台或内容（爱奇艺、阿里巴巴、优酷、腾讯等）。

传统电视厂商同样在发力。数据显示，从 2011 年到 2013 年，传统电视厂商的中国市场销量中，智能电视占比从 16% 提升至 56%，超过半数。在智能电视领域表现最好的品牌，渗透率已超过 60%。

牌照方是核心。智能电视产业链包括牌照方、硬件厂商、广电和电信运营商、操作系统方、内容提供方等主要参与者。牌照方掌握核心资源，成为产业阵营的汇聚焦点。

数字媒体时代，智能电视终端可为传统电视用户提供更高清的节目和更低的操作学习成本；为视频网站用户提供更大屏幕下的丰富内容资源；针对不同家庭成员，特别是老人和孩子提供精准内容匹配；让客厅成为家庭娱乐中心，让用户回家后忘记手机、iPad。

【实例分析 12-2：智能电视与网络电视所存在的区别】

传统电视被动看节目，只能选择频道，不能点播内容；只能实时按序收看，不能回放重播；只能接收信息，不能互动。智能电视则实现了内容点播、内容管理、双向互动等功能。而以上内容，是网络电视也能做到的。那么网络电视和智能电视区别究竟何在？

智能电视是一个平台，解决的是客厅娱乐的需求。除了电视节目外，智能电视更可能发展成为一个平台，支持客厅娱乐应用，比如游戏、KTV、家庭影院、家庭活动 APP、家庭照片管理等。智能电视是有 OS 的，也是支持 APP 的，因为这几个属性，所以会变得更智能。因为它能做的事情，是超过人们想象的，只要是用户在客厅或卧室的需求都可能满足。

至于网络电视是将电视机、个人计算机及手持设备作为显示终端，通过机顶盒或计算机接入宽带网络，实现享受数字电视、时移电视、互动电视等服务的设备。网络电视机涉及简单的整机制造，而且还涉及后台系统的开发，需要互联网内容提供商和技术提供商的相互合作。

目前网络电视面临的困局：网络电视是通过互联网实现电视内容的点播、管理等。但如今能点播的内容有限，并且面临淘汰，片源更新得也越来越缓慢，无法真正上网应用。这是相对而言，相比于智能电视机，网络电视的显得落后。因为网络电视机不一定是智能电视机，但是智能电视一定是网络电视机。

12.2.2　计算机及显示屏终端

计算机及显示屏终端，即计算机显示终端，是计算机系统的输入 / 输出设备。计算机显示终端伴随主机时代的集中处理模式而产生，并随着计算技术的发展而不断发展。迄今，计算技术经历了主机时代、PC 时代和网络计算时代这三个发展时期，终端与计算技术发展的三个阶段相适应，应用也经历了字符哑终端、图形终端和网络终端这三个形态。

目前常见的客户端设备分为两类：一类是胖客户端，一类是瘦客户端。把以 PC 为代表的基于开放性工业标准架构、功能比较强大的设备称为“胖客户端”，其他归入“瘦客户端”。瘦客户机产业的空间和规模也很大，不会亚于 PC 现在的规模。

从技术层面讲，数据处理模式将从分散走向集中，用户界面将更加人性化，可管理性和安全性也将大大提升；同时，通信和信息处理方式也将全面实现网络化，并可实现前所未有的系统扩展能力和跨平台能力。

从应用形态讲，网络终端设备将不局限在传统的桌面应用环境，随着连接方式的多样化，它既可以作为桌面设备使用，也能够以移动和便携方式使用，终端设备会有多样化的产品形态；此外，随着跨平台能力的扩展，为了满足不同系统应用的需要，网络终端设备也将以众多的面孔出现：UNIX 终端、Windows 终端、Linux 终端、Web 终端、Java 终端等。

从应用领域讲，字符哑终端和图形终端时代的终端设备只能用于窗口服务行业和柜台业务的局面将一去不复返，网上银行、网上证券、银行低柜业务等非柜台业务将广泛采用网络终端设备，同时网络终端设备的应用领域还将会迅速拓展至电信、电力、税务、教育以及政府等新兴的非金融行业。

云计算机服务是出自天霆云计算公司全新的 IT 服务的概念，它包括了云端资源、连接协议和终端设施。通过 CHP 技术，实现云端和终端的连接。客户通过订购弹性计算资源池服务，从服务器上获得 CPU、内存、存储等硬件服务，并弹性的支付租用费用。它将此前的 VDI 模式简化，降低用户数量门槛（只有用户数量达到大概一千台以上 VDI 模式才会显现优势）。其融合了 DAAS（桌面即服务）、VDI 以及云终端的优势。云计算机没有主机却仍旧提供存储、网络、访问操作系统等功能。

12.2.3 移动智能终端

近年来，移动智能终端的功能日益强大，正逐步替代照相机、录音笔、现金支付、电子地图、远程控制设备、电子门票、计算器和记事本等。随着高速无线网络的部署、用户对移动智能终端的认知逐步增强及 App 应用的爆发增长，其市场以无法阻挡的势头迎来了高速发展期。移动智能终端作为用户接入移动互联网的重要工具和主要入口，在很大程度上，降低了信息传播的成本，提升了整个社会的信息交互量，加速了网民的普及率增长。移动智能终端因此正由传统的通信工具向主要的移动互联网应用及服务的载体演进，信息交互与传播的模式也由被动的单向流通转化为分享型的爆炸式传播。

截至 2015 年第一季度，全球移动用户总数约为 72 亿，其中包括第一季度新增用户 1.08 亿，全球移动用户普及率达到了 99%。在净增用户数方面，印度排名第一（2600 万），其次是中国（800 万），后面依次为缅甸（500 万）、印度尼西亚（400 万）和日本（400 万）。国内活跃设备数量已经达到了 10.3 亿，与第四季度相比增长 4%，增幅有所放缓。到 2020 年，先进的移动技术将无处不在，全球移动智能终端出货量累计超过 89 亿台，是 2014 年的 5.57 倍。此外，根据 Google 提供的数据，全球智能手机用户平均安装 26 个 APP，韩国人安装应用的数量最多，达到 40 个，如图 12-5 所示。

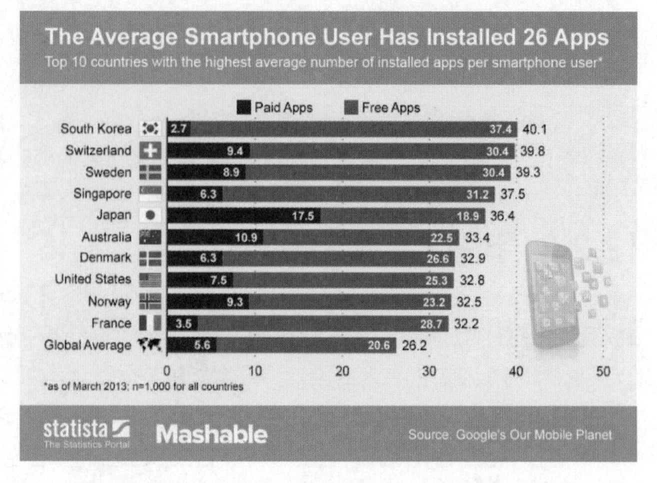

■ 图 12-5 全球智能手机用户平均安装 26 个 APP

数据还显示，数字媒体时间的移动化明显上升，如图 12-6 所示。大部分移动时间消耗在使用应用上，占 81%。Google（91%）、Facebook（86%）和 BBC（77%）领先。

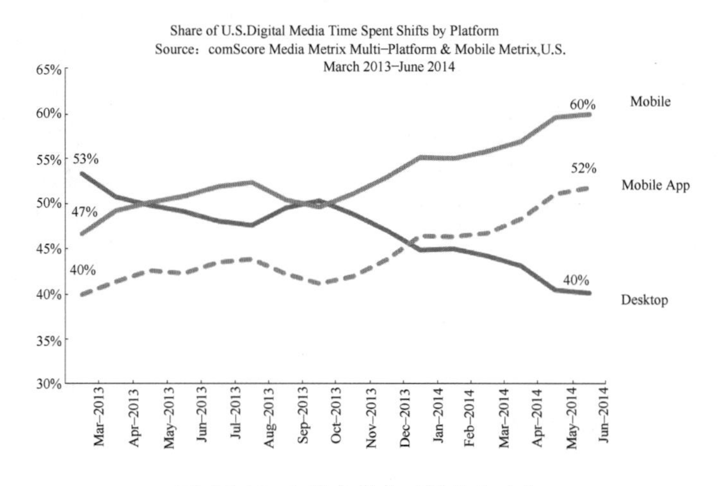

■ 图 12–6 数字媒体时间的移动化

随移动互联网的深入发展，中国移动互联网从最初的电信运营商主导的“接入为王”，过渡到彩信短信、移动动漫、移动游戏、移动 IM 等移动增值业务主导的“内容为王”。如今伴随各内容的互相竞争及发展和移动智能终端的逐步渗透，基于内容的应用需求不断增多，市场进入了“应用为王”的时代，信息获取、商务交易、交流娱乐、移动物联等应用成为了推动产业发展的核心力量，如图 12-7 所示。

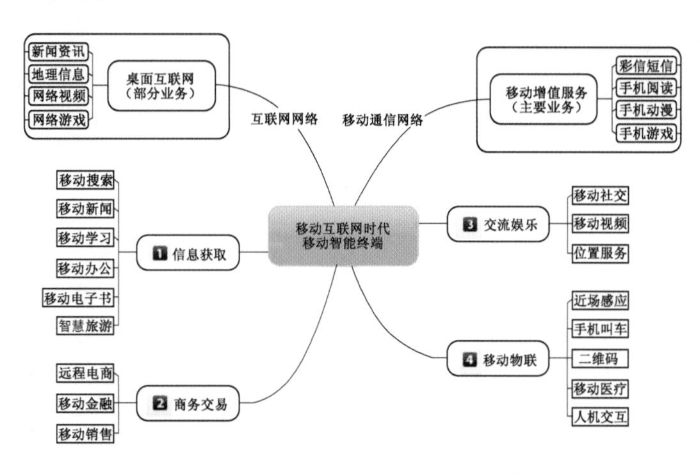

■ 图 12–7 移动智能终端应用示意

移动智能终端除了是信息分享的媒体形式外，还包含个人生活信息分享、商业智能、政府信息化、民生信息化、医疗信息化、物流信息化以及衍生出的体验型互动社区平台等，蕴含在其中的是一个完整的网络社会产业：包括媒体与个人信息的发布、信息的病毒式传播、信息量与信息价值的放大。因此，它将引导传统媒体、娱乐、广告、企业营销、政府导向等各个领域发生巨大的变化。

【实例分析 12-3：苹果 iPad“以软带硬”续写传奇】

2010 年 4 月 3 日，堪称万众期待的 iPad 终于在美国开卖，苹果粉丝和好奇的消费者们如约而至。iPad 上市首日共售出了超过 30 万部，其中包括了预售阶段的网络订单。苹果 iPad 开卖一个月全球销量已突破 100 万台，而由于苹果 iPad 的拉动，全球平板计算机销量已经过千万台。

如同苹果的其他产品一样，iPad 继续延用“终端 + 服务”的理念。在 iPad 上市的同时，苹果还推出了自己的电子书专卖店——iBookstore，目前已上架了 6 万多部电子书，iPad 上市首日，用户通过 iBookstore 下载了超过 100 万个应用软件以及 25 万本电子书 ,iPad 开卖一个月内，iPad 用户已从 App Store 下载逾 1200 万个应用程序，从 iBookstore 中下载超过 150 万本电子书。正是因为苹果的到来，全球出版业的神经都被触动了，连《时代》《纽约时报》等指标性的传统媒体都在纷纷押宝 iPad。Salon 网站 CEO 理查德金格拉斯称，iPad 对出版商具有致命吸引力。新闻集团 CEO 默多克表示：“我相信苹果 iPad 将领导内容消费的革命。”第一个月，《华尔街日报》应用程序的用户达 64 万。默多克称：“不同于 Kindle，我们从 iPad 获得 100% 的营收。”创新性的模式可以将让用户在任何地方消费内容。

【实例分析 12-4：智能服饰催生户外族群——武装到脚趾】

2015 年国际消费类电子产品展览会（International Consumer Electronics Show，简称 CES）最令人兴奋的产品出现在服装上——服装的智能化，通过在衬衫、裤子、袜子等服装上以及运动器械植入传感器，各项体征数据和运动数据可以同步到智能手机上，从而为网球、足球、登山、自行车等运动爱好者提供全面的监控信息。

cambridge 展示了可以监控到关节活动的服装，成为很好的运动辅助工具。marucci 展示的智能保护帽具有压力感应功能，可以在运动中更好地保护头部。visijax 则是一种内置了 led 灯，可以在领子和袖子部位发出亮光，保护骑行者的安全。bluejewel 则展出了美丽时尚的智能项链，它也可以根据需要变成智能戒指或手链，与手机联动。用户可以选择金、银、宝石等不同材质，价格在 100 ~ 300 美元之间。与 iPhone 连接，可以测口内酒精含量，从而决定是否适合驾车的酒精测试仪也颇受欢迎。阿迪达斯、Asics、Under Armour 与 Ralph Lauren 等品牌已经展示过可监控血压、出汗等情况的服装。

总的来看，无处不在的计算、便宜的数字存储、互通性、繁荣的数字设备和传感器化的科技，让智能化技术可应用于各种各样的产品，而互联网络将从手机、可穿戴设备到汽车的任何终端设备都可以相互联系起来，并建立新的智慧生活中心。

12.2.4 智能汽车终端

伴随着“中国制造 2025”中关于汽车智能化的战略部署、主力消费群体年龄结构的变化，人们对于汽车的诉求和定义更为宽广，互动互联、智能便捷这些演变成新时代下汽车的标签，汽车 4.0 智能化时代已然来临。当用互联网思维来重新审视未来的汽车时，会发现它像是一台可以高速移动的超级移动智能终端。[1] 面对这样一个时代，需要更加清晰地认识智能互联汽车的现状，尤其随着全触控车载操作系统、远程遥控停车及无线充电等技术的扩展，其智能化服务和数据化媒体服务给人们驾乘带来更安全、更舒适、更便利的感受。

智能汽车是一个集环境感知、规划决策、多级辅助驾驶等于一体的综合系统，是典型的高新技术融合体。[2] 2014 年以来，智能汽车领域的标志性事件不断发生：Google 公布其全功能无人驾

1　陈力丹 . 用互联网思维推进媒介融合 . 当代传播，2014（06）：卷首语 .

2　陈丁跃，等 . 现代汽车电工电子设计与智能化技术 [J]. 现代制造工程，2008（02）：134-137.

驶原型车；苹果成立秘密研发中心研发“苹果”电动汽车；百度发布车联网解决方案Carlife；沃尔沃、德尔福圆满完成高度自动驾驶测试；乐视也宣布打造超级汽车，要形成垂直整合生态闭环系统（平台＋内容＋终端＋应用）及一云多屏、云端互通的生态架构，实现汽车、移动、电视、可穿戴设备等智能设备的多屏无缝衔接[1]。

在互联网公司抢夺“第四屏”的路上，车载信息系统承担着车车、车人以及车内信息处理的重要功能，是智能汽车互联化、智能化发展的核心，如图12-8所示，将带来更友好和便捷的服务方式和沟通界面，具备更丰富的应用程序和后台服务。

展望未来，汽车将从功能型电子（传统动力总成控制、车身控制、汽车安全控制等）逐步发展成信息服务交互型电子（视听娱乐、移动通信、智能驾驶和汽车安全等），甚至还将成为集个人计算机、互联网、车联网、人工智能等高端技术于一体的“智能移动机器人”[2]，如图12-9所示。工业4.0[3]概念的提出，也给汽车市场一个新的“在线化”制造的视角。驾驶者不仅可借助控制器或语音输入指令与车辆对话，实现空调控制、娱乐控制、舒适调节、导航等，还可通过多点触控、体感动作等控制车辆，由此带来更加便捷、安全的驾控体验。

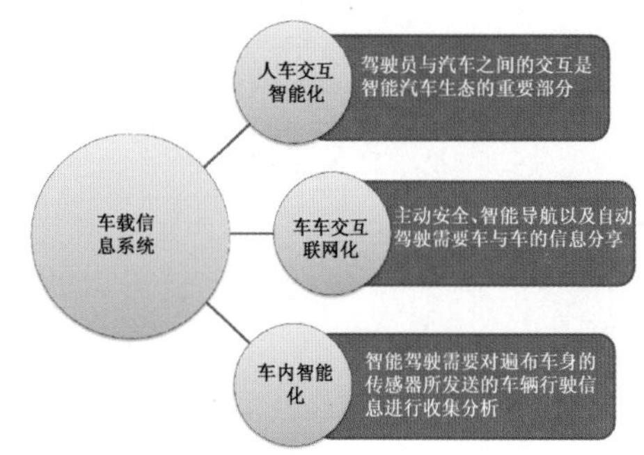

■ 图12-8 车载信息系统是汽车联网化、智能化的核心

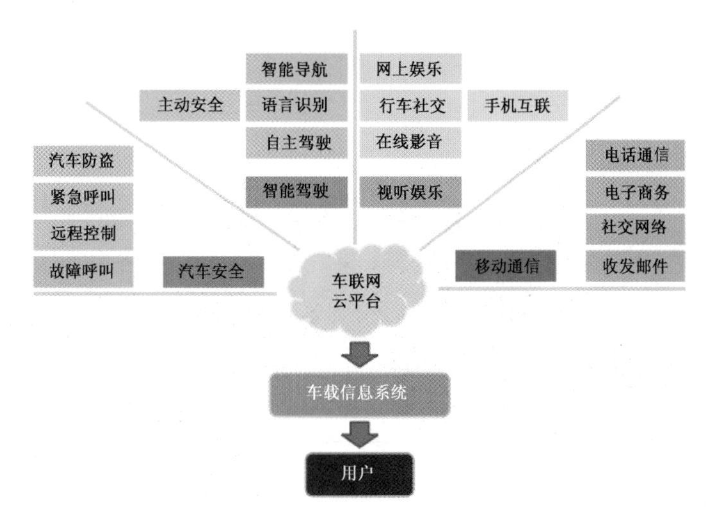

■ 图12-9 车载信息系统是车联网与用户的重要媒介

移动智能终端对无线网络用户使用习惯的培养，以及谷歌、苹果等互联网企业的加入，将加

1 《超级汽车来了！乐视发布智能汽车系统[OL]. http://auto.qq.com/a/20150121/011330.htm,2015.01.21.

2 豆瑞星. 智能汽车产业格局“三重奏”[J]. 互联网周刊，2010（18）：38-40.

3 工业4.0：德国政府提出的一个高科技战略计划，是指利用物联信息系统（Cyber–Physical System 简称 CPS）将生产中的供应、制造、销售信息数据化、智慧化，最后达到快速、有效、个人化的产品供应。

速车载信息系统的普及和更新换代。届时，汽车既是数据采集和感应器，又是实时信息的发布者，不同维度数据之间存在天然的联系。智能互联汽车的重要功能之一就是进行持续友好的“车与车、车与人”信息交互，构建车车互联、全方位服务的汽车生态环境，这必使人车互动相关的媒体形态具有更显著的数据化特性。

【实例分析 12-5：智能汽车今天很热闹 腾讯乐视继续参与】

汽车的智能化开始有越来越多的 IT 公司参与，变得越来越热闹，乐视和腾讯成为跨界参与智能汽车的两个玩家。

先是乐视和北汽合作了：乐视和北汽签署合作协议。原以为北汽和乐视的合作，会是在乐视的“超级汽车”项目上，北汽提供制造上的支持，没想到谜底是，乐视给北汽的汽车提供车载系统。官方的说法是：“乐视将为北京汽车提供互联网智能汽车的智能系统、EUI 操作系统、车联网系统。”

QQ 装进宝马靠谱吗？搭载在 BMW 互联驾驶系统上的 QQ，除了可以通过宝马汽车接收文字、图片、语音消息，还可以接收好友发送的地理位置，并直接导航到该目的地，同时也可以发送汽车的地位置给好友。把传统的导航变成社交导航，让汽车社交起来。这里强调的 QQ 在宝马上实现的社交功能是不是听起来和微信很像？其实也可以理解为一个车载的微信。

【实例分析 12-6：奔驰——车载系统 Drive Kit Plus】

随着互联网公司积极涌入，把车载智能设备作为进攻方向之一后，传统车企也积极主动提升自身车载设备的智能化程度，满足当今互联、交互智能的大趋势和消费需求。具体实施上，一方面传统车企加快了原有车载设备的升级改造，采用智能手机、智能手表等作为连接的入口方式，融入更多的交互智能因子，提升其智能化；另一方面传统车企也以开放的怀抱接纳互联网公司与之合作配合。

奔驰车载系统 Drive Kit Plus，如图 12-10 所示，需下载 Digital DriveStyle App 来配合使用。通过 Digital DriveStyle App（奔驰自主研发），驾驶者可以将智能手机的内容直接映射到车载系统的屏幕上，进行更新 Twitter、在 Facebook 上发布消息、发短信、打电话、听音乐等。驾驶者可以通过 COMAND 手动控制，也可以借助 Siri 进行语音命令。Drive Kit Plus 目前也已经配备在奔驰所有在售车型上。

■ 图 12-10 奔驰——车载系统 Drive Kit Plus

本章小结

数字技术的应用呈现指数级增长，成本却在不断下降，这使数字媒体迎来技术创新和商业创新的大爆发。社交网络、移动应用、分析法和云计算等数字技术不仅改变着人们的生活和工作方式，也在改变行业边界和市场定义。

面对当前越来越多的消费内容和终端选择，用户参与其中能做什么？或找信息，满足内容获取需求；或找人，满足通信社交需求；或找乐，满足游戏娱乐需求；或找效率，满足工具需求；或找钱找商品，满足买卖交易需求。

本章从数字媒体内容消费及终端及参与的视角入手，首先分析了全球数字媒体内容市场，并从数字媒体消费行为的角度进行了详细阐述，然后分别以电视终端、计算机及显示屏终端、移动智能终端和汽车终端为例，分别介绍了数字媒体终端的参与情况，提出了智能移动终端已成为移动互联网入口之争的重要工具以及智能汽车被视为高速移动的超级移动智能终端的观点。

思考题

1 广电面临的竞争越来越激烈，怎样不被边缘化；

2 程序化交易为何将颠覆数字媒体广告市场；

3 如何理解消费者行为以及消费过程AISAS；

4 OTT 服务是什么；

5 智能电视与网络电视所存在的区别；

6 如何理解未来电视能满足家庭数字生态系统；

7 如何理解智能移动终端已成为移动互联网入口之争的重要工具；

8 为何智能汽车被视为高速移动的超级移动智能终端。

知识点速查

◆媒介是人的延伸，今天的数字化媒体是人的心智的延伸，是人的各种感官的全面延伸。

◆ OTT 服务：指“over-the-top”服务，通常是指内容或服务基于基础电信服务之上但不需要网络运营商额外的支持。该概念早期特指音频和视频内容的发布，后来逐渐包含了各种基于互联网的内容和服务。典型的例子有 Skype、Google Voice、App Store、微信等。

◆电视终端的显示技术经历了黑白 CRT 电视机、彩色 CRT 电视机、彩色背投电视机、彩色平板电视机、互联网电视到智能电视 6 个阶段，跨越了模拟时代、数字时代、网络时代和智能 4 个时代。

◆智能移动终端：随移动互联网的深入发展，中国移动智能终端将从“接入为王”时代向“内容为王”过渡，并最终进入“应用为王”的时代，信息获取、商务交易、交流娱乐、移动物联等应用成为了推动产业发展的核心力量。

◆智能汽车终端：展望未来，汽车将从功能型电子（传统动力总成控制、车身控制、汽车安全控制等）逐步发展成信息服务交互型电子（视听娱乐、移动通信、智能驾驶和汽车安全等），甚至还将成为集个人计算机、互联网、车联网、人工智能等高端技术于一体的“智能移动机器人”。

数字媒体技术发展趋势

本章导读

本章共分 7 节，分别介绍了数字媒体产业技术发展趋势、数字媒体内容处理技术发展趋势、数字媒体内容检索技术发展趋势、下一代信息技术的发展及其影响、全媒体技术、媒体融合发展及其内涵以及数字媒体技术未来发展路径等内容。

本章从数字媒体技术发展与变化的视角入手，首先分析国内外数字媒体产业技术发展趋势，然后探讨数字媒体内容处理技术及基于内容的媒体检索技术的发展，剖析大数据、云计算、物联网、三网融合等下一代信息技术对数字媒体的积极作用，然后提出全媒体发展及其战略（内容聚合—云—管—端）与核心竞争力，最后阐述了数字媒体融合发展的内涵和未来与数据应用、互联网、各种网络及其他设备结合控制的发展路径。

学习目标

1. 了解国内外数字媒体产业技术趋势；
2. 了解数字媒体内容处理技术；
3. 了解基于内容的媒体检索技术；
4. 掌握下一代信息技术的发展及其对数字媒体的影响；
5. 掌握全媒体、云媒体、三网融合的概念；
6. 理解虚拟现实、增强现实、数字版权的意义；
7. 理解全媒体发展战略及核心竞争力；
8. 理解数字媒体融合发展的内涵。

知识要点、难点

1 要点

国内外数字媒体产业及技术发展趋势，下一代互联网技术的发展及其影响；

2 难点

媒体战略及核心竞争力，数字媒体发展的内涵。

13.1 产业发展趋势

13.1.1 国外数字媒体产业发展趋势

数字媒体包括用数字化技术生成、制作、管理、传播、运营和消费的文化内容产品及服务，具有高增值、强辐射、低消耗、广就业、软渗透的属性。“文化为体，科技为酶”是数字媒体的精髓。由于数字媒体产业的发展在某种程度上体现了一个国家在信息服务、传统产业升级换代及前沿信息技术研究和集成创新方面的实力和产业水平，因此数字媒体在世界各地得到了政府的高度重视，各主要国家和地区纷纷制定了支持数字媒体发展的相关政策和发展规划。美、日等国都把大力推进数字媒体技术和产业作为经济持续发展的重要战略。

各国统计数据显示，国际数字媒体发展呈现出新趋势，内容销售呈现出由传统渠道移至数字化传播渠道，传统销售比例下降；网络等新媒体创造出许多新成长商机。成长最快的市场是网络广告服务，宽带网络和移动通信成为消费者获取娱乐与数字媒体的主要方式。

1. 英国拓展融资渠道促进产业发展

英国高度重视数字媒体产业的原创性，数字媒体产业已成为英国的重要产业，每年产值占英国 GDP 的 8%，其雇佣了 100 万劳动力，每年创造财富将近 330 亿美元，不可撼动的传媒产业地位使到英国学习传媒技术成为潮流。融资支持是英国数字媒体产业可持续发展的重要保证。英国数字媒体产业融资主要有两大来源。一是公共资金，二是私人投资。公共资金主要来源于英国文化、媒体和体育部扶持电影、多媒体等行业的国家科技与艺术基金会、英国电影协会、艺术协会、高校孵化基金；此外，还有贸工部在地区发展局下建立的创意产业特殊基金、西北地区发展基金，以及在小企业服务局下建立的伦敦种子基金、西北地区种子基金、早期成长风险基金等；政府设立的高科技基金和苏格兰企业发展基金也为数字媒体产业提供融资。此外，英国的创意产业还可申请欧盟的发展基金进行融资。在政府融资支持下，英国的私人资金也为数字媒体产业的发展提供了重要融资来源，使银行贷款和私人基金成为英国数字媒体产业融资的主渠道。

2. 美国借助自身优势壮大产业发展

美国权威统计机构最新数据显示，数字媒体产业在美国已发展成重要的支柱产业。以电影工业和计算机软件席卷全球的美国内容产业（包括数字媒体内容）每年营收超过 4000 亿美元，占 GDP 的 4%。在时代华纳、迪士尼等传媒产业巨头的引导下，西方 50 家媒体娱乐公司占据了当今世界上 95% 的数字媒体产业市场。美国现在的数字媒体产业发展水平超过了以往任何一个时代，不仅规模巨大，而且产业细化、全球扩张。美国政府高度重视数字媒体产业的发展，充分发挥不同地区的数字媒体产业，如弗吉尼亚借助与首都相邻的优势大力发展以艺术展览为核心的数字媒体产业；而美国西部的电影重镇洛杉矶，则以电影文化艺术为基础发展自身创意产业；有着亚洲文化特色的旧金山，则侧重于发展多元文化型的数字媒体产业。

3. 新加坡实施政策激励制定数字媒体

21 世纪，数字革命引发了一系列的产业变革，这些变革也使得新加坡媒体业感觉到了前所未有的生存压力和危机。为顺应全球媒体技术变革的潮流，并保持新加坡媒体业的世界领先地位，新加坡媒体发展管理局于 2008 年推出《媒体融合计划》[1]，作为 2008—2013 年五年间新加坡媒体业的发展蓝图与战略。新加坡媒体发展管理局在此计划框架下，投入 2.3 亿新元用以推动媒体产业的全面发展，在巩固新加坡作为世界级媒体城市的同时，欲将新加坡打造成为“新亚洲媒体可信赖的全球之都”。此计划中，核心媒体主要由传统媒体和新兴数字媒体两部分组成。传统媒体包括广播电视、印刷出版、影视以及音乐；新兴数字媒体是指在线媒体、移动媒体和游戏产业。同时，新加坡还在财政上大力资助创意产业。政府从开始每年拨出 1000 万新元，到 2004 年增加到每年 1200 万新元，并在以后的 3 年里每年拨出 1550 万新元，加大艺术文化的发展力度。媒体业是新加坡重点投资的领域，目前，新加坡媒体产业每年创收 49 亿新元，创造了 53 000 多个工作机会。根据“创意发展战略 2.0 计划”，媒体业对于经济的贡献将增加到 100 亿新元，并在 2015 年创造 1 万个高收入的工作岗位。

4. 日本制定发展战略促进产业链发展

日本是世界上数字媒体产业最发达的国家之一，年产值 230 万亿日元的日本第二大支柱产业数字媒体产业（媒体艺术、电子游戏、动漫卡通等）产值已是钢铁产业的两倍，成为日本目前三大经济支柱产业之一。目前日本已经成为世界上最大的动漫制作和输出国，全球播放的动画片中有 65% 出自日本，在欧洲这一比例更高，达到 80%，平均年收入超过了 5000 亿日元，加上贩卖动漫玩偶等副收入则收入超过 1 兆日元。日本直接运用计算机从事数码艺术工作的有近 10 万人，每年还有 30 多万人接受数码艺术教育与训练。日本数字媒体产业优势是该产业链环环相扣，分别由不同的部门去完成，大大降低投资风险。同时，日本高度注重数字媒体产业的市场分析能力，积极加大其市场宣传力度。在任何一个超市、地铁站，都能看到销售与数字媒体相关产品的商店。如有名的《柯南》系列，因为市场反应一直很好，到现在还在连载，动画也一直在拍。这种市场化的产业链，帮助动漫业规避了大部分的投资风险，并将一部成功的动漫作品需要的巨大营销成本，分摊到了不同时期的不同单位。

13.1.2 国内数字媒体产业发展趋势

中国数字媒体于 1995 年随着互联网出现开始兴起，目前的中国数字媒体的载体包括：互联网（特别是垂直互联网领域和 Web 2.0/Web 3.0 门户），业务成熟；手机载体（包括 2.5 G/3 G），业务成熟，需要整合资源；IPTV 互动电视网（New，今后深入中国家庭信息获取与娱乐生活）；移动数字广播电视网（New，可用廉价数字广播方法，使得多数有屏幕的电子设备成为电视，基于新的移动数字广播电视制式标）。2010—2012 年，数字媒体在中国会成为中国媒体主流数字媒体率先影响中国的 80 后、90 后的年轻人群数字媒体成为媒体主流后，会与传统传媒交相辉映，共存很长的时间，覆盖不同需求人群。

在我国，数字媒体技术及产业同样得到了各级领导部门的高度关注和支持，并成为目前市场投资和开发的热点方向。“十五”期间，国家 863 计划率先支持了网络游戏引擎、协同式动画制作、三维运动捕捉、人机交互等关键技术研发以及动漫网游公共服务平台的建设。目前，我国加大数字媒体技术研发的支持，并分别在北京、上海、湖南长沙和四川成都建设了 4 个国家级数字媒体技术产业化基地。这 4 个基地又各具特色，其中北京以前瞻技术为主，上海以游戏运营和数字展示为主，长沙以动漫为主，成都以游戏开发为重点。国内数字媒体产业建成和积聚效应由此拉开

1 详细可查阅新加坡媒体发展管理局官方网站：http://www.mda.gov.sg/Pages/default.aspx.

序幕，并取得了巨大进展

数字媒体产业链漫长，数字媒体所涉及的技术包罗万象。未来五年将是我国数字媒体技术和产业发展的关键时期。为进一步推进高附加值、低消耗的数字媒体产业发展，攻克数字媒体产业化发展中的技术瓶颈，在国家科技部高新司的指导下，国家 863 计划软硬件技术主题专家组组织相关力量，深入研究了数字媒体技术和产业化发展的概念、内涵、体系架构，广泛调研了数字媒体国内外技术产业发展现状与趋势，仔细分析了我国数字媒体技术产业化发展的瓶颈问题，提出了我国数字媒体技术未来五年发展的战略、目标和方向。

从我国的情况看，中国正进入数字媒体快速增长时期，中国数字媒体的相关产业，即影视、动漫、游戏、电子出版等已蓄势待发，数字文化、数字艺术促进了媒体传播方式的变革。

13.1.3 数字媒体产业技术趋势

以数字媒体技术开发及应用服务的视角入手，数字媒体技术主要应用于音频、视频、图像、动画、游戏、出版、存储等领域。因此，数字媒体的发展不再是互联网和 IT 行业的事情，而是我国文化信息传播产业与文化创意产业快速发展的重要驱动力量，是国家信息化建设重要组成部分，将成为全产业未来发展的驱动力。数字媒体的发展通过影响消费者行为深刻地影响着各个领域的发展，消费业、制造业等都受到来自数字媒体的强烈冲击。

各种数字媒体形态正在迅速发展，同时也各自面对种种发展瓶颈，中国这个拥有最大的互联网用户群体的市场也成为国际数字媒体巨头的必争之地。目前 3 亿多中国网民常常观看在线视频的现状，预示着在线视频即将成为产生数字媒体广告预算的主力引擎之一。中国社交网站（SNS）用户已经超过 1.5 亿，约 1/3 的网民都在使用 SNS；各大主流互联网媒体纷纷向社交化转型，众多 SNS 新平台和产品竞相登场。视频网站和社交媒体成为数字媒体发展的新方向。

2011 年，《国民经济和社会发展第十二个五年规划纲要》（下简称《规划》）及《中共中央关于深化文化体制改革推动社会主义文化大发展大繁荣若干重大问题的决定》提出的“文化大发展大繁荣”战略，不仅从国家高度确立了文化产业的支柱性地位，为数字内容大发展大繁荣提供了坚实的政策保障基础，更是针对数字内容发展的关键性领域做出了引领性指导。《规划》明确指出要“统筹布局新一代移动通信网、下一代互联网、数字广播电视网、卫星通信等设施建设，形成超高速、大容量、高智能国家干线传输网络。引导建设宽带无线城市，推进城市光纤入户，加快农村地区宽带网络建设，全面提高宽带普及率”，加速构建下一代国家信息基础设施。“十二五”期间，内容产业必然随着三网融合的发展而得到迅猛发展。

数字媒体内容产业与数字媒体技术产业是相辅相成的，数字媒体内容产业的迅猛发展，得益于数字媒体技术不断突破产生的引领和支持；数字媒体内容产业的快速发展又将促使数字媒体管理、传播与互动等应用系统需求迅速扩大，从而促使数字媒体技术开发及应用服务行业迅速成长。互联网新一代素材蕴含的信息量不断增大，如图 13-1 所示。

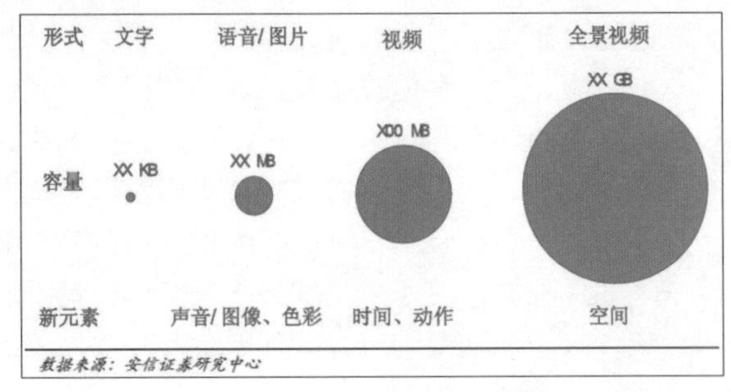

■ 图 13-1 互联网新一代素材蕴含的信息量不断增大

13.1.4 互联网 + 媒体

2014 年，是中国传统媒体的裂变元年，更是“媒体融合元年”。8 月 18 日，党中央审议通过《关于推动传统媒体和新兴媒体融合发展的指导意见》，将传统媒体与新媒体融合发展上升为国家意志。2015 年“两会”让“互联网 +”再次高调了一把，国务院总理李克强在政府工作报告中提出制定“互联网 +”行动计划，推动移动互联网、云计算、大数据、物联网等与现代制造业结合。“+”其实是代表了一种能力，或者是一种外在资源和环境，是传统行业的升级换代，形成更为广泛的经济发展新形态。

“互联网 +”时代是以互联网以及移动互联网为主，智能硬件、可穿戴设备为辅的新时代，“万物互联”是其典型特征。伴随着海量信息几乎无成本的全球流淌，其将在更高水平、更深层次上影响着信息的传播模式以及人与人的关系模式，交互也不再仅局限于人—人交互，而更多的将是人—物、人—系统、系统—物、系统—系统之间的链接和内容交互，这是互联网的下一次革新，将全面发展信息经济，最终通过互联网在网络深度用户中催生群体智慧并最终反过来以指数级的速度提升人们感知、理解和管理世界的能力。

互联网 + 意味着连接一切、跨界融合、重塑结构、创新驱动、开放生态、尊重人性，而互联网 + 媒体则意味着数字媒体制作的根基、影音光景的集合、艺术与科技的结合、现实与演绎的结合。互联网 + 媒体示意，如图 13-2 所示。

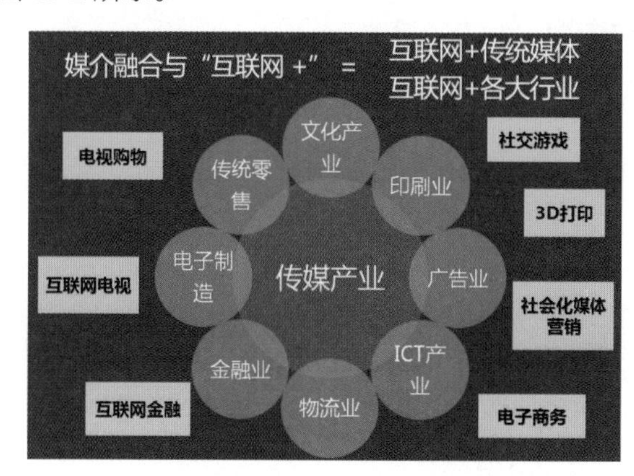

■ 图 13-2 互联网 + 媒体

13.2 数字媒体内容处理技术发展趋势

数字媒体服务是以视、音频、动画内容和信息服务为主体，研究数字媒体内容处理关键技术，实现内容的集成与分发，从而支持具有版权保护的、基于各类消费终端的多种消费模式，为公众提供综合、互动的内容服务。数字媒体内容处理技术包括音视频编转码、版权保护、内容虚拟呈现等多项技术。

13.2.1 音视频编转码技术

国际上音视频编解码标准有主要两大系列：ISO/IEC JTC1 制定的 MPEG 系列标准；ITU 针对多媒体通信制定的 H.26x 系列视频编码标准和 G.7 系列音频编码标准。

针对以上格式的转码技术，目前基本停留在学术研究阶段，大部分现有的转码工具主要针对一些非通用的、民间的自定标准和格式进行，例如 DIVX、XVID 等。全面系统地实现 MPEG-2、

MPEG-4、H.264/AVC 之间的转码还未进入实用阶段。

13.2.2 内容条目技术

我国的电视节目编目主要是以国家标准为参考（《广播电视节目资料分类法》等）多种标准并存模式。有以内容性质、专业领域、节目体裁、节目组合方式为标准的分类，也有以传播对象的职业、年龄和性别特征为标准的分类。

在编目标准上，国际上，为了方便广电行业各个单位之间的媒体资产交换，SMPTE 制定了完善的元数据模式（编目标准）（Dublin Core Metadata Initiative，DCMI）。元数据的分类和属性的标准化是非常重要的环节。

随着数字媒体内容在网络环境中的广泛传播， 各类不同类型、不同风格、不同粒度（素材 / 片段 / 样片 / 成品等）、不同格式的海量数字媒体内容冲击着传统的广电媒体传播途径，造成了媒体内容管理与检索的混乱与困境。在此环境下，研究基于精细粒度元数据表示的数字媒体内容分类与编目索引体系以适应各类不同类型的数字媒体内容的管理与检索成为数字媒体内容管理的一项紧迫任务。

13.2.3 内容聚合技术

随着社会信息化的发展，各种信息相互交集相互联系从而形成了庞大而又复杂的信息网。因此用户常会遇到两个问题，一是如何在浩瀚的信息海洋中找到自己需要的内容，二是如何能够及时跟进瞬息万变永不停息的新知识和新内容。Google 和百度这样的搜索引擎解决了第一个问题。因而成为了第一代互联网工具的代表。而第二个问题的解决方法目前正在获得普遍关注，即采用融合聚合技术使大量内容业务用户高效地、便捷地跟踪内容业务的变化，在未来新媒体环境下，各种互动媒体系统将实现技术、网络、业务和内容 4 个层面的融合。用户将同样面对着类似于互联网信息过载情形下的“内容海啸”和“媒体过传播”问题，因而内容融合技术的发展和应用将会成为第二代或者是将来的网络信息应用工具。

数字媒体内容的聚合是通过对各类数字媒体内容深层主题信息的检测、挖掘与标注，并利用各类媒体主题语义关联链接，形成丰富的多媒体内容综合摘要，通过用户行为分析与内容过滤为用户定制和推送所关注和感兴趣的主题相关的丰富多彩的数字媒体内容信息服务。

目前，在文字、语音、视频内容识别与信息抽取、自动摘要等方面都有一些较为成熟的技术，但尚未完全形成数字媒体内容聚合的概念。未来，内容聚合技术可实现海量网络资源信息的动态采集、跨媒体数据资源统一描述、基于并行计算的异构数字内容管理和智能编目等关键技术，解决海量数字媒体环境下异构媒体内容的聚合问题。

13.2.4 虚拟现实技术

虚拟现实技术（Virtual Reality，VR）是仿真技术的一个重要方向，是仿真技术与计算机图形学、人机接口技术、多媒体技术、传感技术网络技术等多种技术的集合，是一门富有挑战性的交叉技术前沿学科和研究领域。虚拟现实技术丰要包括模拟环境、感知、自然技能和传感设备等方面。模拟环境是由计算机生成的、实时动态的三维立体逼真图像。虚拟现实三大核心特征 3I：Immersion（沉浸感）、Interaction（交互性）、Imagination（想象力）。

信息技术的规律是 5 年一个周期，虚拟现实将成为下一代计算平台。消费电子符合 5 年周期规律，1994—1999 年台式机、1999—2004 年功能手机、2004—2009 年液晶电视和笔记本电脑、

2009—2013 年智能手机，先后进入渗透率快速提升的黄金发展阶段。消费者需求和技术进步决定了每一个历史阶段的智能硬件王者，智能手机浪潮之后，下一个 5 年将属于虚拟现实。

【实例分析 13-1：为什么 Google Glass 最终没能成功】

谷歌 2012 年发布的 Google Glass，包含在眼镜前方悬置的一台摄像头和一个位于镜框右侧的宽条状的计算机处理器装置，集智能手机、GPS、相机功能于一身，利用眼球追踪和语音识别进行操作，并能与智能手机进行同步完成网络浏览、收发短信、牌照分享等应用。因隐私问题和应用场景不清晰，谷歌 2015 年初停售当前版本的 Google Glass，并将 Glass 项目组从谷歌 X 研发小组独立出来，并入到 Nest 智能家居设备开发部门，Google Glass 项目并未被取消，预计将遵照消费者需求和可穿戴产品内在要求重新设计。

Google Glass 的问题在于谷歌此前对可穿戴设备的理解出了差错，完全从 Geek（极客）的角度制作一款具有较高科技含量的新产品，最终得到外科医生、建筑工人、机修工程师等专业技术人员的认可，却让普通消费者迷茫。2014 年 5 月，原谷歌 Glass 项目负责人 Adrian Wong 投奔 Oculus VR，由曾在 Bausch&Lomb（博士伦）担任高管负责太阳镜 Outlook Eyewear 设计推广的营销人才 Ivy Ross 接任。而 Google Glass 的新老大 Nest 智能家居属于"iPod 之父"Tony Fadell，同样深谙消费者心理和设计之道，流淌着苹果的血液。

13.2.5　增强现实技术

增强现实技术（Augmented Reality technique，AR）是在虚拟现实的基础上发展起来的新技术，也被称为混合现实。AR 是通过计算机系统提供的信息增加用户对现实世界感知的技术，将虚拟的信息应用到真实世界，并将计算机生成的虚拟物体、场景或系统提示信息叠加到真实场景中，从而实现对现实的增强。

增强现实技术，不仅展现了真实世界的信息，而且将虚拟的信息同时显示出来，两种信息相互补充、叠加。在视觉化的增强现实中，用户利用头盔显示器，把真实世界与计算机图形多重合成在一起，便可以看到真实的世界围绕着它。增强现实技术包含了多媒体、三维建模、实时视频显示及控制、多传感器融合、实时跟踪及注册、场景融合等新技术与新手段。增强现实提供了在一般情况下，不同于人类可以感知的信息。

【实例分析 13-2：HoloLens 全息眼镜的强大之处】

HoloLens 是微软 2015 年初推出的头戴式计算设备，内置 CPU、GPU、HPU，可以独立使用无须连接计算机或智能手机。其中，CPU 和 GPU 采用基于英特尔 14 nm 工艺 Cherry Trail 芯片，HPU（Holographic Processing Unit，全息处理单元）是一块 ASIC（Application-specific integrated circuit）专门定制集成电路。HoloLens 黑色镜片完全透明，在视线中心有一个矩形区域，是进入增强现实的窗口。

它还配有立体音效，佩戴者还能"听到"来自周围全息景象的声音。HoloLens 相比以往任何设备的强大之处，在于其能够实现对现实世界的深度感知并进行三维建模。HoloLens 拥有有 4 台摄像头，左右两边各两台。通过对这 4 台摄像头的实时画面进行分析，HoloLens 可覆盖的水平视角和垂直视角都达到 120°，通过立体视觉技术（Stereo Vision）获得获得视觉空间深度图（Depth Map）并依此重建三维场景。微软全息影像眼镜 HoloLens 体验如图 13-3 所示。

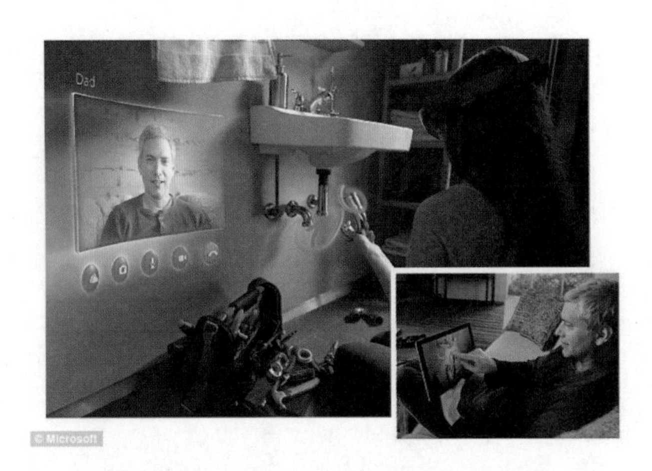

■ 图 13-3 微软全息影像眼镜 HoloLens 体验

13.2.6 数字版权保护技术

数字权利管理共性技术包括数字对象标识、权利描述语言和内容及权利许可的格式封装，这是数字权利管理系统互操作性的基础。除了加密、密钥管理以外，DRM 系统还可包括授权策略定义和管理、授权协议管理和风险管理等功能。

DRM 基本信息模型主要包括如下三个核心实体：用户、内容、权利。用户实体可以是权利拥有者，也可以是最终消费者，内容实体可以是任何类型和聚合层次的，而权利实体则是用户和内容之间的许可、限制、义务关系的表示方式。

目前，国家音视频标准（AVS）的 DRM 工作组正结合 AVS 音视频编码格式制定版权保护的共性技术标准。数字权利管理涉及安全领域的基础性技术包括媒体加密技术和媒体水印技术，针对具体的媒体对象可进行相应优化。

我国一些高校在媒体加密和水印方面有一定的研究基础并拥有技术商业化的能力。

13.3 基于内容的媒体检索技术发展趋势

13.3.1 数字媒体内容搜索技术

随着计算机技术及网络通信技术的发展，使多媒体数据库的规模迅速膨胀，文本、数字、图形、图像、音频、视频等各种超大规模的多媒体信息检索十分重要。

针对这个问题，人们提出了基于内容的多媒体检索方法，利用多媒体自身的特征信息（如图像的颜色、纹理、形状，视频的镜头、场景等）来表示多媒体所包含的内容信息，从而完成对多媒体信息的检索。

搜索引擎是目前最重要的网络信息检索工具，市场上已有许多成熟的搜索引擎产品。但是目前的搜索引擎没有考虑用户的兴趣爱好，搜索出的信息量庞大，经常将与用户兴趣不相关的文档提交给用户。这种现象的发生主要是由于用户所提交的关键词意义不够精确造成，或者是由于搜索引擎对文档发现和过滤的能力有限造成的。

与较为成熟的文本内容搜索相比，数字媒体（多媒体）内容搜索目前仍处于技术发展和完善阶段，国际国内都有一些可实用的系统和引擎推出。在此基础上，多种检索方法融合的综合检索和基于深层语义信息关联的检索策略将是其进一步的发展方向。

13.3.2　基于内容的图像检索

基于内容的图像检索可在低层视觉特征和高层语义特征两个层次上进行。其中，基于低层视觉特征的图像检索，是利用可以直接从图像中获得的客观视觉特征，通过数字图像处理和计算机视觉技术得到图像的内容特征，如颜色、纹理、形 状等，进而判断图像之间的相似性；而图像检索的相似性则采用模式识别技术来实现特征的匹配，支持基于样例的检索、基于草图的检索或者随机浏览等多种检索方式。

利用高层的语义信息进行图像检索是研究和发展的热点。

13.3.3　基于内容的视频检索

近年来视频处理和检索领域的研究方向和激战，主要针对以下三个主要问题：

视频分割: 时间上确定视频的结构,对视频进行不同层次的分割,如镜头分割、场景分割、新闻、故事分割等;

高层语义特征提取：对分割出的视频镜头，提取高层语义特征。这些高层语义特征用于刻画视频镜头以及建立视频镜头的索引;

视频检索 ：在事先建立好的索引的基础上，在视频中检索满足用户需求的视频镜头。用户的需求通常由文字描述和样例组合构成。

对视频信息进行处理，首先需要将视频按照不同的层次分割成若干独立的单元，这是对视频进行浏览和检索的基础。视频分割必须考虑视频之间在语义上的相似程度。已有的场景分割算法考虑了结合音频信息来寻找场景的边界。

基于内容的视频索引和检索研究关注不同视频单元的高层语义特征，并用这些语义特征对视频单元建立索引。对于一些更加复杂的语义概念，可以定义一些模型来组合从不同信息源得到的信息。另外，也有很多方法利用从压缩域上的得到的音频和图像特征进行索引和检索，以提高建立索引的速度。

13.4　下一代信息技术的发展及其影响

13.4.1　大数据

大数据（Big Data）是指基于海量、多样化的交易数据、交互数据与传感数据，通过快速采集、筛选、整合、处理和分析等一系列手段以从中获得具有巨大价值的产品或深刻的洞见，支撑预判，服务决策，带来“大知识”“大科技”“大利润”和“大发展”。大数据代表着新的思想和思维，大数据技术包括大数据分析、大数据管理和大数据云服务等。

大数据具有 Volume（大量）、Velocity（高速）、Variety（多样）、Veracity（真实性）的 4V 特点，将加速信息技术产品的创新融合发展。大数据时代的竞争，将是数据开放程度以及数据获取、存储、搜索、共享、分析乃至可视化地呈现能力强弱的竞争，预示着新一波生产率增长和消费者盈余浪潮的到来。如果物体利用大数据的核心技术（机器学习、自然语言处理、数学建模、人机交互、语音识别、大数据分析、数据可视化）可以加工数据到信息再到智慧，去做支撑，那么随着数据存得越多，处理得越好，利用得越有效，数字媒体拥有的智能就如同人一样拥有智慧。大数据今天正在逐步成为媒体新的技术手段，这也进一步凸显“机器”的含义，如图 13-4 所示。

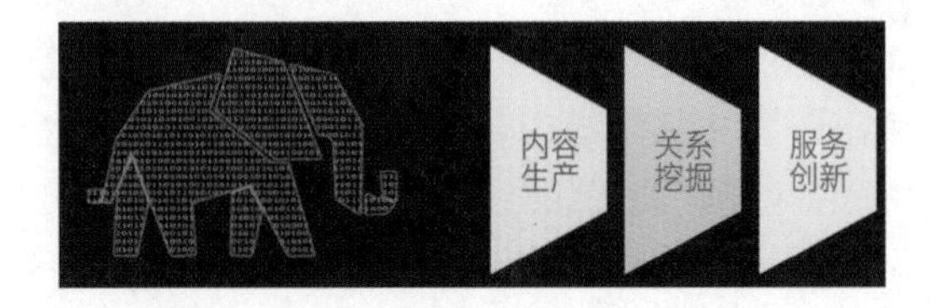

■ 图 13-4 大数据，媒体新的生产要素

大数据在数字媒体领域的应用：大数据与网络行为，助力用户习惯；大数据与手环结合，助力智能手环；大数据与汽车，助力无人驾驶；大数据与服装结合，助力智能服装……

【实例分析 13-3：从《纸牌屋》看大数据助力电视节目生产】

我们来看看时下最火的一部美剧《纸牌屋》。这部白宫版宫斗戏，是视频网站 Netflix 的首部原创剧，在美国和其他 40 个国家及地区成为网络点播率最高的剧集的一个重要原因，是大数据分析技术的应用。国内得到独家版权的搜狐视频上线该剧 20 天后，播放量超 343 万次，被称为美国版的《甄嬛传》。更有趣的是，这部电视剧的导演和男主角都是被大数据“算”出来的。资料显示，Netflix 在全世界拥有 3300 万订阅用户，用户每天在 Netflix 上将产生高达 3000 多万个访问行为（暂停、回放、快进、停止、分享、收藏或者添加书签等多维度数据）、400 万次评论、300 万次搜索请求，Netflix 就通过对这些用户的访问规模用户重合度、用户群和访问深度等 4 个指标进行海量数据分析，得到了拍什么、谁来拍、谁来演、怎么播这 4 个要素，并为他提供定制化的推荐，每一步都由精准细致高效经济的数据引导，从而实现大众创造的 C2B，即由用户需求决定生产。就这样，大数据为电视剧行业注入了非凡的想象力与创新。它把观众变成面目清晰的用户，根据他们的行为分析观众、结构、节目，得到所需要的数据，从而指导内容创新，这似乎给电视剧、视频网站从业者带来了一种新思路。《纸牌屋》的生产过程完全绕开了美国传统电视的生态环境，让全世界的文化产业界都意识到了大数据的力量，电视媒体也开始重新思考全媒体环境下的电视节目发展路径。美国《福布斯》杂志对其评价是“它不仅仅是很棒的节目，而且是电视史上的大事件”。

13.4.2 云计算

云计算（Cloud Computing）是基于互联网的相关服务的增加、使用和交付模式，通常涉及通过互联网来提供动态易扩展且经常是虚拟化的资源。云是网络、互联网的一种比喻说法。过去在图中往往用云来表示电信网，后来也用来表示互联网和底层基础设施的抽象。因此，云计算甚至可以让用户体验每秒 10 万亿次的运算能力，拥有这么强大的计算能力可以模拟核爆炸、预测气候变化和市场发展趋势。用户通过台式计算机、笔记本电脑、手机等方式接入数据中心，按自己的需求进行运算。

云媒体则是云计算时代下所有媒体的总称，是对高度碎片化的传统媒体“多跨式”的融合，其广泛深层次的收集、整理和发布社会亟需的各种信息，经过信息智能化处理后广泛的兼定向性的将信息分享到亟需者的手中，做到信息“广收集、广散布、高共享”，从而成为更加高效的服务社会大众的新兴媒体。

云计算在数字媒体领域的应用：云计算与音视频结合，助力流媒体；云计算与网络游戏结合，助力网页游戏；云计算与监控结合，助力智能视频；云计算与动画结合，助力 3D 动画电影……

13.4.3　物联网

物联网（Internet of things，简称 IoT）是新一代信息技术的重要组成部分，也是“信息化”时代的重要发展阶段。物联网就是物物相连的互联网，这有两层意思：其一，物联网的核心和基础仍然是互联网，是在互联网基础上的延伸和扩展的网络；其二，其用户端延伸和扩展到了任何物品与物品之间，进行信息交换和通信，也就是物物相息。物联网通过智能感知、识别技术与普适计算等通信感知技术，广泛应用于网络的融合中，也因此被称为继计算机、互联网之后世界信息产业发展的第三次浪潮。物联网是互联网的应用拓展，与其说物联网是网络，不如说物联网是业务和应用，正在重新定义移动互联网和物联网，如图 13-5 所示。根据麦肯锡全球机构(McKinsey Global Institute)的最新报告预测，全球物联网市场规模可望在 2025 年以前达到 11 兆美元。

■ 图 13-5 物联网重新定义互联网和媒体

物联网在数字媒体领域的应用：物联网与媒体结合，使媒体更具广告价值；物联网与广告牌结合，助力智能媒体控制系统；物联网与旅游景区结合，助力智慧旅游；可穿戴设备结合，助力百姓健康管理……

13.4.4　三网融合

三网融合是指电信网、广播电视网、互联网在向宽带通信网、数字电视网、下一代互联网演进过程中，网络互联互通、资源共享，能为用户提供语音、数据和广播电视等多种服务[1]，其核心是互联网。三网融合不是三网合一，其实质是业务的融合，即在同一个网络上可以同时开展语音、数据和视频等多种不同业务。

三网融合引爆了媒体的终端革命，有 iPad、智能手机、互联网电视谷歌 TV 等新媒体终端出现，同一终端上承载了整合性的媒体业务和功能，最终使媒体受众处于一个全媒体的环境之中。2010 年，我国重提三网融合并明确了路线图、排定时间表，规划了 12 个试点城市，并将三网融合作为重要任务纳入国家发展战略。

13.5　全媒体技术

13.5.1　全媒体概念

全媒体是指在各种信息、通信和传输协议得以广泛应用和普及的条件下，交互地综合采用文字、声音、图形、图像、影像、动画和网页等多种媒体表现手段（多媒体），来全天候、全方位、全覆盖地展示传播内容，同时通过文字、声音、影像、网络、通信等传播手段，进行不同媒介形

1　推进三网融合总体方案 . 国发 [2010]5 号 . 国务院，2010，01.

态（纸质媒体、广播媒体、电视媒体、网络媒体、手机媒体等）之间的融合（业务融合），产生的一种新的、开放的、不断兼容并蓄的媒介传播形态和运营模式，通过融合的电信网、因特网和广播电视网（三网融合）为用户提供电视、手机、PC、Pad 等多种只能终端的融合接收（三屏合一），真正实现随时随地用最适合自己的方式即时获取所需的信息，使得受众获得更及时、更准确、更精良、更多角度、更多听觉和视觉满足的媒体体验。[1] 全媒体之“全”，是产品之全，介质之全，终端之全，其关键在于实现全媒体生产、全介质传播、全方位运营[2]，如图 13-6 所示。

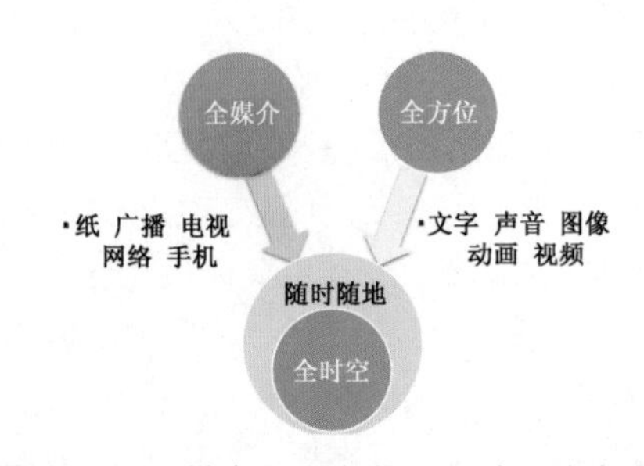

■ 图 13-6 全媒介、全方位、全时化的表现手段

国内学术界对“全媒体”的概念之前还没有达成共识，但随着 2014 全国卫视马年春晚全媒体收视、2014“两会”全国卫视全媒体传播指数、“马航失联”全国省级卫视全媒体传播指数的发布，全媒体在电视界的应用越来越广泛，已普遍为业界所接受。

13.5.2 全媒体发展战略

新一轮信息技术创新加速了广电传统媒体的信息化、数字化、网络化、全媒体化进程，以及与网络媒体、手机媒体、互动性电视媒体和新型媒体群等新媒体之间的聚合，将引发社会资源的新型配置机制，需要全新的协同技术和智慧的运营体系高效运转，以应对瞬息万变的市场风云。大数据时代滚滚而来，媒体的内外部环境发生了重大变化，在全媒体的多元传播环境中，要求传统媒体和新兴媒体并驾齐驱，以用户和市场为导向，以技术和商业为驱动，以网络为基础，以 OTT 创新为核心，以开放思维为保障，充分驾驭和利用各种数据，用多元化、立体化的内容产品扩大受众覆盖面。在 OTT 的三足鼎立布局中，终端、互联网、管道的有机结合一定是最完美的体验。苹果从端到云、管；软银从管到云、端；谷歌从云到管、端。在不断变化增长的需求发展趋势下，全媒体发展需要新的“内容聚合—端—管—云”战略。基于三网融合的全媒体战略架构如图 13-7 所示。

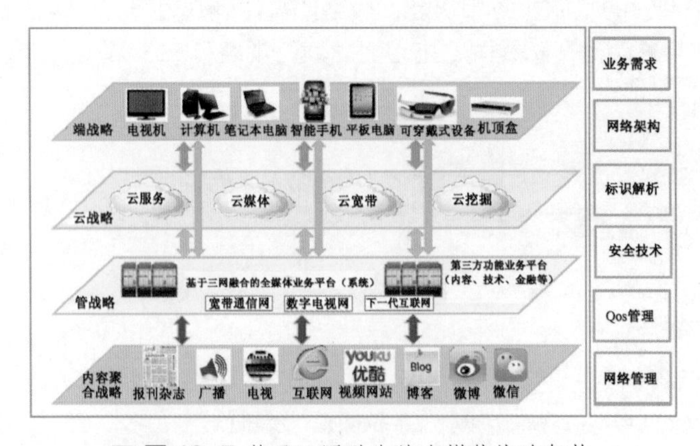

■ 图 13-7 基于三网融合的全媒体战略架构

1 王庚年．关于全媒体的认识与探索．中国广播电视学刊，2012，11.

2 刘长乐．全媒体时代的思维转变与战略实施．中国记者，2011，05.

1. 内容聚合战略

内容聚合，指内容的重新组合，关键是信息的生产和传播。全媒体是从多媒体、新媒体、跨媒体的概念演变而来的，其内容的内涵与外延都已发生了某种改变，衡量内容的标准也发生着很大的变化，节目内容的种类和形式都将更加丰富多彩、变化多样，如图 13-8 所示。

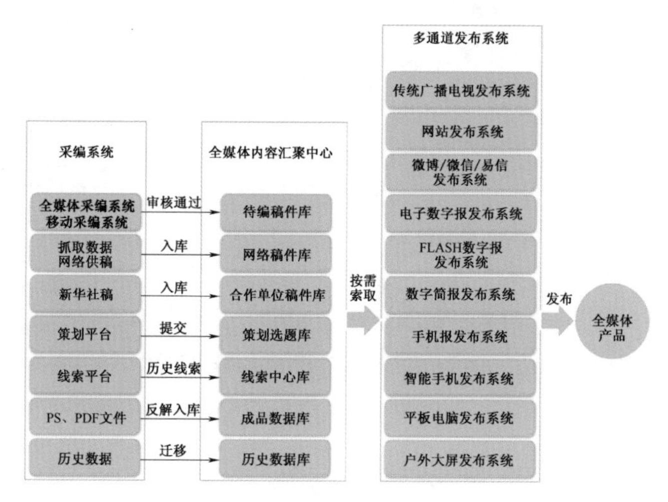

■ 图 13-8 全媒体内容汇聚流程图

【实例分析 13-4：北京电视台基于云架构的全媒体节目生产平台】

北京电视台于 2014 年建设完成了一个基于云架构技术开发的面向互联网 / 办公网的全媒体业务生产平台，如图 13-9 所示，该平台是北京电视台制播网络系统的外延平台。该项目首次提出了新一代“私有云平台 + 多应用 + 多终端生产”的全新节目业务生产模式。

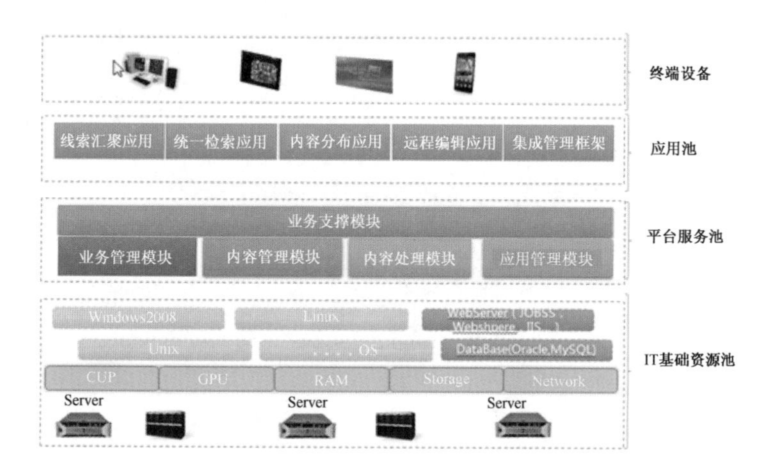

■ 图 13-9 北京电视台基于云架构的全媒体节目生产平台

“平台”的搭建定位于支撑各种外延应用的需要，通过抽象全媒体节目生产所需的各类业务应用交互方式和数据类型，制定了应用注册与发布的统一标准，提供了各类基础业务的支撑能力，致力于满足各类应用的接入需要。

“多应用”指各类挂接在云平台上的业务支撑服务及相关工具，用以实现诸如互联网信息获取、信息统一检索、远程编辑、移动写稿、移动审片、手持终端抢拍回传等业务。

“多终端”则指通过 PC、手机、XPad 等多种方式对应用进行访问，不再仅仅局限于 PC 端的访问方式。

该项目通过构建“私有云”平台，提供了在办公网环境下面向全媒体的基本支撑服务，并有针对性地选择了“线索汇聚”“统一检索”“内容分发”“远程编辑”“集成框架”等应用，可支持多种终端的访问，平滑实现制播体系与办公体系的融合发展。

该项目的成功实施在国内没有成功建设经验，为制播网络系统的发展方向做了有益探索，对国内其他台制播网络系统建设中具有一定的借鉴意义。

2. 端战略

端，指终端的智能化，关键是信息的多媒体呈现，将大规模地在各行业得到应用。整合性的智能终端呈现了全媒体带来的发展变革——新旧媒体融合、媒体界限消失。可能未来消费者需要某种设备来集中管理生活中的所有数字娱乐设备。[1] 因此，任何媒体都将关注点集中在用户至上、终端为王。用户欲望倒逼渠道和内容按照终端的需求进行调整，终端为王将成为全媒体时代所要遵循的一个重要原则。[2]

3. 管战略

管，即指网络 IP 化，关键是海量信息的传送问题，是实现新架构的基础和前提。需要运营商以 ALLIP 技术为基础，以 HSPA/LTE、FTTx、IP+ 光、NG-CDN 构建新一代的网络基础架构，如图 13-10 所示。

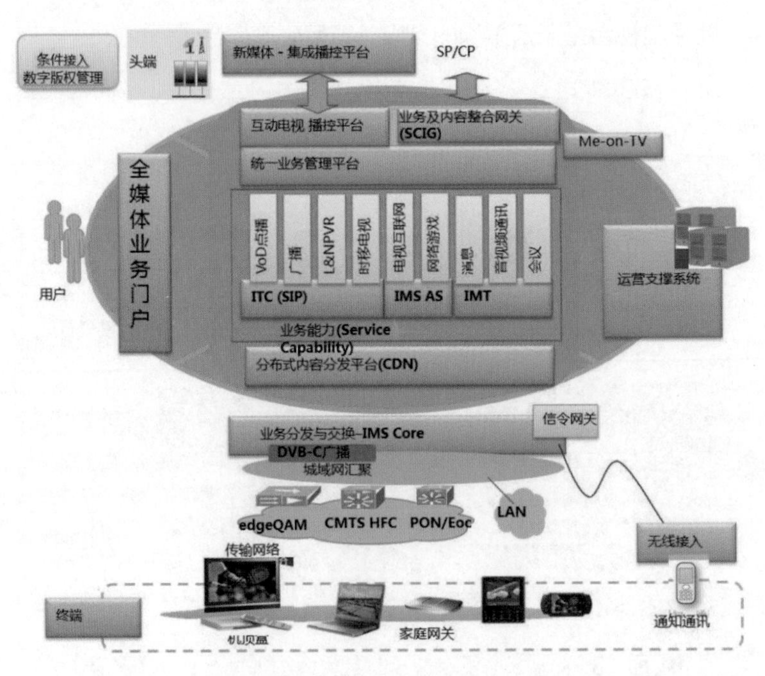

■ 图 13-10 基于三网融合的全媒体业务平台架构

1 HolmanW. Jenkins Jr.Sony’s strategy.The Wall Street Journal，2004.

2 黄升民 . 三网融合下的“全媒体营销”. 新闻记者，2011，1：43-45.

4. 云战略

云，即数据汇聚，指业务的 IT 化，关键是海量信息的处理问题，将成为未来信息服务架构的核心。必须依托资源优势自主创新，及时、准确、全方位提供跨网络、跨屏幕、跨平台、跨地区、跨行业的互联互通和融合服务，构建“云挖掘平台、云媒体平台、云宽带平台和云服务平台”，为智慧城市、智能家庭的发展提供助推力。

13.5.3 全媒体核心竞争力

美国麻省理工学院教授浦尔（Ithiel de Sola Pool）曾经指出：“分化与融合是同一现象的两面。”随着全媒体发展的推进，未来更需要关注的可能是与“合”伴生的“分”。随着传媒事业的蓬勃发展和包括移动互联网、云计算、物联网等在内的信息技术的不断发展，人类也进入了报刊、广播、电视等传统媒体和以互联网媒体、手机媒体等新媒体共存融合的全媒体时代。各大通讯社、广播电视台、网络媒体应发挥自身优势，通过加快建设能够整合和联通多媒体、多平台、多终端传播资源的大技术系统、构建符合新媒体传播和高新技术应用的全媒体技术传播支撑体系、优化传播业务流程和产品体系等方式，打造核心竞争力，极大程度上推动新一代高端智能、可持续发展的智慧城市的建设。全媒体核心竞争力提升策略分析如图 13-11 所示。

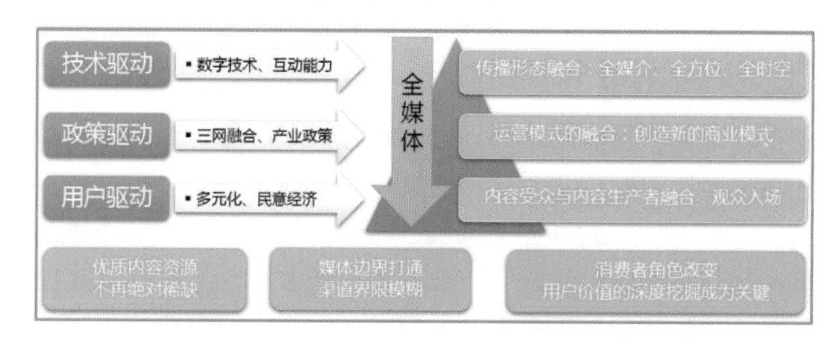

■ 图 13-11 全媒体核心竞争力提升策略分析

1. 从传统平面媒体向现代立体传媒转变

新媒体时代应组建全媒体新闻中心，实现所有媒体资源的高度整合，包括稿件资源、广告资源、线索资源、历史资源、营销资源、成品资源等所有资源的统一汇聚。各媒体编辑进入全媒体数据库后各取所需选取内容，生产出形态各异的终端新闻产品。系统支持文字、图片、音视频等多种信息的远程 / 本地的编辑与录入，通过待编稿件和特约稿件两条线向中心传输信息，其中待编稿供各记者二次加工和二次编辑，特约稿件设定保护期，为特定媒体极为重要的挑战难题，保护期内其他媒体无法看到。由此，运用整合的思维去运用媒体，推动传统媒体与新媒体的互动与融合，加快实现由传统媒体为主，集报刊、广播、电视、互联网、手机一体化发展的新格局，既可以实现“一次生产、多渠道发布”的理想，使传统的媒体资源在各类新媒体上得到综合利用，提高信息资源的生产效率和利用率，降低内容成品的生产成本，又可以满足受众个性需求和喜好，从而实现传播效果的精准化和最大化，谋取经济效益与社会效益双赢，有效提升媒体的核心竞争力。

2. 由传播内容向传播渠道转变

新的传播形式应拥有新的运营理念，应从传统的“内容为王”到“渠道为王”再到“终端为王”转变和过渡，已成为目前传媒业的一项紧迫任务。终端为王，要求媒体必须成为一个真正的“信息服务商”而不是传统的“内容服务商”，为消费者提供真实准确、优质高效的满足信息获取、商务交易、交流娱乐、移动物联等不同应用需求的同时，还要采取合适的渠道保证信息、服务的有效到达。这就需要顺利实施全媒体战略，实现全媒体内容生产与价值增值的良性互动，既要发挥传统媒体深度、高端的文字报道和强大的影视节目制作能力见长的优势，又要发挥新媒体用户思维关注多元和互动的用户体验。建立起一个全方位的消费者信息反馈和科学的信息搜捕与控制平台，将自身打造为复合交叉型的全媒体集团，实现的内容、渠道、技术、运营模式的融合，激发市场主体活力和创造力，挖掘新的商业价值、提升盈利能力。

3. 由单屏广播向多屏互动转变

多屏互动是指利用具有不同操作系统（Android、iOS、Windows Phone、Windows XP/7/8 等）的多种终端（智能手机、平板计算机等），为使用者提供双向多元化的服务内容，并可以利用智能终端控制设备等一系列操作，实现多个不同屏之间的互动体验。随着高速无线网络的部署、用户对智能终端的认知逐步增强及各类 App 应用呈爆发式增长，多屏呈现以无法阻挡的势头迎来了高速发展期。对于通信运营商来说，内容资源被广电掌控，应充分利用其众多用户资源的优势更多参与对内容的深加工，不断给用户带来更多新鲜感受；对于广电运营商来说，网络资源被通信运营商掌控，应将网络改造成双向超宽带多媒体接入网，引入互联网内容，并增加内容和用户管控手段及数字版权管理，把广电内容引入电视以外的其他智能终端，形成多屏一体化的用户体验，打造新盈利点。

4. 由经营媒体向经营品牌转变

在产品严重同质化的今天，媒体围绕受众、内容及其品质展开形象塑造是培育核心竞争力的最佳手段和途径。加强传播手段建设、打造核心文化品牌，是建设全媒体的重要举措，也是传统媒体向全媒体转型的主要抓手和克敌制胜的必备武器。传统媒体应明确媒体品牌建设总体规划和实施方案，开拓在统一品牌和内容属性框架下的媒体资源共享与互动，充分整合各种社会资源，为用户系统性、持续性的个性化服务，运用多元信息创造价值，全方位来实现品牌塑造。以各个栏目 / 节目为单元模块，建设完整媒体、特色品牌和新的服务关系，逐渐摆脱目前仅仅依靠广告的单一赢利模式，真正形成新媒体与新产业开发并举、基于互动关系的多元化赢利模式，开放思维、创新体系，最终形成若干在国内外具有重要影响力的品牌媒体集群。

13.5.4 传播 4.0 时代

广播电视媒体在过去 50 余年的发展中，经历了从 1.0 广播媒体（以单向线性传播为主）、2.0 交互媒体（以双向交互传播为主）、3.0 互联网媒体（双向传播和非线性播出）三个阶段。随着移动互联网时代的到来，电视媒体正在经历 4.0 全媒体阶段，该阶段的媒体不仅呈现出基于移动互联网的新形态，能够主动找到用户，想用户所想、为用户服务，更能够后向兼容，将 1.0 ~ 3.0 阶段的媒体特性和功能包容其中。1.0 ~ 3.0 时代的媒体发展，从本质上来说应称为“电视媒体的新媒体化”，其并没有颠覆传统电视从生产到分发的单向流程，仍是开环的架构；而 4.0 全媒体则构建了“大数据 + 全媒体”的电视媒体平台，囊括了人的创造力和大数据支撑的科学体系，形成了全新的电视媒体体系。传播 4.0 全媒体体系如图 13-12 所示。

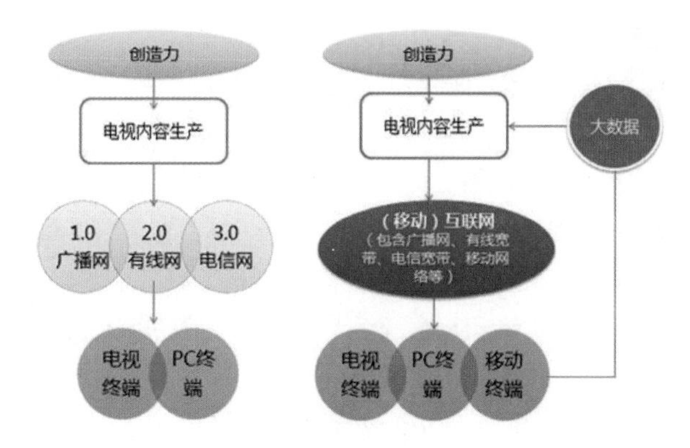

■ 图 13-12 左为电视媒体的新媒体化，右为 4.0 全媒体体系 [1]

13.6 融合发展及其内涵

随着“互联网 +”时代的到来，我们必须尊重“海量信息、实时更新、双向互动”的网络传播特点，用全新的互联网思维来谋划和推进融媒进程，实现各种媒介资源优势互补、创新发展 ，实现功能的融合和相互渗透，以满足细分市场下、特定人群的差异性需求。

13.6.1 用户价值是运营核心

技术进步从需求和供给两个维度极大地改变了用户，移动设备、3G/4G 网络的普及，更使得人们随时随地处于“连接”和“在线”的状态。“互联网 +”时代是“体验为王”的时代，用户的需求和用户的群意志是真正意义上的核心要素，针对用户个性化定制的应用服务和营销方式将成为发展趋势，将催生全新的应用服务体系。应采用互联网思维强调连接，首先就是“人”的连接，用户和用户的连接、媒体人和用户的连接等。应坚持“明确目标人群→强化用户关系→形成核心用户池”的路径，通过云计算和大数据等新一代信息技术深入发现和追踪用户偏好、行为、心情和需求差异等方面的信息，挖掘和分析可贵的数据资源，为内容的传播决策提供全面、系统、准确、前置的参考数据，把内容重新打包以适应新平台，有针对性地生产特色信息产品，做到主动推送和被动点播相结合，提高用户的关注度和参与度，用户推动改变。

13.6.2 技术内容是双轮驱动

美国著名传播学者威尔伯·施拉姆曾根据经济学“最省力的原理”为基础提出的计算受众选择传播媒介的概率公式：可能得到的报偿 ÷ 需要付出的努力 = 选择的概率。[2] 这表明，媒体只有通过不断创新与完善服务内容并拓展与改进传播渠道，才能提升其竞争力和影响力。中国已进入光纤宽带时代、移动互联网时代、后 PC 时代、云计算时代和大数据时代，全面刷新了 Web 2.0 阶段的常态，正在引发全球范围内深刻的技术和商业变革，为创新内容生产开辟了广阔空间。在技术驱动方面，新媒体具有交互性、多媒体、即时性、差异性、社交性等方面的；在内容优势方面，

1　黄思钧，黎文，叶秋知 . 构建“移动互联 + 闭环生产”的全媒体平台 . 中国广播影视，2014（09）.
2　威尔伯·施拉姆（美）. 传播学概论（第二版）. 中国人民大学出版社，2010（10）.

传统媒体具有真实性、权威性、公信力等方面的优点。应充分利用新媒体的技术优势 + 传统媒体的内容优势，媒体应尽快打造新型全媒体平台，实现从“信息服务商”到“内容服务商”的蜕变。因此，各级媒体应该以媒体转型和多业态发展方向为主导，注重新技术开发、新设备应用和新内容形态创造。

13.6.3 无界交互成主要趋势

在互联网发展之前，电视是人们接收信息的主要“屏”媒；从互联网到移动互联网，人们接收信息的媒介终端变得丰富；而从移动互联网到后面的万物互联的时代，将有更多的内容、更多的观看方式以及更多的传感设备、移动终端随时随地地接入网络，视机交互（3D 互动）、脑机交互（脑电波）和情感交互（情感分析）将成为无界交互的趋势。通过云服务可获得节目更为详细的信息和数据服务，将大大方便和解决移动互联网用户的体验，为用户提供强大的存储和计算能力，确保不同终端同时获得最佳视频体验效果，分析用户的偏好和需求，实现从“一云多屏”到“以用户为中心”的“无界交互”[1]，以此打通电视观众与新媒体用户两大用户群，从而确保他们做出合适的决策。基于云端的大数据分析和情景感知的终端相互结合，实现“跨终端、跨时空、跨应用、跨行业、跨领域”的整合，实现个性化需求与服务、智能化服务和自然和谐的人机交互方式。电视节目多网络、多屏幕传播趋势如图 13-13 所示。

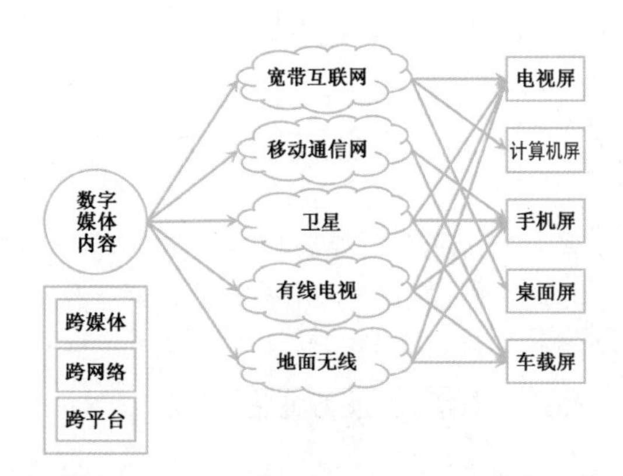

■ 图 13-13 电视节目多网络、多屏幕传播趋势

13.6.4 数据网络是发展主线

数据被认为是新时期的基础生活资料与市场要素，重要程度不亚于物质资产和人力资本。现在的 Web 还是以粗粒度的文档、页面所构成的网络，是以文件信息创造、利用、传播、再创造、再传播、再利用为主体活动的网络；而下一个 10 年，数据是关注的焦点。数据的创造、利用、传播、再创造、再传播、再利用将会是人们使用 Web 的主要目的。数据驱动的媒体将会是下一个 10 年媒体的主体，将逐渐变现为独特的流通货币；数据驱动的政府将会是下一个 10 年各国政府努力的目标，利用数据去构建公众服务将会是政府和企业合作的方向；数据驱动的生活将会是下一个 10 年每个人可以切身体会到的，用户的一切都碎片化地被记录在不同服务中。通过用户行为监控，运用大数据技术对用户的关系和需求进行“画像”，如图 13-14 所示，这些数据可以被再创造成为群体性的统计数据再被传播利用构建新的知识，使得内容表现方式更直观、更美观，更能直指重点，反过来帮助用户更好地解决生活中的问题。

13.6.5 智能计算重塑人机交互体验

智能计算是指通过软件和算法，对系统的基础功能加以扩展和升级，基于现场情景或主观意图灵活、自动实现相关资源的组织、配置和动作执行，意味着数字世界与实体世界走向融合。智能计算是信息革命正在推进的趋势，贯穿终端、网络、计算、存储等基础设施和企业侧、消费侧

1 汪文斌．从一云多屏到多屏互动——中国网络电视台台网融合的探索与实践 [J]. 电视研究，2014（10）: 20-21.

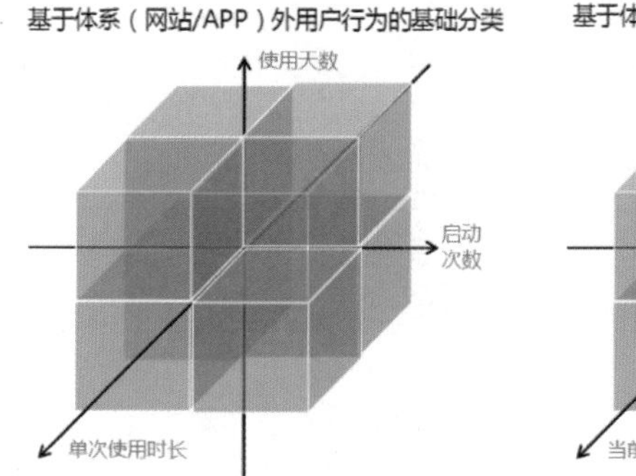

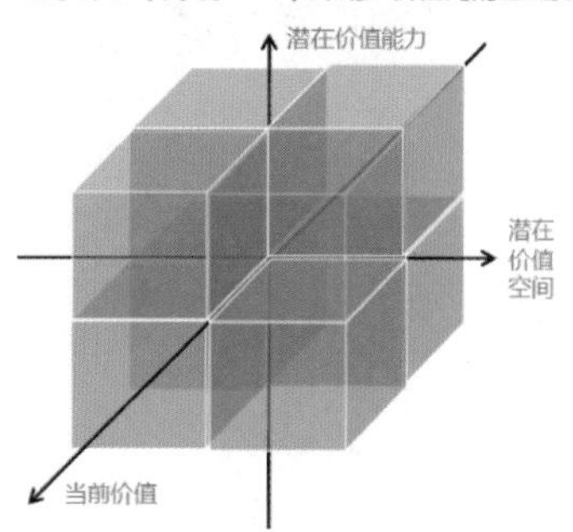

■ 图 13-14 用户数据行为全数据描述 [1]

的各种应用。过去 PC 互联网属于信息稀缺时代，是人跟着终端走、人围绕着信息转；现在移动互联网属于信息过载时代，是终端跟着人走、信息围绕着人转；不久将来的智能化是高速度的移动通信网络，大数据的存储、挖掘、分析能力和智能感应能力共同形成的全新业务体系，将有更多功能，比如多屏互动、社交媒体、实时交通、身份识别等，彻底解放人类众多体力劳动。未来 10 年，无处不在的终端、计算与网络，让智能终端成为感官系统（视觉、听觉、触觉等）的延伸，从而实现人与设备间更为自然的交互，让机器能够感知并预测到人的行为，从而塑造计算体验，让人们工作更轻松、生活更精彩。

13.7 未来路径探索

“互联网 +”时代，数字媒体的技术、平台、商业模式和应用以极快的速度在改变，将全面改变人们的工作、生活、交流、教育以及医疗方式。在未来，电视频道将不复存在，用户将全面告别遥控器，电视屏幕将成为用户和媒体中心交互的平台，成为可视的使用工具，成为家庭的娱乐中心、社交窗口和控制终端，以满足用户更多的感官享受。未来媒体，将在新技术的应用下改变运营模式，将增强与数据应用的结合、与互联网的结合、与其他设备结合控制以及与各种网络的联系。数字技术让未来媒体充满想象，如图 13-15 所示。

墙面媒体

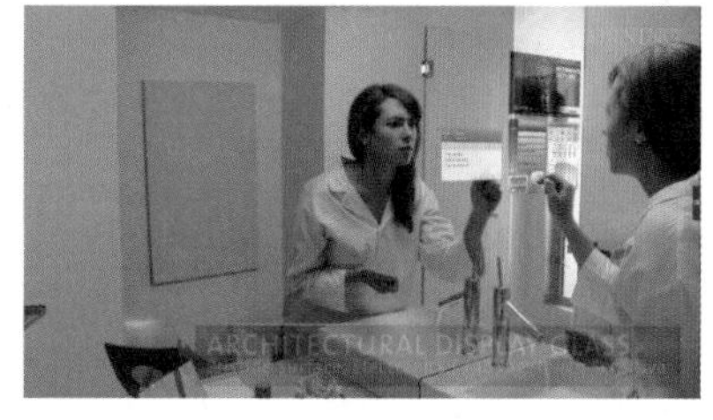

镜面媒体

■ 图 13-15 数字技术让未来媒体充满想象

1　易观智库 . 大数据下的用户分析 [R].2015（3）.

触摸媒体

桌面媒体

车载媒体

手机媒体

■ 图 13-15 数字技术让未来媒体充满想象（续）

13.7.1 与数据应用结合

过去 4 年，互联网用户使用智能手机的时间增长了 394%，使用平板计算机的时间更是增长了 1721%，然而使用计算机的时间则仅增长了 37%。到 2015 年底，中国移动互联网网民规模将达 8.60 亿；目前全球仅有 1% 的事物与网络相连；到 2019 年，将达到几乎人均 1.5 部移动设备，每月全球移动数据流量将超过 24.3 艾字节，约有 115 亿移动就绪设备 / 连接，其中包括 83 亿手持设备或个人移动设备和 32 亿机器对机器（M2M）连接（例如，车载 GPS 系统、航运业和制造业的资产跟踪系统，或使患者更容易获得病历和健康状况的医疗应用等）；到 2020 年，预计全球互联终端设备将产生近 500 亿的连接[1]，全球数据总量将超过 40 ZB，这一数据量是 2011 年的 22 倍，将进一步分散连接，一切事物可能都会与互联网相连。

随着移动互联网网民规模的递增、移动应用程序的快速增长，移动应用正在迅速成为许多数字服务的主要接入点，未来媒体将越来越多地与数据应用相结合。电视观众将转变为用户，电视频道继而转变为视频 APP 产品，类似手机端的各类 APP 应用，基于用户思维不断更新与迭代，为用户提供个性化的最佳体验，积聚最大量的用户群体，在规模用户的基础上方可以实现商业运营。

13.7.2 与互联网结合

NHK 日本广播协会采用 Hybridcast 技术（混合广播和宽带系统）把电视节目信息展示在电视屏幕上，也能在类似智能手机、平板等的第二屏幕上显示，为用户提供个性化节目业务、多屏连接业务、社交电视业务和节目推荐业务。韩国 OHTV 技术（Open Hybrid TV）采用公共互联网加数字电视（DTV）方式，为用户提供基于广播的集 TV+ 互联网 + 内容 / 应用商店于一体的智能电视（Smart TV），如谷歌的 Google TV、苹果的 iTV 等。欧洲 HbbTV 技术（Hybrid broadcast broadband TV，混合广播宽带电视）开放和业务中立技术平台，取代由硬件厂商提供的私有平台，基于现有标准和互联网技术（Open IPTV Forum、CE-HTML、W3C、DVB）。根据外国媒体报道，

1　腾讯科技 .2014 互联网跨界趋势报告 [R]. 中国社会科学网 . 新闻与传播学术前沿 .

智能终端的巨头苹果现在已经开始寻找拥有无线和宽带能力的电视机 iTV 的运营合作伙伴，希望可以在将来运营苹果电视机。

互联网使信息的不对称和碎片化不复存在，应把传统电视传播转型为运营，把渠道转变为平台。移动环境下的内容、关系、服务三者的交融，使移动媒体的平台成为趋势。与互联网结合，可为用户提供更简化的操作接口。视频的多屏分发、跨界互动以及信息通信网络宽带的泛在化，将开发出新的商业模式，并从个性化媒体消费趋势中获利。

13.7.3　与各种网络的联系

家庭数字生态系统中的诸多设备将人、物和服务完美联系在同一张三维网络中，逐步实现与互联网、移动网、服务网整体互联互通，实现行为匹配和数据积累，使得媒体终端从功能转向情景及智能感知。电视的收视终端将全面智能化，或将全面颠覆观众的行为习惯与内容形式，包括智能电视机、智能机顶盒、各类液晶屏、PC/PAD、智能手机等都将成为媒体收视终端。用户也将看到其他可穿戴设备和传感器，领域涉及健康监测及家庭控制（灯光控制、能源控制、娱乐系统控制、家庭保安控制等）。

与此同时，用户还可把废弃的智能手机变成高性能家庭自动化 / 监测系统或将 Android 智能手机变成婴儿监视器等，以提高客户体验并创造出新收入，或直接产生出新东西。如：美国 FiOS TV 和互联网订户在登录其账户时可以看到推广广告，该业务可以用任何有互联网连接的手机或平板计算机查看和控制家里的电子产品和电器等；摩托罗拉提供 Verizon 家庭监控 4Home 平台，向用户提供家庭联网服务，包括能源管理、家庭安全和监控、媒体管理和家庭保健等。今天，移动互联网终端是手机、平板电脑，未来移动互联网将是一个万物皆终端的时代。

13.7.4　与其他设备结合控制

随着高性能终端设备的普及，由遥控器控制设备的格局将彻底改变。智能手表、智能眼镜、家用电器、家庭娱乐系统、HUD（平视显示器）、传感器、智能车辆、智能服装等越来越多东西通过智能手机控制，并还有一些在等待被控制。语音控制、手势控制、眼球控制以及其他设备的控制（手机、平板计算机等）等也将逐渐盛行。可以预见，类似 Siri 语音控制等技术将整合到苹果的电视机中，以便让观看者使用云音手势来选择 / 控制节目。

可穿戴设备更是技术创新的一件大事。这些设备的发展一直得益于支持计算和其他电子产品的压缩技术（可减轻设备重量，使之适于佩戴）的增强，这些增强型技术与个人风格匹配（特别是在消费电子产品领域）、网络改进和应用发展（如基于位置的服务和增强现实）相结合。类似微软 HoloLens 除实现全息影像的呈现外，还可以通过指针、手指拨动、环境音、语音控制等方式实现对虚拟物体的控制，连接数字和现实世界，可广泛地应用到生活的方方面面。这将是再造用户与数字媒体的交互方式：搜索、导航、发现、共享和控制长期努力的一部分。

本章小结

基于互联网的技术革命正在开启第三次产业革命，同时正以正以令世人瞩目的迅猛之势改变着人们的生存状态和思维方式。

本章从数字媒体技术发展与变化的视角入手，分析数字媒体在迈向下一代新媒体的趋势中，将逐步演变为以移动物联媒体、大数据媒体等为代表的新一代新兴媒体，将衍生出全媒体、云服务、智慧城市等众多应用和服务。

本章需要了解国内外数字媒体产业技术趋势、解数字媒体内容处理技术、基于内容的媒体检索技术，掌握下一代信息技术的发展及其对数字媒体的影响、全媒体及云媒体的概念；理解全媒体发展战略及核心竞争力、数字媒体融合发展的内涵以及数字媒体技术未来发展路径。

思考题

1 “互联网 +”时代的典型特征是什么?

2 广播电视媒体传播经历的 4 个阶段是什么?

3 云媒体、全媒体、三网融合的概念；

4 什么是虚拟现实，其与增强现实的区别；

5 当全息影像与增强现实融合会产生如何的效果；

6 全媒体战略及其核心竞争力；

7 数字媒体融合发展的内涵是什么?

8 下一代信息技术有哪些，其对数字媒体将产生怎样的影响?

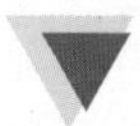

知识点速查

◆“互联网 +”时代是以互联网以及移动互联网为主，智能硬件、可穿戴设备为辅的新时代，“万物互联”是其典型特征。“+”其实是代表了一种能力，或者是一种外在资源和环境，是传统行业的升级换代，形成更为广泛的经济发展新形态。

◆传播 4.0：广播电视媒体在过去 50 余年的发展中，经历了从 1.0 广播媒体（以单向线性传播为主）、2.0 交互媒体（以双向交互传播为主）、3.0 互联网媒体（双向传播和非线性播出）到 4.0 全媒体（大数据 + 全媒体）4 个阶段。

◆云媒体：指云计算时代下所有媒体的总称，是对高度碎片化的传统媒体“多跨式”的融合，其广泛深层次的收集、整理和发布社会亟需的各种信息，经过信息智能化处理后广泛的兼定向性的将信息分享到亟需者的手中，做到信息“广收集、广散布、高共享”，从而成为更加高效的服务社会大众的新兴媒体。

◆全媒体：指媒介信息传播采用文字、声音、影像、动画、网页等多种媒体表现手段（多媒体），利用广播、电视、音像、电影、出版、报纸、杂志、网站等不同媒介形态（业务融合），通过融合的广电网络、电信网络以及互联网络进行传播（三网融合），最终实现用户以电视、计算机、手机等多种终端均可完成信息的融合接收（三屏合一），实现任何人、任何时间、任何地点、以任何终端获得任何想要的信息（5W）。

◆虚拟现实：简称 VR，主要包括模拟环境、感知、自然技能和传感设备等方面。模拟环境是由计算机生成的、实时动态的三维立体逼真图像。仿真技术的一个重要方向是仿真技术与计算机图形学、人机接口技术、多媒体技术、传感技术网络技术等多种技术的集合，是一门富有挑战性的交叉技术前沿学科和研究领域。

◆增强现实：简称 AR，是一种把原本在现实世界的一定时间空间范围内很难体验到的实体信息（视觉信息、声音、味道、触觉等），通过科学技术模拟仿真后，再叠加到现实世界被人类感官所感知，从而达到超越现实的感官体验的技术。它的出现与计算机图形图像技术、空间定位技术、人文智能科技的发展密切相关，是未来数字媒体技术发展的新趋势。

◆三网融合：指电信网、广播电视网、互联网在向宽带通信网、数字电视网、下一代互联网演进过程中，网络互联互通、资源共享，能为用户提供语音、数据和广播电视等多种服务，其核心是互联网。

◆全媒体发展战略：内容聚合战略、端战略、管战略及云战略。

◆全媒体核心竞争力：从传统平面媒体向现代立体传媒转变、由传播内容向传播渠道转变、由单屏广播向多屏互动转变及由经营媒体向经营品牌转变。

◆数字媒体融合的内涵：用户价值是运营核心、技术内容是双轮驱动、无界交互成主要趋势、数据网络是发展主线及智能计算重塑人机交互体验等。

第14章

未来的路

本章导读

本章共分三节，首先对数字媒体技术专业进行了专业解读；其次分析了它的就业前景；最后拟出了它的人才培养模式，总体而言，对于该专业未来做出了较为准确地、细致地、完整的分析，给数字媒体专业的学生及其爱好者以全方位的理解。

本章谈到了学习数字媒体专业所必备的专业素质，参考国内外优秀的发展成果对未来做出了明确的发展方向；运用宏观和微观分析，深入市场，研究就业前景和经营战略，勾勒出大致的未来蓝图。

学习目标

1. 了解数字媒体技术基本专业素养；
2. 感悟国内外高校数媒行业模式；
3. 探讨本专业市场需求和方向；
4. 计划详细周密的经营战略；
5. 模拟数字媒体专业未来世界蓝图；
6. 懂得在三网融合的背景下扩宽渠道；
7. 学会发扬自我优势；
8. 树立自我人才意识。

知识要点、难点

1 要点

分析各个高校情况加以自我完善，从市场的角度探讨未来出路；

2 难点

把握住理论与实践相结合的发展模式，学习掌握一定的政策方针。

14.1 专业解读

14.1.1 数字媒体技术专业学习条件

数字媒体技术是通过现代计算和通信手段，综合处理文字、声音、图形、图像等信息，使抽象的信息变成可感知、可管理和可交互的一种技术。学习数字媒体技术专业，要求所学者应具备一定的专业条件，前提必须符合该技术所需，以达到能综合运用所学知识与技能去分析和解决实际问题。就目前来看，所具备的条件具体包括数字媒体技术专业基础素质、数字媒体技术专业知识理论、现实处理技术能力以及学习数字媒体技术后对未来的规划与应用 4 个方面。

1. 专业基础素质

所谓专业基础素质，主要是指较全面的理论知识和技能技巧方面的素质以及实践方面的素质。学习数字媒体技术产业专业，首先要怀有高度的热情，以积极进取、求真务实的态度来对待本专业，保持乐观的心态，临阵不乱，从容应对专业学习中各种突发性问题。

2. 专业知识理论

数字媒体技术具有一套自身的专业知识理论，摄影摄像技术、艺术设计基础、数字媒体技术概论、程序设计基础、数据库设计、网页设计与制作、交互式多媒体网站开发、数字信号处理、数据结构、算法设计与分析、面向对象程序设计（Java）、计算机图形图像处理、人机交互技术、多媒体数据库、动画设计与制作、3D 造型、电视节目编导与制作、音视频信息处理、特效制作与非线性编辑等，不可忽视每一门科目的理论知识学习。

3. 现实处理技术

数字媒体技术是包括计算机技术、通信技术和信息处理技术等各类信息技术的综合应用技术，其所涉及的关键技术及内容主要包括数字信息的获取与输出技术、数字信息存储技术、数字信息处理技术、数字传播技术、数字信息管理与安全等。其他的数字媒体技术还包括在这些关键技术基础上综合的技术，比如，基于数字传输技术和数字压缩处理技术的广泛应用于数字媒体网络传输的流媒体技术，基于计算机图形技术的广泛应用于数字娱乐产业的计算机动画技术，以及基于人机交互、计算机图形和显示等技术的且广泛应用于娱乐、广播、展示与教育等领域的虚拟现实技术等。

4. 未来规划与应用

在人们的日常生活中，普通的居民可能没有完全地感受到数字媒体技术产业给生活带来的益处，因为非专业人员来说，他们对于数字媒体技术处理的软件是多样化的而且是比较简单的，如通过 Photoshop 软件对照片进行裁剪、缩放或者美化等，甚至还可以制作简单的网页和动画，当然，这确实丰富了人们的生活。但是数字媒体技术在日常生活中应用程度较低并不能说明它不存在高价值，因为在专业领域来说，数字媒体技术有着十分关键的不可替代的作用，由于新媒体不断地普及、发展、完善和更新，数字媒体技术已经广泛地运用到了各个专业的生产领域，如农业、工业、教育行业及医学行业等。

14.1.2　国内外各大高校专业发展方向

总体来看，大部分国内外高校的数字媒体专业本科的学制为四年，研究生为三年。数字媒体专业的本科培养方向主要是为学生从事数字媒体专业传授技巧。研究生的分工较细，如属于交互式技术范畴的互动媒体专业，它的教学将呈现给学生一套多媒体的基本框架，包括计算机操作、网络操作系统、音乐音响录制、像带制作以及艺术理论等。

1. 国外

在美国，许多大学都顺应时代的要求，抓住时机进行资源整合，开设了数字技术与艺术结合的美国大学数字媒体专业，实现学科之间深度互动。

美国大学数字媒体专业是个跨学科的学术领域，是从各门学科中提取相关要素而综合起来的系统学科。数字媒体学科包含美术、音乐、舞蹈、戏剧、雕塑、建筑等艺术基本素，还包含了出版、影视、网络等大众传播媒介，又用到了计算机和信息等工程技术，这些元素的合理搭配组合构成了数字媒体的学科体系。多样化的数字媒体教育世界各地的数字媒体教育呈现多样化，各高等院校都根据自身的办学风格和专业优势来开办这一学科课程。

耶鲁大学艺术学院：课程的重头戏在于创意设计，有关数字媒体的课程包含在图形设计、多媒体设计等课程中。学校强调为师生提供科研和实践的机会，因此专门设立了数字媒体中心来为所有的艺术学院师生提供教学和科研服务。中心备有齐全先进的计算机软硬件设备、专用教室、数字和模拟音频视频转换和输出设备。

纽约大学（NYU）电影学院：NYU 还有电影学院，包括电影史、影评以及市场运营等科系；有表演学院，包括音乐、舞蹈、戏剧等；另外也有美术学院。它的数字媒体专业，是比较前卫的数字艺术学科，渗透在各个艺术传媒领域里，艺术学院的各个院系都要开设一两门数字媒体的相关课程。纽约大学在电影学院和继续教育学院设立了数字媒体的本科及研究生学位课程。纽约大学影视艺术学院交互式传媒专业，是研究生水平的前沿科系，它在研究和设计方面，以交互式为主干探讨新媒体、运算媒体和镶嵌运算。该系强调试验与动手能力，看重创意而不是计算机技术，将注意力集中在交互式的基础上，引导学生去开发新的传媒形式，开拓面向社会应用的物理运算、交互式游戏、多媒体技术、音频、视频等。在艺术或设计学院中开设数字媒体专业的有：南加州大学的计算机动画系、达拉斯艺术学院、洛杉矶艺术设计中心等。

俄亥俄州立大学艺术与设计高端运算中心：为学生开设动画生产、运动表达学、形态直观学、计算机图形史、数字摄影、三维虚拟环境、连续画面情节开发、互动式艺术媒介、手绘动画动感学、音乐多媒体、连续动画、艺术家设计师编程概要、数字媒体生产与合成等。除了教育及科研外，该校也为动画界输送了大量的骨干人才。 普度大学的计算机图形技术系的培养目标是：将学生培养成为全美最好的计算机图形业界的参与者、管理者和领头人。该系在师资、教辅、学生的多样性、教学、求知和奉献方面都走在全美前列。该系将专业分为 4 个方向：互动多媒体、动画技术、工业设计和建筑设计，可分别授予理学士和硕士等学位。

哥伦比亚大学数字媒体中心设在艺术学院：为哥大提供一块艺术创意和知识更新的园地，以展现哥大利用前沿技术获取艺术成就的雄厚实力。数字媒体中心提供的教学内容有：三维建模、计算机图形设计、物理计算、动感图像、编程、音响编辑、视频效果、网络动画和网页设计等。中心建立了 5 个 24 小时开放的实验室：一个所有艺术学院开放的公用计算机机房、两个对视觉艺术学生开放的视觉创意工作室和计算机编写室、两个只对电影专业高级和研究生开放的高端影视工作室和电影剪辑室。

2. 国内

在我国，数字媒体专业的发展在处于起步阶段，到目前为止，教育部批准设置的数字媒体技术专业代码为 080628S，数字媒体艺术专业代码为 080623W。

数字媒体技术专业办学单位以理工科大学为主，学校依托软件与信息工程学院、IT 主导学科的优势突出数字媒体技术，以技术为主，艺术为辅，培养目标是以从事计算机技术出发，需要掌握信息技术与计算机图像图形领域的基础理论与方法，并且将数字媒体技术应用到相关的领域，为社会提供数字文化产品和文化服务。

北京电影学院数字媒体技术学科的研究生已经毕业，成为业界的主干力量和生力军，浙江大学、北京师范大学、南开大学等学校开设了数字媒体专业以及相关课程，进行专业的数字媒体技术人才培养。一些院校建立了专门的数字媒体学院，成立从本科到博士的一系列教学点，使我国的数字媒体教育得到进一步完善和发展。

14.2 就业前景

数字媒体技术专业旨在培养具有国际视野，熟悉国内外相关行业的发展趋势，具有先进的游戏设计理念、设计思想，熟悉各种游戏类型，熟悉游戏设计流程，具有扎实的数字媒体技术基础理论、宽厚的专业技术基础、较强的逻辑思维能力和的程序开发能力，具有较强的游戏创作实践能力，能够从事游戏程序设计、游戏数值及逻辑策划、游戏项目管理等工作的高级复合型人才。

目前我国数字媒体产业正处于高速发展阶段，从 2003 年到 2008 年，仅上海数字媒体产业产值就从 200 亿元增加到 600 亿元左右，年均增长 27.1%；2010 年我国的数字媒体内容产业规模达到约 2874 亿元。随着数字、网络技术的应用和消费需求的扩大，文化产业不断升级，数字媒体产业规模迅速扩大。据保守估计，至 2015 年包括数字媒体产业在内的文化产业规模达到 1.8 万亿元，年增长率达到 15% 左右。

数字媒体内容产业与数字媒体技术产业是相辅相成的，数字媒体内容产业的迅猛发展，得益于数字媒体技术不断突破产生的引领和支持；数字媒体内容产业的快速发展又将促使数字媒体管理、传播与互动等应用系统需求迅速扩大，从而促使数字媒体技术开发及应用服务行业迅速成长。

近年来，在数字媒体产业化、信息网络快速发展及下游行业市场强劲需求推动下，我国数字媒体技术开发及应用服务行业保持快速增长态势。据统计，2010 年我国数字媒体技术开发及应用服务行业的市场规模约为 99 亿元；市场需求空间巨大，2014 年市场规模达到 250 亿元左右，年复合增长率达到 26% 左右。

14.2.1 市场选择与就业方向

1. 市场选择

数字媒体作为最经济的交流方式，被广泛应用于电信、邮政、电力、消防、交通、金融系统、科研院校、旅游、广告展示等与民生息息相关的政府职能部门及企事业单位。这些行业对数字媒体的需求巨大，主要应用于交流信息文化，推广品牌形象，提供公共信息，反映民生需求，应对突发事件等。数字媒体技术可以帮助建立可视化的信息平台，提供即时声像信息，利于快速响应，为人们提供更广泛、更便捷、更具针对性的信息及服务。数字媒体技术打破了现实生活的实物界限，缩短了信息传输的距离，使数字媒体信息得以有效利用。

随着各大电信运营商的战略转型，运营商营业厅的职能也正在发生巨大转变；营业厅不再是一个单纯的销售服务机构，而是集营销、服务与信息发布为一体的多职能的组织。为了实现这一职能的转变，各大运营商都在寻求有助于发展综合信息业务、避免价格战、增强差异化竞争优势的手段；通过应用数字媒体技术解决方案，搭建数字媒体管理、发布、互动平台，改变营业厅中杂乱、分散的产品宣传展架、传单状况，统一营业厅的品牌宣传形象，提高营业窗口的信息传播能力，促进新产品的有效推广，增强用户对业务产品了解的广度与深度，提高用户忠实度、减少用户流失率，直接刺激用户办理新业务。据公开资料显示，目前中国电信行业三大运营商中国移动、中国联通和中国电信网点总数超过 8 万个。另外，各大运营商目前也在纷纷推动“无线城市”，基于已有无线网络资源和无线宽带接入技术在公众场所构建多媒体信息发布平台，为城市中的居民与企事业单位，提供畅通无阻的信息化服务。

2. 就业方向

毕业生从事的主要是与数字媒体技术相关的影视、娱乐游戏、出版、图书、新闻等文化媒体行业，以及国家机关、高等院校、电视台及其他数字媒体软件开发和产品设计制作企业。在广播电视、广告制作等信息传媒领域从事多媒体信息的采集、编辑等方面的技术工作以及多媒体产品的开发与制作工作。在企事业单位、学校从事计算机网络、教学多媒体信息系统的运行、管理与维护工作；音视频设备的操作与维护工作。

14.2.2　经营战略与发展政策

1. 经营战略

（1）行业调研

数字媒体行业调研是开展一切咨询业务的基石，通过对特定数字媒体行业的长期跟踪监测，分析市场需求、供给、经营特性、获取能力、产业链和价值链等多方面的内容，整合数字媒体行业、市场、企业、用户等多层面数据和信息资源，为客户提供深度的数字媒体行业市场研究报告，以专业的研究方法帮助客户深入地了解数字媒体行业，发现投资价值和投资机会，规避经营风险，提高管理和运营能力。

数字媒体行业研究是对一个行业整体情况和发展趋势进行分析，包括行业生命周期、行业的市场容量、行业成长空间和盈利空间、行业演变趋势、行业的成功关键因素、进入退出壁垒、上下游关系等。

（2）沟通与合作

各种数字媒体形态正在迅速发展，但同时也各自面对着种种发展瓶颈，中国作为拥有最大的互联网用户群体的市场，必将成为国际数字媒体巨头的必争之地。只有通过持续的沟通与合作，中国数字媒体产业才能够找到与国际先进水平的差距，而国际行业巨头也将逐渐克服进入中国市场的不适应现象。相信面对这场声势浩大的数字化浪潮，国际国内相关行业人士所面临的机遇和挑战也可以在各方的共同努力之下得到进一步的解决。

（3）消费者战略

数字媒体技术产业是一个新兴的产业。消费者已经从一个被动媒体时代开始转换，所以消费者使我们在数字媒体上面的投入变成他们生活的一部分。其次，数字媒体的确是一个频道，但是要为品牌策略服务，有的时候要想得长远一些，比如说某些品牌是说，我一定要让消费者达到多高的认知度，就要围绕这个策略不断分配我们的计划。有的时候短期的计划只是其中的一部分，但是连起来就可能达到很好的效果。很多广告主觉得数字媒体费用低，投一点就可以了，都是实验型的，但是未来的发展应该从实验型向决策型转变。

（4）产学研结合

产学研结合模式针对数字媒体教学特点，既要注重对艺术理论和实践能力的培养，又要加强对数字媒体行业的联系，扩大视野，拓展思路培养创新能。因此，采用校企合作、产学结合的培养模式是一种有效的途径。校企联合，教育与市场接轨，学生参与企业实际项目的开发设计，为学生搭建一个综合实践创作平台，学校以数字媒体企业为培养平台，建立教学、科研、生产相结合的教学模式，在实践中培养学生的动手能力和创新意识。使学生真正做到学以致用，牢固掌握数字媒体制作技术，为将来就业奠定坚实的基础。

2. 发展政策

“规制先行”——保证健康的发展环境。目前的政策立法，监督管理方面，还不能适应数字媒体飞速发展的需要，出现大量不良信息、虚假信息、网络侵权、涉黄、诈骗等问题。国家应积极主动地净化市场，规范传播途径，为数字媒体的长远可持续发展创造一个健康的环境。

“政策融合”——保证有序的发展环境。国务院决定加快推进电信网、广播电视网和互联网的“三网融合”，“三网融合”迫切的是管理部门与三网的融合。“三网融合”后，产业布局、行业规范和市场开拓由谁来监管的问题尤为重要，也是融合后有效发展的关键。要想“三网融合”顺利实施，有必要设立融合后的管制机构，对电信网和广电网络实现统一监管。

建立正确的指导思想，积极寻找技术和产业突破口。根据数字媒体的优劣势分析，我国数字媒体技术与产业发展需要从发展现代数字媒体服务业的角度，通过研究自主创新的内容基础技术、内容服务技术、内容生成技术、内容安全与评测技术，加快我国数字媒体内容服务体系的建立，为高效率创作高质量的内容作品以及发展高附加值的内容终端产业提供全面的技术支撑和引领。

具体概括为三个指导思想：从提供面向公众的数字媒体服务出发，坚持面向第三方的平台开放和集成，强调服务标准及数字媒体服务池的形成，加速现代数字媒体服务业的建设；从全球文化竞争和产业竞争高度，内容生成技术需要不断提高制作效率和制作质量，为创作更多更好的数字内容作品提供技术支撑；以编码标准、数字展示、人机交互、内容安全管理等技术为牵引，带动内含自主知识产权的数字媒体硬件终端的研究开发和制造，从而形成从内容到制造的产业链。

14.2.3 未来市场蓝图

1. 未来市场需求

数字媒体作为最经济的交流方式，被广泛应用于电信、邮政、电力、消防、交通、金融系统、科研院校、旅游、广告展示等与民生息息相关的政府职能部门及企事业单位。这些行业对数字媒体的需求巨大，主要应用于交流信息文化，推广品牌形象，提供公共信息，反映民生需求，应对突发事件等。数字媒体技术可以帮助建立可视化的信息平台，提供即时声像信息，利于快速响应，为人们提供更广泛、更便捷、更具针对性的信息及服务。数字媒体技术打破了现实生活的实物界限，缩短了信息传输的距离，使数字媒体信息得以有效利用。

诸如电信运营商、银行业、邮政等数量众多的营业网点为数字媒体技术应用的市场拓展带来广阔的空间；随着信息网络快速的发展和三网融合的推进，未来各公共服务领域对数字媒体技术应用的市场需求将保持稳定的增长；除了新增装量的需求外，还有由于设备折旧及系统升级等市场更新需求。据统计，2010 年数字媒体技术在科研院校、电信、邮政、电力、消防、交通、金融系统、旅游、广告展示等与民生息息相关的政府职能部门及企事业单位应用的市场规模为 29 亿元，预计 2015 年至 2018 年市场规模增长率将史无前例地增长。

2. 未来市场发展路径

媒体的兴起首先源于扎实的群众基础，也就是受众行为随时代发展而发生的重大改变。互联网大约是从 20 世纪 90 年代后期开始兴盛的，户外数字媒体则在 2003 年后才开始发端于市场、手机也是从智能手机进入普及后飞增。这三个媒体的发展史，映射出中国社会的变迁，人们生活方式的变化。现已经成为主要消费群体的 70 后和 80 后，他们是互联网一代，是被户外数字媒体包围的一代，是被移动终端捆绑的一代。在 70 后和 80 后形成生活习惯和媒体接触习惯的重要时段，数字媒体随时出现在他们生活中，经过 2000—2010 年十年间的演化，70 后和 80 后已经习惯于上网，习惯于在写字楼办公室、家中或地铁公交上看户外视频，习惯于捧着手机在移动终端上浏览，数字媒体早已成为生活中不可或缺的一个重要组成部分。从被动到主动的受众体验，从简单的展示性广告传播到复杂的互动广告传播，数字媒体留给受众的不仅仅是浅层的品牌印象，更是深层的互动品牌体验。

数字营销时代，每个环节都会真正被关联起来，而数字媒体则是营销的最终平台。未来基于位置相关的服务，会是数字媒体和数字营销领域革命性的突破应用，从而引领整个广告传播行业的趋势走向。

14.2.4　全媒体时代的竞争趋势

1. 高速互联网操作模式

（1）从 Web 1.0 到 Web 2.0

Web 1.0 的主要特点在于用户通过浏览器获取信息。Web 2.0 则更注重用户的交互作用，用户既是网站内容的浏览者，也是网站内容的制造者；在模式上由单纯的“读”向“写”以及“共同建设”发展；由被动地接收互联网信息向主动创造互联网信息发展，从而更加人性化。

（2）从数字视频到 RFID 随心下载

数字媒体时代，消费者对于内容的选择完全是自主的。户外数字媒体是围绕着消费者生活轨迹而产生的媒体，是最为贴近生活的数字媒体。在往返办公室、上下班路途、去电影院娱乐、回家的朝夕，都能接触到无所不在的视频媒体，影响到品牌喜好和消费动向。过去的户外数字媒体主要是视频展示，用户只能观看，即便感兴趣，也没有进一步可以行动的渠道，在互动性上有所缺失。户外数字媒体的最大运营商分众传媒推出一个全新的媒介互动服务形式——RFID 和 NFC 技术，可以帮助用户在户外数字屏看到感兴趣的内容后，通过手机下载相关商家信息及优惠内容，随时、随地、随心，用户的体验也从被动升级为主动参与。

（3）从短信到移动互联网

中国手机网民进入高速增长阶段，移动互联网能量不断得到释放，DCCI 数据中心的调查显示，2013 年底中国手机网民的总人数占比已超过 52%。进入 3G 和智能手机时代后，作为网络媒体的延伸，手机移动互联网的成长和应用指日可待。手机，是一个移动终端，可以在任何状况下使用，集便携性、即时性、个性化和互动化于一身，对传统的传播方式产生突破性创新。

2. 技术增强适应渠道变化

高速成长的团购市场向人们彰显了中国生活服务市场的巨大潜力。很容易发现，其实生活服务领域是天然具备本地化特性的，谁能够运用创新性的操作思路和运作手法打造出最符合消费者需求的本地化服务商业模式，谁就能成为这一领域中真正的王者地位。

基于位置服务及社区互动的 LBS 产品近年来受到极大青睐也正是源于这一行业趋势，但只有具备资源优势的数字媒体才能发挥出 LBS 的特殊效益。由于技术和各种客观环境的制约，单纯的 LBS 商业模式目前还不具备相当影响力，根本不能撬动 LBS 的巨大商业潜力。唯有拥有规模化受众群体的互联网、户外数字和手机媒体进军这一领域，才能够充分引爆 LBS 的巨大威力。

新浪宣布正式加入 LBS 战斗大军，与旗下产品“新浪微博”相结合。分众的楼宇电视媒体覆盖全国 90 多个重要城市，其屏幕也将提供基于 LBS 的当地商圈项目，对相关服务和产品进行整合。而手机移动互联网本身就具备本地化服务的潜力，因为带有位置信息，有能力给予用户更多的服务和整合。根据这一最新趋势，可以预测，所谓多项新技术组合运用，意味着以下这一成功模式的组合运用：规模化的受众群体（媒体有效覆盖或媒体工具的使用人群）+ 良好的互动体验（媒体平台的创新升级技术改造或媒体工具所具备的良好产品体验）+ 新媒体平台的有机延展（互联网、手机）。

本章小结

本章在分析数字媒体技术在国内外高校传媒行业的模式，探讨数字媒体专业市场需求和工作导向的背景下，对该专业进行解读，对培养该专业能力提出具备数字媒体技术专业基础素质、数字媒体技术专业知识理论、现实处理技术能力以及学习数字媒体技术后对未来的规划与应用 4 个方面的条件。

本章需要了解数字媒体技术专业就业发展方向、市场选择，发展前景及国家发展政策，更要了解发展路径及发展趋势。从而进行人才培养模式的探讨，研究针对数字媒体教学特点的产学研结合模式，既要注重对艺术理论和实践能力的培养，又要加强对数字媒体行业的联系，扩大视野，拓展思路培养创新能。

思考题

1. 数字媒体技术专业学习条件有哪些?
2. 数字媒体技术行业的就业方向是什么?
3. 数字媒体技术行业的发展政策是什么?